普通高等教育土木工程专业新形态教材

U0368578

钢结构

（第2版）

张艳霞　刘学春　张爱林　编著

清华大学出版社
北京

内 容 简 介

本书主要参考最新通用规范与 2017 年新版《钢结构设计标准》(GB 50017—2017),对旧版教材进行梳理和丰富完善。本书注重理论性与实践性相结合,内容包括钢结构设计原理与钢结构设计两大部分,并结合结构设计软件,详细介绍了设计流程。本书除可用作大学本科土木工程专业教材外,也可供建筑行业结构设计人员参考。

图书在版编目(CIP)数据

钢结构/张艳霞,刘学春,张爱林编著.—2 版.—北京:清华大学出版社,2024.7
普通高等教育土木工程专业新形态教材
ISBN 978-7-302-65481-0

Ⅰ.①钢…　Ⅱ.①张…②刘…③张…　Ⅲ.①钢结构－高等学校－教材　Ⅳ.①TU391

中国国家版本馆 CIP 数据核字(2024)第 020482 号

责任编辑:秦　娜　王　华
封面设计:陈国熙
责任校对:赵丽敏
责任印制:丛怀宇

出版发行:清华大学出版社
　　　　　网　　　址:https://www.tup.com.cn,https://www.wqxuetang.com
　　　　　地　　　址:北京清华大学学研大厦 A 座　　　邮　　编:100084
　　　　　社　总　机:010-83470000　　　　　　　　　邮　　购:010-62786544
　　　　　投稿与读者服务:010-62776969,c-service@tup.tsinghua.edu.cn
　　　　　质量反馈:010-62772015,zhiliang@tup.tsinghua.edu.cn
印　装　者:三河市天利华印刷装订有限公司
经　　销:全国新华书店
开　　本:185mm×260mm　　印　张:22.25　　　　　　字　　数:540 千字
版　　次:2014 年 5 月第 1 版　2024 年 7 月第 2 版　　印　　次:2024 年 7 月第 1 次印刷
定　　价:69.80 元

产品编号:082408-01

第 2 版 前 言

PREFACE

本教材主要参考 2017 年新版的《钢结构设计标准》(GB 50017—2017),对 2014 年 5 月出版的《钢结构》教材进行梳理和丰富完善。教材内容主要分为两大部分,第一部分为钢结构设计原理,编排 6 章;第二部分为钢结构设计,编排 3 章。本次修订内容概括如下:

(1) 更新了原教材中涉及的国家标准以及相关内容。

(2) 在第 1 章概述部分对国内外钢结构建筑进行了更为全面翔实的介绍。

(3) 修改了原教材中的文字、计算和图表中的错误,对原来论述中不够准确和较难理解的部分进行了重新阐述。

(4) 本教材注重理论性与实践性相结合,增加了理论推导的内容,向读者清楚地展示了公式的来龙去脉;此外,根据规范以及工程实际对例题进行了重新修订,体现导向性;同时例题和习题数量有所增加,方便读者进行自学,加深对知识的理解程度。

(5) 增加了第 7~9 章钢结构设计部分的内容。这 3 章内容均选取自实际工程项目,并结合结构设计软件,详细介绍设计流程,读者可通过学习快速掌握结构建模及分析的操作。

本书可用作大学本科土木工程专业《钢结构》教材,也可供建筑行业结构设计人员参考。

第 2 版修改较多,内容取舍、论述和前后衔接难免存在不足之处,敬请同行专家及读者批评指正!

张艳霞

于北京建筑大学

2023 年 11 月

第 1 版 前 言
PREFACE

本教材是根据全国高校土木工程学科专业指导委员会审定通过的教学大纲和应用型土木工程专业的培养目标编写的,尤其是全面参照最新的国家《钢结构设计规范》(GB 50017—2012)对全书内容进行了梳理和充实,并保留了《钢结构设计规范》(GB 50017—2003)的内容,方便读者对比学习,使本教材更具新颖性和实用性。

本教材属专业基础课教材,主要讲述钢结构基本理论和基本构件的设计方法。本教材共分为 8 章,包括概述、钢结构的材料、钢结构的连接、轴心受力构件、梁、拉弯和压弯构件 6 章;为了强化实践环节,增加了课程实训和本课程求职面试可能遇到的典型问题应对两章,其中,第 2 章至第 6 章是结合新修改的《钢结构设计规范》(GB 50017—2012)编写的,第 7、8 章是为了强化实践环节而增设的,并可用于指导学生的钢结构课程设计,使得全书更好地适应土木工程专业应用型人才培养的需要。

本教材是在吴宝瀛老师主编的《钢结构》基础上改编修订而成的。其中第 1～3 章,第 5～6 章大部分内容,第 7 章第 1～7 节由张艳霞编写。第 4～6 章理论公式推导由吴宝瀛老师编写,第 7 章第 8 节高层框架抗震设计实例由北京工业大学刘学春编写,第 8 章由石家庄铁道学院张庆芳编写。

感谢研究生孙文龙、赵微、刘景波、李瑞为本书插图和例题所做的工作。在编写本书的过程中,得到了丛书主编崔京浩教授的指导,在此一并表示感谢。

限于编者水平,书中肯定有错误和不足之处,希望读者给予批评指正。

张艳霞

于北京建筑大学

2014 年 2 月

目 录
CONTENTS

第1章

概述

1.1 钢结构的特点

钢结构是钢材制成的工程结构,通常是由钢板、热轧型钢或冷弯型钢等组成的承重构件,和其他材料的结构相比,有如下特点:

(1)强度高,质量轻。钢材和其他建筑材料诸如混凝土、砌体和木材相比,强度要高很多,在相同承载力下,钢构件截面面积小、质量轻。例如,在跨度和荷载相同的情况下,钢屋架的质量为钢筋混凝土屋架质量的 1/4~1/3。因此,钢结构相较钢筋混凝土结构更适合于跨度很大或者荷载很大的情况。

(2)塑性和韧性好。钢材塑性好,结构在破坏之前有明显的变形;延性好,有良好的抗震性能;还具有良好的韧性,对动力荷载的适应性强。

(3)材质均匀,接近各向同性。钢材内部组织比较接近于匀质和各向同性,同力学计算的假定比较符合。而且在一定的应力幅度内几乎是完全弹性的。因此,钢材的实际受力情况和工程力学计算结果比较符合。

(4)制作简单,施工工期短。钢结构一般都是在专业工厂进行机械化生产制造,后运至工地现场通过焊接或螺栓安装,工业化生产程度高,质量容易保证,也便于改建、加固和拆迁。

(5)密闭性好。钢结构采用焊接连接后可以做到安全密封,能够满足高压容器、油罐、管道等对气密性和水密性的要求。

(6)绿色环保。钢结构工程施工现场占地面积小,现场湿作业少,环境污染少,材料可回收利用。

(7)耐热但不耐火。钢结构耐热性能好,但耐火性能差。钢材表面温度在 200℃ 以内时,钢材性质变化很小;当表面温度达到 400℃ 以上时,钢材强度下降较为明显;当表面温度达到 600℃ 左右时,钢材几乎完全丧失承载能力。

(8)耐腐蚀性差。普通钢材容易锈蚀,必须采用防腐蚀涂料等表面防护措施,在使用期间需定期保养。近年来出现的高性能涂料和耐候钢具有较好的抗腐蚀性,已逐步得到推广和应用。

(9)稳定问题较为突出。由于钢材强度大,钢构件截面小、厚度薄,所以在压力和弯矩等作用下会引发构件甚至整个结构的稳定问题。如何防止结构或构件失稳,在钢结构设计和施工中必须给予足够重视。

1.2　钢结构的组成和类型

钢结构类型多样，主要包括单层厂房钢结构、高层民用建筑钢结构、大跨空间结构等。下面对不同类型钢结构的组成进行简要介绍。

1. 单层厂房钢结构

为了满足工艺及设备设施要求，需要厂房具备跨度大、柱距大、空间高，车间内设置有起重量大的生产设备以及起重运输设备等特点。因而往往必须采用由钢屋架、钢柱和钢吊车梁等组成的全钢设备。例如火力发电厂、大型冶金企业和重型机械制造厂等车间。下面对钢结构厂房的构造进行简要介绍。

单层厂房钢结构（图 1-1）是由屋盖结构、框架柱、吊车梁、各种支撑等构件组成的空间体系。这些构件按其作用可分为下面几类：

（1）横向框架

横向框架由柱和它所支承的屋架或屋盖横梁组成，是单层厂房钢结构的主要承重体系，承受结构的自重、风、雪荷载和吊车的竖向与横向荷载，并把这些荷载传递到基础。

（2）屋盖结构

屋盖结构是承担屋盖荷载的结构体系，包括横向框架的横梁、托架、中间屋架、天窗架、檩条等。

（3）支撑体系

支撑体系包括屋盖部分的支撑和柱间支撑等，它一方面与柱、吊车梁等组成单层厂房钢结构的纵向框架，承担纵向水平荷载；另一方面又把主要承重体系由个别的平面结构连成空间的整体结构，从而保证了单层厂房钢结构所必需的刚度和稳定。

（4）吊车梁

吊车梁主要承受吊车竖向及水平荷载，并将这些荷载传到横向框架和纵向框架上。

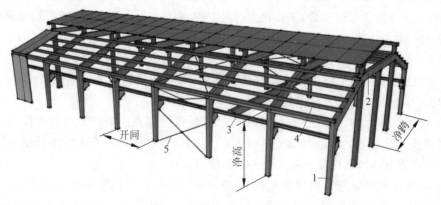

1—框架柱；2—横梁；3—吊车梁系统；4—屋架支撑；5—柱间支撑。

图 1-1　单层厂房钢结构

2. 高层民用建筑钢结构

《高层民用建筑钢结构技术规程》（JGJ 99—2015）规定，高层钢结构一般指 10 层及 10

层以上或房屋高度大于 28 m 的住宅建筑,以及房屋高度大于 24 m 的其他高层民用建筑。高层民用建筑钢结构类型主要包括框架结构体系(图 1-2(a))、框架-支撑结构体系(包括框架-中心支撑、框架-偏心支撑和框架-屈曲约束支撑结构)、框架-延性墙板结构体系、筒体结构体系(包括框筒、筒中筒、桁架筒和束筒结构)以及巨型框架结构。

钢框架结构体系(图 1-2(a))是指沿房屋的纵向和横向均采用钢框架作为承重和抗侧力的主要构件所形成的结构体系。钢框架是由水平杆件(钢梁)和竖向杆件(钢柱)正交连接形成,框架的纵、横梁与柱的连接一般采用刚性连接。

钢框架-支撑体系属于双重抗侧力结构体系,它是在框架结构的基础上沿纵、横两个方向或其他主轴方向设置一定数量的竖向支撑构件所组成的结构体系。其中框架和支撑共同抵抗侧向力的作用。钢框架-支撑体系的支撑分为中心支撑(图 1-2(b))和偏心支撑(图 1-2(c))两种类型。

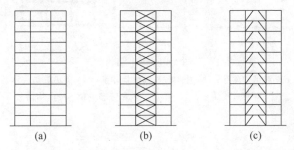

图 1-2 框架结构体系及框架支撑结构体系
(a) 框架结构体系;(b) 框架-中心支撑结构体系;(c) 框架-偏心支撑结构体系

钢框架-延性墙板体系由钢梁、钢柱、延性墙板等构件组成,是一种能共同承受竖向、水平作用的钢结构体系,延性墙板有带加劲肋的钢板剪力墙、无黏接内藏钢板支撑墙板、屈曲约束钢板剪力墙等。

筒体结构体系是由一个或多个筒体作为主要受力构件的高层建筑体系,可分为框筒、筒中筒、桁架筒、束筒等。框筒结构体系的水平荷载主要由外筒体承受,而竖直荷载主要由内部的梁格和承重柱来承受。最简单的外筒体是由一圈密排的柱和各层楼盖处的横梁刚接而成的密间距矩形网络(图 1-3(a))。为达到更大的刚度,可以进一步将框筒结构体系改为桁架筒结构体系(图 1-3(b))。另一种提高刚度的方法为筒中筒结构(图 1-3(c)),即在内部设置剪力墙式的内筒,通过楼盖结构将内筒和外筒连为一个整体,共同承担水平荷载和竖向荷载。随着筒式结构的发展,束筒结构体系(图 1-3(d))应运而生,如采用桁架式束筒结构体系,又可以继续提高整体建筑物刚度。

此外,高层钢结构还包括高层钢-混凝土混合结构体系,主要包括钢框架-钢筋混凝土核心筒结构体系(图 1-3(e))和钢筋混凝土外框筒-钢内框架结构体系。这两种混合结构体系的侧向荷载主要由钢筋混凝土核心筒承担,竖向荷载主要由钢框架承担。

高层钢结构应根据房屋高度和高宽比、抗震设防类别、抗震设防烈度、场地类别和施工技术条件等因素考虑其适宜的钢结构体系。房屋高度不超过 50 m 的高层钢结构建筑可采用框架、框架-中心支撑或其他体系的结构,超过 50 m 的高层钢结构建筑,8、9 度烈度时宜采用框架-偏心支撑、框架-延性墙板或屈曲约束支撑等结构。所有的结构体系选用时应满足结构安全可靠、经济合理、施工高效等原则。

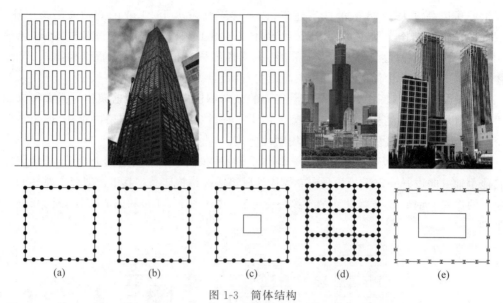

图 1-3　筒体结构

（a）框筒结构体系；（b）桁架式框筒结构体系；（c）筒中筒结构体系；

（d）束筒结构体系；（e）钢框架-钢筋混凝土核心筒结构体系

3. 大跨空间结构

大跨空间结构是指不易分解为平面结构体系的三维形体的大跨度结构，具有空间传力特征。通常其基本组成单元就是空间形体，每个节点的受力也是三维的。

早期的空间结构一般为钢筋混凝土实体结构，如薄壳结构、折板结构，目前已应用不多。钢结构范畴的大跨空间结构主要包括网格结构体系、张力结构体系和混合结构体系。

网格结构体系包括网架结构和网壳结构，一般是由杆件和节点按一定规律组成的空间网格状高次超静定结构。外观呈平板状的一般称为网架结构体系（图 1-4(a)），呈曲面状的称为网壳结构体系（图 1-4(b)）。网格结构空间刚度大、整体性强，杆件主要受轴力。

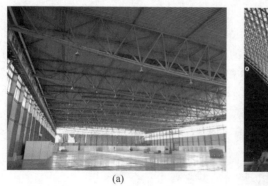

图 1-4　网格结构体系

（a）网架结构体系；（b）网壳结构体系

张力结构体系主要有索网结构和索穹顶结构。通过对索施加预张力形成结构体，如图 1-5 所示。其主要受力构件是单向受拉的索。索网结构主要包括单层悬索体系（图 1-5(a)）、双层悬索体系(图 1-5(b))和组合悬索体系(图 1-5(c))。单层悬索体系通常索端需要强大的抗拉支承体系;双层悬索体系由下凹的承重索和曲率相反的稳定索组成,两索之间用拉索或撑杆相连形成索网结构;将多个索网与中间支承结构相结合,也可形成形式各异的组合悬索体系。索穹顶结构是基于 Fuller 张拉整体结构思想而形成的一种新型大跨结构。它采用高强钢索作为主要的受力构件,配合使用轴心受压构件,通过给钢索施加预应力,使结构具备刚度和承载能力。该结构由径向拉索、环索、压杆、内拉环和外压环组成。经典索穹顶结构主要包括 Geiger 型索穹顶结构和 Levy 型索穹顶结构,如图 1-6 所示。

 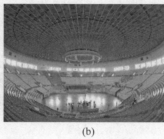 

(a)　　　　　　　　　(b)　　　　　　　　　(c)

图 1-5　张力结构体系

(a) 单层悬索体系;(b) 双层悬索体系;(c) 组合悬索体系

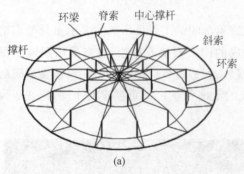 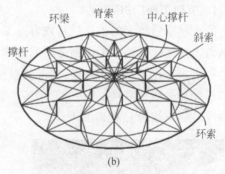

(a)　　　　　　　　　　　　　(b)

图 1-6　索穹顶结构

(a) Geiger 型索穹顶结构;(b) Levy 型索穹顶结构

结合网格结构和张力结构两种结构体系的优点组合而成的称为混合结构体系或杂交结构体系,包括弦支结构体系、索拱结构体系、斜拉结构体系等,如图 1-7 所示。弦支结构体系利用拉索和撑杆组成索撑体系来支承传统结构,是一种预应力复合结构体系。被支承的传统结构包括梁、桁架、穹顶、混凝土楼板、筒壳和拱壳等,索撑体系和这些传统结构相结合,构成了弦支梁、弦支桁架、弦支穹顶、弦支混凝土板、弦支筒壳和弦支拱壳等结构形式。通过在抗拉构件上施加预应力,使结构产生反向挠度,降低结构在荷载作用下的最终挠度,减小结构对支座产生的水平推力;通过调整受拉构件的预应力,可以使结构成为自平衡体系。同时,撑杆对上层结构也起到了弹性支撑的作用,减小了上层结构的弯矩。

索拱结构体系的传力机理为当对索施加预应力时,拱受到向上的拉力,从而抵消一部分荷载作用导致的拱所承担的压力。

斜拉结构体系是指由塔柱顶部挂下斜拉索直接与刚性屋盖(多为网格结构)相连而形成的结构体系。斜拉索为网格结构提供一系列中间弹性支座,从而达到增大刚性屋盖跨度的效果。

图 1-7　混合结构体系

（a）弦支结构体系；（b）索拱结构体系；（c）斜拉结构体系

组成以上各种类型钢结构建筑物的基本构件有轴心受拉构件、轴心受压构件、受弯构件、拉弯构件、压弯构件、拉索等。将这些构件通过焊缝和螺栓等连接起来就组成了整体钢结构体系。而对于各种受力状态下的构件及连接的计算分析，即为本书讲解的重点。

1.3　钢结构的应用范围

1. 重型工业厂房

吊车起重量较大的工业厂房或者有工作较繁重车间的工业厂房的主要承重骨架多采用钢结构。其结构形式多为由钢屋架和阶形柱组成的门式刚架或排架，也有采用网架做屋盖的结构形式。在工业建筑方面，大部分重型机械厂、大型电机厂以及锅炉厂等主要车间的主体结构都是采用钢结构。图 1-8 为 1977 年建成的上海锅炉厂的重型容器车间，图 1-9 为北京多维国际钢结构 C 型钢加工厂。

图 1-8　重型容器车间

图 1-9　C 型钢加工厂

2. 大跨度结构

大跨度结构跨度越大，其自重在荷载中所占的比例就越大，因此减轻结构的自重会带来明显的经济效益。钢材强度高和结构重量小的优势适用于大跨度结构，因此钢结构在大跨空间结构和大跨桥梁结构中得到了广泛应用。大跨度结构所采用的结构形式有空间桁架、网架、网壳、悬索（包括斜拉体系）、张弦梁、实腹或格构式拱架和框架等。2008 年北京奥运会羽毛球馆采用净跨度为 93 m 的弦支联方型球面网壳，是当时世界上跨度最大的弦支网壳结构,如图 1-10 所示。鄂尔多斯伊旗体育中心跨度为 71.2 m,矢高 5.5 m,设 20 道径向索、2 道环索,用钢量低至 20 kg/m²,是国内第一个大跨度新型索穹顶结构体系,如图 1-11 所示。北京大兴国际机场航站楼屋盖由中央大厅和 5 个指廊组成,屋盖结构是由网架、桁架等结构组成不规则自由曲面,共计 18.2 万 m² 的复杂曲面空间网格钢屋盖,如图 1-12 所示。2022 年冬奥会国家速滑馆马鞍形单层双向正交索网结构,是世界上跨度最大的室内单层索网屋面结构,屋盖正交索网南北向最大跨度 198 m,东西向最大跨度 124 m,如图 1-13 所示。

图 1-10　北京奥运会羽毛球比赛馆

图 1-11　鄂尔多斯伊旗体育中心

图 1-12　北京大兴国际机场

图 1-13　冬奥会国家速滑馆

3. 高层及超高层结构的骨架

钢结构或其组合结构作为高层或超高层结构的骨架,近年来得到了越来越广泛的应用。其结构形式主要有框架结构、框架-支撑结构、筒体结构和巨型框架等。例如首都师范大学附属中学通州校区学生宿舍楼建筑面积为 1.2 万 m²,结构总高度 33.3 m,结构长 61 m,宽 18.6 m,结构体系为钢框架结构,如图 1-14 所示。北京 CBD-Z13 办公楼高 190 m,共 42 层,平面尺寸 63 m×38.6 m,采用混凝土核心筒-钢梁钢管混凝土柱外框架-单向伸臂和腰桁架-端部支撑框架组成的混合结构体系,如图 1-15 所示。上海金茂大厦主体结构高度为 372.1 m,总高度为 421 m,为钢-混凝土混合结构,结构体系采用巨型柱框架-核心筒-伸臂桁架结构体系,如图 1-16 所示。北京中信大厦,又名中国尊,是中国中信集团总部大楼,占地面积 11 478 m²,总高 528 m,地上 108 层、地下 7 层,总建筑面积 43.7 万 m²,可容纳 1.2 万人办公,在结构上采用了含有巨型柱、巨型斜撑及转换桁架的外框筒以及含有组合钢板剪力墙的核心筒,形成了巨型钢-混凝土筒中筒结构体系,如图 1-17 所示。

图 1-14　首都师范大学附属中学通州校区学生宿舍楼

图 1-15　北京 CBD-Z13 办公楼

图 1-16　上海金茂大厦

图 1-17　北京中信大厦

4. 受动力荷载影响的结构

由于钢材具有良好的韧性，因而受动力荷载影响的结构（如设有较大锻锤或产生动力作用设备的厂房）往往采用钢结构体系。对于抗震能力要求高的结构，采用钢结构也是比较适宜的。

5. 高耸结构

高耸结构包括塔架和桅杆结构，如高压输电线路的塔架，广播、通信和电视发射用的塔架和桅杆，火箭（卫星）发射塔架等，也是钢结构的应用范围。东方明珠广播电视塔于 1994 年建成，主体为多筒结构，由 3 根斜撑、3 根立柱及广场、塔座、下球体、5 个小球体、上球体、太空舱、发射天线桅杆等构成，总高 468 m，总建筑面积达 10 万 m²，如图 1-18 所示。广州市新电视塔（图 1-19）高 610 m，由 454 m 高的主塔和 156 m 的天线桅杆组成，主塔结构由混凝土核心筒和钢结构外框筒组成。核心筒为 14 m×17 m 的椭圆，外框筒由 24 根倾斜的钢管混凝土直柱、46 道钢环杆和 45 道钢斜撑组成。

6. 密闭结构和其他构筑物

冶金、石油、化工企业中大量采用钢板做成的容器结构，包括油罐（图 1-20）、煤气罐、高炉和热风炉等。此外，经常使用的还有皮带通廊栈桥、管道支架和锅炉支架等其他钢构筑物，海上采油平台（图 1-21）也大都采用钢结构。

图1-18 东方明珠广播电视塔

图1-19 广州电视塔

图1-20 油罐

图1-21 海上采油平台

7. 可拆卸结构

钢结构不仅重量轻,还可以用螺栓或其他便于拆装的方法来连接,因此非常适用于需要搬迁的结构,如建筑工地、油田和需野外作业的生产和生活用房的框架等。钢筋混凝土结构施工用的模板和支架,以及建筑施工用的脚手架等也趋向于用工具式的钢桁架。在武汉火神山、雷神山医院建设过程中,使用了大量的临时箱式房,大大加快了施工速度,如图1-22所示。在2022年北京冬奥会的赛场上可以见到大量临时设施支撑架体(图1-23),作为观众看台、大屏幕架体和摄像机平台等,赛后可以进行拆除和重复利用。

图1-22 武汉雷神山医院临时箱式房

图1-23 北京冬奥会临时设施支撑架体

1.4　钢结构的设计方法

钢结构的设计采用以概率论为基础的极限状态设计法，并采用分项系数设计表达式进行计算。结构设计的目的是要使设计的结构能够满足各种预定功能要求、建筑结构设计统一标准规定，建筑结构必须满足下列功能要求：

（1）安全性要求。结构应能承受在正常施工和正常使用时可能出现的各种荷载及引起结构外加变形或约束变形的其他作用（如支座沉陷、温度变化），在偶然事件（如地震）发生时及发生后仍能保持必要的整体稳定，不致倒塌。

（2）适用性要求。结构在正常使用荷载作用下应具有良好工作性能，满足预定的使用要求。例如，不产生影响正常使用的过大变形等。

（3）耐久性要求。结构在正常维护下，应随时间的变化仍能满足预定功能要求。例如，不发生严重锈蚀而影响结构的使用寿命等。

结构上的作用是指使结构产生效应（即内力、变形、应力、应变等）的各种原因的总称。作用可分为直接作用和间接作用两类。直接作用是指直接施加于结构上的集中或分布的力，如结构自重、楼面活荷载、吊车荷载等，统称为荷载。间接作用是指引起结构外加变形或约束变形的其他作用，以变形形式作用于结构，如温度变化、基础沉降、焊接、地震等。

作用效应（S）是指结构上的作用引起的结构或其构件的内力和变形，如轴力和弯矩、剪力和扭矩、应力和挠度、转角和应变等，也可以说效应就是作用的结果。当作用为荷载时，其效应也可称为荷载效应。

结构抗力（R）是指结构或构件抵抗内力和变形的能力，如构件的承载能力、刚度等。结构（构件）的抗力是结构（构件）材料性能（强度、弹性模量等）、几何参数和计算模式的函数，由于材料性能的变异性、构件几何特征的不定性等因素，结构（构件）抗力也是随机变量。

1.4.1　结构可靠度

结构在规定的设计使用年限内应具有足够可靠性。按照概率极限状态设计法，结构的可靠性是指结构在规定的时间（设计基准期，一般取 50 年）内，在规定的条件（正常设计、正常施工、正常使用和正常维护）下，完成预定的安全性、适用性、耐久性等功能的能力。显然，结构具有安全性、适用性和耐久性，即可认为结构具有可靠性；因而也可以说，结构可靠性是关于结构安全性、适用性和耐久性的统称。

可靠度 p_s 是可靠性的量化表述，是结构在规定的时间内与规定的条件下完成预定功能的概率。结构的可靠指标 β 是度量结构可靠度 p_s 的指标。结构的设计应设置并依据相应的可靠度，其设置水平应根据结构构件的安全等级、失效模式和经济因素等确定。对结构的安全性和适用性可采取不同的可靠度水平。

当有充分的统计数据时，结构构件的可靠度宜采用可靠指标 β 来度量。β 既是度量结构构件可靠性大小的尺度，亦是各分项系数取值的基本依据。β 的理论计算公式可见式（1-1）。

$$\beta = \frac{\mu_R - \mu_S}{\sqrt{\sigma_R^2 + \sigma_S^2}} \tag{1-1}$$

式中：β——结构或构件的可靠指标；

　　　μ_S、σ_S——分别为结构或构件作用效应的平均值和标准差；

　　　μ_R、σ_R——分别为结构或构件抗力的平均值和标准差。

实际工程设计时，β 可根据对现有结构构件的可靠度分析，并结合使用经验和经济因素等确定。我国各现行结构设计规范所依据的可靠指标 β 值可见表 1-1。工程设计中，钢结构构件的可靠指标一般按 $\beta=3.2$ 取值。

表 1-1　结构构件承载能力极限状态的可靠指标 β

破 坏 类 型	安 全 等 级		
	一级	二级	三级
延性破坏	3.7	3.2	2.7
脆性破坏	4.2	3.7	3.2

注：1. 延性破坏是指结构构件在破坏前有明显的变形或其他预兆；脆性破坏是指结构构件在破坏前无明显的变形或其他预兆；

2. 结构构件承受偶然作用时，其可靠指标应符合专门规范的规定。

按概率法的概念，结构设计总是存在一定风险，不能保证绝对安全。这种风险可以用结构的失效概率 p_f 来评价，其与构件可靠度 p_s 的关系见式(1-2)：

$$p_s = 1 - p_f \tag{1-2}$$

当结构的使用年限超过设计使用年限后，结构的失效概率可能较设计预期值逐渐增大，而不是立即损坏或失效。合理的结构设计就是在规定的时间内与条件下，可将失效概率控制在足够小并安全使用范围内。同时，按可靠性分析可知可靠指标 β 与失效概率运算 p_f 的关系如表 1-2 所示。

表 1-2　可靠指标 β 与失效概率运算值 p_f 的关系

β	2.7	3.2	3.7	4.2
p_f	3.5×10^{-3}	6.9×10^{-4}	1.1×10^{-4}	1.3×10^{-5}

1.4.2　极限状态设计原则

结构的极限状态是指整个结构或结构的一部分超过某一特定状态就不能满足设计规定的某一功能要求，此特定状态称为该功能的极限状态。极限状态可分为承载能力极限状态、正常使用极限状态和耐久性极限状态。

1. 承载能力极限状态

承载能力极限状态可理解为结构或结构构件发挥允许的最大承载能力的状态。结构构件由于塑性变形而使其几何形状发生显著改变，虽未达到最大承载能力，但已彻底不能使用，也属于达到这种极限状态。当结构或构件出现下列状态之一时，即可认为超过了承载能力极限状态：

(1) 结构构件或连接因超过材料强度而破坏，或因过度变形而不适于继续承载；

(2) 整个结构或其一部分作为刚体失去平衡；

（3）结构转变为机动体系；

（4）结构或结构构件丧失稳定；

（5）结构因局部破坏而发生连续倒塌；

（6）地基丧失承载力而破坏；

（7）结构或结构构件的疲劳破坏。

2. 正常使用极限状态

正常使用极限状态可理解为结构或结构构件达到使用功能上允许的某个限值的状态。例如，某些构件必须控制变形、裂缝才能满足使用要求。因为过大的变形会造成房屋内粉刷层剥落、填充墙和隔断墙开裂及屋面积水等后果；过大的裂缝会影响结构的耐久性；过大的变形、裂缝也会造成用户心理上的不安全感。当结构或构件出现下列状态之一时，即认为超过了正常使用极限状态：

（1）影响正常使用或外观的变形；

（2）影响正常使用的局部损坏；

（3）影响正常使用的振动；

（4）影响正常使用的其他特定状态。

3. 耐久性极限状态

结构耐久性是指在服役环境作用和正常使用维护条件下，结构抵御结构性能劣化或退化的能力。结构的耐久性极限状态设计应使结构构件出现耐久性极限状态标志或限值的年限不小于其设计使用年限。当结构或结构构件出现下列状态之一时，应认定为超过了耐久性极限状态：

（1）影响承载能力和正常使用的材料性能劣化；

（2）影响耐久性能的裂缝、变形、缺口、外观、材料削弱等；

（3）影响耐久性能的其他特定状态。

对结构的各种极限状态，均应规定明确的标志或限值。结构设计时应对结构的不同极限状态分别进行计算或验算；若仅为某一极限状态的计算或验算起控制作用时，可仅对该极限状态进行计算或验算。同时对每一种作用组合均应采用最不利的效应设计值进行设计。

工程结构设计时，应考虑持久状况、短暂状况、偶然状况与地震状况等不同的设计状况。持久设计状况，适用于结构使用时的正常情况；短暂设计状况，适用于结构出现的临时情况，包括结构施工和维修时的情况等；偶然设计状况，适用于结构出现的异常情况，包括结构遭受火灾、爆炸、撞击时的情况等；地震设计状况，适用于结构遭受地震时的情况。应针对不同的状况，合理地采用相应的结构体系、可靠度水平、基本变量和作用组合等设计技术条件，并按表 1-3 的分类分别进行相应的极限状态设计。

表 1-3　结构设计状况与相应极限状态设计分类

结构设计状况	进行承载能力极限状态设计	进行正常使用极限状态设计	进行耐久性极限状态设计
持久设计状况	√	√	√
短暂设计状况	√	必要时	—
偶然设计状况	√	—	—
地震设计状况	√	必要时	—

建筑结构按极限状态设计时,应按表 1-4 规定对不同的设计状况采用相应的荷载作用组合,在每一种作用组合中还必须选取其中的最不利组合进行有关的极限状态设计。设计时应针对各种有关的极限状态进行必要的计算或验算,当有实际工程经验时,也可采用构造措施来代替验算。

表 1-4　极限状态设计的相应作用组合

极限状态类别	选用作用组合
承载能力极限状态设计	(1) 对于持久设计状况或短暂设计状况,应采用作用的基本组合 (2) 对于偶然设计状况,应采用作用的偶然组合 (3) 对于地震设计状况,应采用作用的地震组合
正常使用极限状态设计	(1) 对于不可逆正常使用极限状态设计,宜采用作用的标准组合 (2) 对于可逆正常使用极限状态设计,宜采用作用的频遇组合 (3) 对于长期效应是决定性因素的正常使用极限状态设计,宜采用作用的准永久组合

1.4.3　分项系数设计方法

结构或构件的极限状态可以用荷载(作用)效应 S 和结构或构件抗力 R 之间的关系来描述。令 $Z=R-S$,当 $Z>0$,即 $R>S$,结构或构件处于可靠状态;当 $Z<0$,即 $R<S$,结构或构件处于失效状态;当 $Z=0$,即 $R=S$,结构或构件处于极限状态。$Z=g(R,S)$ 是反映结构完成功能状态的函数,称为结构功能函数或状态函数。

在进行承载能力极限状态设计和正常使用极限状态设计时,结构构件需根据规定的可靠指标,采用由作用的代表值、材料性能的标准值、几何参数的标准值和各相应的分项系数构成的极限状态设计表达式进行设计,并满足 $R \geqslant S$ 的要求。耐久性极限状态设计则通过保证构件质量的预防性处理措施、减小侵蚀作用的局部环境改善措施、延缓构件出现损伤的表面防护措施和延缓材料性能劣化速度的保护措施等进行设计。

1. 承载能力极限状态设计

进行承载能力极限状态的设计时,应控制结构或构件避免出现结构或构件破坏或过度变形,此时结构材料的强度起控制作用;整个结构或其一部分作为刚体失去静力平衡,此时结构材料的强度并不起控制作用;地基的破坏或过度变形,此时岩土的强度起控制作用;结构或结构构件疲劳破坏,此时结构材料的疲劳应力幅起控制作用。

1) 结构或结构构件的承载能力极限状态设计应符合下列规定:

(1) 结构或结构构件强度不足导致破坏或过度变形时的承载能力极限状态设计,应符合式(1-3)要求:

$$\gamma_0 S_d \leqslant R_d \qquad (1\text{-}3)$$

式中:γ_0——结构重要性系数。结构安全等级为一级、二级或三级时,γ_0 分别按 1.1、1.0 和 0.9 取值;当为偶然作用或地震作用时,γ_0 按 1.0 取值;

$\quad\quad S_d$——作用组合的效应(如轴力、弯矩等)设计值;

$\quad\quad R_d$——结构或结构构件的抗力(即承载力)设计值。

(2) 整个结构或其一部分作为刚体失去静力平衡时的承载能力极限状态设计,应符合式(1-4)要求:

$$\gamma_0 S_{d,dst} \leqslant S_{d,stb} \tag{1-4}$$

式中：$S_{d,dst}$——不平衡作用效应的设计值；

$S_{d,stb}$——平衡作用效应的设计值。

承载能力极限状态设计表达式中的作用组合应为可能同时出现的组合，每个作用组合中应包括一个主导可变作用或一个偶然作用或一个地震作用。当永久作用位置的变异对静力平衡或类似的极限状态设计结果很敏感时，该永久作用的有利部分和不利部分应分别作为单个作用。当一种作用产生的几种效应非全相关时，对产生有利效应的作用，其分项系数的取值应予降低。对不同的设计工况，应采用不同的作用组合。

2）对持久设计状况和短暂设计状况，应采用作用的基本组合，并应符合下列规定：

（1）基本组合的效应设计值按式（1-5）中最不利值确定：

$$S_d = S\left(\sum_{i \geqslant 1} \gamma_{G_i} G_{ik} + \gamma_P P + \gamma_{Q1} \gamma_{L1} Q_{1k} + \sum_{j>1} \gamma_{Q_j} \psi_{cj} \gamma_{Lj} Q_{jk}\right) \tag{1-5}$$

式中：$S(\cdot)$——作用组合的效应函数；

G_{ik}——第 i 个永久作用的标准值；

P——预应力作用的有关代表值；

Q_{1k}——第 1 个可变作用（主导可变作用）的标准值；

Q_{jk}——第 j 个可变作用的标准值；

γ_{G_i}——第 i 个永久作用的分项系数；

γ_P——预应力作用的分项系数；

γ_{Q1}——第 1 个可变作用（主导可变作用）的分项系数；

γ_{Q_j}——第 j 个可变作用的分项系数；

γ_{L1}、γ_{Lj}——分别为第 1 个和第 j 个考虑结构使用年限的荷载调整系数，应按表 1-6 采用；

ψ_{cj}——第 j 个可变作用的组合值系数，应按有关规范的规定采用。

（2）当作用与作用效应按线性关系考虑时，基本组合的效应设计值按式（1-6）中最不利值计算：

$$S_d = \sum_{i \geqslant 1} \gamma_{G_i} S_{G_{ik}} + \gamma_P S_P + \gamma_{Q1} \gamma_{L1} S_{Q_{1k}} + \sum_{j>1} \gamma_{Q_j} \psi_{cj} \gamma_{Lj} S_{Q_{jk}} \tag{1-6}$$

式中：$S_{G_{ik}}$——第 i 个永久作用标准值的效应；

S_P——预应力作用有关代表值的效应；

$S_{Q_{1k}}$——第 1 个可变作用标准值的效应；

$S_{Q_{jk}}$——第 j 个可变作用标准值的效应。

3）对偶然设计状况，应采用作用的偶然组合，并应符合下列规定：

（1）偶然组合的效应设计值按式（1-7）确定：

$$S_d = S\left(\sum_{i \geqslant 1} G_{ik} + P + A_d + (\psi_{f1} \text{ 或 } \psi_{q1}) Q_{1k} + \sum_{j>1} \psi_{qj} Q_{jk}\right) \tag{1-7}$$

式中：A_d——偶然作用的设计值；

ψ_{f1}——第 1 个可变作用的频遇值系数，应按有关标准的规定采用；

ψ_{q1}、ψ_{qj}——分别为第 1 个和第 j 个可变作用的准永久值系数，应按有关标准的规定采用。

（2）当作用与作用效应按线性关系考虑时，偶然组合的效应设计值按式（1-8）计算：

$$S_d = \sum_{i \geqslant 1} S_{G_{ik}} + S_P + S_{A_d} + (\psi_{f1} \text{ 或 } \psi_{q1}) S_{Q_{1k}} + \sum_{j>1} \psi_{qj} S_{Q_{jk}} \tag{1-8}$$

式中：S_{A_d}——偶然作用设计值的效应。

对地震设计状况，应采用作用的地震组合。地震组合的效应设计值应符合现行国家标准《建筑抗震设计标准》（2024年版）（GB/T 50011—2010）的规定。建筑结构的作用分项系数，应按表1-5取值。

表1-5 建筑结构的作用分项系数

作用分项系数	适用情况	
	当作用效应对承载力不利时	当作用效应对承载力有利时
γ_G	1.3	$\leqslant 1.0$
γ_P	1.3	$\leqslant 1.0$
γ_Q	1.5	0

建筑结构考虑结构设计使用年限的荷载调整系数，应按表1-6取值。

表1-6 建筑结构考虑结构设计使用年限的荷载调整系数 γ_L

结构的设计使用年限/a	γ_L
5	0.9
50	1.0
100	1.1

2. 正常使用极限状态设计

结构或结构构件按正常使用极限状态设计时，应符合式（1-9）要求：

$$S_d \leqslant C \tag{1-9}$$

式中：S_d——作用组合的效应（如变形、裂缝等）设计值；

C——设计对变形、裂缝等规定的相应限值，应按相关结构设计规范的规定采用。

按正常使用极限状态设计时，可根据不同情况采用作用的标准组合、频遇组合或准永久组合。标准组合宜用于不可逆正常使用极限状态；频遇组合宜用于可逆正常使用极限状态；准永久组合宜用于当长期效应取决定性因素时的正常使用极限状态。设计计算时，对正常使用极限状态的材料性能的分项系数 γ_G，除各结构设计规范有专门规定外，应取1.0。

各组合的效应设计值可分别按式（1-10）～式（1-15）确定：

1）标准组合

（1）标准组合的效应设计值按式（1-10）确定：

$$S_d = S\left(\sum_{i \geqslant 1} G_{ik} + P + Q_{1k} + \sum_{j>1} \psi_{cj} Q_{jk} \right) \tag{1-10}$$

（2）当作用与作用效应按线性关系考虑时，标准组合的效应设计值按式（1-11）计算：

$$S_d = \sum_{i \geqslant 1} S_{G_{ik}} + S_P + S_{Q_{1k}} + \sum_{j>1} \psi_{cj} S_{Q_{jk}} \tag{1-11}$$

2）频遇组合

（1）频遇组合的效应设计值按式(1-12)确定：

$$S_d = S\left(\sum_{i \geqslant 1} G_{ik} + P + \psi_{f1} Q_{1k} + \sum_{j>1} \psi_{qj} Q_{jk} \right) \tag{1-12}$$

（2）当作用与作用效应按线性关系考虑时，频遇组合的效应设计值按式(1-13)计算：

$$S_d = \sum_{i \geqslant 1} S_{G_{ik}} + S_P + \psi_{f1} S_{Q_{1k}} + \sum_{j>1} \psi_{qj} S_{Q_{jk}} \tag{1-13}$$

3）准永久组合

（1）准永久组合的效应设计值按式(1-14)确定：

$$S_d = S\left(\sum_{i \geqslant 1} S_{ik} + P + \sum_{j>1} \psi_{qj} Q_{jk} \right) \tag{1-14}$$

（2）当作用与作用效应按线性关系考虑时，准永久组合的效应设计值按式(1-15)计算：

$$S_d = \sum_{i \geqslant 1} S_{G_{ik}} + S_P + \sum_{j>1} \psi_{qj} S_{Q_{jk}} \tag{1-15}$$

习题

1.1 钢结构的特点有哪些？

1.2 钢结构主要由哪几种基本受力构件组成？

1.3 可靠度指标和失效概率有什么关系？

1.4 结构的承载能力极限状态包括哪些计算内容？正常使用极限状态包括哪些计算内容？

第2章

钢结构的材料

钢材是建造钢结构的材料,对钢结构的性能起决定性的作用。因此需要深入了解钢材的力学性能及其影响因素,才能正确选择适用于不同钢结构的钢材。

2.1 钢材的力学性能

2.1.1 单向拉伸时的性能

钢材在室温、静力条件下在拉力试验机上进行一次单向均匀拉伸试验,标准拉伸试件如图 2-1(a)所示,并由试验绘制出图 2-1(b)所示的应力-应变 σ-ε 曲线。曲线中的直线段 Oa' 的终点 a' 以下的应力 σ 和应变 ε 成比例,符合胡克定律,a' 点的应力记为 f_p 称为比例极限。a' 点以上附近的 a 点的应力称为弹性极限,当 $\sigma > f_p$ 到 a 点,曲线弯曲,应力-应变关系呈非线性,但钢材仍具有弹性性质,即此时若卸荷(N 回零),应变也降至零,不出现残余变形,这一阶段称为钢材受力的弹性阶段,弹性阶段终点 a 点对应的应力称为弹性极限 f_y,它常与 f_p 接近,试验时不易求得。a 点以上曲线开始偏离直线,b 点的应力称为上屈服强度。到达 c 点时,荷载不增加,变形持续增大,发生塑性流动,cd 段曲线接近一水平直线,c 点的应力记为 f_y,称为下屈服强度。d 点以后,随着应力 σ 增加,应变 ε 继续增大,但其斜率逐渐减小,到达 e 点时,试件发生颈缩现象(图 2-2),e 点的应力记为 f_u,称为抗拉强度或极限强度。e 点后 σ-ε 曲线开始下降,到 f 点试件被拉断。

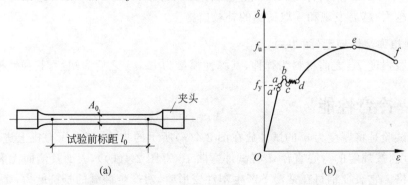

图 2-1 钢材的室温静力单轴拉伸应力-应变关系曲线

(a)标准拉伸试件;(b)钢材 σ-ε 曲线

一次单向拉伸试验较易进行，且便于规定标准的试验方法来确定钢材的性能指标，由一次单向均匀拉伸的应力-应变规律表示出的力学性能指标如下。

1. 屈服强度 f_y

f_y 的应变（$\varepsilon_y = 0.15\%$）和比例极限 f_p 的应变（$\varepsilon_p = 0.1\%$）很接近，在弹性计算时常以纤维应力达到 f_y 作为弹性设计的强度标准或材料抗力的标准。屈服点后的流幅 $\varepsilon = 0.15\% \sim 2.5\%$，表明材料已失去承担更大荷载的能力；这也是理想弹塑性模型（图 2-3）的试验基础。

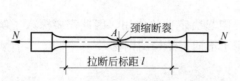

图 2-2　拉伸试验试件拉断时的颈缩现象

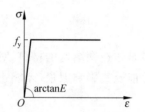

图 2-3　理想弹塑性体的 σ-ε 曲线

2. 抗拉强度 f_u

出现屈服平台之后，材料应变硬化曲线的最高点的应力为 f_u，之后出现颈缩断裂。以 f_u 作为强度储备。《钢结构设计标准》（GB 50017—2017）第 4.3.6 条规定，对于有抗震设防要求的钢结构的材料，一般来说，其屈强比不应高于 0.85。

3. 弹性模量 E

低于比例极限的应力与相应应变的比值，即直线 Oa 的倾角的正切值，$E = \tan\alpha$。计算时不论钢种，可近似取 $E = 2.06 \times 10^5$ N/mm^2。

4. 伸长率 δ

$$\delta = \frac{l - l_0}{l_0} \times 100\% \tag{2-1}$$

它是表征材料塑性性能的一个指标，《金属材料　力学性能试验术语》（GB/T 10623—2008）规定，伸长率是原始标距的伸长（$l - l_0$）与原始标距 l_0 之比的百分比。取圆形试件直径 d 的 5 倍或者 10 倍为标定长度，相应的伸长率记为 δ_5 或 δ_{10}。其值越大，构件破坏前出现的变形越大，越易发现和采取适当的补救措施。

5. 理想弹塑性模型（图 2-3）

在屈服强度 f_y 之前材料为弹性，其弹性模量为 E，f_y 之后为塑性，其弹性模量 $E = 0$。

2.1.2　冷弯性能

冷弯试验是将厚度为 a 的试件放在图 2-4(a)所示的支座上，在压力机上进行试验。根据试件厚度，按规定的弯心直径 d 将试件弯曲 180°（图 2-4(b)），表面及侧面无裂纹、断裂或分层为合格。它表征钢材在常温下产生塑性变形时，对产生裂缝的抵抗能力，是衡量材料塑性变形能力的指标，也是衡量冶金质量优劣的综合指标。特别是焊接构件焊后变形需要进行调直和调平时，都要求材料有较好的冷弯性能。

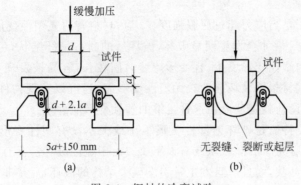

图 2-4 钢材的冷弯试验

（a）冷弯前；（b）冷弯后

2.1.3 冲击韧性

冲击韧性是指钢材在冲击荷载作用下断裂时吸收机械能的能力，是衡量钢材抵抗可能因低温、应力集中、冲击荷载作用等而致脆性断裂能力的一种机械性能。吸收能量较多才断裂的钢材是韧性好的钢材。图 2-5 所示带缺口的钢材标准试件在冲击试验机上进行试验。试件上有缺口，因此受力后在缺口处有应力集中使该处出现三向同号应力，材质变脆。我国以前曾采用梅式试件（U形缺口）作冲击韧性试验，而今已改用夏比（V形缺口）试件。

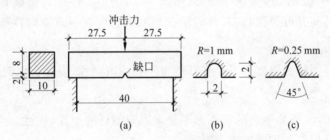

图 2-5 冲击韧性试验

（a）冲击韧性试验；（b）梅氏试件 U 形缺口；（c）夏比试件 V 形缺口

梅式试件跨中带 U 形缺口，断口处单位面积的功即为冲击韧性值，用 a_k 表示，单位 J/cm^2。夏比试件跨中带 V 形缺口，缺口高峰应力处常呈三向受拉应力状态，更能反映实际结构的缺陷。夏比试件缺口韧性用 A_{kv} 表示，单位是 $J(1J＝1N\cdot m)$。

钢材的冲击韧性随温度变化而发生变化，低温时冲击韧性与高温时相比明显下降。对于受动荷载作用的结构，钢材的冲击韧性根据钢材质量等级的不同，相应有常温（20℃±5℃）、0℃、负温（－20℃或－40℃）不同指标。

2.2 钢材的两种破坏形式

钢材的主要破坏形式可分为塑性破坏和脆性破坏两种形式。建筑钢结构所用的钢材虽然都有足够的变形能力，一般在断裂时发生塑性破坏，但在一定的条件下仍有发生脆性破坏的可能性。

塑性破坏的特征是当应力超过屈服强度 f_y 后，材料有明显塑性变形；只有当构件中的应力达到抗拉强度 f_u 后才会发生明显破坏，破坏后的断口呈纤维状，色泽发暗。由于塑性破坏前结构有较大的塑性变形发生，且变形持续时间较长，容易被发现和抢修加固，因此不致发生严重后果。钢材塑性破坏前的较大塑性变形能力，可以实现构件和结构中的内力重分布，钢结构的塑性设计就是建立在这种足够的塑性变形能力上。

脆性破坏的主要特征是破坏前塑性变形很小或根本没有塑性变形，而突然迅速断裂。破坏后断口平直，呈有光泽的晶粒状或有人字纹。由于脆性破坏前没有任何预兆，破坏速度又极快，无法察觉和补救，而且一旦发生常引发整个结构的破坏，后果非常严重，因此钢结构的设计、施工和使用过程中，应注意防止这种破坏的发生。

2.3　影响钢材性能的因素

2.3.1　化学成分的影响

1. 碳（C）

碳素钢主要是铁碳的合金，其中碳的质量分数小于 2%。按含碳量分为低碳钢（其含碳量小于 0.25%）、中碳钢（其含碳量大于 0.25%，小于 0.6%）和高碳钢（其含碳量大于 0.6%）。含碳量越高其可焊性越差，含碳量在 0.17%～0.20% 范围内，可焊性好。

2. 锰（Mn）

锰能显著提高钢材的强度且不过多降低塑性和冲击韧性，但锰会使钢材的可焊性下降。

3. 硅（Si）

硅是强脱氧剂，能提高钢材的强度而不显著影响钢材的塑性、韧性、冷弯性和可焊性，但过量会恶化钢的可焊性和抗锈蚀性。

4. 钒（V）、铌（Nb）、钛（Ti）

钒、铌、钛能使钢材晶粒细化，在提高强度的同时可保持良好的塑性、韧性。

5. 铝（Al）、铬（Cr）、镍（Ni）

铝、铬、镍能发挥微合金沉淀强化作用，提高钢的冲击韧性，尤其是低温冲击韧性，且提高抗火性。而且铝是强脱氧剂，能减少钢中有害氧化物，且能细化晶粒、提高钢材的塑性和冲击韧性。低合金钢的 C、D 及 E 级都规定含铝量不低于 0.015%，以保证低温冲击韧性。

6. 硫（S）、磷（P）、氧（O）、氮（N）

硫、磷、氧、氮都是有害杂质，会引起钢材的冷脆、热脆裂纹，应严格控制其质量分数。

钢结构用钢化学成分见表 2-1，其中 Q235 钢的数据源自《碳素结构钢》（GB/T 700—2006），Q355、Q390、Q420、Q460 钢的数据源自《低合金高强度结构钢》（GB/T 1591—2018）。

表 2-1 钢材的化学成分

牌号	质量等级	各种元素的质量分数/%（不大于）														
		C 公称直径或厚度/mm		Mn	Si	P	S	V	Nb	Ti	Cu	Cr	Ni	Mo	N	B
		≤40	>40													
Q235	A	0.22		1.4	0.35	0.045	0.050									
	B	0.20		1.4	0.35	0.045	0.045									
	C	0.17		1.4	0.35	0.040	0.040									
	D	0.17		1.4	0.35	0.035	0.035									
Q355	B	0.24		1.60	0.55	0.035	0.035				0.40	0.30	0.30		0.012	
	C	0.20	0.22	1.60	0.55	0.030	0.030				0.40	0.30	0.30		0.012	
	D	0.20	0.22	1.60	0.55	0.025	0.025				0.40	0.30	0.30			
Q390	B	0.20		1.70	0.55	0.035	0.035	0.13	0.05	0.05	0.40	0.30	0.50	0.10	0.015	
	C	0.20		1.70	0.55	0.030	0.030	0.13	0.05	0.05	0.40	0.30	0.50	0.10	0.015	
	D	0.20		1.70	0.55	0.025	0.025	0.13	0.05	0.05	0.40	0.30	0.50	0.10	0.015	
Q420	B	0.20		1.70	0.55	0.035	0.035	0.13	0.05	0.05	0.40	0.30	0.80	0.20	0.015	
	C	0.20		1.70	0.55	0.030	0.030	0.13	0.05	0.05	0.40	0.30	0.80	0.20	0.015	
Q460	C	0.20		1.80	0.55	0.030	0.030	0.13	0.05	0.05	0.40	0.30	0.80	0.20	0.015	0.004

　　硫是有害元素，硫与铁的化合物硫化铁（FeS）一般散布于纯铁体的间层中，在高温（800～1200℃）时会熔化使钢材变脆，可焊性变差，故在焊接或热加工过程中有可能引起裂纹——热脆。此外，硫还会降低钢的塑性、冲击韧性和抗锈蚀性能。因此应严格控制钢材中硫含量，且质量等级愈高，钢材对韧性要求愈高，其含量控制愈严格。如碳素结构钢的硫含量的上限取值范围为 0.035%～0.050%。低合金高强度结构钢的硫含量的上限取值范围为 0.020%～0.035%。

　　磷能提高钢的强度和抗锈蚀能力，但严重地降低钢的塑性、冲击韧性、冷弯性能和可焊性，特别是在低温时使钢材变脆——冷脆，因此钢材中磷含量也要严格控制。碳素结构钢的磷含量的上限取值范围为 0.035%～0.045%，低合金高强度结构钢的磷含量的上限取值范围为 0.025%～0.035%。

　　氧和氮也属于有害杂质。氧的影响与硫相似，使钢"热脆"。氮的影响则与磷相似，使钢"冷脆"。因此，氧和氮的含量也应严加控制，一般氧含量应不大于 0.05%，氮含量应不大于 0.008%。

7. 铜（Cu）

　　铜在碳素结构钢中属于杂质成分。它可以显著改善钢材的抗锈蚀能力，也可以提高钢材的强度，但对焊接性能有不利影响。

8. 钼（Mo）

　　钼使钢的晶粒细化，能显著提高钢的淬透性和热强性，以及防止回火脆性，并与碳会形成碳化钼（MoC），有二次硬化作用，能提高钢的耐磨性和抗蠕变性。而且钼是缩小奥氏体相区的元素，在钢中可固溶于铁素体、奥氏体和碳化物中，进而能提高钢的热稳定性、抗拉强度、韧性、矫顽磁力、延展性和加工性。但过量会加速脱碳，降低钢的抗氧化能力，恶化钢的可焊性及抗锈蚀性。

9. 硼（B）

钢中加入微量的硼可改善钢的致密性和热轧性能，并提高强度及淬透性。

2.3.2　成材过程的影响

1. 冶炼

冶炼的过程形成了钢的化学成分及其含量、钢的金相组织结构及其缺陷，从而确定了不同的钢种、钢号和相应的力学性能。

2. 浇铸

浇铸铸锭的过程中，因脱氧程度不同而形成镇静钢、半镇静钢、特殊镇静钢和沸腾钢。

3. 轧制

钢材的轧制使金属晶粒细化，使气泡、裂纹等焊合。因薄板辊轧次数多，所以其力学性能比厚板好，如表 2-2 所示，其屈服强度的高低都由板厚决定。沿辊轧方向的力学性能比垂直于辊轧方向的力学性能好，所以要尽量避免拉力垂直于面板，以防层间撕裂。

4. 热处理

热处理使钢材取得高强度的同时还能够保持良好的塑性和韧性。

钢材力学性能见表 2-2，其中 Q235 钢的数据源自《碳素结构钢》（GB/T 700—2006），Q355、Q390、Q420、Q460 钢的数据源自《低合金高强度结构钢》（GB/T 1591—2018）。

表 2-2　钢材的力学性能

牌号	钢材厚度（或直径）/mm	拉伸试验				冷弯试验 180° $B=2a$ [b]		冲击试验（V 形缺口）		
		抗拉强度/(N/mm²)	屈服强度 [e]/(N/mm²)	断后伸长率 A/%		弯心直径 d [h]		钢材等级及温度/℃	V 形冲击功/J	
				纵向	横向	纵向	横向		纵向	横向
Q235	≤16	370～500[a]	≥235	≥26	—	a	1.5a	A(—)	(—)	
	>16～40		≥225	≥26				B(20℃)	≥27	
	>40～60		≥215	≥25	—	2a	2.5a	C(0℃)	≥27	—
	>60～100		≥215	≥24				D(−20℃)	≥27[d]	
	>100～150		≥195	≥22	—	协议[c]				
	>150～200		≥185	≥21						
Q355	≤16	470～630	≥355	≥22	≥20	$d=2a$				
	>16～40		≥345	≥22	≥20	$d=3a$				
	>40～63		≥335	≥21	≥19	$d=3a$				
	>63～80		≥325	≥20	≥18	$d=3a$		B(20℃)	≥34	≥27
	>80～100	450～600	≥315	≥20	≥18	$d=3a$		C(0℃)	≥34	≥27
	>100～150		≥295	≥18	≥18	—		D(−20℃)	≥34	≥27[g]
	>150～200		≥285	≥17	≥17	—				
	>200～250		≥275	≥17	≥17	—				
	>250～400		≥265[f]	≥17[f]	≥17[f]	—				

续表

牌号	钢材厚度(或直径)/mm	拉伸试验 抗拉强度/(N/mm²)	屈服强度[e]/(N/mm²)	断后伸长率 A/% 纵向	横向	冷弯试验180° B=2a[b] 弯心直径 d[h] 纵向	横向	冲击试验(V形缺口) 钢材等级及温度/℃	V形冲击功/J 纵向	横向
Q390	≤16	490~650	≥390	≥21	≥20	d=2a				
	>16~40	470~620	≥380	≥21	≥20	d=3a				
	>40~63		≥360	≥20	≥19	d=3a				
	>63~80		≥340	≥20	≥19	d=3a		B(20℃)	≥34	≥27
	>80~100		≥340	≥20	≥19	d=3a		C(0℃)	≥34	≥27
	>100~150	—	≥320	≥19	≥18	—		D(−20℃)	≥34	≥27[g]
	>150~200									
	>200~250									
	>250~400									
Q420[i]	≤16	520~680	≥420	≥20		d=2a				
	>16~40	500~650	≥410	≥20		d=3a				
	>40~63		≥390	≥19		d=3a				
	>63~80		≥370	≥19		d=3a		B(20℃)	≥34	≥27
	>80~100		≥370	≥19	—	d=3a		C(0℃)	≥34	≥27
	>100~150	—	≥350	≥19						
	>150~200									
	>200~250		—							
	>250~400									
Q460[i]	≤16	550~720	≥460	≥18		d=2a				
	>16~40	530~700	≥450	≥18		d=3a				
	>40~63		≥430	≥18		d=3a				
	>63~80		≥410	≥18		d=3a				
	>80~100		≥410	≥17	—	d=3a		C(0℃)	≥34	≥27
	>100~150	—	≥390	≥17						
	>150~200									
	>200~250									
	>250~400									

说明：a：厚度大于100 mm的钢材，抗拉强度下限允许降低20 N/mm²，宽带钢(包括剪切钢板)抗拉强度上限不作为交货条件。

b：B为试样宽度，a为试样厚度(直径)。

c：钢材厚度(或直径)大于100 mm时，弯曲试验须协商确定。

d：厚度小于25mm的Q235B级钢材，如供方能保证冲击吸收功值合格，经需方同意，可不作检验。

e：Q355~Q460级钢材采用上屈服强度，并且当屈服不明显时，可用规定塑性延伸强度代替上屈服强度。

f：公称厚度或直径为250~400 mm时，只适用于质量等级为D的钢板。

g：仅适用于厚度大于250 mm的Q355D钢板。

h：对于Q355~Q460级钢，公称宽度不小于600 mm的钢板及钢带，拉伸试验取横向试样，其他钢材拉伸试验取纵向试样。

i：只适用于型钢和棒材。

2.3.3　影响钢材性能的其他因素

1. 冷加工硬化（应变硬化）、时效硬化和应变时效

冷加工即钢材在常温下的加工。而钢结构在弹塑性阶段或塑性阶段卸荷后再重复加荷时，其屈服强度（A 点）将提高，即弹性范围增大，同时塑性和韧性降低（CD 段）（图 2-6），这种现象称为冷加工硬化。钢结构在制造时一般需经冷弯、冲孔、剪切等冷加工过程，这些工序的性质都是使钢材产生很大的塑性变形，甚至断裂，对强度而言，就是超过钢材的屈服强度，这必然造成钢材的冷加工硬化，降低塑性和韧性，增加脆性破坏的危险，这对直接承受动力荷载的结构尤其不利，因此普通钢结构中不利用硬化现象所提高的强度，对重要结构常把钢板因剪切而硬化的边缘部分刨去。

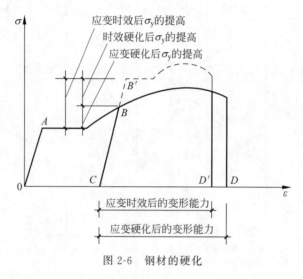

图 2-6　钢材的硬化

时效硬化指钢材随时间的增长而转脆，即高温时溶于铁中的少量氮和碳，随时间的增长从固溶体中逐渐析出，形成氮化物或碳化物，对钢材的塑性变形起遏制作用，从而使钢材强度提高、塑性和冲击韧性下降。不同种类钢材的时效硬化过程的长短很不相同，可从几小时到数十年，为加快测定钢材时效硬化后的机械性能，常先使钢材产生约 10% 的塑性变形，再加热到一定的温度，然后冷却到室温进行试验，大大缩短时效过程，称为人工时效。

钢材应变时效指应变硬化加时效硬化（图 2-6 中的 $CB'D'$）。利用上述钢材转脆的性质，对于重要结构要求对钢材进行人工时效，再测其冲击韧性，以保证结构具有长期的抗脆断破坏能力。

2. 温度的影响

钢材在室温范围内，温度升高，在 200℃ 以内钢材性能没有很大的变化；在 200℃ 以上时，随着温度的升高，钢材的强度降低，塑性增大；在 250℃ 左右，钢材的强度反而略有提高，同时塑性和韧性均下降，材料有转脆的倾向，钢材表面氧化膜呈现蓝色，称为蓝脆现象；$430\sim540$℃，强度急剧下降；600℃ 时，钢材强度已经很低，不能继续承担荷载，如图 2-7 所示。

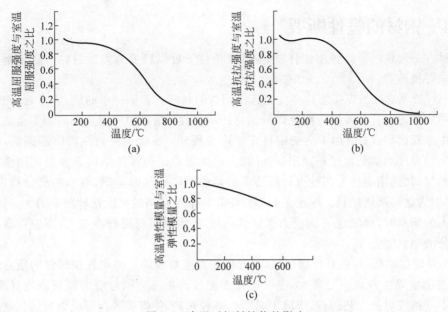

图 2-7　高温对钢材性能的影响

（a）对屈服强度的影响曲线；（b）对抗拉强度的影响曲线；（c）对弹性模量的影响曲线

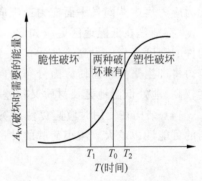

图 2-8　A_{kv} 值随温度 T 的变化

当温度在负温某一区间开始下降时，钢材强度虽有提高，但塑性和韧性降低，材料逐渐变脆，当温度下降到某一数值时，钢材的冲击韧性突然急剧下降，这种性质称为低温冷脆。图 2-8 是钢材冲击韧性与温度的关系曲线。随着温度降低，A_{kv} 值迅速下降，材料将由塑性破坏转变为脆性破坏，$T_1 \sim T_2$ 的温度区称为钢材的脆性转变温度区，曲线最陡处的温度 T_0 称为低温冷脆临界温度。在结构设计中，要求避免完全脆性破坏，结构所处温度应高于 T_1，但不要求高于 T_2。

3. 应力集中

当构件截面的完整性遭到破坏，如开孔、截面改变等，构件截面的应力分布不再保持均匀，在截面缺陷处附近产生高峰应力，而截面其他部分应力则较低，这种现象称为应力集中。应力集中是导致钢材发生脆性破坏的主要因素之一。试验表明，截面改变越突然、尖锐程度越大的地方，应力集中越严重，引起脆性破坏的危险性就越大。因此，在结构设计中应使截面的构造合理。例如，截面必须改变时，要平缓过渡。构件制造和施工时，应尽可能防止造成刻槽等缺陷。

实际钢结构的构件中存在孔洞、槽口、凹角、截面突然改变以及钢材内部缺陷等。此时，构件中的应力分布将不再保持均匀，而是在某些区域产生局部高峰应力，在另外一些区域则应力降低，形成所谓应力集中现象。靠近高峰应力的区域总是存在着同号平面或三向应力场，因而促使钢材变脆。

2.3.4　钢材的脆性断裂

钢材在一般情况下是弹塑性材料，但特殊条件下可以转变为脆性材料。防止钢材出现脆断的主要措施有：

（1）对低温地区的焊接结构要注意选用钢材的材质。若钢材中的硫、磷含量等过高，则将使钢的脆性增加；含碳量高则会降低钢材的可焊性；钢材中的冶金缺陷如非金属夹杂等可使钢中出现微裂纹；冷加工会使钢材发生应变硬化；沸腾钢的韧性较镇静钢低，钢的冲击韧性又随温度的降低而迅速减小等。因此，对低温地区的焊接结构要注意选用质量等级较高的钢材，如选用对冲击韧性有较高要求的镇静钢或特殊镇静钢，对钢的成分特别是碳、硫、磷等的含量要严格控制。厚度大的钢材中存在冶金缺陷的可能性较薄钢的大。因此，采用厚度大的钢材时，要注意 Z 向受力性能。此外，如果对钢材进行冷加工，则应将有冷加工硬化部分的钢材刨去等。

（2）对焊接结构，特别是低温地区，设计时要注意焊缝的正确布置和焊缝的质量。焊缝布置不当会使焊接残余应力增大，也可能在焊缝区产生三向同号应力而使该处材质变脆。焊接时不严格按焊接工艺进行，焊缝中易产生各种残缺，使焊缝区内形成微裂纹。这些都将导致钢材的脆断。

（3）力求避免应力集中。当构件的截面发生急剧改变，则该处将产生应力峰值，此现象称为应力集中。同号平面应力或三向应力将使钢材变脆。因而设计时注意不使截面突然改变，特别是在低温地区更应如此。在常温地区当承受静力荷载时，应力集中并不显著影响构件的强度。当应力高峰处的 σ_{max} 到达屈服点 f_y 后，由于该处钢材的塑性变形，截面上的应力将产生重分布而使应力分布趋向均匀。但当各种不利因素集中在一起，如应力集中程度较高、地处低温地区及材质又较差等时，应力集中就将是造成脆性断裂的因素之一。

（4）结构在使用时应避免使其突然受力，要使加载的速度不致过大，加载速度越大，脆断的可能性也越大。减小荷载的冲击和降低应力水平，也是防止钢材脆性断裂的一个措施。

2.4　钢结构用材的要求

钢材种类繁多，性能差别很大，适用于建筑钢结构的钢材只有碳素钢以及合金钢中的几种。用作钢结构的钢材必须具有以下性能。

1. 较高的强度

较高的强度即要求钢材的屈服强度 f_y 较高，这样可减少截面尺寸，减轻自重，节约钢材；要求钢材的抗拉强度 f_u 较高，可以增加结构的安全储备。

2. 足够的变形能力

塑性和韧性好，结构在静荷载和动荷载作用下具有足够的应变能力，既可降低结构脆性破坏的倾向，又能通过较大的塑性变形调整局部应力，同时又具有良好的抵抗重复作用的能力。

3. 良好的加工性

良好的加工性包含良好的冷、热加工和可焊性，不会因加工给强度、塑性、韧性带来不利影响。

此外,根据具体的工作条件,有时还要求钢材具有适应低温及腐蚀性环境的能力。

2.5　钢材的类别及选用

2.5.1　建筑钢材分类

1. 碳素结构钢

碳素结构钢的牌号(钢号)由表示屈服点的字母 Q、屈服点数值、质量等级符号和脱氧方法符号四个部分顺序组成。

钢板厚度(直径)不大于 16 mm 时,按屈服强度 f_y 的数值分为 Q195、Q215、Q235、Q255、Q275,强度由低到高排列,也代表了含碳量由低到高排列。Q195、Q215 的强度比较低,Q255、Q275 的含碳量分别接近和超出低碳钢含碳量的上限,钢结构在碳素结构钢中只用 Q235 钢材。

质量等级分为 A、B、C、D 四级,质量由低到高排列,A 级质量最差,D 级质量最好。主要是根据冲击韧性(夏比 V 形缺口试验)的要求区分的,其化学成分、脱氧要求(及冷弯性能的要求)也有区别,但是与钢材的屈服强度 f_y、抗拉强度 f_u、伸长率 δ 和钢材的质量等级无关,钢材的屈服强度 f_y 随钢材的厚度而变。例如 Q235 钢,当厚度(直径)不大于 16 mm时,$f_y = 235$ N/mm^2;当厚度在 16～40 mm 时,$f_y = 225$ N/mm^2;当厚度在 40～60 mm时,$f_y = 215$ N/mm^2 等。Q235A 对冲击韧性无要求,Q235B 要求在常温(20℃)下作冲击韧性试验,Q235C 要求在 0℃ 作冲击韧性试验,Q235D 要求在 −20℃ 作冲击韧性试验。各级钢都要求 $A_{kv} \geqslant 27$ J,B、C、D 级都要求冷弯试验合格,如表 2-2 所示。

脱氧方法符号为 F、b、Z、TZ,分别表示沸腾钢、半镇静钢、镇静钢、特殊镇静钢。牌号表示方法中,符号 Z、TZ 可以省略。A、B 两级的脱氧方法可以是 F、b、Z;对 C 级只能是 Z;D级只能是 TZ。

例如,Q235A 表示屈服强度 $f_y = 235$ N/mm^2,A 级镇静钢;Q235A. b 表示屈服强度 $f_y = 235$ N/mm^2,A 级半镇静钢;Q235B. F 表示屈服强度 $f_y = 235$ N/mm^2,B 级沸腾钢;Q235C 表示屈服强度 $f_y = 235$ N/mm^2,C 级镇静钢;Q235D 表示屈服强度 $f_y = 235$ N/mm^2,D 级特殊镇静钢。

2. 低合金高强度结构钢

《钢结构设计标准》(GB 50017—2017)采用的钢种是 Q355、Q390、Q420、Q460,按对冲击韧性(夏比 V 形缺口试验)的要求区分,A 级无冲击要求,B 级提供 20℃ 冲击功 $A_{kv} \geqslant 34$ J,C 级提供 0℃ 冲击功 $A_{kv} \geqslant 34$ J,D 级提供 −20℃ 冲击 $A_{kv} \geqslant 34$ J。不同质量等级对碳、硫、磷、铝等含量的要求也有区别,如表 2-1 所示。A、B 级属镇静钢,C、D、E 级属特殊镇静钢。结构钢的发展趋势是进一步提高强度而又能保持较好的塑性。

2.5.2　型钢规格

型钢有热轧焊接和冷弯成型两种。

1. 热轧焊接

1）热轧钢板（图 2-9(a)）

钢板厚度为 4.5~60 mm 时，称为厚钢板；钢板厚度为 0.35~4 mm 时，称为薄钢板。钢板的符号是"—厚度×宽度×长度"，例如：—6×300×1000，单位是 mm，常不注明。

2）热轧型钢（图 2-9(a)）

热轧型钢有等边角钢、不等边角钢、工字钢、槽钢、钢管、H 型钢和剖分 T 型钢。

等边角钢的符号是"∟边长×厚度"，例如：∟100×8，单位 mm 不必注明。

不等边角钢的符号是"∟长边×短边×厚度"，例如：∟100×80×8，单位 mm 不必注明。

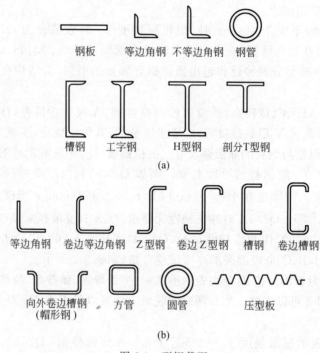

钢板　等边角钢　不等边角钢　钢管

槽钢　工字钢　H型钢　剖分T型钢

(a)

等边角钢　卷边等边角钢　Z型钢　卷边Z型钢　槽钢　卷边槽钢

向外卷边槽钢　方管　圆管　压型板
（帽形钢）

(b)

图 2-9　型钢截面

(a) 热轧型材截面形式；(b) 冷弯型钢的截面形式

槽钢的符号是"[型号"，用 a、b、c 来区别腹板的厚度，a 是较薄的，b 居中，c 是最厚的。例如：[28a、[28b、[28c 三种截面高度都是 280 mm，腹板厚度分别是 7.5 mm、9.5 mm、11.5 mm。

钢管的符号是"ϕ 外径×厚度"，例如：ϕ42×3，表示钢管外径为 42 mm，壁厚为 3 mm。

H 型钢的符号是"H 高度×宽度×腹板厚度×翼缘厚度"，例如：H 200×200×8×12，单位 mm 不必注明，高宽相近属于宽翼缘类（HW）；H 194×150×6×9，属于中翼缘类（HM）；H 125×60×6×8，属于窄翼缘类（HN）。

工字钢的符号是"Ⅰ型号"，例如：Ⅰ32a，表示工字钢高度为 320 mm，a 表示腹板厚度较薄的一种；Ⅰ40b，表示工字钢高度为 400 mm，腹板厚度居中的一种；Ⅰ45c，表示工字钢高度为 450 mm，腹板厚度最厚的一种。

剖分 T 型钢是上述 H 型钢在腹板中部一剖为二而成，符号是"T 高度×宽度×腹板厚度×翼缘厚度",例如 T150×300×10×15,单位 mm 不必注明,属于宽翼缘类(TW);T170×250×9×14,属于中翼缘类(TM);T125×125×6×9,属于窄翼缘类(TN)。

3) 焊接 H 型钢和 T 型钢

焊接 H 型钢和 T 型钢是由钢板用高频焊接而成,其截面形式受力更合理,多用于高层建筑和大、轻型工业厂房。

2. 冷弯型钢

冷弯型钢是用 2～6 mm 的薄钢板冷弯成形(图 2-9(b))。其常用型号及截面特性见《冷弯薄壁型钢结构技术规范》(GB 50018—2002)的附录 B。

2.5.3　钢材的选择

钢结构选材应遵循技术可靠、经济合理的原则,综合考虑结构的重要性、荷载特征、结构形式、应力状态、连接方法、工作环境、钢材厚度和价格等因素,选用合适的钢材牌号和材性保证项目。其中,荷载特征即静荷载、直接动荷载或地震作用;应力状态要考虑是否存在疲劳应力、残余应力;连接方法要考虑采用焊接还是螺栓连接;钢材厚度对于其强度、韧性、抗层状撕裂性能均有较大的影响;工作环境包括温度、湿度及环境腐蚀性能。具体要求如下。

1) 承重结构采用的钢材

钢材应具有屈服强度、抗拉强度、断后伸长率、冲击韧性和硫、磷含量的合格保证,对焊接结构尚应具有碳含量(或碳当量)的合格保证。焊接承重结构以及重要的非焊接承重结构采用的钢材还应具有冷弯试验的合格保证。对直接承受动力荷载或需验算疲劳的构件所用钢材尚应具有冲击韧性的合格保证。

2) 钢材质量等级的选用应符合下列规定

(1) A 级钢仅可用于结构工作温度高于 0℃的不需要验算疲劳的结构,且 Q235A 钢不宜用于焊接结构。

(2) 需验算疲劳的焊接结构用钢材应符合下列规定。

① 当工作温度高于 0℃时其质量等级不应低于 B 级;

② 当工作温度不高于 0℃但高于 -20℃时,Q235、Q355 钢不应低于 C 级,Q390、Q420 及 Q460 钢不应低于 D 级;

③ 当工作温度不高于 -20℃时,Q235 钢和 Q355 钢不应低于 D 级,Q390 钢、Q420 钢、Q460 钢应选用 E 级。

(3) 需验算疲劳的非焊接结构,其钢材质量等级要求可较上述焊接结构降低一级但不应低于 B 级。吊车起重量不小于 50 t 的中级工作制吊车梁,其质量等级要求应与需要验算疲劳的构件相同。

3) 工作温度不高于 -20℃的受拉构件及承重构件的受拉板材应符合下列规定

(1) 所用钢材厚度或直径不宜大于 40 mm,质量等级不宜低于 C 级。

(2) 当钢材厚度或直径不小于 40 mm 时,其质量等级不宜低于 D 级。

(3) 重要承重结构的受拉板材宜满足《建筑结构用钢板》(GB/T 19879—2023)的要求。

4）T形、十字形和角形焊接的连接节点要求

当其板件厚度不小于 40 mm 且沿板厚方向有较高撕裂拉力作用，包括较高约束拉应力作用时，该部位板件钢材宜具有厚度方向抗撕裂性能即 Z 向性能的合格保证，其沿板厚方向断面收缩率不小于按现行国家标准《厚度方向性能钢板》(GB/T 5313—2023)规定的 Z15 级允许限值。钢板厚度方向承载性能等级应根据节点形式、板厚、熔深或焊缝尺寸、焊接时节点拘束度以及预热、后热情况等综合确定。

5）采用塑性设计的结构及进行弯矩调幅的构件，所采用的钢材应符合下列规定

（1）屈强比不应大于 0.85；

（2）钢材应有明显的屈服台阶，且伸长率不应小于 20%。

6）钢管结构中的无加劲直接焊接相贯节点要求

其管材的屈强比不宜大于 0.8；与受拉构件焊接连接的钢管，当管壁厚度大于 25 mm 且沿厚度方向承受较大拉应力时，应采取措施防止层状撕裂。

7）连接材料的选用应符合下列规定

（1）焊条或焊丝的型号和性能应与相应母材的性能相适应，其熔敷金属的力学性能应符合设计规定，且不应低于相应母材标准的下限值。

（2）对直接承受动力荷载或需要验算疲劳的结构，以及低温环境下工作的厚板结构，宜采用低氢型焊条。

（3）连接薄钢板采用的自攻螺钉、钢拉铆钉（环槽铆钉）、射钉等应符合有关标准的规定。

8）锚栓选用

可选用 Q235、Q355、Q390 或强度更高的钢材，其质量等级不宜低于 B 级。工作温度不高于 −20℃时，锚栓尚应满足 2.5.3 节 3）的要求。

9）高性能钢材的重要特性是强度高。例如，1988 年发布的《钢结构设计规范》中，强度最高的钢材是 15MnV 相当于 Q390 级，2002 年修订的规范增加了 Q420 级钢，《建筑结构用钢板》(GB/T 19879—2023)增加了 Q500GJ、Q550GJ 等高强度钢牌号；《低合金高强度结构钢》(GB/T 1591—2018)以 Q355 级钢替代 Q345 级钢，且增加了 Q460 级钢；《高强钢结构设计标准》(JGJ/T 483—2020)提出了适于采用钢号不低于 Q460、Q460GJ 钢材的工业和民用建筑及一般构筑物的钢结构设计。高性能不仅表现在强度上，还伴随着塑性和韧性要求以及其他方面的优良性能，例如，屈服强度不随厚度增大而下降，屈服强度不仅有下限，还有上限等。

开发高性能钢材的另一个切入点是改进钢材的耐火耐候性能。耐火耐候性能是指钢材的耐高温、耐恶劣天气、耐腐蚀强度。随着耐火耐候钢加工技术的不断成熟和完善，耐火耐候钢材将在建筑行业中得到广泛应用。例如，宝钢集团公司研制的耐候耐火钢，在 600℃时屈服强度下降幅度不大于其标准值的 1/3；鞍钢集团公司开发的 Q235FR～Q460FR 系列耐火钢，满足《耐火结构用钢板和钢带》(GB/T 28415—2023)的要求，且进行模拟火灾情况的裸钢高温拉力极限试验，试验结果表明在 1.5 小时内满足 600℃时的使用要求；首钢京唐推出的耐候结构钢包括集装箱用热轧钢板和钢带、铁道车辆用耐大气腐蚀热连轧钢板和钢带、耐硫酸露点腐蚀钢板和钢带。

习题

2.1　简述建筑钢结构对钢材的基本要求及指标和规范推荐使用的几种钢材。

2.2　衡量钢材力学性能指标有哪些？它们分别有何作用？

2.3　什么是钢材的可焊性？影响钢材可焊性的化学元素有哪些？

2.4　碳、硫、磷对钢材的性能有哪些影响？

2.5　哪些因素可使钢材变脆，从设计角度防止构件脆断的措施有哪些？

2.6　钢材的力学性能为何要按厚度（直径）划分？

2.7　什么是冷加工硬化？什么是时效硬化？

2.8　随着温度的变化，钢材的力学性能有何变化？

2.9　什么情况下会产生集中力？应力集中对材料性质有何影响？

2.10　在弹性计算中，为什么以 f_y 作为弹性设计的标准值？

2.11　钢材中常见的冶金缺陷有哪些？

2.12　选择钢材应考虑哪些因素？

2.13　下列各型钢符号的含义是什么？

(1)HM 150×100×6×9；(2)HN 450×15×8×14；(3)[18b；(4)∟75×50×6。

2.14　试比较分析工字钢截面和 H 型钢截面的优缺点。

第3章

轴心受力构件

3.1 概述

3.1.1 轴心受力构件的应用和截面形式

轴心受力构件广泛用于承重钢结构,如平台柱、桁架、网架及支撑体系等。其截面形式与其受力和变形特点相适应,对于轴心受力构件,其截面采用壁薄、宽大的形式。

轴心受力构件的截面形式如图 3-1 所示,基本上可分为实腹式和格构式两种截面形式。

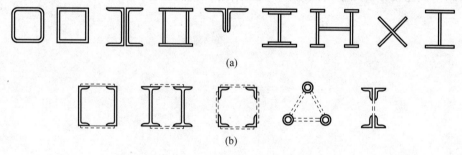

图 3-1　轴心受力构件的截面形式

(a) 实腹式截面;(b) 格构式截面

实腹式截面常用的有工字形和箱形截面,其特点是构造简单,整体受力性能及抗剪性能好,如图 3-1(a)所示。格构式截面由肢件和缀材构成,肢件由缀材连为一个整体,其特点是抗弯刚度大,稳定承载能力高,可以实现等稳定受力,如图 3-1(b)所示。

轴心受力构件对截面形式的基本要求是在截面面积满足强度要求的同时,尽量做成宽大、壁薄的形式以增加其抗弯刚度,并且要求制造简便、便于和相邻构件连接。

3.1.2 设计要求

轴心受拉构件,在设计上只要求满足强度条件和刚度条件。

轴心受压构件,在设计上要满足强度条件、刚度条件、整体稳定条件和局部稳定条件。实际上只有截面存在局部削弱时,才可能出现强度破坏;在截面没有削弱时,是不会发生强度破坏的,因为整体失稳一般总是发生在强度破坏前。

3.2 轴心受拉构件

3.2.1 轴心受拉构件的强度

对于轴心受拉构件,截面上的应力是均匀分布的,当应力达到钢材的屈服强度 f_y 时,构件仍能继续受力,但其变形会明显增大,影响正常使用。因此,轴心受拉构件以全截面上的应力达到钢材的屈服强度 f_y 为其承载力极限状态。

当端部连接(及中部拼接)处组合截面的各板件都有连接件直接传力时,除采用高强度螺栓摩擦型连接之外,其截面强度 $\sigma(N/mm^2)$ 计算应符合下列规定:

毛截面屈服

$$\sigma = \frac{N}{A} \leqslant f \tag{3-1a}$$

净截面断裂

$$\sigma = \frac{N}{A_n} \leqslant 0.7 f_u \tag{3-1b}$$

采用高强度螺栓摩擦型连接的构件,其截面强度计算应符合下列规定:

(1) 当构件为沿全长都有排列较密螺栓的组合构件时,其截面强度应按式(3-1c)计算:

$$\frac{N}{A_n} \leqslant f \tag{3-1c}$$

(2) 除第(1)项的情况外,其毛截面强度计算应采用式(3-1a),净截面断裂应按式(3-1d)计算:

$$\sigma = \left(1 - 0.5 \frac{n_1}{n}\right) \frac{N}{A_n} \leqslant 0.7 f_u \tag{3-1d}$$

式中:N——计算截面处的拉力设计值(N);

f——钢材抗拉强度设计值(N/mm^2);

A——构件的毛截面面积(mm^2);

A_n——构件的净截面面积,当构件多个截面有孔时,取最不利的截面(mm^2);

f_u——钢材极限抗拉强度最小值(N/mm^2);

n——在节点或拼接处,构件一端连接的高强度螺栓数目(个);

n_1——计算截面(最外列螺栓处)上高强度螺栓数目(个)。

当其组成板件在节点或拼接处并非全部直接传力时,应对危险截面的面积乘以有效截面系数 η,不同构件截面形式和连接方式的 η 值可由表 3-1 查得。

表 3-1 轴心受力构件强度截面系数

构件截面形式	连接形式	η	图 例
角钢	单边连接	0.85	

续表

构件截面形式	连接形式	η	图　例
工字形、H形	翼缘连接	0.90	
	腹板连接	0.70	

3.2.2　轴心受拉构件的刚度

为保证结构的正常使用要求，轴心受拉构件不应过分柔细，而应具有一定的刚度，以保证构件不会产生过度的变形。对轴心受拉构件，其刚度是通过限制构件的长细比来控制的，即

$$\lambda_{\max} = \left(\frac{l_0}{i}\right)_{\max} \leqslant [\lambda] \tag{3-2}$$

式中：$\lambda_{\max}$——构件的最大长细比；

l_0——构件的计算长度（mm）；

i——截面的回转半径（mm）；

$[\lambda]$——容许长细比。

长细比 λ 的大小，表征轴向受力构件的刚柔程度。λ 越大构件越柔，越易产生横向挠曲，在安装和运输过程中越容易产生弯曲，在风力作用下越容易产生振动。所以对轴心受拉构件，虽然没有失稳问题，但为增大变形刚度，其截面也尽量采用薄壁、宽大的形式。受拉构件的容许长细比如表 3-2 所示。

表 3-2　受拉构件的容许长细比 $[\lambda]$

构件名称	承受静力荷载或间接承受动力荷载的结构			直接承受动力荷载的结构
	一般建筑结构	对腹杆提供平面外支点的弦杆	有重级工作制起重机的厂房	
桁架的构件	350	250	250	250
吊车梁或吊车桁架以下柱间支撑	300	—	200	
除张紧的圆钢外的其他拉杆、支撑、系杆等	400	—	350	

注：1. 承受静力荷载的结构中，可仅计算受拉构件在竖向平面内的长细比。

2. 对于直接或间接承受动力荷载的结构，计算单角钢受拉构件的长细比时，应采用角钢的最小回转半径，但在计算交叉杆件平面外的长细比时，应采用与角钢肢边平行轴的回转半径。

3. 中、重级工作制吊车桁架的下弦杆长细比不宜超过 200。

4. 在设有夹钳吊车或刚性料耙吊车的厂房中，支撑（表中第 2 项除外）的长细比不宜超过 300。

5. 受拉构件在永久荷载与风荷载组合作用下受压时，其长细比不宜超过 250。

6. 跨度大于或等于 60 m 的桁架，其受拉弦杆和腹杆的长细比不宜超过 300（承受静力荷载）或 250（承受动力荷载）。

3.2.3 轴心受拉构件的截面设计

在初选截面尺寸和钢材牌号后,根据已知的内力设计值 N 和计算长度 l_{0x}、l_{0y},求得所需的截面面积和回转半径 i_x、i_y,计算公式如下:

需要的截面面积:

$$A \geqslant \frac{N}{f}, \quad A_n \geqslant \frac{N}{0.7 f_u} \tag{3-3}$$

所需截面回转半径:

$$i_x \geqslant \frac{l_{0x}}{[\lambda]}, \quad i_y \geqslant \frac{l_{0y}}{[\lambda]} \tag{3-4}$$

根据计算求得的截面面积和回转半径后,在附录 A 的型钢表中选取合适的截面,最后对构件的强度和刚度进行验算。

例 3-1 焊接钢屋架的下弦杆承受轴心拉力的设计值 $N = 620$ kN,其在屋架平面内的设计计算长度 $l_{0x} = 6$ m,在屋架平面外的计算长度 $l_{0y} = 12$ m。拟采用双角钢短肢相连组成 T 形截面,节点板厚度为 12 mm,材料为 Q355B 钢。试设计此拉杆的截面尺寸。

解 由附表 C-1 查得 Q355B 钢 $f = 305$ N/mm^2,由表 3-2 查得 $[\lambda] = 350$。

所需截面面积为

$$A = \frac{N}{f} = \frac{620 \times 10^3}{305} \mathrm{mm}^2 = 2032.79 \ \mathrm{mm}^2$$

截面所需回转半径为

$$i_x = \frac{l_{0x}}{[\lambda]} = \frac{6000}{350} \ \mathrm{mm} = 17.1 \ \mathrm{mm}, \quad i_y = \frac{l_{0y}}{[\lambda]} = \frac{12\,000}{350} \ \mathrm{mm} = 34.3 \ \mathrm{mm}$$

根据 A,i_x,i_y 和节点板厚查附表 A-5,选用 $2 \llcorner 110 \times 70 \times 10$,其几何参数为

$$A = (17.2 \times 2) \mathrm{cm}^2 = 34.4 \ \mathrm{cm}^2 = 3440 \ \mathrm{mm}^2, \quad i_x = 19.6 \ \mathrm{mm}, \quad i_y = 34.8 \ \mathrm{mm}$$

均大于截面所需回转半径,满足强度和刚度要求。

3.3 轴心受压构件

3.3.1 轴心受压构件的强度

与轴心受拉构件相似,轴心受压构件以全截面上的应力达到钢材的屈服强度 f_y 为其承载力极限状态。当端部连接(及中部拼接处)组成截面的各板件都有连接件直接传力时,截面强度应按式(3-1a)计算。但含有虚孔的构件尚需在孔心所在截面按式(3-1b)计算;当其组成板件在节点或拼接处并非全部直接传力时,应将危险截面的面积乘以有效截面系数 η,不同构件截面形式和连接方式的 η 值可由表 3-1 查得。

轴心受压构件的强度破坏特征与轴心受拉构件的主要不同点在于轴心受压构件不会发生净截面断裂。一般情况下,轴心受压构件的设计是由稳定性指标决定的,强度计算不起控制作用。

3.3.2 轴心受压构件的刚度

与轴心受拉构件一样,轴心受压构件的刚度也是通过限制构件的长细比来控制的,按式(3-2)计算。一般来说,由于轴心受压构件对几何缺陷比较敏感,所以对长细比要求比轴心受拉构件严格,容许长细比按表 3-3 取值。

表 3-3 受压构件的容许长细比 $[\lambda]$

构 件 名 称	容许长细比
轴压柱、桁架和天窗架中的杆件 柱的缀条、吊车梁或吊车桁架以下的柱间支撑	150
支撑(吊车梁或吊车桁架以下的柱间支撑除外) 用以减少受压构件长细比的杆件	200

注: 1. 桁架(包括空间桁架)的受压腹杆,当其内力小于或等于承载能力的 50% 时,容许长细比值可取 200。

2. 计算单角钢受压构件的长细比时,应采用角钢的最小回转半径,但在计算交叉杆件平面外的长细比时,应采用与角钢肢边平行轴的回转半径。

3. 跨度大于或等于 60 m 的桁架,其受压弦杆和端压杆的容许长细比值宜取为 100,其他受压腹杆可取为 150(承受静力荷载)或 120(承受动力荷载)。

3.4 轴心受压构件的整体稳定

对于受压构件,通常不是由于达到强度极限发生破坏,而是由于丧失稳定性而失去承载能力。稳定性是钢结构的一个突出问题,在各种类型的钢结构中都会遇到。在钢结构的近现代工程史上,不乏因失稳而导致结构丧失承载能力的事故,造成了严重的经济损失和人员伤亡。其中影响较大的有 1907 年加拿大魁北克大桥在施工中破坏(图 3-2),近 9000 t 钢结构突然(15 s)全部坠入河中,桥上施工的人员有 75 人遇难,破坏是由伸臂桁架的受压下弦失稳造成的;1957 年苏联一锻压车间因拉杆和压杆装配颠倒而导致 1200 m² 屋盖塌落;1978 年美国哈特福德城一体育馆因压杆屈曲而造成空间网架坠塌事故(图 3-3);1990 年我国一会议室因腹杆平面外失稳而诱发轻型钢屋架垮塌事故。这些事故都造成了很大的经济损失,其中一些还造成了严重的人员伤亡事故。

图 3-2 加拿大魁北克大桥事故现场

图 3-3 美国哈特福德城体育馆事故现场

3.4.1　失稳的类型

钢结构中,所有存在压应力的部位都有失稳的可能性。构件丧失整体稳定常发生在强度有足够保证的情况下,失稳大体上可分为分支点失稳、极值点失稳和跳跃失稳。

1. 分支点失稳

在临界状态时,构件从初始的平衡位置和变形形式突变到另一个平衡位形,即平衡形式出现分支现象,故称此类失稳为分支点失稳,属于第一类失稳。第一类失稳的特征是:原来的平衡形式成为不稳定的,而可能出现新的有质的区别的平衡形式。

2. 极值点失稳

体系发生失稳时,没有平衡位形的分岔,临界状态表现为结构不能再承受荷载增量,结构由稳定平衡转变为不稳定平衡,这种失稳形式称为极值点失稳,极值点也可以视为由稳定平衡位形转变到不稳定平衡位形的临界点,属于第二类失稳。第二类失稳的特征是:平衡形式并不发生性质的改变,而是结构丧失承载能力。

3. 跳跃失稳

结构以大幅度的变形从一个平衡位形跳到另一个平衡位形。此类失稳的特征:结构发生跳跃后,荷载一般还可以显著增加,但是其变形大大超出了正常使用极限状态,因此在结构中不能采用。

对工程来讲多数轴心受压构件属于分支点失稳,其失稳的形式有弯曲屈曲、扭转屈曲、弯扭屈曲。整体失稳的变形形式与截面形式有密切关系。一般情况下,双轴对称截面构件如工字钢、H 型钢等,由于其扭转刚度较大,常为弯曲失稳,只有当截面的扭转刚度较小(如双十字截面)时,失稳常以扭转形式发生。而对单轴对称截面构件如角钢、槽钢等,在构件绕截面对称轴弯曲的同时,由于失稳产生的横向剪力不通过截面的剪切中心,截面发生扭转变形,产生弯扭失稳;在杆件绕截面非对称轴失稳时,则产生弯曲失稳。对于无对称轴截面的构件,失稳常以扭转形式发生。对实际工程来讲多数偏心受压构件属于极值点失稳,对于一般拱形和扁球壳顶盖都属于跳跃失稳。

3.4.2　理想轴心受压构件的整体稳定计算

1. 弹性弯曲失稳

图 3-4(a)所示为一承受轴心压力 N 的两端铰支的等截面直杆,处于微弯状态。取隔离体如图 3-4(b)所示,由内、外力矩的平衡条件得

$$M = Ny$$

压杆弯曲变形后的曲率为 $\dfrac{\mathrm{d}^2 y}{\mathrm{d}x^2} = -\dfrac{M}{EI}$,令

$$\frac{N}{EI} = k^2 \qquad\qquad (3\text{-}5a)$$

则得微分方程

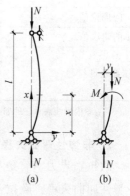

图 3-4　轴心受压构件

$$\frac{\mathrm{d}^2 y}{\mathrm{d}x^2} + k^2 y = 0 \tag{3-5b}$$

此二阶线性微分方程的通解为

$$y = A\sin kx + B\cos kx \tag{3-5c}$$

由边界条件，当 $x=0$ 和 $x=l$ 时，均有 $y=0$，得

$$B=0; \quad A\sin kl = 0 \tag{3-5d}$$

对 $A\sin kl = 0$，有三种可能情况使其实现：

(1) $A=0$，由式(3-5c)可见构件将保持挺直，与微弯状态的假设不符；

(2) $kl=0$，由式(3-5a)可见其表示 $N=0$，也不符题意；

(3) $\sin kl=0$，即 $kl=n\pi$，是唯一的可能情况，取 $n=1$，得临界荷载为

$$N_{\mathrm{cr}} = \frac{\pi^2 EI}{l^2} \tag{3-5e}$$

式(3-5e)是由欧拉(Euler)于 1744 年建立的，称为欧拉公式，荷载称为欧拉荷载，常记作 N_{E}。

当构件两端不是铰支而是其他情况时，以 $l_0 = \mu l$ 代替式(3-5e)中的 l。各种支撑情况的 μ 值如表 3-4 所示，表中分别列出理论值和建议取值，后者是考虑到实际支撑与理想支撑有所不同而作的修正。μ 称为计算长度系数，l_0 称为计算长度，几何意义是构件弯曲失稳时变形曲线反弯点间的距离。

当用平均应力表示时，欧拉临界应力可写为

$$\sigma_{\mathrm{cr}} = \frac{\pi^2 EI}{l_0^2 A} = \frac{\pi^2 E}{\lambda^2} \tag{3-6}$$

式中：$\lambda = \dfrac{l_0}{i}$ ——杆件的长细比，$i = \sqrt{\dfrac{I}{A}}$ ——截面的回转半径(mm)。

表 3-4　轴心受压柱计算长度系数 μ

轴心受压柱的约束形式						
μ 的理论值	0.50	0.70	1.0	1.0	2.0	2.0
μ 的建议值	0.65	0.80	1.0	1.2	2.1	2.0
端部条件符号	无转动，无侧移　　无转动，自由侧移			自由转动，无侧移　　自由移动，自由侧移		

注：图中虚线表示柱的屈曲形式。

2. 非弹性弯曲失稳

欧拉临界力 N_{E} 是对应于长细比大的细长柱的，此时截面压应力未达到屈服应力而发生弹性屈曲失稳。欧拉公式作为压杆在弹性范围内屈曲的临界力计算公式，很好地解释了长柱的稳定问题。但对于柱子长细比较小的情况，如中长柱和短柱，发生弹性屈曲前应力可

能超过屈服应力,此时弹性模量是临界应力 $\sigma_c = N_c/A$ 的函数,而不再是常数,欧拉公式不再适用。

1889 年恩格塞尔(Engesser)提出切线模量理论,用切线模量 E_t 代替欧拉公式中的弹性模量 E,将欧拉公式推广应用于非弹性范围,即:

$$N_t = \frac{\pi^2 E_t I}{l_0^2} = \frac{\pi^2 E_t A}{\lambda^2} \tag{3-7a}$$

相应的切线模量临界应力为

$$\sigma_{cr,t} = \frac{\pi^2 E_t}{\lambda^2} \tag{3-7b}$$

康西德尔(Considere)提出以 $\bar{E}$ 代替 E 用于非弹性屈曲,$\bar{E}$ 在 E 和切线模量 E_t 之间:当轴心受压柱在超过比例极限的应力作用下开始挠曲时,在凹侧的应力是增长的,在凸侧的应力是减少的。受此启发,恩格塞尔于 1895 年提出了双模量理论。

令

$$\bar{E} = E \frac{I_1}{I} + E_t \frac{I_2}{I} \tag{3-8a}$$

得

$$\bar{E} I \frac{d^2 y}{dx^2} + N y = 0 \tag{3-8b}$$

式中:I——全截面对中和轴的惯性矩(mm^4);

I_1、I_2——截面凸边(弹性区域)和凹边(非弹性区域)对中和轴的惯性矩(mm^4);

$\bar{E}$——有限模量或折算模量(N/mm^2)。

微分方程式(3-5b)与式(3-8b)具有相同的形式,但其已从弹性范围扩展到非弹性范围。在弹性范围,$\bar{E}$ 取定值 E;在非弹性范围,$\bar{E}$ 是临界应力 $\sigma = N/A$ 的函数,与 x 无关。

类比轴压杆的弹性屈曲,式(3-8b)的解为

$$N = \frac{n^2 \pi^2 \bar{E} I}{l^2} \tag{3-8c}$$

其中,当 $n=1$ 时得到临界力:

$$N_r = \frac{\pi^2 \bar{E} I}{l^2} \tag{3-8d}$$

式(3-8d)即为欧拉方程的普遍形式。

令 $\tau_r = \bar{E}/E$,式(3-8d)为

$$\sigma_r = \frac{N_r}{A} = \frac{\pi^2 E \tau_r}{\lambda^2} \tag{3-8e}$$

同样,令 $\tau = E_t/E$,式(3-7b)为

$$\sigma_t = \frac{\pi^2 E \tau}{\lambda^2} \tag{3-8f}$$

对比式(3-8e)与式(3-8f),因 $I_1 + I_2 > I$,$E > E_t$,故 $\tau < \tau_r$。可见,切线模量理论得到的屈曲强度比双模量理论的低。如图 3-5 所示,弹性范围内,平均压应力与长细比的关系曲线由欧拉双曲线代替,图中曲线也叫柱子曲线。

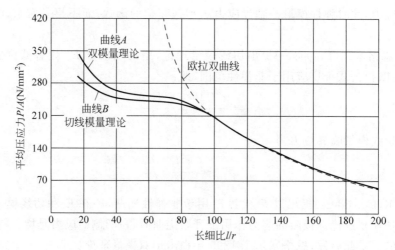

图 3-5　平均压应力与长细比的关系

双模量理论看似精准，但与试验结果不符，计算结果比试验值偏高，而切线模量理论计算结果却与试验值更为接近。香莱（Shanley）用模型解释了这个现象，指出在非弹性范围，找到临界力可能的最小值即切线模量临界荷载更重要，虽然它不是实际的屈曲荷载，但可作为屈曲荷载的下限。这个下限只比临界荷载稍微低一些。因此，可以把切线模量荷载作为临界荷载，之前的恩格塞尔公式（3-8e），即为柱子曲线公式。

3.4.3　初始缺陷对轴心受压构件整体稳定性的影响

欧拉临界力不能直接用于钢结构设计，原因是实际轴心受压构件存在着物理缺陷和几何缺陷。物理缺陷包括残余应力；几何缺陷包括杆件的初弯曲、荷载的初偏心。同时，构件某些支座的约束程度比理想情况小。这些因素会使得构件的整体稳定承载力降低，被看作轴心受压构件的初始缺陷。

1. 残余应力对轴压构件整体稳定性的影响

1）残余应力的测量和分布

残余应力对构件来说是存在于截面内自相平衡的初始应力。焊接产生的残余应力是钢结构的一种主要残余应力。它的起因是：在施焊过程中，焊缝及其近旁金属的热膨胀受到温度较低部分的约束而不能充分伸展，焊后降温过程中高温部分的收缩再次受到制约而留下很高的拉应力，距焊缝较远的区域相应存在压应力。除焊接以外，还有一些其他因素使构件产生残余应力，主要是：①型钢在轧制后不同部位冷却不均匀；②构件经冷校正后有塑性变形；③板边缘经火焰切割后和焊接有类似的效应。

残余应力的分布和数值不仅与构件的加工条件有关，而且受截面形状和尺寸影响很大。图 3-6 列举了几种典型截面的残余应力分布，其数值都是经过实测得到数据稍作整理和概括后确定的。应力都是与杆轴线方向一致的纵向应力，压应力取负值，拉应力取正值。图 3-6（a）是轧制普通工字钢，翼缘的厚度比腹板的厚度大很多，腹板在型钢热轧后首先冷却，翼缘在冷却的过程中受到与其连接的腹板的牵制作用，因此翼缘产生拉应力，而腹板的中部受到压缩产生压应力。图 3-6(b)是轧制 H 型钢的残余应力,由于翼缘的尖端先冷却,所以具有较高的残余压应力。图 3-6(c)是翼缘具有轧制边,或火焰切割以后又经过刨边的焊接工字形截面,其残余应力与 H 型钢类似,只是翼缘与腹板连接处的残余拉应力可能达到屈服强度。图 3-6(d)是具有火焰切割翼缘的焊接工字形截面,翼缘切割时的温度场和焊缝施焊时类似,因此边缘产生拉应力,翼缘与腹板连接处的残余拉应力经常达到屈服强度。图 3-6(e)是用很厚的翼缘板组成的焊接工字形截面,沿翼缘的厚度残余应力也有很大变化,图中板的外表面具有残余压应力,板端的应力很高可达屈服强度,而板的内表面在与腹板连接处具有很高的残余拉应力。图 3-6(f)是焊接箱形截面,在连接焊缝处具有高达屈服强度的残余拉应力,而在截面的中部残余压应力随板件的宽厚比和焊缝的大小而变化,当宽厚比放大到 40 时残余压应力只有 $0.2f_y$ 左右。图 3-6(g)是等边角钢的残余应力,其峰值与角钢边的长度有关。图 3-6(h)是轧制钢管沿壁厚变化的残余应力,它的内表面在冷却时因受到先已冷却的外表面的约束故有残余拉应力,而外表面具有残余压应力,不过,热轧圆管的拉压残余应力都比较小。

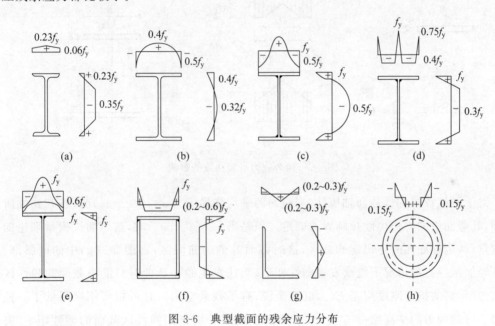

图 3-6 典型截面的残余应力分布

2) 从短柱段看残余应力对压杆的影响

图 3-7(a)是一个双轴对称的工字形截面。为了避免柱在全截面屈服之前发生屈曲,截取柱的长细比不大于 10 的一段短柱段考察其应力-应变曲线,翼缘的残余应力取最便于分析的与图 3-7(b)所示具有相同残余压应力和残余拉应力峰值的三角形分布,即 $\sigma_c = \sigma_t = 0.4f_y$。为了便于说明问题,对短柱段性能影响不大的腹板和其残余应力都忽略不计。短柱段的材料假定是理想的弹塑性体,在轴线压力 N 作用下,当截面的平均应力小于图 3-7(c) 中的 $(f_y - \sigma_c) = 0.6f_y$ 时,截面的应力-应变呈直线,如图 3-7(f)中的 OA 段,其弹性模量为常数 E。当 $\sigma \geqslant (f_y - \sigma_c)$ 时,如图 3-7(d)所示,翼缘的外侧先开始屈服,在图 3-7(f)曲线上的 A 点可以看作是短柱段截面平均应力的比例极限 f_p。此后外力继续增加时翼缘的屈服区不断向内扩展,而弹性区如图 3-7(d)中的 kb 范围不断缩小直至 $\sigma = f_y$ 时全截面都屈服,

如图 3-7(e)所示。图 3-7(f)中的曲线 AB 即为短柱段的弹塑性应力-应变曲线。因为曲线 AB 段增加的轴线压力 dN 只能由截面的弹性区面积 A_e 负担，所以短柱段的切线模量 $E_t = d\sigma/d\varepsilon = (dN/A)/(dN/EA_e) = EA_e/A$。图 3-7(f)中在 AB 曲线上侧由两条虚线组成的应力-应变关系是属于无残余应力的。经比较后可知，残余应力使短柱段受力提前进入了弹塑性受力状态，因而必将降低轴压柱的承载能力。

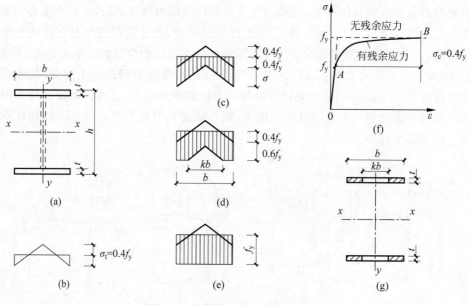

图 3-7 残余应力对短柱段的影响

对于两端铰接的等截面轴压柱，当截面的平均临界应力 $\sigma < (f_y - \sigma_c)$ 时，柱在弹性阶段屈曲，其弯曲屈曲力仍由欧拉临界力确定。但是当 $\sigma > (f_y - \sigma_c)$ 时，按照切线模量理论的基本假定，认为柱屈曲时不出现卸载区，这时截面外侧的屈服区，即图 3-7(g)中的阴影部分，在不增加压应力的情况下继续发展塑性变形，而柱发生微小弯曲时只能由截面的弹性区来抵抗弯矩，它的抗弯刚度应是 EI_e，也就是说，有了残余应力时柱的抗弯刚度降低了。柱发生微小弯曲的力的平衡微分方程中，全截面惯性矩 I 应该用弹性区截面的惯性矩 I_e 来代替。这样，得到的临界力是：

$$N_{cr} = \frac{\pi^2 EI_e}{l^2} = \frac{\pi^2 EI}{l^2} \times \frac{I_e}{I} \tag{3-9}$$

相应的临界应力是：

$$\sigma_{cr} = \frac{\pi^2 E}{\lambda^2} \times \frac{I_e}{I} \tag{3-10}$$

需要注意的是，I_e/I 对截面的两个主轴并不相同。以图 3-8(a)所取工字形截面柱为例，这种弯曲屈曲型的轴心受压柱有不同的屈曲形式，一种是对截面抗弯刚度小的弱轴，即 $y-y$ 轴，另一种是对截面抗弯刚度大的强轴，即 $x-x$ 轴。绕不同轴屈曲时，不仅临界应力不同，残余应力对临界应力的影响程度也不相同。

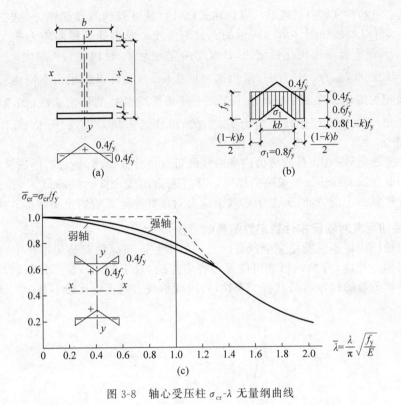

图 3-8 轴心受压柱 σ_{cr}-λ 无量纲曲线

绕 y—y 轴屈曲时，

$$\sigma_{cr,y} = \frac{\pi^2 E}{\lambda_y^2} \times \frac{I_{ey}}{I_y} = \frac{\pi^2 E}{\lambda_y^2} \times \frac{2t(kb)^3/12}{2tb^3/12} = \frac{\pi^2 E}{\lambda_y^2} k^3 \qquad (3\text{-}11)$$

绕 x—x 轴屈曲时，

$$\sigma_{cr,x} = \frac{\pi^2 E}{\lambda_x^2} \times \frac{I_{ex}}{I_x} = \frac{\pi^2 E}{\lambda_x^2} \times \frac{2t(kb)h^2/4}{2tbh^2/4} = \frac{\pi^2 E}{\lambda_x^2} k \qquad (3\text{-}12)$$

从 x、y 轴的临界应力公式可知，$\sigma_{cr,y}$ 与 k^3 有关，而 $\sigma_{cr,x}$ 却只与 k 有关，残余应力对弱轴的影响比对强轴严重得多，因为远离弱轴的部分正好是残余压应力的部分，这部分屈服后对截面抗弯刚度的削弱最为严重。式(3-11)和式(3-12)中的系数 k 实际上是截面弹性区面积 A_e 和全截面面积 A 的比值，因此 $k<1$，kE 则是对有残余应力的短柱进行试验得到的应力-应变曲线的切线模量 E_t。由此可知，短柱试验的切线模量并不能普遍地用于计算轴心受力柱的屈曲应力，因为由式(3-11)计算 $\sigma_{cr,y}$ 时用的是 k^3E，而由式(3-12)计算 $\sigma_{cr,x}$ 时用的是 kE。

因为系数 k 是未知量，不能用式(3-11)和式(3-12)直接计算出屈曲应力。需要根据力的平衡条件再建立一个截面平均应力的计算公式。图 3-8(b)中的阴影区表示了轴线压力作用时截面承受的应力，集合阴影区的力可以得到：

$$\sigma_{cr} = \frac{2btf_y - 2kbt \times 0.5 \times 0.8kf_y}{2bt} = (1 - 0.4k^2)f_y \qquad (3\text{-}13)$$

联合求解式(3-12)和式(3-13)或式(3-11)和式(3-13)就可得到与长细比 λ_x 或 λ_y 相对应的 $\sigma_{cr,x}$ 和 $\sigma_{cr,y}$，可以画成如图 3-8(c)所示的无量纲曲线。纵坐标是屈曲应力 σ_{cr} 与屈服强度 f_y 的比值 $\bar{\sigma}_{cr}$，横坐标是正则化长细比，是取屈曲应力为 f_y 时构件的长细比 λ_0 为基准正则化的，即 $\bar{\lambda}=\lambda/\lambda_0=(\lambda\sqrt{f_y/E})/\pi$。采用这一横坐标，曲线可以通用于不同钢号的构件，因而 $\bar{\lambda}$ 亦称通用长细比。在图中还画出了无残余应力影响的柱的稳定曲线，如虚线所示。由图 3-8(c)可知，在 $\bar{\lambda}=1.0$ 处残余应力对挺直轴压柱的影响最大，$\bar{\sigma}_{cr,y}$ 降低了 31.2%，而 $\bar{\sigma}_{cr,x}$ 只降低 23.4%。

值得注意的是，图 3-7(f)的应力应变曲线既可以由计算绘出，也可以由试验绘出。通过短柱段均匀受压试验绘出 σ-ε 关系曲线可以反过来得出残余应力的峰值 σ_c，虽然得不到残余应力在杆件截面上的分布，却是了解残余应力对压杆稳定影响的重要数据。

2. 构件初弯曲对轴压构件稳定性的影响

实际的轴压构件不可能是完全挺直的。在加工制造和运输安装的过程中，杆件不可避免地会存在微小弯曲，弯曲的形式可能是多种多样的，对于两端铰接的压杆，以图 3-9 所示具有正弦半波图形的初弯曲最具有代表性，对压杆承载力的影响比较不利。

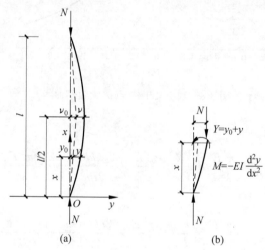

图 3-9　具有初弯曲的压杆

下面先考察具有初弯曲的弹性压杆的压力与挠度的关系。距杆端 O 点为 x 处具有初弯曲为 $y_0=\nu_0\sin(\pi x/l)$，一经压力 N 作用，柱在 x 处的弯曲变形率增加 y。根据图 3-9(b)隔离体的计算简图，可以建立已经弯曲的弹性压杆的力平衡方程。

$$EI\frac{\mathrm{d}^2 y}{\mathrm{d}x^2}+Ny=-N\nu_0\sin\frac{\pi x}{l} \tag{3-14}$$

解此方程可以得到杆的弹性挠度曲线，挠度的总值是

$$Y=y_0+y=\frac{\nu_0}{1-N/N_E}\sin\frac{\pi x}{l} \tag{3-15}$$

其中 $N_E=\pi^2 EI/l^2$。右端的 $1/(1-N/N_E)$ 相当于力 N 使挠度增大的因数，简称放大系数。杆中央的总挠度为

$$\nu_m=\nu_0+\nu=\frac{\nu_0}{1-N/N_E} \tag{3-16}$$

式中,$(1-N/N_E)$ 为挠度放大系数或弯矩放大系数。图 3-10 是 $\nu_0=0.1$ cm 和 0.3 cm 的两种压杆的荷载-挠度曲线。可见,加载初期,构件产生挠曲变形,挠度 ν 和总挠度 ν_m 随 N 的增加而加速增大,附加弯矩也随之加速增大,此时的构件实际上为压弯构件。当钢材为弹性体时,曲线以 $N/N_E=1$ 处的水平线为渐近线。当压力 N 趋近欧拉临界力 N_E 时,挠度趋于无穷大,因此 N_E 时为具有初始弯曲的弹性材料轴心受压构件理论上的极限荷载。但实际上钢材不具有无限弹性,在轴力 N 和

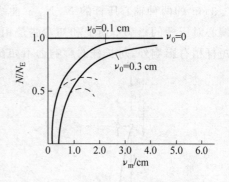

图 3-10　有初弯曲压杆的荷载-挠度曲线

弯矩 $N\nu_0/(1-N/N_E)$ 的共同作用下构件中点截面边缘纤维的压应力为最大:

$$\sigma_{max}=\frac{N}{A}+\frac{N\nu_0}{W(1-N/N_E)} \tag{3-17}$$

式中:W——受压最大纤维毛截面抵抗矩(mm^3)。

当 σ_{max} 达到 f_y 时,构件截面出现塑性区,构件进入弹塑性状态,随着 N 的继续增加,截面弹性区进一步减小,截面抗弯刚度由全弹性截面时的 EI 减小为弹塑性截面时的 EI_e,构件的抗弯能力下降,故荷载-挠度曲线当如图中的虚线所示,呈现荷载-挠度曲线的极值点,称为极值点失稳,属于第二类稳定问题。极值点代表有初弯曲轴心受压构件的极限荷载 N_u。$N_u<N_E$,因而初弯曲降低了轴心受压构件的稳定临界力。初弯曲愈甚,则降低得也愈多。

考虑取最大初弯曲为 $\nu_0=l/1000$,当压杆长度 l 较短时,ν_0 值较小,而欧拉荷载 $N_E=\pi^2EI/l^2$ 却较大,两者都将使 $\dfrac{N\nu_0}{W(1-N/N_E)}$ 显著减小,亦表明初弯曲对短柱的影响较小。反之,初弯曲对长柱的影响则较大。

3. 荷载初偏心对轴压构件整体稳定性的影响

由于构造原因和构件截面尺寸的差异,作用在杆端的轴向压力实际上不可避免地会偏离截面的形心而形成初偏心 e_0。

图 3-11 是具有初偏心压杆的计算简图,在弹性工作阶段,力的平衡微分方程是:

$$EI\frac{d^2y}{dx^2}+Ny=-Ne_0 \tag{3-18}$$

由式(3-18)可以得到杆轴的挠曲线为

$$y=e_0\left(\cos kx+\frac{1-\cos kl}{\sin kl}\sin kx-1\right) \tag{3-19}$$

式中:$k^2=N/EI$。

当 $x=l/2$ 时,构件中点的最大挠度为

$$\nu_m=e_0\left(\sec\frac{\pi}{2}\sqrt{\frac{N}{N_E}}-1\right) \tag{3-20}$$

由式(3-20)可知,挠度 ν 不是随着压力 N 成比例增加的。和初弯曲一样,当压力达到欧拉值 N_E 时,有着不同初偏心的轴心压杆挠度 ν 均达到无限大。图 3-12 是 $e_0=0.1$ cm 和

$0.3\ cm$ 的两种轴心压杆的 N/N_E-ν 曲线,图中虚线表示杆的弹塑性阶段荷载挠度曲线。初偏心对压杆的影响本质上和初弯曲是相同的,但在实际压杆中,初偏心的数值很小,除了对短杆稍有影响外,对长杆的影响远不如初弯曲大。

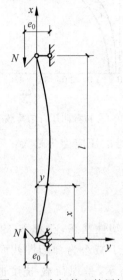

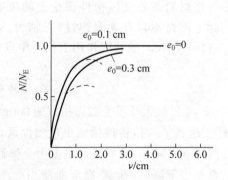

图 3-11　有初偏心的压杆　　　　图 3-12　有初偏心压杆的荷载-挠度曲线

3.4.4　实际轴心受压构件的整体稳定承载力计算方法

　　由图 3-13 所示轴心受压构件的荷载-挠度曲线可见：理想的轴心受压构件,不论是弹性屈曲(曲线 a)(其临界力为欧拉荷载 N_E),还是弹塑性屈曲(曲线 b)(其临界荷载为 N_{crt}),都属于分支型失稳。

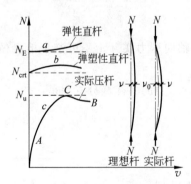

图 3-13　轴心受压构件的
荷载-挠度曲线

　　实际轴心受压构件的挠度曲线 c 显示构件一经承受荷载就产生挠度,A 点表示中央截面边缘纤维开始屈服,进入弹塑性发展阶段,截面上形成弹性区和塑性区,截面的抗弯刚度逐渐降低,变形增长加快,C 点表示达到极值：在 C 点之前,构件内部抗力和外力维持稳定平衡状态；C 点之后,变形是在荷载减少下继续增大,构件内部抗力和外力不能维持稳定平衡,属于极值点失稳。

　　《钢结构设计标准》(GB 50017—2017)在制定轴心受压构件的整体稳定计算方法时,根据不同的截面形状和尺寸、不同加工条件和相应的残余应力分布和大小、不同的弯曲失稳方向,以有构件长度 1/1000 初弯曲幅度的正弦半波作为初始几何缺陷的代表形态,采用数值积分法,对多种实腹式轴心受压构件弯曲失稳计算绘制了近 200 条柱子曲线,得到各种代表构件的 N_u 值。

　　令 $\bar{\lambda}=\dfrac{\lambda}{\pi}\sqrt{\dfrac{f_y}{E}}$,为构件的正则化长细比,等于构件长细比与欧拉临界力 $\sigma_E=f_y$ 时的长

细比之比,适用于各种屈服强度的钢材;

$\varphi = N_u / A f_y$,为轴心受压构件的整体稳定系数。

(1) 由于轴心受压构件的极限承载力并不唯一取决于长细比,各代表构件的极限承载能力有很大差异,所有计算构件的(λ, φ)数据点分布相当离散,无法用一条曲线来代表。经过数理统计将这些曲线划分为四条窄带,取每组的平均值(50%的分位值)曲线作为该组代表曲线,给出 a、b、c、d 四条柱子曲线,代表四类截面形状的曲线,见图 3-14。将它制成 $\lambda \sqrt{\dfrac{f_y}{235}}$-$\varphi$ 表供查用,见附表 E。

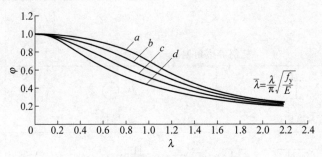

图 3-14 轴心受压构件稳定系数

(2) a 类属于截面外侧残余压应力的峰值较小且回转半径 i 和核心距 $\rho = W/A$ 的比值 i/ρ 也比较小的轧制圆管和宽高比小于 0.8 绕强轴屈曲的轧制工字钢(表 3-5);c 类属于残余压应力峰值较大且 i/ρ 也较大的截面,如翼缘为轧制(为热轧)边或剪切(为热切)边绕弱轴屈曲的焊接工字形截面;大量截面属于 b 类,如翼缘为焰切的焊接工字形截面,焰切是在冷钢板上用火焰切割,因此翼缘的外侧具有较高的残余拉应力,对轴心受压有利,所以绕强轴和弱轴屈曲都属 b 类。当翼缘为轧制或剪切边或焰切后再刨边的焊接工字形截面,因翼缘外侧存在较大残余压应力,对绕弱轴屈曲承载力降低的影响比绕强轴大,所以绕强轴屈曲属 b 类,绕弱轴屈曲属 c 类。对于板厚不小于 40 mm 的焊接实腹截面,翼缘为轧制或剪切边时,残余应力沿板厚变化大,稳定承载力低,绕强轴属 c 类,绕弱轴是 d 类。规范中各种截面的分类见表 3-6(a)、(b)。

表 3-5 截面回转半径与核心距的比值

截面形式	○	□	⊥x / y	—	⊥x / y	—
i/ρ	1.41	1.22	1.25	2.50	1.16	2.10
截面形式	x	y	⊥⊥	◎	▨	✳x / y
i/ρ	2.30	2.25	1.14	2.00	1.73	1.73

表 3-6(a)　轴心受压构件的截面分类（板厚 $t < 40$ mm）

截 面 形 式		对 x 轴	对 y 轴
轧制（圆管）		a 类	b 类
轧制（箱形 b/h）	$b/h \leqslant 0.8$	a 类	b 类
	$b/h > 0.8$	a^* 类	b^* 类
轧制等边角钢		a^* 类	a^* 类
焊接，翼缘为焰切边　　　焊接			
轧制			
轧制、焊接（板件宽厚比 > 20）　　　轧制或焊接		b 类	b 类
焊接　　　轧制截面和翼缘为焰切边的焊接截面			
格构式　　　焊接，板件边缘焰切			
焊接，翼缘为轧制或剪切边		b 类	c 类
焊接，板件边缘轧制或剪切　　　轧制、焊接（板件宽厚比 ≤ 20）		c 类	c 类

注：1. a^* 类含义为 Q235 钢取 b 类，Q355、Q390、Q420 和 Q460 钢取 a 类；b^* 类含义为 Q235 钢取 c 类，Q355、Q390、Q420 和 Q460 钢取 b 类。

2. 无对称轴且剪心和形心不重合的截面，其截面分类可按有对称轴的类似截面确定，如不等边角钢采用等边角钢的类别；当无类似截面时，可取 c 类。

表 3-6(b)　轴心受压构件的截面分类(板厚 $t \geqslant 40$ mm)

截面形式		对 x 轴	对 y 轴
轧制工字形或 H 形截面	$t < 80$ mm	b 类	c 类
	$t \geqslant 80$ mm	c 类	d 类
焊接工字形截面	翼缘为焰切边	b 类	b 类
	翼缘为轧制或剪切边	c 类	d 类
焊接箱形截面	板件宽厚比 >20	b 类	b 类
	板件宽厚比 $\leqslant 20$	c 类	c 类

(3) 由欧拉荷载 $N_{cr} = \pi^2 E I / l^2$ 和其弹性屈曲临界应力 $\sigma_{cr} = \pi^2 E / \lambda^2$ 可知,钢材屈服强度 f_y 的提高,对其没有影响;由稳定系数公式 $\varphi = N_u / (A f_y) = \sigma_{cr} / f_y$ 可见,强度高的钢材 φ 值按比例下降。

因此可借用 Q235 钢构件的 λ-φ 表近似确定各类钢构件的 φ 值,只需把钢构件的长细比换算成相当 Q235 钢构件的长细比 $\lambda_0 = \lambda \sqrt{f_y / 235}$ 即可。

(4) 对单轴对称的 T 形截面,受压构件绕非对称轴发生弯曲失稳;绕对称轴发生弯曲时,由此产生的横向剪力不通过截面的剪切中心,将引发截面扭转,属于弯扭失稳。弯扭失稳的极限承载力比弯曲失稳的极限承载力低。所以截面绕对称轴(y 轴)发生弯扭失稳时,应当算出弯扭失稳的换算长细比来代替 λ_y。对无对称轴的截面,总发生弯扭失稳,其整体稳定性更差,一般不宜作轴心压杆。

前述验算强度和验算稳定的两个公式 $N / A_n \leqslant f$ 和 $N \leqslant \varphi A f$ 的变形公式 $N / A \varphi \leqslant f$ 形式上相似,本质却截然不同。强度公式是针对受力最大截面上的应力,是应力问题,若要增加构件的强度,只要增大其截面面积即可。强度是一阶分析,不考虑变形的影响,应力和截面面积成比例关系。整体稳定公式验算的也是某一截面的应力,但它是对整个构件而不是对构件的某个截面而言,是构件整体变形的问题。$\varphi = \sigma_{cr} / f_y$ 是临界应力的函数,临界应力是外力与构件内部的抗力由稳定平衡到不稳定平衡临界状态时的平均压应力,这时变形急剧增大,所以说稳定计算必须根据其变形状态来进行,是个变形问题。一个构件的变形大小取决于整个构件的刚度,而不取决于某个特定截面的面积,应力和截面面积不成比例关系。

强度和稳定都是承载能力极限状态计算的内容。我国现行设计规范为简化计算,规定以构件的净截面上最大应力达到钢材的屈服强度即 f_y 作为极限状态。凡属强度计算,都以净截面为准;凡属稳定计算,都以毛截面为准。

3.4.5　单轴对称截面轴心受压构件的弯扭失稳

如图 3-15 所示,以单轴对称截面轴心受压柱为例,在柱的非对称平面内将发生弯扭失稳,其极限承载力低于弯曲失稳的极限承载力。

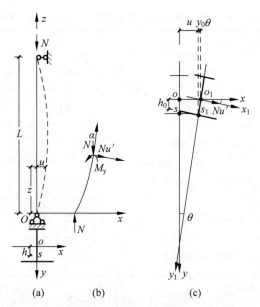

图 3-15   单轴对称截面绕其对称轴 y 的弯扭屈曲

1. 定性分析

使用 $Oxyz$ 固定坐标系和附在柱轴线上的移动坐标系 $o_1x_1y_1z_1$。o、o_1 为截面形心，s、s_1 为截面剪切中心，y_0 为剪切中心 s_1 和形心 o_1 的距离。

由图 3-15(b)、(c)可见，当柱弯曲后，曲线在 z 截面的倾角为 α，在截面形心 o_1 处由 N 产生的横向剪切力为 $N\sin\alpha = N\tan\alpha = Nu'$，由于此剪力不通过截面的剪切中心 s_1，使截面绕 s_1 发生 θ 扭转角。这就是说，单轴对称截面柱，当横向荷载不通过剪切中心时，柱将发生弯扭失稳。

2. 弯扭失稳的弹性微分方程

在弹性小挠度变形的前提下，在 zox 平面内，其弯曲曲率是 u''；因为扭转角 θ 很小，所以在 $z_1o_1x_1$ 平面内其弯曲曲率 $x_1'' = u''$；截面形心 o_1 在 x 方向的位移为 $u + y_0\theta$，见图 3-15(c)。

由图 3-15(b)所示隔离体的平衡条件，即 $\sum M = 0$，有

$$M_y - N(u + y_0\theta) = 0$$

又有

$$M_y = -EI_y x_1'' = -EI_y u''$$

所以有

$$EI_y u'' + Nu + Ny_0\theta = 0 \tag{3-21a}$$

这是一个弹性弯曲平衡微分方程，方程中有两个未知函数 $u(z)$，$\theta(z)$。

由开口薄壁杆件弹性理论，可得扭转平衡微分方程：

$$EI_\omega \theta''' + (Nr_0^2 - GI_t)\theta' + Ny_0 u' = 0 \tag{3-21b}$$

将式(3-21a)微分两次、式(3-21b)微分一次，得弯扭屈曲弹性微分平衡方程组：

$$EI_y u^{(4)} + Nu'' + Ny_0\theta'' = 0 \tag{3-22a}$$

$$EI_\omega \theta^{(4)} + (Nr_0^2 - GI_t)\theta'' + Ny_0 u'' = 0 \tag{3-22b}$$

$$r_0^2 = \frac{I_x + I_y}{A} + y_0^2 \tag{3-22c}$$

式中：N——作用于柱截面形心上的压力(N)；

I_x, I_y——分别为截面 x 方向和 y 方向上的形心主矩(mm^4)；

I_ω, I_t——分别为截面扇性惯性矩(mm^4)、截面扭转惯性矩(mm^4)；

u, θ, y_0——分别为截面剪切中心在 x 方向的位移(mm)、截面绕剪切中心 s_1 的转角(°)、截面剪切中心和截面形心的距离(mm)；

r_0——截面对剪心的极回转半径(mm)；

A——截面毛面积(mm^2)。

3. 弯扭失稳的换算长细比 $\lambda_{y\theta}$

两端铰支柱的边界条件

$$u(0)=u(l)=0, \quad u''(0)=u''(l)=0$$
$$\theta(0)=\theta(l)=0, \quad \theta''(0)=\theta''(l)=0$$

满足边界条件的通解

$$u=c_1\sin\frac{n\pi z}{l}, \quad \theta=c_2\sin\frac{n\pi z}{l}$$

当 $n=1$ 时为其临界值，将 $u=c_1\sin\frac{\pi z}{l}$, $\theta=c_2\sin\frac{\pi z}{l}$ 代入式(3-22a)、式(3-22b)得：

$$c_1\left(\frac{\pi^2 EI_y}{l^2}-N\right)-c_2 N y_0=0 \tag{3-23a}$$

$$-c_1 N y_0+c_z\left[\left(\frac{\pi^2 EI_\omega}{l^2}+GI_t\right)\frac{1}{r_0^2}-N\right]r_0^2=0 \tag{3-23b}$$

令 $N_{Ey}=\dfrac{\pi^2 EI_y}{l^2}=\dfrac{\pi^2 EA}{\lambda_y^2}$ 为绕 y 轴弯曲失稳的欧拉荷载；$\lambda_y=\dfrac{l}{\sqrt{I_y/A}}$ 为绕 y 轴弯曲长细

比；$N_{E\theta}=\left(\dfrac{\pi^2 EI_\omega}{l^2}+GI_t\right)\dfrac{1}{r_0^2}=\dfrac{\pi^2 EA}{\lambda_\theta^2}$ 为绕 z 轴扭转失稳的欧拉荷载；$\lambda_\theta=\dfrac{l}{\sqrt{\dfrac{I_\omega}{Ar_0^2}+\dfrac{l^2 GI_t}{\pi^2 EAr_0^2}}}$ 为

绕 z 轴的扭转长细比。

则式(3-23a)、式(3-23b)变为

$$c_1(N_{Ey}-N)-c_2 N y_0=0 \tag{3-24a}$$

$$-c_1 N y_0+c_2(N_{E\theta}-N)r_0^2=0 \tag{3-24b}$$

c_1, c_2 都不为零的条件

$$\begin{vmatrix} N_{Ey}-N & -N y_0 \\ -N y_0 & (N_{E\theta}-N)r_0^2 \end{vmatrix}=0 \tag{3-25a}$$

展开为

$$(N_{Ey}-N)(N_{E\theta}-N)r_0^2-N^2 y_0^2=0 \tag{3-25b}$$

式(3-35b)是以 N 为变量的常系数一元二次代数方程，解得弯扭失稳方程的欧拉荷载和欧拉应力为

$$N_{Ey\theta}=\frac{\pi^2 EA}{\lambda_{y\theta}^2} \tag{3-26}$$

$$\sigma_{\mathrm{E}y\theta} = \frac{\pi^2 E}{\lambda_{y\theta}^2} \tag{3-27}$$

$$\lambda_{y\theta}^2 = \frac{1}{2}(\lambda_y^2 + \lambda_\theta^2) + \frac{1}{2}\sqrt{(\lambda_y^2 + \lambda_\theta^2)^2 - 4\left(1 - \frac{y_0^2}{r_0^2}\right)\lambda_y^2\lambda_\theta^2} \tag{3-28}$$

式中:$\lambda_{y\theta}$——弯扭失稳的换算长细比。

由上可得以下结论:

(1) $\lambda_{y\theta} > \lambda_y$ 说明弯扭失稳的临界力比弯曲失稳的临界力小;

(2) 式(3-28)是弹性解,由于 $\lambda_{y\theta}$ 查表求得的稳定系数 φ 考虑了实际压杆的初缺陷和非弹性影响,因此规范规定:对单轴对称截面绕对称轴的整体稳定性(即在柱非对称平面内的整体稳定)的校核,按式(3-28)计算得弯扭换算长细比 $\lambda_{y\theta}$,由此查表得相应的稳定系数 φ,再由式 $N/\varphi A \leq f$ 进行整体稳定校核,详见例3-8。

3.4.6 轴心受压构件的局部稳定

1. 组成轴心受压构件的板件的屈曲现象

组成构件的板件,如工字形截面的翼缘和腹板,为得到较大的抗弯刚度,通常其厚度远小于宽度。在均匀压应力的作用下,当压力达到某一峰值时,板件就可能产生凸曲现象,见图 3-16,这就是局部失稳现象。对局部失稳有两种处理方法:一种是对宽厚比大于 100 的板,这种板屈曲后仍能承担更大的压力,为利用屈曲后强度,允许板件先于整体失稳,冷弯薄壁型钢就属这一类;显然由于放大了宽厚比,使整体刚度提高,节省钢材。另一种是对宽厚比小于等于 100 的板,它失稳后不会像整体失稳导致构件承载力马上丧失,但会使整体刚度降低,构件中内力重新分配,而引起整体失稳,所以对这种构件不允许板件(局部)先于整体失稳。

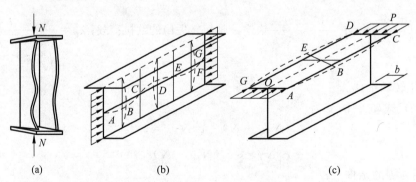

图 3-16 轴心受压构件局部屈曲

(a)翼缘凸曲现象;(b)腹板屈曲变形;(c)翼缘屈曲变形

2. 薄板小挠度屈曲的临界应力

实腹式轴心受压构件的翼缘、腹板的宽(高)厚比 $\dfrac{b_1}{t}\left(\dfrac{h_0}{t_\mathrm{w}}\right)$(最小值为 5~8,最大值为 80~100)属于薄板;当板件屈曲时,其挠度远小于板的厚度。对薄板小挠度理论,普遍采用以下基本假定:

(1) 垂直于板中面方向的应力较小,可略去不计;

（2）变形前垂直于中面的任一直线，变形后，仍为直线，并垂直于变形后的弹性曲面，且长度不变；

（3）材料的均匀性、连续性、各向同性且服从胡克定律。

1）薄板小挠度屈曲平衡微分方程

如图 3-17 所示，四边简支矩形薄板在纵向均匀压力作用下产生屈曲变形。其中，w 为板件屈曲后任一点的挠度；N_x 为板件单位宽度所承受的压力。

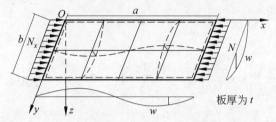

图 3-17 四边简支矩形薄板在纵向均匀压力作用下的屈曲

（1）微元 $\mathrm{d}x\,\mathrm{d}y$ 变形后引起内力的变化（图 3-18、图 3-19）。

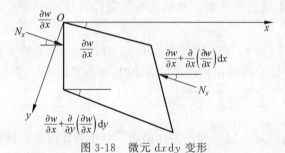

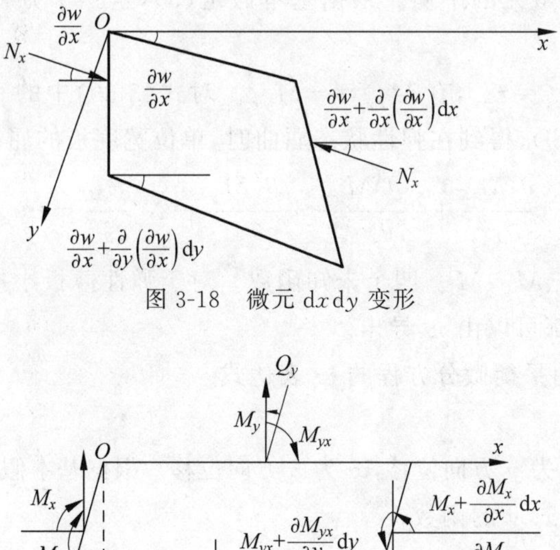

图 3-18 微元 $\mathrm{d}x\,\mathrm{d}y$ 变形

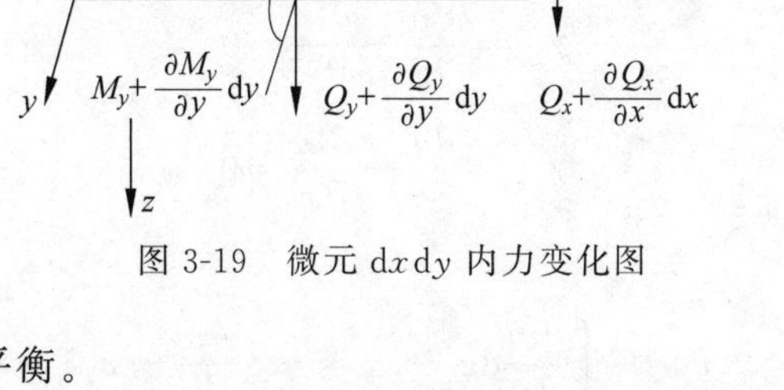

图 3-19 微元 $\mathrm{d}x\,\mathrm{d}y$ 内力变化图

（2）微元 $\mathrm{d}x\,\mathrm{d}y$ 的平衡。

$\sum Z = 0$：

$$\left(Q_x + \frac{\partial Q_x}{\partial x}\mathrm{d}x - Q_x\right)\mathrm{d}y + \left(Q_y + \frac{\partial Q_y}{\partial y}\mathrm{d}y - Q_y\right)\mathrm{d}x +$$

$$\left\{N_x\frac{\partial w}{\partial x} - N_x\left[\frac{\partial w}{\partial x} + \frac{\partial}{\partial x}\left(\frac{\partial w}{\partial x}\right)\mathrm{d}x\right]\right\}\mathrm{d}y = 0$$

$$\frac{\partial Q_x}{\partial x} + \frac{\partial Q_y}{\partial y} - N_x \frac{\partial^2 w}{\partial x^2} = 0 \tag{3-29}$$

$\sum M_x = 0$：

$$\left[M_x - \left(M_x + \frac{\partial M_x}{\partial y} dy \right) \right] dx + \left(M_{yx} + \frac{\partial M_{yx}}{\partial x} dx - M_{yx} \right) dy + \left(Q_y + \frac{\partial Q_y}{\partial y} dy \right) dx dy = 0$$

$$\frac{\partial M_x}{\partial y} - \frac{\partial M_{yx}}{\partial x} - Q_y = 0 \tag{3-30}$$

$\sum M_y = 0$：

$$\left[M_y - \left(M_y + \frac{\partial M_y}{\partial x} dx \right) \right] dy + \left(M_{xy} + \frac{\partial M_{xy}}{\partial y} dy - M_{xy} \right) dx + \left(Q_x + \frac{\partial Q_x}{\partial x} dx \right) dy dx = 0$$

$$\frac{\partial M_y}{\partial x} + \frac{\partial M_{xy}}{\partial y} - Q_x = 0 \tag{3-31}$$

因为 y 方向无荷载，也无 z 轴的力矩；x 方向满足 $\sum X = 0$，所以式(3-29)～式(3-31)这三个方程完全决定了微元的平衡。根据基本假定(3)，这三个方程也决定了整个板件的平衡。

由剪力互等定理 $\tau_{xy} = \tau_{yx}$，有 $M_{xy} = -M_{yx}$。对式(3-30)中的 y 求导及对式(3-31)中的 x 求导后代入式(3-29)，得到在弹性状态屈曲时，单位宽度板的屈曲平衡方程为

$$\frac{\partial^2 M_y}{\partial x^2} + 2 \frac{\partial^2 M_{xy}}{\partial y \partial x} + \frac{\partial^2 M_x}{\partial y^2} - N \frac{\partial^2 w}{\partial x^2} = 0 \tag{3-32}$$

式(3-32)有 w、M_x、M_y、M_{xy} 四个未知函数。对于弹性薄板小挠度屈曲只有一个基本未知函数 w，其他函数都可以由 w 导出。

2) 薄板小挠度屈曲平衡微分方程的 w 表达式

(1) 变形关系

u 为 x 方向位移，v 为 y 方向位移，w 为 z 方向位移。根据基本假定(1)，$\xi_z = \partial w / \partial z = 0$，可知 $w = w(x, y)$ 仅为 x, y 的函数；

又

$$\gamma_{yz} = \frac{\partial v}{\partial z} + \frac{\partial w}{\partial y} = 0$$

$$\gamma_{xz} = \frac{\partial u}{\partial z} + \frac{\partial w}{\partial x} = 0$$

得

$$v = -\int \frac{\partial w}{\partial y} dz + c_1 = -z \frac{\partial w}{\partial y} + c_1$$

$$u = -\int \frac{\partial w}{\partial x} dz + c_2 = -z \frac{\partial w}{\partial x} + c_2$$

根据基本假定(2)，$v(0) = 0, u(0) = 0$，则积分常数 $c_1 = c_2 = 0$，所以有

$$v = -z \frac{\partial w}{\partial y}, \quad u = -z \frac{\partial w}{\partial x}$$

（2）应变和挠度 w 的关系

$$\xi_x = \frac{\partial u}{\partial x} = -z\frac{\partial^2 w}{\partial x^2}$$

$$\xi_y = \frac{\partial v}{\partial y} = -z\frac{\partial^2 w}{\partial y^2}$$

$$\gamma_{xy} = \frac{\partial u}{\partial y} + \frac{\partial v}{\partial x} = -2z\frac{\partial^2 w}{\partial x \partial y}$$

（3）物理关系（胡克定律）

$$\sigma_x = \frac{E}{1-\nu^2}(\xi_x + \nu\xi_y) = -\frac{Ez}{1-\nu^2}\left(\frac{\partial^2 w}{\partial x^2} + \nu\frac{\partial^2 w}{\partial y^2}\right) \tag{3-33}$$

$$\sigma_y = \frac{E}{1-\nu^2}(\xi_y + \nu\xi_x) = -\frac{Ez}{1-\nu^2}\left(\frac{\partial^2 w}{\partial y^2} + \nu\frac{\partial^2 w}{\partial x^2}\right) \tag{3-34}$$

$$\tau_{xy} = G\gamma_{xy} = -\frac{Ez}{1+\nu} \times \frac{\partial^2 w}{\partial x \partial y} \tag{3-35}$$

$$G = \frac{E}{2(1+\nu)} \tag{3-36}$$

式中：ν——泊松比；

G——剪切弹性模量（N/mm^2）。

（4）单位宽度内，应力和内力间的关系（图 3-20）

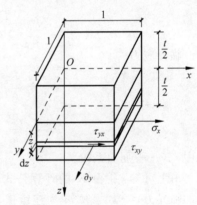

$$M_x = \int_A z\sigma_x \mathrm{d}A = \int_{-\frac{t}{2}}^{\frac{t}{2}} z\sigma_x \mathrm{d}z = -D\left(\frac{\partial^2 w}{\partial x^2} + \nu\frac{\partial^2 w}{\partial y^2}\right) \tag{3-37}$$

$$M_y = \int_A z\sigma_y \mathrm{d}A = \int_{-\frac{t}{2}}^{\frac{t}{2}} z\sigma_y \mathrm{d}z = -D\left(\frac{\partial^2 w}{\partial y^2} + \nu\frac{\partial^2 w}{\partial x^2}\right) \tag{3-38}$$

$$M_{xy} = \int_A z\tau_{xy} \mathrm{d}A = \int_{-\frac{t}{2}}^{\frac{t}{2}} z\tau_{xy} \mathrm{d}z = -D(1-\nu)\frac{\partial^2 w}{\partial x \partial y} \tag{3-39}$$

图 3-20 板微元应力和内力

式中：D——板单位宽度的抗弯刚度（N·mm^2），$D = Et^3/12(1-\nu^2)$，其中 t 是板厚（mm）。

3）薄板小挠度屈曲平衡微分方程 $w(x,y)$ 的表达式

将式（3-37）～式（3-39）代入式（3-32）得

$$D\left(\frac{\partial^4 w}{\partial x^4} + \frac{2\partial^4 w(1-\nu)}{\partial x^2 \partial y^2} + \frac{\partial^4 w}{\partial y^4}\right) + N\frac{\partial^2 w}{\partial x^2} = 0 \tag{3-40}$$

根据四边简支板的边界条件，板边缘的挠度和弯矩均为零。

边界上　　　　$$w = 0, \quad M_x = -D\left(\frac{\partial^2 w}{\partial x^2} + \nu\frac{\partial^2 w}{\partial y^2}\right) = 0,$$

$$M_y = -D\left(\frac{\partial^2 w}{\partial y^2} + \nu\frac{\partial^2 w}{\partial x^2}\right) = 0$$

即
$$x=0, x=a;\quad w=0, \frac{\partial^2 w}{\partial y^2}=0$$

$$y=0, y=b;\quad w=0, \frac{\partial^2 w}{\partial x^2}=0$$

解得板挠度为
$$w(x,y)=\sum_{m=1}^{\infty}\sum_{n=1}^{\infty}A_{mn}\sin\frac{m\pi x}{a}\sin\frac{n\pi y}{b} \tag{3-41}$$

式中：m, n——分别为 x 方向和 y 方向的半波数。

将式（3-41）代入式（3-40）有

$$\sum_{m=1}^{\infty}\sum_{n=1}^{\infty}A_{mn}\left(\frac{m^4\pi^4}{a^4}+2\frac{m^2 n^2\pi^4}{a^2 b^2}+\frac{n^4\pi^4}{b^4}-\frac{N}{D}\frac{m^2\pi^2}{a^2}\right)\sin\frac{m\pi x}{a}\sin\frac{n\pi y}{b}=0$$

$A_{mn}\neq 0$ 的条件是

$$\frac{m^4\pi^4}{a^4}+2\frac{m^2 n^2\pi^4}{a^2 b^2}+\frac{n^4\pi^4}{b^4}-\frac{N}{D}\frac{m^2\pi^2}{a^2}=0$$

$$N=\frac{D\pi^2}{b^2}\left(\frac{mb}{a}+\frac{n^2 a}{mb}\right)^2 \tag{3-42}$$

由式（3-42）可见，当 $n=1$，即 y 方向只有一个半波时 N 取得最小值：

$$N_{cr}=\frac{D\pi^2}{b^2}\left(\frac{mb}{a}+\frac{n^2 a}{mb}\right)^2=K\frac{\pi^2 D}{b^2} \tag{3-43}$$

临界应力

$$\sigma_{cr}=\frac{N_{cr}}{A}=\frac{\pi^2 KD}{b^2 t}=\frac{K\pi^2 E}{12(1-\nu^2)}\left(\frac{t}{b}\right)^2 \tag{3-44}$$

$$K=\left(\frac{mb}{a}+\frac{a}{mb}\right)^2$$

式中：K——屈曲系数。

由上可知：①由 K 的计算公式可见，a/b 越大 N_{cr} 越高，即减小板的宽度 b，可以提高板的临界力；②如果视 m 为连续值，则 K 取得最小值条件是 $dk/dm=0$，解得 $m=a/b$ 时 $K_{\min}=4$，即对矩形板，当 $a>b$，k 值为一常数 4；③对其他支撑条件的板，可得出与式（3-44）相同形式的表达式，只是 K 值不同。例如对三边简支，与压力平行的一边自由的矩形板，当 $a>b$ 时，$K=0.425+b^2/a^2$，对于很长的板，$a\gg b$，则有 $K=0.425$。

3. 实腹式轴心受压构件的局部稳定

1）弹塑性阶段板件的临界应力公式

对于实腹式轴心受压构件，通常在弹塑性阶段屈曲，板件的屈曲应力由式（3-45）确定：

$$\sigma_{cr}=\frac{\chi\sqrt{\eta}K\pi^2 E}{12(1-\nu^2)}\times\left(\frac{t}{b}\right)^2 \tag{3-45}$$

式中：χ——弹性嵌固系数，其值取决于互连板件的刚度。例如翼板和腹板相连，计算腹板的临界应力时 $\chi=1.3$；计算翼板的临界应力时 $\chi=1$；

η——弹性模量修正系数，进入塑性后采用切线模量 $E_t=\eta E$ 取代 E，因为这时各向同性板已变为正交异性板，故修正系数为 $\sqrt{\eta}$，显然 η 是长细比 λ 的函数，即 $\eta=\eta(\lambda)$。

2）板件宽（高）厚比的限值

《钢结构设计标准》（GB 50017—2017）对轴心受压构件规定，组成构件的板件的失稳不应先于构件的整体失稳，其板件宽厚比应符合下列规定。

（1）H形截面翼缘宽厚比的限值

在弹性工作范围内

$$\frac{\chi K \pi^2 E}{12(1-\nu^2)}\left(\frac{t_f}{b}\right)^2 \geqslant \frac{\pi^2 E}{\lambda^2} \tag{3-46}$$

式中：b——翼缘的外伸宽度（mm），焊接截面取腹板厚度边缘至翼缘板边缘的距离，轧制截面取内圆弧起点至翼缘板边缘的距离；

t_f——翼缘板厚度（mm）。

将 $K=0.425,\nu=0.3,\lambda=75,\chi=1$ 代入式（3-46）得

$$\frac{b}{t_f} \leqslant 15$$

在弹塑性工作阶段

$$\frac{\chi \sqrt{\eta} K \pi^2 E}{12(1-\nu^2)}\left(\frac{t_f}{b}\right)^2 \geqslant \varphi_{\min} f_y \tag{3-47a}$$

腹板对翼缘没有约束作用，取 $\chi=1,E=2.06\times10^5$ N/mm²，$K=0.425,\nu=0.3$。

η 和 φ 都是 λ 的函数，于是得到图 3-21 中的 b/t_f-λ 曲线（虚线）。规范规定用三段直线代替，如图 3-21 中实线所示。故规范规定，H形截面翼缘宽厚比应符合下列规定：

$$\frac{b}{t_f} \leqslant (10+0.1\lambda)\varepsilon_k \tag{3-47b}$$

式中：λ——构件的较大长细比；当 $\lambda<30$ 时，取为 30；当 $\lambda>100$ 时，取为 100。

ε_k——钢号修正系数，$\varepsilon_k=\sqrt{235/f_y}$。

（2）H形截面腹板高厚比的限值

翼缘对腹板的屈曲有约束作用，$\chi=1.3,K=4$，则

$$\frac{\chi K \sqrt{\eta} \pi^2 E}{12(1-\nu^2)}\left(\frac{t_w}{h_0}\right)^2 \geqslant \varphi_{\min} f_y \tag{3-48a}$$

于是得到图 3-22 中的 h_0/t_w-λ 曲线（虚线），规范规定用三段直线代替曲线，如图 3-22 中的实线。故规范规定，H形截面腹板宽厚比应符合下列规定：

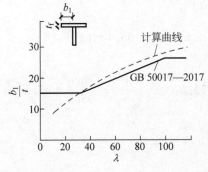

图 3-21 H形截面轴心压杆翼缘宽厚比

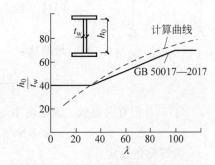

图 3-22 H形截面轴心压杆腹板的宽厚比

$$\frac{h_0}{t_w} \leqslant (25 + 0.5\lambda)\varepsilon_k \tag{3-48b}$$

式中：h_0、t_w——分别为腹板计算高度和厚度（mm）。

（3）箱形截面壁板宽厚比限值

$$\frac{b}{t} \leqslant 40\varepsilon_k \tag{3-48c}$$

式中：b——壁板的净宽度（mm），当箱形截面设有纵向加劲肋时，为壁板与加劲肋之间的净宽度。

（4）T形截面宽厚比限值

T形截面翼缘宽厚比限值应按式（3-48a）确定。

T形截面腹板为三边支承一边自由板件，但受翼缘嵌固作用较强，其宽厚比限值为

热轧剖分T型钢：

$$\frac{h_0}{t_w} \leqslant (15 + 0.2\lambda)\varepsilon_k \tag{3-48d}$$

焊接T型钢：

$$\frac{h_0}{t_w} \leqslant (13 + 0.17\lambda)\varepsilon_k \tag{3-48e}$$

对焊接构件 h_0 取腹板高度 h_w；对热轧构件，h_0 取腹板平直段长度，简要计算时可取 $h_0 = h_w - t_f$，但不小于 $(h_w - 20)$mm。

3.4.7　实腹式轴心受压柱算例

例 3-2　如图 3-23 所示轴心受压柱，轴力设计值 $N = 1900$ kN，钢材为 Q355B，柱截面为 HW $250 \times 250 \times 9 \times 14$。试验算柱的整体稳定性是否满足要求。

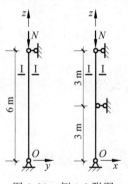

图 3-23　例 3-2 附图

解　（1）根据附表 A-2 可知截面参数：

截面面积：

$$A = 91.43 \text{ cm}^2$$

惯性矩：

$$I_x = 10\,700 \text{ cm}^4$$

$$I_y = 3650 \text{ cm}^4$$

回转半径：

$$i_x = 108 \text{ mm}, \quad i_y = 63.1 \text{ mm}$$

长细比：

$$\lambda_x = \frac{l_{0x}}{i_x} = \frac{6000}{108} = 55.6, \quad \lambda_y = \frac{l_{0y}}{i_y} = \frac{3000}{63.1} = 47.5$$

（2）Q355B 钢有关参数：板厚度小于 16 mm。

$$f_y = 355 \text{ N/mm}^2, \quad f = 305 \text{ N/mm}^2$$

（3）验算整体稳定：

根据表 3-6 可知，截面对 x 轴属于 a 类，对 y 轴属于 b 类。

由 $\lambda_x = 55.6$,得:

$$\lambda_x/\varepsilon_k = \lambda_x\sqrt{\frac{f_y}{235}} = 55.6 \times \sqrt{\frac{355}{235}} = 68.3$$

查 a 类截面(附表 E-1)得:$\varphi_x = 0.847$

由 $\lambda_y = 47.5$,得:

$$\lambda_y/\varepsilon_k = \lambda_y\sqrt{\frac{f_y}{235}} = 47.5 \times \sqrt{\frac{355}{235}} = 58.4$$

查 b 类截面(附表 E-2)得:$\varphi_y = 0.816$

$$\varphi_x > \varphi_y$$

由稳定系数小的控制,即弱轴(y 轴)控制,则

$N = 1900 \text{ kN} < \varphi_y A f = (0.816 \times 9143 \times 305) \text{ N} = 2275.51 \times 10^3 \text{ N} = 2275.51 \text{ kN}$

故整体稳定性满足要求。

例 3-3 设计一宽翼缘 H 形截面轴心受压柱,钢材为 Q355B,柱两端铰接,截面无孔眼削弱,如图 3-24(a)所示。柱承受恒荷载标准值 $N_{GK} = 400$ kN,可变荷载标准值 $N_{QK} = 720$ kN,恒荷载分项系数为 1.30,可变荷载分项系数为 1.50。柱上、下端均铰接,高度 $l = 6$ m。试验算截面是否满足要求。

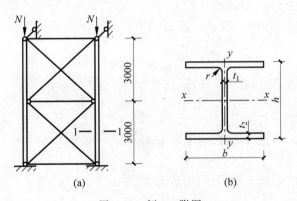

图 3-24 例 3-3 附图

(a) 计算简图;(b) 截面尺寸

解 (1) 计算长度

$$l_{0x} = 6 \text{ m}, \quad l_{0y} = 3 \text{ m}$$

荷载设计值:$N = 1.3N_{Gk} + 1.5N_{Qk} = (1.3 \times 400 + 1.5 \times 720) \text{ kN} = 1600 \text{ kN}$

(2) 初选截面

① 设 $\lambda_x = \lambda_y = 60$

$b/h > 0.8$,查表 3-6 可知,绕 x 轴属 a 类截面,绕 y 轴属 b 类截面。

$$f_y = 355 \text{ N/mm}^2$$

$$\lambda_x/\varepsilon_k = \lambda_x\sqrt{\frac{f_y}{235}} = 60 \times \sqrt{\frac{355}{235}} = 73.7$$

$$\lambda_y/\varepsilon_k = \lambda_y\sqrt{\frac{f_y}{235}} = 60 \times \sqrt{\frac{355}{235}} = 73.7$$

故轴心受压稳定系数为

$$\varphi_x = 0.820, \quad \varphi_y = 0.729$$

② 所需截面面积为

$$A \geqslant \frac{N}{\varphi_y f} = \frac{1600 \times 10^3}{0.729 \times 305} \text{ mm}^2 = 7196.02 \text{ mm}^2 (f = 305 \text{ N/mm}^2)$$

③ 所需回转半径为

$$i_x \geqslant \frac{l_{0x}}{\lambda_x} = \frac{6000}{60} \text{ mm} = 100 \text{ mm}, \quad i_y \geqslant \frac{l_{0y}}{\lambda_y} = \frac{3000}{60} \text{ mm} = 50 \text{ mm}$$

④ 初选截面尺寸（见附表 A-2）

初选 HW $250 \times 250 \times 9 \times 14$

（3）截面几何特性

截面面积

$$A = 9143 \text{ mm}^2$$

惯性矩

$$I_x = 10\,700 \times 10^4 \text{ mm}^4, \quad I_y = 3650 \times 10^4 \text{ mm}^4$$

回转半径

$$i_x = 108 \text{ mm}, \quad i_y = 63.1 \text{ mm}$$

（4）截面验算

$$\lambda_x = \frac{l_{0x}}{i_x} = \frac{6000}{108} = 55.6$$

$$\lambda_y = \frac{l_{0y}}{i_y} = \frac{3000}{63.1} = 47.5 < [\lambda] = 150$$

刚度满足要求。

由 $\lambda_x \sqrt{\dfrac{355}{235}} = 68.3$，查 a 类截面（附表 E-1）得 $\varphi_x = 0.847$

由 $\lambda_y \sqrt{\dfrac{355}{235}} = 58.4$，查 b 类截面（附表 E-2）得 $\varphi_y = 0.816$，则

$$N_u = \varphi_y A f = (0.816 \times 9143 \times 305) \text{ N} = 2275.51 \times 10^3 \text{ N} = 2275.51 \text{ kN}$$

$$N < N_u$$

整体稳定性满足要求。截面无削弱，则不需要进行强度验算。综上，所选构件截面合适。

例 3-4 如图 3-25 所示为一焊接箱形截面轴心受压柱,钢材 Q355B。柱高 9 m,上端铰接,下端固定。承受轴心压力恒荷载标准值 $N_{Gk} = 1500$ kN,可变荷载标准值 $N_{Qk} = 3000$ kN,恒荷载的荷载分项系数为 1.30,可变荷载的荷载分项系数为 1.50。试验算截面是否满足要求。

解 （1）设计资料

① 荷载设计值

$$N = 1.3N_{Gk} + 1.5N_{Qk} = (1.3 \times 1500 + 1.5 \times 3000) \text{ kN} = 6450 \text{ kN}$$

② 计算长度

$$l_{0x} = l_{0y} = \mu l = (0.7 \times 9) \text{ m} = 6.3 \text{ m} = 6300 \text{ mm}$$

③ 截面面积

$$A = 2 \times [480 \times 16 + (468 + 2 \times 16) \times 16] \text{ mm}^2 = 31\,360 \text{ mm}^2$$

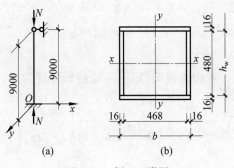

图 3-25 例 3-4 附图

（a）柱子简图；（b）箱形截面尺寸

④ 惯性矩

$$I_x = \frac{1}{12} \times \left[(468 + 16 \times 2) \times (480 + 16 \times 2)^3 - 468 \times 480^3 \right] \text{mm}^4 = 1.2793 \times 10^9 \text{ mm}^4$$

$$I_y = \frac{1}{12} \times \left[(480 + 16 \times 2) \times (468 + 16 \times 2)^3 - 480 \times 468^3 \right] \text{mm}^4 = 1.2332 \times 10^9 \text{ mm}^4$$

⑤ 回转半径

$$i_x = \sqrt{\frac{I_x}{A}} = \sqrt{\frac{1.2793 \times 10^9}{31\,360}} \text{ mm} = 202 \text{ mm}$$

$$i_y = \sqrt{\frac{I_y}{A}} = \sqrt{\frac{1.2332 \times 10^9}{31\,360}} \text{ mm} = 198.3 \text{ mm}$$

（2）截面验算

$$\lambda_x = \frac{l_{0x}}{i_x} = \frac{6300}{202} = 31.19$$

$$\lambda_y = \frac{l_{0y}}{i_y} = \frac{6300}{198.3} = 31.77$$

$$\lambda_y > \lambda_x$$

$$\lambda_y < [\lambda] = 150$$

刚度满足要求。

查表 3-6 可知，焊接箱形截面轴心受压柱，截面属 b 类。

由 $\lambda_x = 31.19$，$\lambda_x \sqrt{\dfrac{355}{235}} = 38.34$

查 b 类截面（附表 E-2）得：$\varphi_x = 0.905$

由 $\lambda_y = 31.77$，$\lambda_y \sqrt{\dfrac{355}{235}} = 39.05$

查 b 类截面（附表 E-2）得：$\varphi_y = 0.903$

$$\varphi_y < \varphi_x$$

由稳定系数小的控制，即弱轴（y 轴）控制，则

$$N_u = \varphi_y A f = (0.903 \times 31\,360 \times 305)\ \text{N}$$

$$= 8637 \times 10^3\ \text{N} = 8637\ \text{kN}$$

$$N < N_u$$

整体稳定性满足要求。截面无削弱，则不需要进行强度验算。

$$\lambda_y = 31.77, \quad 30 < \lambda_y < 100$$

箱形截面壁板 $\dfrac{b_0}{t} = \dfrac{468}{16} = 29.25$，$\dfrac{h_0}{t_w} = \dfrac{480}{16} = 30$，均小于 $40\varepsilon_k \left(40\varepsilon_k = 40\sqrt{\dfrac{235}{f_y}} = 32.54 \right)$。

局部稳定性满足要求。

综上所述，该截面满足要求。

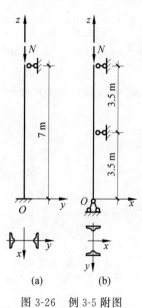

图 3-26　例 3-5 附图

例 3-5　图 3-26 所示轴心受压构件，在 zy 平面内，下端固定上端铰支，如图 3-26(a)所示；在 zx 平面内上下端都是铰支，为防止弱轴方向过早失稳，在中点加一个侧支，如图 3-26(b)所示。轴心压力设计值 $N = 1400$ kN。①选择 Q355B 热轧工字钢截面型号，并验算所选截面是否安全？②选择 Q355B 宽翼缘 H 型钢截面型号，并与①中截面比较分析。

解　(1) Q355B 的抗压强度设计值 $f = 305$ N/mm²，$f_y = 355$ N/mm²。

由表 3-3 查得容许长细比 $[\lambda] = 150$

① 对图 3-25(a)、(b)支撑设 $\lambda_x = \lambda_y = 100$，则

$$\lambda_x / \varepsilon_k = \lambda_x \sqrt{\frac{f_y}{235}} = 100 \times \sqrt{\frac{355}{235}} = 123$$

$$\lambda_y / \varepsilon_k = \lambda_y \sqrt{\frac{f_y}{235}} = 100 \times \sqrt{\frac{355}{235}} = 123$$

分别由附表 E-1、附表 E-2 查得（假设对 x 和 y 轴分别为 a 类和 b 类截面）

$$\varphi_x = 0.475, \quad \varphi_y = 0.421$$

则需要截面面积、回转半径为

$$A = \frac{N}{\varphi_{\min} f} = \frac{1400 \times 10^3}{0.421 \times 305}\ \text{mm}^2 = 10\,903\ \text{mm}^2$$

$$i_x = \frac{l_{0x}}{\lambda} = \frac{0.7 \times 7000}{123}\ \text{mm} = 40\ \text{mm} \left(\lambda = \frac{\lambda_x}{\varepsilon_k} = 123 \right)$$

$$i_y = \frac{l_{0y}}{\lambda} = \frac{3500}{123}\ \text{mm} = 28\ \text{mm} \left(\lambda = \frac{\lambda_y}{\varepsilon_k} = 123 \right)$$

② 初选截面

由附表 A-2 查不出同时满足 A、i_y、i_x 的工字钢型号。只能根据 A、i_y 由附表 A-1 初选 $\text{I}\,56\text{a}$：

截面面积：

$$A = 13\,540 \text{ mm}^2$$

回转半径：

$$i_x = 220 \text{ mm}, \quad i_y = 31.8 \text{ mm}$$

③ 截面验算

因截面无削弱，则不需验算强度。

验算刚度

$$\lambda_x = \frac{l_{0x}}{i_x} = \frac{0.7 \times 7000}{220} = 22.3$$

$$\lambda_y = \frac{l_{0y}}{i_y} = \frac{3500}{31.8} = 110.1 < [\lambda] = 150$$

满足刚度要求。

验算整体稳定性

$$\lambda_y / \varepsilon_k = \lambda_y \sqrt{\frac{f_y}{235}} = 110.1 \times \sqrt{\frac{355}{235}} = 135.3$$

由附表 E-2 查得，$\varphi_y = 0.364$

故

$$\frac{N}{\varphi_y A f} = \frac{1400 \times 10^3}{0.364 \times 135.4 \times 10^2 \times 305} = 0.9313 < 1$$

整体稳定满足要求。

(2) ① 初选截面

所需截面面积、回转半径同(1)，由附表 A-2 可初选 HW $300 \times 300 \times 10 \times 15$

截面面积：

$$A = 11\,850 \text{ mm}^2$$

回转半径：

$$i_x = 131 \text{ mm}, \quad i_y = 75.5 \text{ mm}$$

② 截面验算

因截面无削弱，则不需验算强度。

验算刚度

$$\lambda_x = \frac{l_{0x}}{i_x} = \frac{0.7 \times 7000}{131} = 37.40$$

$$\lambda_y = \frac{l_{0y}}{i_y} = \frac{3500}{75.5} = 46.4 < [\lambda] = 150$$

满足刚度要求。

验算整体稳定性

$$\lambda_y / \varepsilon_k = \lambda_y \sqrt{\frac{f_y}{235}} = 46.4 \times \sqrt{\frac{355}{235}} = 57.0$$

由附表 E 查得，$\varphi_y = 0.823$

$$\frac{N}{\varphi_y A f} = \frac{1400 \times 10^3}{0.823 \times 11\,850 \times 305} = 0.4707 < 1$$

综上，截面满足要求。

热轧工字钢弱轴方向抗弯刚度太弱，侧向加二道支撑使其计算长度为 1/3，仍然绕弱轴方向先失稳，强轴方向没发挥作用，所以热轧工字钢不适合做轴心压杆柱，应改用宽翼缘 H 型钢更经济。

例 3-6 两种轧制 H 型钢截面面积相等，分别为 HW 300×305×15×15，HM 390×300×10×16。材料都是 Q355B 钢。轴心受压柱的计算长度为 $l_{0x} = 10$ m，$l_{0y} = 5$ m，试验算是否能安全承受荷载的设计值 $N = 1400$ kN。

解 （1）由附表 E-2 可知，HW 300×305×15×15

截面面积：

$$A = 13\,350 \text{ mm}^2$$

惯性矩：

$$I_x = 21\,300 \times 10^4 \text{ mm}^4$$

$$I_y = 7100 \times 10^4 \text{ mm}^4$$

回转半径：

$$i_x = 126 \text{ mm}, \quad i_y = 72.9 \text{ mm}$$

长细比：

$$\lambda_x = \frac{l_{0x}}{i_x} = \frac{10\,000}{126} = 79.37, \quad \lambda_y = \frac{l_{0y}}{i_y} = \frac{5000}{72.9} = 68.59 (f_y = 355 \text{ N/mm}^2)$$

$$\lambda_x \sqrt{\frac{f_y}{235}} = 79.37 \times \sqrt{\frac{355}{235}} = 97.55$$

$$\lambda_y \sqrt{\frac{f_y}{235}} = 68.59 \times \sqrt{\frac{355}{235}} = 84.30$$

根据表 3-6，截面对 x 轴属于 a 类，对 y 轴属于 b 类；查附表 E-1 和附表 E-2 得：

$$\varphi_x = 0.657, \quad \varphi_y = 0.659$$

故截面最大承载力为

$$N_u = A\varphi_x f = (13\,350 \times 0.657 \times 305 \times 10^{-3}) \text{ kN} = 2675.14 \text{ kN} (f = 305 \text{ N/mm}^2)$$

$$N_u > N$$

（2）由附表 A-2 可知，HM 390×300×10×16

截面面积：

$$A = 13\,330 \text{ mm}^2$$

惯性矩：

$$I_x = 37\,900 \times 10^4 \text{ mm}^4, \quad I_y = 7200 \times 10^4 \text{ mm}^4$$

回转半径：

$$i_x = 169 \text{ mm}, \quad i_y = 73.5 \text{ mm}$$

长细比：

$$\lambda_x = \frac{l_{0x}}{i_x} = \frac{10\,000}{169} = 59.17, \quad \lambda_y = \frac{l_{0y}}{i_y} = \frac{5000}{73.5} = 68.03$$

$$\lambda_x \sqrt{\frac{f_y}{235}} = 59.17 \times \sqrt{\frac{355}{235}} = 72.7, \quad \lambda_y \sqrt{\frac{f_y}{235}} = 68.03 \times \sqrt{\frac{355}{235}} = 83.6$$

根据表 3-6，截面对 x 轴属于 a 类，对 y 轴属于 b 类；查附表 E-1 和附表 E-2 得：

$$\varphi_x = 0.826, \quad \varphi_y = 0.664$$

故截面最大承载力为

$$N_u = A\varphi_y f = (13\,330 \times 0.664 \times 305 \times 10^{-3})\ \text{kN} = 2699.59\ \text{kN}$$

$$N_u > N$$

两种截面均能安全承载，截面高度越高，惯性矩相对越大，则承载力也相对更高。

例 3-7 截面如图 3-27 所示的两端铰接的轴心受压柱，焊接 T 形截面，板件边缘轧制。已知轴心压力设计值 $N = 350$ kN，柱高 $l = 3$ m，材料为 Q355B。验算整体稳定和局部稳定。

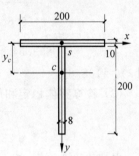

图 3-27　例 3-7 附图

解 （1）截面几何参数

截面面积：

$$A = (200 \times 10 + 200 \times 8)\ \text{mm}^2 = 3.6 \times 10^3\ \text{mm}^2$$

形心距：

$$y_c = \frac{8 \times 200 \times (200 + 10) \times 0.5}{3.6 \times 10^3}\ \text{mm} = 46.67\ \text{mm}$$

惯性矩：

$$I_x = \left[\frac{8 \times 200^3}{12} + 8 \times 200 \times (105 - 46.67)^2 + \frac{200 \times 10^3}{12} + \right.$$

$$\left. 200 \times 10 \times 46.67^2\right]\ \text{mm}^4 = 1.51 \times 10^7\ \text{mm}^4$$

$$I_y = \left(\frac{10 \times 200^3}{12} + \frac{200 \times 8^3}{12}\right)\ \text{mm}^4 = 6.68 \times 10^6\ \text{mm}^4$$

回转半径：

$$i_x = \sqrt{\frac{1.51 \times 10^7}{3.6 \times 10^3}}\ \text{mm} = 64.76\ \text{mm}, \quad i_y = \sqrt{\frac{6.68 \times 10^6}{3.6 \times 10^3}}\ \text{mm} = 43\ \text{mm}$$

长细比：

$$\lambda_x = \frac{3 \times 10^3}{64.76} = 46.32, \quad \lambda_y = \frac{3 \times 10^3}{43} = 69.77$$

$\lambda_y > \lambda_x$ 说明绕对称轴 y 轴弯扭失稳，应计算换算长细比 $\lambda_{y\theta}$。

对于 T 形截面，如果从翼板和腹板的轴线交点 s 为计算扇形面积的极点，则扇形面积为零。所以 s 就是剪切中心，即 $y_0 = y_c = 46.67$ mm，其扇性惯性矩为零，即 $I_\omega = 0$。

$$I_t = \frac{1}{3}(200 \times 10^3 + 200 \times 8^3)\ \text{mm}^4 = 1 \times 10^5\ \text{mm}^4$$

$$r_0^2 = \left(\frac{(15.1 + 6.68) \times 10^6}{3.6 \times 10^3} + 46.67^2\right)\ \text{mm}^2 = 8.228 \times 10^3\ \text{mm}^2$$

（2）弯扭换算长细比

$$I_{x0} = \left(\frac{200 \times 10^3}{12} + 8 \times 200 \times 105^2\right) \text{ mm}^4 = 1.78 \times 10^7 \text{ mm}^4$$

$$I_{y0} = \left(\frac{10 \times 200^3}{12} + \frac{200 \times 8^3}{12}\right) \text{ mm}^4 = 6.68 \times 10^6 \text{ mm}^4$$

$$I_0 = I_{x0} + I_{y0} = 2.45 \times 10^7 \text{ mm}^4$$

$$\lambda_\theta = \sqrt{\frac{I_0}{\dfrac{I_t}{25.7} + \dfrac{I_\omega}{l_w^2}}} = \sqrt{\frac{2.45 \times 10^7}{\dfrac{1 \times 10^5}{25.7} + 0}} = 79.35$$

$$\lambda_{y\theta}^2 = \frac{1}{2}(69.8^2 + 79.35^2) +$$

$$\frac{1}{2}\sqrt{(69.8^2 + 79.35^2)^2 - 4 \times \left(1 - \frac{46.67^2}{8.228 \times 10^3} \times 69.8^2 \times 79.35^2\right)}$$

$$= 11\,853.54$$

则 $\lambda_{y\theta} = 108.87$

（3）验算整体稳定和局部稳定

$$\lambda_{y\theta}\sqrt{\frac{f_y}{235}} = 108.87\sqrt{\frac{355}{235}} = 133.81(f_y = 355 \text{ N/mm}^2)$$

根据表 3-6 可知，按 c 类截面查附表 E-3 得 $\varphi = 0.329$，则

① 整体稳定

$$\frac{N}{\varphi A f} = \frac{350 \times 10^3}{0.329 \times 3.6 \times 10^3 \times 305} = 0.969 < 1(满足)(f = 305 \text{ N/mm}^2)$$

② 局部稳定

热轧 T 型钢

$$\frac{h_0}{t_w} = \frac{200}{8} = 25 \leqslant (15 + 0.2\lambda)\varepsilon_k = 32.4(满足)$$

3.5 格构式轴心受压构件

3.5.1 格构式轴心受压构件的组成

格构式轴心受压构件是由肢件和缀材组成的。肢件通常由两槽钢或两工字钢组成，如图 3-28 所示，缀材将两个肢件连成一个整体。图 3-28(a)所示翼缘朝内更加合理，使柱外平整，在轮廓尺寸相同的条件下，可比图 3-28(b)所示翼缘朝外时获得更大的惯性矩。在设计时，调整两肢件的距离，可使 x、y 方向稳定。截面中垂直于肢件腹板的形心轴（图 3-28 中的 y 轴）称为实轴，垂直于缀材平面的形心轴（图 3-28 中的 x 轴）称为虚轴。

缀材通常有缀条和缀板两种，它和肢件组成的构件分别称为缀条柱、缀板柱，如图 3-29(a)、(b)、(c)所示。缀材的作用是使两肢件共同工作，减少肢件的计算长度，承担结构绕虚轴失稳时产生的横向剪力。

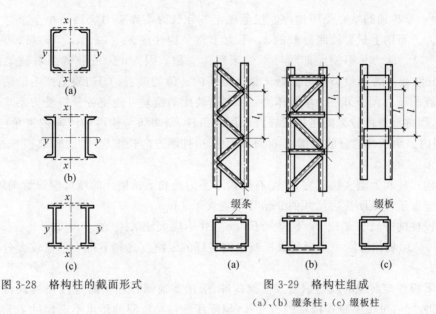

图 3-28　格构柱的截面形式　　　　图 3-29　格构柱组成

(a)、(b) 缀条柱；(c) 缀板柱

3.5.2　格构式轴心受压构件绕虚轴方向的整体稳定

1. 剪切变形对绕虚轴发生弯曲失稳时的影响

格构轴心受压柱,当绕实轴发生弯曲失稳时,产生的横向剪力由抗剪刚度较大的肢件承担,和实腹柱一样,其引起的附加变形很小,可以忽略不计,整体稳定由 $N/A \leqslant \varphi f$ 或 $N \leqslant A\varphi f$ 来计算。当绕虚轴发生弯曲失稳时,产生的横向剪力由比较柔弱的缀材承担,引起的附加变形导致临界力的降低是不能忽略的。解决的办法是引进换算长细比 λ_{0x} 来代替对虚轴 x 的长细比 λ_x。$\lambda_{0x} > \lambda_x$,缀材抗剪刚度越弱,λ_{0x} 比 λ_x 大得越多。规范给出双肢格构式轴心受压柱对虚轴的换算长细比的计算公式如下:

当缀材为缀条式时:

$$\lambda_{0x} = \sqrt{\lambda_x^2 + \frac{27A}{A_{1x}}} \tag{3-49}$$

当缀材为缀板式时:

$$\lambda_{0x} = \sqrt{\lambda_x^2 + \lambda_1^2} \tag{3-50}$$

式中:λ_x——整个构件对虚轴 x 的长细比;

　　　A——整个构件横截面的毛面积(mm^2);

　　　A_{1x}——构件截面中垂直于 x 轴各斜缀条的毛截面积之和(mm^2);

　　　λ_1——单肢对其最小刚度轴的长细比,此处由双肢组成的格构式构件的最小刚度轴为平行于虚轴 x 的形心轴,其计算长度取值:焊接时,为相邻两缀板的净距离,如图 3-29(c)中的 l_1,螺栓连接时,为相邻两缀板边缘螺栓中心线之间的距离。

由三肢、四肢组成的格构式构件,其对虚轴的换算长细比见规范的有关规定。

2. 分肢的稳定

格构式轴心受压构件中,各分肢在缀材联系点间的一段(如图 3-29(a)、(b)、(c)中的 l_1

段）作为一个单独的轴心受压构件。规范规定各分肢的临界应力应当不小于整体失稳时的临界应力。原则上只要控制分肢的 λ_1 不大于整个构件的 $\lambda_{max}(\lambda_{0x},\lambda_y)$ 即可，但是实际上 $\lambda_1 \leqslant \lambda_{max}(\lambda_{0x},\lambda_y)$ 并不能保证肢件不先于整体失稳。因为：①分肢截面对缺陷影响更敏感；②分肢截面的 φ 值类别可能低于整体截面的 φ 值的类别；③初缺陷产生的附加弯矩使一个单肢的压力大于另一个单肢压力；④制造装配的偏差可能使各分肢受力不均。所以规范规定，缀件面宽度较大的格构式柱宜采用缀条柱，斜缀条与构件轴线间的夹角应在 $40°\sim70°$ 范围内。缀条柱的分肢长细比 λ_1 不应大于构件两方向长细比（对虚轴取换算长细比）的较大值 λ_{max} 的 70%。

格构式柱和大型实腹式柱，在受有较大水平力处和运送单元的端部应设置横隔，横隔的间距不宜大于柱截面长边尺寸的 9 倍且不宜大于 8 m。

缀板柱的分肢长细比 λ_1 不应大于 $40\varepsilon_k$，并不应大于 λ_{max} 的 50%，当 $\lambda_{max}<50$ 时，取 $\lambda_{max}=50$。缀板柱中同一截面处缀板或型钢横杆的线刚度之和不得小于柱较大分肢线刚度的 6 倍。

用填板连接而成的双角钢或双槽钢构件，采用普通螺栓连接时应按格构式构件进行计算；除此之外，可按实腹式构件进行计算，但受压构件填板间的距离不应超过 $40i$，受拉构件填板间的距离不应超过 $80i$。i 为单肢截面回转半径，应按下列规定采用：

（1）当为双角钢或双槽钢截面时，取一个角钢或一个槽钢对与填板平行的形心轴的回转半径；

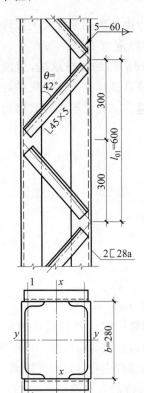

图 3-30　例 3-8 附图

（2）当为十字形截面时，取一个角钢的最小回转半径。

受压构件的两个侧向支承点之间的填板数不应少于 2 个。

3. 缀材的设计

缀材承受横向剪力，设计时缀材及其连接按可能发生的最大剪力进行计算。

轴心受压构件剪力的值 V 可认为沿构件全长不变，格构式轴心受压构件的剪力 V 应由承受该剪力的缀材面（包括用整体板连接的面）分担，其值应按式（3-51）计算：

$$V = \frac{Af}{85\varepsilon_k} \tag{3-51}$$

对于双肢格构轴心受压柱，分配到每个缀材平面的剪力 V_b 为

$$V_b = \frac{1}{2}V = \frac{Af}{170\varepsilon_k} \tag{3-52}$$

式中：A——整个柱的横截面的毛面积（mm^2）。其他的设计都和实腹柱相同。

例 3-8　设计格构式轴心受压柱。轴心压力的设计值 $N=1300$ kN，柱长 $l=7$ m，两端铰接，中间无支撑，材料为 Q355B，焊条 E50 系列，肢件为双槽钢，如图 3-30 所示。

解　（1）设计资料

$N=1300$ kN，两端铰接，中间无支撑。$l_{0x}=l_{0y}=7$ m，

Q355B 钢：$f_y = 355\ \text{N/mm}^2$，$f = 305\ \text{N/mm}^2$，$[\lambda] = 150$。

（2）按绕实轴（y 轴）稳定——选肢件（双槽钢）型号

① 设 $\lambda_y = 80$，

$$\lambda_y \sqrt{\frac{f_y}{235}} = 80 \times \sqrt{\frac{355}{235}} = 98.33$$

根据表 3-6，按 b 类查附表 E-2，得 $\varphi_y = 0.566$。

② 所需截面面积、回转半径：

$$A = \frac{N}{\varphi_y f} = \frac{1300 \times 10^3}{0.566 \times 305}\ \text{mm}^2 = 7531\ \text{mm}^2$$

$$i_y = \frac{l_{0y}}{\lambda} = \frac{7000}{80}\ \text{mm} = 87.5\ \text{mm}\ (\lambda = \lambda_y = 80)$$

③ 初选截面

由槽钢表（附表 A-3）选为 2[28a。

截面面积：

$$A = (2 \times 40 \times 10^2)\ \text{mm}^2 = 8000\ \text{mm}^2$$

回转半径：

$$i_y = 109\ \text{mm}$$

$$y_0 = 21\ \text{mm}, \quad i_1 = 23.3\ \text{mm}$$

④ 截面验算

刚度：

$$\lambda_y = \frac{l_{0y}}{i_y} = \frac{7000}{109} = 64.2$$

$$\lambda_y < [\lambda]$$

整体稳定：

$$\lambda_y \sqrt{\frac{f_y}{235}} = 64.2 \times \sqrt{\frac{355}{235}} = 78.9$$

根据表 3-6，按 b 类查附表 E-2，得 $\varphi_y = 0.695$

$$N_u = \varphi_y A f = (0.695 \times 8 \times 10^3 \times 305)\ \text{N}$$

$$= 1695.8 \times 10^3\ \text{N} = 1695.8\ \text{kN}$$

$$N < N_u\ (\text{满足})$$

（3）按绕虚轴稳定——确定肢件距离 h

由图 3-30，根据惯性矩平行移轴公式，可知：

$$I_x = 2\left[I_1 + \left(\frac{c}{2}\right)^2 A_1\right]$$

等式两边同除以 $2A_1$：

$$\frac{I_x}{2A_1} = \frac{2I_1}{2A_1} + \left(\frac{c}{2}\right)^2$$

$$i_x^2 = i_1^2 + \left(\frac{c}{2}\right)^2$$

$$c = 2\sqrt{i_x^2 - i_1^2}$$

如果缀材采用缀条式，取∟45×5 为等边角钢，二缀条面内斜缀条的面积为

$$A_{1x} = (2 \times 429)\ \mathrm{mm}^2 = 858\ \mathrm{mm}^2$$

① 按等稳定条件，$\lambda_{0x} = \lambda_y$，确定肢间间距 h，

$$\lambda_x = \sqrt{\lambda_y^2 - \frac{27A}{A_{1x}}} = \sqrt{64.2^2 - 27 \times \frac{8000}{858}} = 62.2$$

$$i_x = \frac{l_{0x}}{\lambda_x} = \frac{7000}{62.2}\ \mathrm{mm} = 112.5\ \mathrm{mm}$$

$$c = 2\sqrt{i_x^2 - i_1^2} = 2\sqrt{112.5^2 - 23.3^2}\ \mathrm{mm} = 220.12\ \mathrm{mm}$$

$h = c + 2y_0 = (220.12 + 2 \times 21)\ \mathrm{mm} = 262.12\ \mathrm{mm}$，向上取整，$h$ 取 270 mm。

② 验算

$$c = h - 2y_0 = (270 - 2 \times 21)\ \mathrm{mm} = 228\ \mathrm{mm}$$

$$i_x = \sqrt{i_1^2 + \left(\frac{c}{2}\right)^2} = \sqrt{23.3^2 + 114^2}\ \mathrm{mm} = 116.4\ \mathrm{mm}$$

$$\lambda_x = \frac{l_{0x}}{i_x} = \frac{7000}{116.4} = 60.1$$

$$\lambda_{0x} = \sqrt{\lambda_x^2 + \frac{27A}{A_{1x}}} = \sqrt{60.1^2 + 27 \times \frac{8000}{858}} = 62.2$$

$$\lambda_{0x}\sqrt{\frac{355}{235}} = 76.45$$

按 b 类查附表 E-2 得：$\varphi_x = 0.711$

$$\varphi_x A f = 0.711 \times 8000 \times 305\ \mathrm{N} = 1734.8 \times 10^3\ \mathrm{N} = 1734.8\ \mathrm{kN}$$

$$N < \varphi_x A f$$

（4）设计缀条

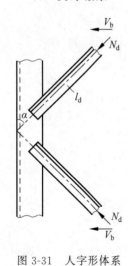

图 3-31　人字形体系

柱剪力

$$V = \frac{Af}{85\varepsilon_k} = \frac{8000 \times 305}{85 \times \sqrt{\dfrac{235}{355}}} \times 10^{-3}\ \mathrm{kN} = 35.3\ \mathrm{kN}$$

每个缀面剪力

$$V_b = \frac{1}{2}V = \frac{1}{2} \times 35.3\ \mathrm{kN} = 17.65\ \mathrm{kN}$$

① 缀条取∟45×5

$$A_d = 429\ \mathrm{mm}^2$$

$$i_{\min} = i_{y0} = 8.8\ \mathrm{mm}$$

采用人字形体系，见图 3-31，缀条交会于槽钢边缘（便于施工）。

$$\alpha = 40° \sim 70°$$

$$l_{01} = 2 \times \frac{h}{\tan\alpha} = 200 \sim 644\ \mathrm{mm}$$

取 $l_{01} = 600$ mm,则

$$\lambda_1 = \frac{l_{01}}{i_1} = \frac{600}{23.3} = 25.8 < 0.7\lambda_{max} = 0.7 \times 64.2 = 44.9$$

② 验算

$$\tan\alpha = \frac{h}{\frac{1}{2}l_{01}} = \frac{270}{300} = \frac{270}{\frac{1}{2} \times 600} = 0.9$$

$$\alpha = 42°$$

$$N_d = \frac{V_b}{\sin\alpha} = \frac{17.65}{\sin 42°} = 26.3 \text{ kN}$$

$$l_d = \frac{h}{\sin\alpha} = \frac{270}{\sin 42°} = 403.0 \text{ mm}$$

$$\lambda = \frac{l_d}{i_{min}} = \frac{403.0}{8.8} = 45.8$$

根据表 3-6,截面为 a 类,查附表 E-1 得,$\varphi = 0.927$

$\eta = 0.85$(角钢单边连接),η 为危险截面有效截面系数

$$\eta\varphi A_d f = (0.85 \times 0.927 \times 429 \times 305) \text{ N}$$

$$= 103.1 \times 10^3 \text{ N} = 103.1 \text{ kN}$$

$$N_d < \eta\varphi A_d f (满足)$$

缀条和肢件的连接焊缝计算见第 6 章。

3.6 柱头和柱脚

3.6.1 柱头的构造和计算

轴心受压柱与梁的连接一般采用铰接,只承受由上部传来的轴心压力。设计原则是传力明确、简洁,安全可靠,经济合理,有足够的刚度及构造简单,施工方便。

1. 构造和传力过程

图 3-32 所示为梁支撑于柱顶的典型轴心传力的柱头构造。梁的全部压力由梁端突缘传到柱顶板中部,使压力沿柱身轴线下传,是理想的轴心受压连接。为防止顶板受弯而挠曲,必须提高顶板的抗弯刚度,方法是除顶板要有一定厚度外,通常在顶板上加焊一块条形垫板(集中垫板);顶板下方垂直于柱腹板两侧设置加劲肋撑住顶板。柱头构造由集中垫板、顶板、加劲肋构成。顶板厚度不小于 14 mm,大小以盖住柱截面为准,可稍大于 50 mm。垫板用构造角焊缝和顶板焊牢。

传力过程是:顶板将力 N 传给两加劲肋,加劲肋再

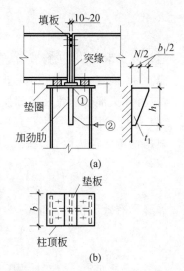

图 3-32 梁支撑于柱顶的柱头构造
①、②表示焊缝的位置

将力传给柱腹板。

传力过程表示如下：

$$N \xrightarrow{\text{端面承压}} 垫板 \xrightarrow{\text{端面承压}} 顶板 \xrightarrow{\text{焊缝①或端面承压}} 加劲肋 \xrightarrow{\text{焊缝②}} 柱身$$

2. 设计

力 N 经梁端突缘传给垫板，设计梁时，已按力 N 确定梁端突缘的端面积。垫板面积大于突缘面积，不需计算；顶板面积大于垫板，也不需计算。从加劲肋开始设计。

(1) 加劲肋承压端面计算

加劲肋宽度 b_1 由顶板宽度 b 确定，其厚度 t_1 为

$$t_1 = \left(\frac{N}{2}\right)/(b_1 f_{ce}) \tag{3-53}$$

式中：f_{ce}——钢材端面承压强度设计值。

(2) 角焊缝①的计算

焊缝长度已定 (b_1)，根据构造要求选定焊脚尺寸 h_f，然后验算

$$\frac{N}{4 \times 0.7 h_f(b_1 - 2h_f)} \leqslant \beta_f f_f^w \tag{3-54}$$

(3) 加劲肋验算

加劲肋相当于悬臂梁(图 3-32(a))。

验算局部稳定

$$t_1 \geqslant \frac{b_1}{15} \quad 及 \quad t_1 > 10 \text{ mm} \tag{3-55}$$

验算抗弯、抗剪强度

$$\sigma = \frac{6 \times b_1 \times \dfrac{N}{4}}{t_1 h_1^2} \leqslant f \tag{3-56}$$

$$\tau = \frac{1.5 \times \dfrac{N}{2}}{t_1 h_1} \leqslant f_v \tag{3-57}$$

通常先选取 h_1 值进行验算，再调整。

应注意，确定 t_1 后，应和柱子的有关厚度相协调。如果计算要求 t_1 比柱子腹板厚度大很多，应将柱头部分的腹板局部换成较厚的板，见图 3-32。

(4) 焊缝②计算

根据构造要求选取 h_f，按式(3-58)验算

$$\sqrt{\left(\frac{\sigma_f}{1.22}\right)^2 + \tau_f^2} = \sqrt{\left(\frac{b_1 N/4}{1.22 w_f}\right)^2 + \left(\frac{N/2}{A_f}\right)^2} \leqslant f_f^w \tag{3-58}$$

焊缝②有效面积 A_f 和 w_f 为

$$A_f = 2 \times 0.7 h_f(h_1 - 2h_f)$$

$$w_f = \frac{1}{6} \times 2 \times 0.7 h_f(h_1 - 2h_f)^2$$

当力 N 很大时，要求焊缝长度 h_1 很长，即加劲肋长度 h_1 很长，构造不合理，不经济。

这时将两加劲肋做成一个整体,也就是采用双悬臂加劲肋的形式,柱子腹板开槽,把加劲肋插入槽内,再施焊,见图3-33。这时焊缝②只受剪力作用,无弯矩作用。验算式为

$$\frac{N}{4 \times 0.7 h_f(h_1 - 2h_f)} \leqslant f_f^w \tag{3-59}$$

图3-34所示柱头构造简单,传力位置明确,计算简单。缺点是左右梁传来的力不相等时,柱子受偏心力作用。

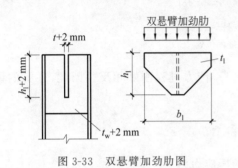

图3-33 双悬臂加劲肋图　　　　图3-34 梁支撑于柱顶的柱头构造二

3.6.2 柱脚的构造和计算

柱脚的作用是将柱身传来的轴心压力均匀地传给混凝土基础。柱脚的设计原则是传力明确均匀、安全可靠、构造简单、便于施工,它必须有一定的刚度才能完成传力和定位两大作用。

1. 柱脚的形式和构造

柱脚按受力性能可分为铰接柱脚和刚接柱脚,对于单纯的轴压构件而言,柱脚一般做成铰接形式,对于除承受轴心压力外还承受水平剪力和弯矩的构件而言,一般做成刚接形式。铰接柱脚宜采用外露式,刚接柱脚可采用外露式、外包式和埋入式(包含插入式)。对于柱脚形式的选用,《建筑抗震设计标准》(2024年版)(GB/T 50011—2010)、《钢结构设计标准》(GB 50017—2017)、《门式刚架轻型房屋钢结构技术规范》(GB 51022—2015)、《高层民用建筑钢结构技术规程》(JGJ 99—2015)、《钢管混凝土结构技术规范》(GB 50936—2014)、《组合结构设计规范》(JGJ 138—2016)等相关标准规范规程都有明文规定,这里不再详述。

外露式铰接柱脚由底板、靴梁、隔板、锚栓等组成。在轴心受压柱中,锚栓不受力只起固定位置的作用,所以锚栓的直径和数量按构造要求确定,为了便于施工,锚栓预埋在混凝土基础内,柱脚底板上预先留有大于锚栓直径d的孔,孔径一般取$1.5d \sim 2d$,或在底板上开缺口,其直径也取$1.5d \sim 2d$,见图3-35(b)。为了均匀安全地把力传给抗压强度远低于钢材的混凝土基础,底板必须有一定的面积和刚度,因此底板的厚度在20~40 mm。当柱子传来的力较大时,采用带有靴梁和隔板的柱脚,柱子传来的力通过靴梁较均匀地扩散到底板上,柱脚加隔板不仅增加靴梁的侧向刚度,更重要的是底板被分成了更小的区格,减少了底板的厚度。

2. 传力过程分析

传力过程如下(图3-35):

$$N \xrightarrow{\text{焊缝①}} \text{靴梁} \xrightarrow{\text{焊缝②}} \text{底板} \xrightarrow{\text{抗压}} \text{基础}$$

柱身内力N经靴梁、底板传给基础。但从柱子的柱脚来说,所受外力是来自基础的反

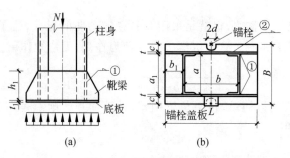

图 3-35　铰接柱脚构造
①、②表示焊缝的位置

力 N，此反力 N 经底板，再经靴梁，最后传给柱身，传力过程刚好相反。因此，柱脚的设计是反向进行的。

3. 计算

（1）底板的设计

假设基础的反力是均匀分布的，基础所受的压应力为

$$\sigma_c = \frac{N}{BL} f_c \tag{3-60}$$

由此得

$$BL = N/f_c \tag{3-61}$$

式中：B、L——分别为底板的宽度、长度（mm）；

$\quad\quad f_c$——混凝土的抗压强度设计值，对 C20、C30 混凝土，f_c 分别为 9.6 N/mm^2 和 13.3 N/mm^2。

底板宽度 B 由构造要求确定，原则是使底板在靴梁外侧的悬臂部分尽可能小：

$$B = a_1 + 2t + 2c \tag{3-62}$$

式中：a_1——柱截面的宽度或高度（mm）；

$\quad\quad t$——靴梁板厚度（mm），通常为 10～14 mm；

$\quad\quad c$——底部悬臂部分的宽度（mm），从经济角度出发，c 应尽可能小些，通常根据锚栓的构造尺寸来定，取锚栓直径的 3～4 倍。轴心受压柱的锚栓常取 $d = 20 \sim 24$ mm。

$$L \geqslant \left(\frac{N}{f_c} - \bar{a}\right) / B \tag{3-63}$$

式中：$\bar{a}$——安放锚栓处切除面积（mm^2）。

底板的厚度由底板在基础反力作用下产生的弯矩来决定。带靴梁的柱脚、底板被靴梁和隔板分成 5 种区格：一边支承的矩形板；二对边支承的矩形板；二邻边支承的矩形板；三边支承的矩形板；四边支承的矩形板。为计算板中单位宽度上的弯矩，表 3-7～表 3-9 分别给出了三边支承板、四边支承板和二邻边支承板的弯矩系数 β、α 和 γ。

① 一边支承板（悬臂板）

$$M_1 = qc^2/2 \tag{3-64}$$

式中：c——板的长度（mm）。

② 二对边支承板

$$M_2 = \frac{1}{8} qa^2 \tag{3-65}$$

式中：a——板的长度（mm）。

③ 二邻边支承板

$$M_2 = \gamma q a_2^2 \tag{3-66}$$

式中：a_2——短边的长度（mm）；

　　　γ——系数，根据长短边的比值 b_2/a_2，由表 3-9 查得。

④ 三边支承板

自由边的中央弯矩最大

$$M_3 = \beta q a_1^2 \tag{3-67}$$

式中：q——基础实际的向上反力（N/mm^2），$q = N/(BL - \bar{a})$；

　　　a_1——自由边的长度（mm）；

　　　β——系数，根据板的边长比例 b_1/a_1 值，由表 3-7 查得，b_1 是垂直于自由边的板宽，见图 3-35(b)。

⑤ 四边支承板

短边方向的板中央弯矩最大

$$M_4 = \alpha q a^2 \tag{3-68}$$

式中：a——较短边的长度（mm）；

　　　α——系数，根据长边 b 和短边 a 之比由表 3-8 查得。

表 3-7 β 值表

三边支承	b_1/a_1	0.3	0.4	0.5	0.6	0.7	0.8	0.9	1.0	1.2	≥1.4
	β	0.026	0.042	0.058	0.072	0.085	0.092	0.104	0.111	0.120	0.125

表 3-8 α 值表

四边支承	b/a	1.0	1.1	1.2	1.3	1.4	1.5	1.6	1.7	1.8	1.9	2.0	3.0	≥3.0
	α	0.048	0.055	0.063	0.069	0.075	0.081	0.086	0.091	0.095	0.099	0.101	0.119	0.125

表 3-9 γ 值表

二邻边支承	b_2/a_2	1.0	1.2	1.4	1.6	1.8	2.0	2.2	2.4	2.6	2.8	3.0
	γ	0.120	0.144	0.165	0.185	0.203	0.220	0.234	0.246	0.256	0.266	0.273

求得各区域板块所受的弯矩 M_1、M_2、M_3 和 M_4 后，按其中的最大值确定底板的厚度：

$$t_1 = \sqrt{6M_{\max}/f} \tag{3-69}$$

这里按 1 mm 宽的条板计算，截面模量 $W = 1 \times t_1^2/6$。

底板的厚度不能小于 20 mm，以保证必要的刚度。由表 3-7 可见，b_1/a_1 越大，M_3 越大；由表 3-8 和表 3-9 发现，最好的情况是区格为正方形，这时 M_4、M_2 最小。很明显，合理的设计是使 M_1、M_2、M_3 和 M_4 尽可能相近，可通过调整底板尺寸或加隔板来实现。

(2) 靴梁的设计

在设计靴梁时，首先明确其传力路径。柱身所受轴力先通过钢柱与靴梁连接的竖向焊缝①传给靴梁，再由靴梁与底板连接的水平焊缝②传给底板，之后由底板传至基础。故设计时通常先计算靴梁与柱身间的连接焊缝①，再对靴梁进行强度验算。

靴梁可视为简支于柱身焊缝①上的单跨双向伸臂梁,如图 3-36 所示。基础反力通过焊缝②作用于靴梁上,每根靴梁承受 $B/2$ 宽度的基础反力。

$$p = \frac{N}{LB - A_n} \ (\text{kN/mm}^2) \tag{3-70a}$$

$$q = p\frac{B}{2} \ (\text{kN/mm}^2) \tag{3-70b}$$

式中：A_n——锚栓孔的面积(mm^2)。

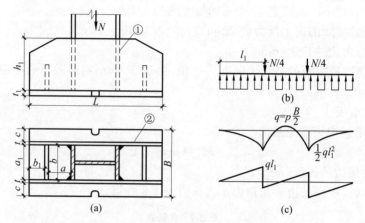

图 3-36 带靴梁隔板的铰接柱脚
（a）柱脚；（b）靴梁计算简图；（c）靴梁内力图
①、②表示焊缝的位置

对轴心受压柱,为使弱轴也有较大的稳定承载力,其截面高宽近似相等,呈正方形,通常都是伸臂支座处弯矩 M、剪力 V 有最大值,其值为

$$M = \frac{q}{2}l_1^2 \tag{3-70c}$$

$$V = ql_1 \tag{3-70d}$$

轴向力 N 通过柱翼缘和靴梁连接的 4 条角焊缝①传给靴梁,所以靴梁的高度 h_1 由焊缝①的计算长度 l_{w_1} 决定。

根据构造要求,选 h_{f_1} 为焊缝①的焊脚尺寸,则

$$h_1 = l_{w_1} + 2h_{f_1} = \frac{N}{4 \times 0.7h_{f_1}f_f^w} + 2h_{f_1} \tag{3-71}$$

靴梁的厚度一般大于柱腹板厚度,小于柱翼缘的厚度,取 t 为靴梁的厚度。

验算靴梁的强度。最大剪力、弯矩虽然都在一个截面上,但最大弯曲正应力和最大剪应力不在截面上同一个点,所以分别验算。

$$\frac{M}{W} = \frac{6M}{th_1^2}f \tag{3-72}$$

$$1.5\frac{V}{A} = \frac{1.5V}{th_1} \leqslant f_v \tag{3-73}$$

如果不满足,调整 h_1、t_1。应注意 l_{w_1} 必须在 $60h_{f_1}$ 以内。

（3）验算焊缝的连接强度

焊缝①在前面的计算中已满足强度要求，不必验算。

根据构造要求，选取 h_{f_2}。h_{f_2} 为焊缝②的焊脚尺寸，基础反力经焊缝②传给靴梁，焊缝长度已知为

$$\sum l_{w2} = 2L + 4b_1 - 12h_{f_2}$$

柱身范围内的靴梁内侧因不便于施焊，不考虑。由此验算式(3-74)是否满足：

$$\frac{N}{0.7h_{f_2}\sum l_{w2}} \leqslant f_f^w \tag{3-74}$$

如果不满足，调整 h_{f_2}。

（4）隔板设计

隔板应具有一定刚度以支承底板，故其厚度不应小于隔板长度的 1/50，但可略小于靴梁板的厚度。

设计时应先根据隔板的支座反力计算其与靴梁连接的竖向焊缝（仅焊隔板外侧）。然后按照正面角焊缝计算底板与隔板之间的连接焊缝（仅焊隔板外侧）。再根据竖向焊缝长度 l_w 和切角高度 h_1 确定隔板高度 h_d，通常取 $h_d \geqslant l_w + h_1 + 2h_f$。最后按所求得的最大剪力和最大弯矩分别验算其抗剪强度和抗弯强度。

（5）锚栓设置

轴心受压柱的锚栓并不传力，只是为了固定柱子的位置，因而按构造要求设置。一般宜安设在顺主梁方向的底板中心处。在底板上开缺口，便于安装柱子。最后用垫圈和螺帽直接固定在底板上。这样的锚栓不能抵抗弯矩作用，却保证了柱脚铰接的要求，见图 3-36(a)。

柱脚处的剪力由底板和基础间的摩擦力平衡。钢柱底端宜磨平再与底板顶紧，钢柱翼缘采用半熔透或全熔透（抗震设计时考虑）的坡口对接焊缝连接，钢柱腹板和加劲板与底板角焊缝连接。

柱身与底板间应采用最小的构造焊缝连接，成为底板的支承边，但不考虑传递柱身内力。这样，柱子长度的精确度要求可以放宽，对制作有利。

例 3-9　图 3-37 所示为一轴心受压实腹柱的柱头。轴向压力设计值 $N = 1300$ kN，材料 Q355B，E50 系列焊条，手工施焊。试分析该柱头的构造是否合理，传力是否安全。

解　（1）构造分析

轴心压力 N 通过垫板作用于柱子的中心线上。柱顶板应当盖住柱子全截面。顶板宽 400 mm，每边超出柱 $0.5 \times (400 - 350 - 2 \times 16)$ mm $= 9$ mm，留出了顶板和柱翼缘构造焊缝的位置；顶板宽 260 mm，超出柱翼缘的宽度，但腹板加劲肋略有超出 $0.5 \times (2 + 125 + 16 - 260)$ mm $= 3$ mm。顶板面积满足要求，厚度为 20 mm，满足刚度要求。

加劲肋厚度为 16 mm，柱腹板厚 $t_w = 8$ mm，二者差别太大，焊接时易损害腹板，因而在柱头部

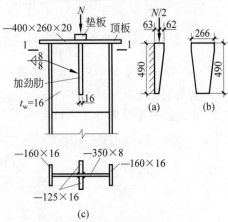

图 3-37　实腹柱头构造

(a) 加劲肋；(b) 双悬臂加劲肋；(c) 1—1 视图

分将腹板改为 $t_w=16$ mm,构造合理。

加劲肋和腹板的连接角焊缝的焊脚尺寸为 $h_f=8$ mm,满足构造 $h_{f,min}=1.5\sqrt{16}$ mm $=$ 6 mm, $h_{f,max}=1.2\times16=19.2$ mm 要求,且这里采用加劲肋局部承压传力, h_f 不宜太大。综合分析,柱头构造合理。

(2) 计算分析

传力路径及方式

$$N \xrightarrow{端面承压} 垫板 \xrightarrow{端面承压} 顶板 \xrightarrow{端面承压} 加劲肋 \xrightarrow{焊缝} 柱腹板$$

由此可见,垫板、顶板不须计算,图 3-37 所示加劲肋和焊角尺寸 h_f 应当进行验算。

(3) 加劲肋的验算

查附表 C-1,Q355B 钢材, $f_{ce}=400$ N/mm², $f_v=175$ N/mm²。

① 加劲肋所需承压面积

$$A=\frac{N}{f_{ce}}=\frac{1300\times10^3}{400}\ \text{mm}^2=3250\ \text{mm}^2<125\times16\times2\ \text{mm}^2=4000\ \text{mm}^2(满足要求)$$

② 局部稳定

$$\frac{b}{t}=\frac{63+62}{16}=7.8<15$$

满足弹性范围内的局部稳定条件。

③ 加劲肋的强度

加劲肋按悬臂梁计算,见图 3-37(a)。

$$M=\frac{N}{2}\times63\times10^{-3}=\left(\frac{1300}{2}\times63\times10^{-3}\right)\text{kN}\cdot\text{m}=40.95\ \text{kN}\cdot\text{m}$$

$$V=\frac{N}{2}=\frac{1300}{2}\ \text{kN}=650\ \text{kN}$$

$$W=\frac{th^2}{6}=\frac{16\times490^2}{6}\ \text{mm}^3=6.4\times10^5\ \text{mm}^3$$

$$A=th=(16\times490)\ \text{mm}^2=7840\ \text{mm}^2$$

$$\frac{M}{W}=\frac{40.95\times10^6}{6.4\times10^5}\ \text{N/mm}^2=64\ \text{N/mm}^2<f=305\ \text{N/mm}^2$$

$$\frac{1.5V}{A}=\frac{1.5\times650\times10^3}{7840}\ \text{N/mm}^2=124.2\ \text{N/mm}^2<f_v$$

(4) 焊脚尺寸 $h_f=8$ mm 的验算

查附表 C-2, $f_f^w=200$ N/mm²。

加劲肋每条焊缝的计算长度

$$l_w=490-2h_f=(490-2\times8)\ \text{mm}=474\ \text{mm}$$

$$\tau_f=\frac{N}{\sum0.7h_fl_w}=\frac{1300\times10^3}{4\times0.7\times8\times474}\ \text{N/mm}^2=122.4\ \text{N/mm}^2$$

$$\sigma_f=\frac{6M}{2\times0.7h_fl_w^2}=\frac{6\times40.95\times10^6}{2\times0.7\times8\times474^2}\ \text{N/mm}^2=97.6\ \text{N/mm}^2$$

根据《钢结构设计标准》(GB 50017—2017)第 11.2.2 条, β_f 取 1.22。

$$\sqrt{\left(\frac{\sigma_{\rm f}}{\beta_{\rm f}}\right)^2+\tau_{\rm f}^2}=\sqrt{\left(\frac{97.6}{1.22}\right)^2+122.4^2}\ {\rm N/mm^2}=146\ {\rm N/mm^2}<f_{\rm f}^{\rm w}$$

讨论：如果焊缝强度不够，可以把柱腹板中间开一个宽 16 mm、深 490 mm 的槽，加劲肋由图 3-37(a)改为图 3-37(b)，焊缝不受弯矩作用，改善了焊缝的受力特性。

例 3-10　设计如图 3-38(a)所示柱截面的柱脚。轴心压力设计值 $N=2300$ kN，材料为 Q355B，焊条 E50，基础混凝土等级为 C15，其抗压强度的设计值为 $f_{\rm c}=7.2\ {\rm N/mm^2}$。

解　(1) 构造设计

因为轴心压力 N 较大，采用带靴梁的柱脚，隔板由柱脚面积尺寸确定后再决定是否设置。锚栓只起固定作用，选两个 $d=20$ mm 的锚栓，孔径尺寸见图 3-38，面积为 $A_{\rm n}=(2\times50\times30+\pi\times25^2)\ {\rm mm^2}=4963\ {\rm mm^2}$。

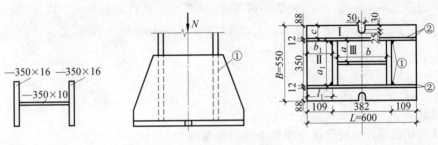

图 3-38　带靴梁的柱脚
①、②表示焊缝的位置。

(2) 计算

① 底板的计算

传力路径和方式

$$N\xrightarrow{\ \text{焊缝①}\ }\text{靴梁}\xrightarrow{\ \text{焊缝②}\ }\text{底板}\xrightarrow{\ \text{承压}\ }\text{基础}$$

底板的尺寸

宽度 $B=[(88+12)\times2+350]\ {\rm mm}=550\ {\rm mm}$

长度 $L\geqslant\left(\dfrac{N}{f_{\rm c}}-A_{\rm n}\right)\Big/B=\left[\left(\dfrac{2300\times10^3}{7.2}-4963\right)\Big/550\right]\ {\rm mm}=572\ {\rm mm}$，取 $B\times L=550\ {\rm mm}\times$

600 mm，不需设隔板。

基础对底板的压应力

$$p=\frac{N}{BL-A_{\rm n}}=\frac{2300\times10^3}{550\times600-4963}\ {\rm N/mm^2}=7.1\ {\rm N/mm^2}<f_{\rm c}=7.2\ {\rm N/mm^2}$$

单位宽度上应力集度 $q=p\times1=7.1\ {\rm N/mm^2}=7.1\ {\rm kN/m}$。

底板划分为Ⅰ、Ⅱ、Ⅲ三类区格，其弯矩分别为

Ⅰ类区格，由图 3-38 可知，$c=88$ mm。

$$M_1=\frac{1}{2}qc^2=\left(\frac{1}{2}\times7.1\times88^2\right)\ {\rm N\cdot mm}=27\ 491.2\ {\rm N\cdot mm}$$

Ⅱ类区格，由图 3-38 可知，$b_1=109$、$a_1=350$。

$$\frac{b_1}{a_1}=\frac{109}{350}=0.31，查表\ 3\text{-}7\ 得\ \beta=0.026$$

$$M_2=\beta qa_1^2=(0.026\times7.1\times350^2)\ {\rm N\cdot mm}=22\ 613.5\ {\rm N\cdot mm}$$

Ⅲ类区格，由图 3-38 可知，$b=380$，$a=170$。

$\dfrac{b}{a}=\dfrac{380}{170}=2.2$，查表 3-8 得 $\alpha=0.105$

$$M_3=\alpha qa^2=(0.105\times7.1\times170^2)\,\text{N}\cdot\text{mm}=21\,545.0\,\text{N}\cdot\text{mm}$$

最大弯矩 $M_{max}=27\,491.2\,\text{N}\cdot\text{mm}$，钢板厚度在 $20\sim40$ mm，为第二组，$f=295\,\text{N/mm}^2$，底板厚为

$$t=\sqrt{\dfrac{6M_{max}}{f}}=\sqrt{\dfrac{6\times27\,491.2}{295}}\ \text{mm}=23.6\ \text{mm}$$

取底板厚度 $t=25$ mm。

② 靴梁的计算

靴梁的厚度取 $t_1=12$ mm，靴梁的高度 h_1 由焊缝①的计算长度 l_{w1} 决定，根据构造要求 $h_{f_1,\min}\geqslant1.5\sqrt{16}$ mm $=6$ mm；$h_{f_1,\max}\leqslant(1.2\times12)$ mm $=14.4$ mm，选 $h_{f_1}=10$ mm，则

$$l_{w1}=\dfrac{N}{4\times0.7h_{f_1}f_f^w}=\dfrac{2300\times10^3}{4\times0.7\times10\times200}\ \text{mm}=411\ \text{mm}<60h_f=600\ \text{mm}$$

$$h_1=l_{w1}+2h_{f_1}=(411+2\times10)\ \text{mm}=431\ \text{mm}$$

取靴梁为 $h_1\times t_1=500\ \text{mm}\times12\ \text{mm}$。

验算靴梁的强度：靴梁视为两端外伸的简支梁。

其荷载集度

$$q_b=p\,\dfrac{B}{2}=\left(7.1\times\dfrac{550}{2}\right)\ \text{N/mm}=1952.5\ \text{N/mm}=1952.5\ \text{kN/m}$$

最大弯矩

$$M=\dfrac{q_b}{2}l_1^2=\left(\dfrac{1}{2}\times1952.5\times0.109^2\right)\ \text{kN}\cdot\text{m}=11.6\ \text{kN}\cdot\text{m}$$

最大剪力

$$V=\dfrac{q_bL}{2}-\dfrac{q_bl_1}{2}=\left[\dfrac{1952.5}{2}\times(0.6-0.109)\right]\ \text{kN}=479\ \text{kN}$$

$$\sigma_{max}=\dfrac{M}{W}=\dfrac{6M}{t_1h_1^2}=\dfrac{6\times11.6\times10^6}{12\times500^2}\ \text{N/mm}^2=23.2\ \text{N/mm}^2<f=295\ \text{N/mm}^2$$

$$\tau_{max}=\dfrac{1.5V}{t_1h_1}=\dfrac{1.5\times479\times10^3}{12\times500}\ \text{N/mm}^2=119.8\ \text{N/mm}^2<f_v=170\ \text{N/mm}^2$$

③ 焊缝计算

根据和底板一条连接焊缝的计算长度 h_{f_2}

$$h_{f_2,\min}\geqslant1.5\sqrt{25}\ \text{mm}=7.5\ \text{mm}$$

$$h_{f_2,\max}\geqslant(1.2\times12)\ \text{mm}=14.4\ \text{mm}$$

选 $h_{f_2}=13$ mm。

靴梁和底板一条连接焊缝的计算长度

$$l_w=L+2b_1-6h_{f_2}=(600+2\times109-6\times13)\ \text{mm}=740\ \text{mm}$$

$$\tau_f=\dfrac{N}{2\times0.7h_{f_2}l_w\beta_f}=\dfrac{2300\times10^3}{2\times0.7\times13\times740\times1.22}\ \text{N/mm}^2$$

$$=140\ \text{N/mm}^2<f_f^w=200\ \text{N/mm}^2$$

习题

3.1 试简述"柱子曲线",并简要说明"柱子曲线"有哪些重要意义?

3.2 两端铰接的焊接工字梁截面轴心受压柱,高 10 m,采用图 3-39(a)、(b)所示两种截面(面积相等),翼缘为轧制边,钢材为 Q355B。试验算这两种截面柱所能承受的轴心压力设计值,验算局部稳定并作比较说明。

3.3 某两端铰接轴心受压柱的截面如图 3-40 所示,柱高 6 m,承受轴心压力设计值 $N = 6000$ kN,钢材为 Q355B。试验算柱的整体稳定和局部稳定。

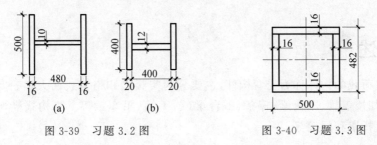

图 3-39 习题 3.2 图　　　　　图 3-40 习题 3.3 图

3.4 图 3-41 所示一轴心受压缀条柱,两端铰接,柱高 7 m,$l_{01} = 600$ mm。承受轴心压力的设计值 $N = 1600$ kN,钢材为 Q355B,肢件是 2[28a。缀条用∟45×5,焊条 E50 系列。试验算柱的整体稳定。

3.5 试设计轴心受压格构柱的柱脚。柱的截面尺寸如图 3-42 所示,轴线压力设计值 $N = 2275$ kN,柱的自重为 5 kN,基础混凝土的强度等级为 C15,钢材为 Q355B。焊条为 E50 系列。

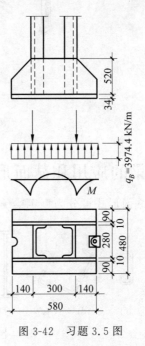

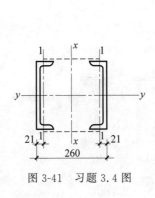

图 3-41 习题 3.4 图　　　　　图 3-42 习题 3.5 图

第4章

受弯构件

4.1 概述

承受横向荷载的构件称为受弯构件,主要分为实腹式和格构式两大类。实腹式受弯构件称为梁,例如楼盖梁、屋盖梁、檩条、平台梁(图 4-1)、吊车梁等。格构式受弯构件称为桁架,例如屋架、托架和网架等。

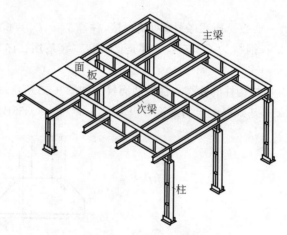

图 4-1　工作平台梁格

4.1.1 梁的应用和截面形式

钢梁的截面形式可分为型钢梁(a)～(e)、组合梁(f)～(k)两类,见图 4-2。

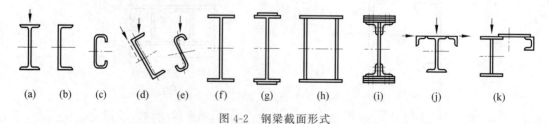

图 4-2　钢梁截面形式

型钢以热轧工字钢和窄翼缘 H 型钢应用最为普遍;槽钢截面(图 4-2(h))因其扭转中心在腹板外侧,上翼缘承受荷载时,梁同时承受弯矩和扭矩,故只有荷载接近扭转中心或构造上保证截面不发生扭转时才应采用。

组合梁由钢板或型钢连接而成,当荷载和跨度都较大时宜采用。对于荷载较大而高度受到限制的梁,可考虑采用双腹板的箱形梁(图 4-2(e)),这种截面形式具有较好的抗扭刚度。

将工字钢或 H 型钢的腹板沿折线切开,如图 4-3(a)所示焊成如图 4-3(b)所示的空腹梁,一般常称之为蜂窝梁,是一种较为经济合理的构件形式。

图 4-3　蜂窝梁

梁大多数仅在一个主平面内受单向弯曲,称单向弯曲梁;也有在两个主平面内都受弯的双向弯曲梁,如图 4-4 所示的屋面檩条(a)和吊车梁(b),不过吊车梁的水平荷载主要是使梁上翼缘受弯。

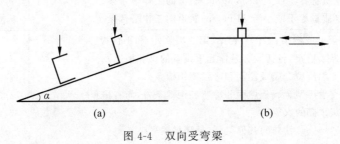

图 4-4　双向受弯梁

4.1.2　梁的设计要求

对钢梁进行设计时需要考虑以下四个方面:

(1) 强度:梁在受力过程中主要承受弯曲正应力和剪应力,在设计中首先应满足净截面抗弯强度和抗剪强度。当梁承受竖向集中荷载(如主次梁的支反力和吊车梁的轮压等)时,易在梁内产生局部压应力,特别是在梁的受压翼缘和腹板交接处,因此应当满足局部抗压强度。当上述应力同时出现在同一点时,应按材料力学中的第四强度理论验算钢梁折算应力强度。梁的强度计算属于承载能力极限状态下的计算,荷载采用设计值。

(2) 刚度:梁的刚度通过竖向挠度 ν 来衡量。由于竖向挠度 ν 与梁截面高度的 3 次方成反比,因此为提高梁的抗变形能力,梁的截面通常设计得又窄又高。

梁的刚度应满足:

$$\nu \leqslant [\nu] \tag{4-1}$$

式中:ν——永久荷载和可变荷载标准值产生的挠度,可由结构力学方法用标准荷载算出
(因为挠度是梁的整体力学行为,所以用毛截面几何参数计算,表 4-1 给出几种简支梁常用荷载状态下挠度的计算公式);

$[\nu]$——规范规定的挠度容许值,按表 4-2 进行选取。

表 4-1　简支梁的最大挠度计算公式

荷载情况	q 均布荷载 l	F 跨中集中荷载 $l/2$ $l/2$	$\frac{F}{2}$ $\frac{F}{2}$ $l/3$ $l/3$ $l/3$	$\frac{F}{3}$ $\frac{F}{3}$ $\frac{F}{3}$ $l/4$ $l/4$ $l/4$ $l/4$
计算公式	$\dfrac{5}{384}\dfrac{ql^4}{EI}$	$\dfrac{1}{48}\dfrac{Fl^3}{EI}$	$\dfrac{23}{1296}\dfrac{Fl^3}{EI}$	$\dfrac{19}{1152}\dfrac{Fl^3}{EI}$

表 4-2　受弯构件的挠度容许值

项次	构件类别	挠度容许值	
		$[\nu_T]$	$[\nu_Q]$
1	吊车梁和吊车桁架（按自重和起重量最大的一台吊车计算挠度）		
	（1）手动起重机和单梁起重机（含悬挂起重机）	$l/500$	
	（2）轻级工作制桥式起重机	$l/750$	—
	（3）中级工作制桥式起重机	$l/900$	
	（4）重级工作制桥式起重机	$l/1000$	
2	手动或电动葫芦的轨道梁	$l/400$	—
3	有重轨（质量等于或大于 38 kg/m）轨道的工作平台梁	$l/600$	—
	有轻轨（质量等于或小于 24 kg/m）轨道的工作平台梁	$l/400$	
4	楼（屋）盖梁或桁架、工作平台梁（第 3 项除外）和平台板		
	（1）主梁或桁架（包括设有悬挂起重设备的梁和桁架）	$l/400$	$l/500$
	（2）仅支承压型金属板屋面和冷弯型钢檩条	$l/180$	
	（3）除支承压型金属板屋面和冷弯型钢檩条外，尚有吊顶	$l/240$	
	（4）抹灰顶棚的次梁	$l/250$	$l/350$
	（5）除（1）～（4）款外的其他梁（包括楼梯梁）	$l/250$	$l/300$
	（6）屋盖檩条		
	支承压型金属板屋面者	$l/150$	—
	支承其他屋面材料者	$l/200$	
	有吊顶	$l/240$	
	（7）平台板	$l/150$	
5	墙架构件（风荷载不考虑阵风系数）		
	（1）支柱（水平方向）	—	$l/400$
	（2）抗风桁架（作为连续支柱的支承时，水平位移）	—	$l/1000$
	（3）砌体墙的横梁（水平方向）	—	$l/300$
	（4）支承压型金属板的横梁（水平方向）	—	$l/100$
	（5）支承其他墙面材料的横梁（水平方向）	—	$l/200$
	（6）带有玻璃窗的横梁（竖直和水平方向）	$l/200$	$l/200$

注：1. l 为受弯构件的跨度（对悬臂梁和伸臂梁为悬臂长度的 2 倍）。

2. $[\nu_T]$ 为永久和可变荷载标准值产生的挠度（如有起拱应减去拱度）的容许值；$[\nu_Q]$ 为可变荷载标准值产生的挠度的容许值。

3. 吊车梁或吊车桁架跨度大于 12 m 时，挠度容许值 $[\nu_T]$ 应乘以 0.9 的系数。

4. 当墙面采用延性材料或与结构采用柔性连接时，墙架构件的支柱水平位移容许值可采用 $l/300$，抗风桁架（作为连续支柱的支承时）水平位移容许值可采用 $l/800$。

吊车梁、楼盖梁、屋盖梁、工作平台梁以及墙架构件的挠度不宜超过表 4-2 所列的容许值。

冶金厂房或类似车间中设有工作级别为 A7、A8 级起重机的车间，其跨间每侧吊车梁或吊车桁架的制动结构，由一台最大起重机横向水平荷载（按荷载规范取值）所产生的挠度不宜超过制动结构跨度的 1/2200。

（3）整体稳定：为更有效地发挥材料在强度、刚度方面的作用，单向受弯梁通常选取又窄又高的截面。当主平面内弯矩达到某一个值时，梁突然发生平面外弯曲和扭转，且此时梁的最危险截面应力低于其最大强度的现象，就是梁的整体失稳，是梁的主要破坏形式之一。

（4）局部稳定：梁的局部失稳，即组成梁的腹板或翼缘在内部压应力达到某一值时，出现偏离其原来平面位置波状屈曲的现象。局部失稳会对梁的承载能力有所影响，使强度不能充分发挥而提前破坏。

4.2 受弯构件的强度

构件的强度是指构件截面上某一点的应力，或整个截面上的内力值，在构件破坏前达到所用材料强度极限的程度。对于钢梁，在承受横向荷载作用时，需验算其抗弯强度和抗剪强度以保证受弯截面不发生受弯破坏和受剪破坏。同时，对于工字形、箱形等截面的焊接钢梁在集中荷载作用处需要考虑局部压力对腹板边缘的局压破坏，因此还应对该类截面进行局部承压验算。当钢梁受弯截面内同时出现较大的弯曲应力、剪应力及局压应力时，还需要考虑三种应力共同作用下的折算应力并进行验算。

4.2.1 受弯构件的抗弯强度

梁在受弯时，特别是纯弯状态，其应力-应变曲线和单向拉伸时的应力-应变曲线类似，因此钢材理想弹塑性的假定适用于梁的抗弯强度计算。当梁截面上的弯矩 M_x 由零逐渐增大时，截面中的应变始终符合平截面假定，其截面上正应力的发展可分为三个阶段，如图 4-5 所示。

（1）弹性工作阶段 $\left(\varepsilon_{max} \leqslant \dfrac{f_y}{E}\right)$：当梁截面上的弯矩 M_x 由零逐渐增大时，截面上的应变和应力都呈三角形分布（图 4-5(a)、(b)），其弹性极限弯矩为

$$M_{xe} = W_{nx} f_y \tag{4-2}$$

式中：W_{nx}——对 x 轴的净截面（弹性）模量（mm^3）；

M_{xe}——绕 x 轴的弹性极限弯矩（N·mm）。

（2）弹塑性工作阶段 $\left(\dfrac{f_y}{E} \leqslant \varepsilon_{max} \leqslant \dfrac{f_u}{E}\right)$：受弯矩作用的截面，边缘屈服后截面还可以继续受力，当弯矩继续增大，截面边缘将有一区域进入塑性状态，由于钢材为理想弹塑性，这个区域的正应力恒为 f_y，截面中间部分仍为弹性区，见图 4-5(d)。

（3）塑性工作阶段：当弯矩再继续增大，塑性区不断向内发展，直至弹性区消失，弯矩不再增大，变形却在发展，形成塑性铰，梁的承载能力达到极限，见图 4-5(e)。其最大弯矩为

$$M_{xp} = f_y (S_{1nx} + S_{2nx}) = f_y W_{pnx} \tag{4-3}$$

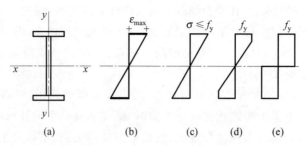

图 4-5 工字形截面梁受弯矩作用各阶段梁的正应力分布

式中：M_{xp}——绕 x 轴的塑性铰弯矩（N·mm）；

W_{pnx}——对 x 轴的塑性净截面模量（mm³），$W_{pnx} = S_{1nx} + S_{2nx}$；

S_{1nx}，S_{2nx}——分别为中和轴 x 以上、以下净截面面积对中和轴 x 的面积矩（mm³）。

讨论：（1）塑性铰弯矩 M_{xp} 和弹性极限弯矩 M_{xe} 之比为

$$\gamma_F = \frac{M_{xp}}{M_{xe}} = \frac{W_{pnx}}{W_{nx}}$$

γ_F 称为截面形状系数，其只取决于截面的几何形状。对于矩形截面，$\gamma_F = 1.5$，对其他形状的截面，$\gamma_F > 1$，因此梁抗弯强度按塑性工作状态设计具有一定的经济效益。

（2）梁不能以全截面达到承载力极限状态来设计。因为按平截面假定，随着梁截面塑性的发展，梁外纤维的最大应变 ε_{max} 将显著增大，其挠度也将显著增大；当简支梁中某一个截面变为塑性铰，简支梁就变成几何可受体系，失去承载能力；过分发展塑性会降低梁的整体稳定和局部稳定承载力。

（3）工程中梁的设计是在弹性设计的基础上，引入有限截面塑性发展系数 γ_x、γ_y 的方法来表示截面抗弯强度的提高，实现部分塑性设计。

进行受弯和压弯构件计算及塑性、弯矩调幅设计和抗震设计时，受弯和压弯构件的截面设计等级应符合表 4-3 的规定，其中参数 α_0 应按下式计算：

$$\alpha_0 = \frac{\sigma_{max} - \sigma_{min}}{\sigma_{max}}$$

式中：σ_{max}——腹板计算边缘的最大压应力（N/mm²）；

σ_{min}——腹板计算高度另一边缘相应的应力（N/mm²），压应力取正值，拉应力取负值。

表 4-3 受弯和压弯构件的截面板件宽厚比等级与限值

构件	截面板件宽厚比等级		S1 级	S2 级	S3 级	S4 级	S5 级
压弯构件（框架柱）	H 形截面	翼缘 b/t	$9\varepsilon_k$	$11\varepsilon_k$	$13\varepsilon_k$	$15\varepsilon_k$	20
		腹板 h_0/t_w	$(33+13\alpha_0^{1.3})\varepsilon_k$	$(38+13\alpha_0^{1.39})\varepsilon_k$	$(40+18\alpha_0^{1.5})\varepsilon_k$	$(45+25\alpha_0^{1.66})\varepsilon_k$	250
	箱形截面	壁板（腹板）间翼缘 b_0/t	$30\varepsilon_k$	$35\varepsilon_k$	$40\varepsilon_k$	$45\varepsilon_k$	—
	圆钢管截面	径厚比 D/t	$50\varepsilon_k^2$	$70\varepsilon_k^2$	$90\varepsilon_k^2$	$100\varepsilon_k^2$	—

构件	截面板件宽厚比等级		S1 级	S2 级	S3 级	S4 级	S5 级
受弯构件 （梁）	工字形截面	翼缘 b/t	$9\varepsilon_k$	$11\varepsilon_k$	$13\varepsilon_k$	$15\varepsilon_k$	20
		腹板 h_0/t_w	$65\varepsilon_k$	$72\varepsilon_k$	$93\varepsilon_k$	$124\varepsilon_k$	250
	箱形截面	壁板（腹板） 间翼缘 b_0/t	$25\varepsilon_k$	$32\varepsilon_k$	$37\varepsilon_k$	$42\varepsilon_k$	—

注：1. ε_k 为钢号修正系数，其值为 235 与钢材牌号中屈服点数值的比值的平方根；

2. b、t、h_0、t_w 分别是工字形、H 形、T 形截面的翼缘外伸宽度、翼缘厚度、腹板净高和腹板厚度，对轧制型截面，腹板净高不包括翼缘腹板过渡处圆弧段，对于箱形截面，b、t 分别为壁板间的距离和壁板厚度，D 为圆管截面外径；

3. 箱形截面梁及单向受弯的箱形截面柱，其腹板限值应根据 H 形截面腹板采用；

4. 腹板的宽厚比，可通过设置加劲肋减小；

5. 当按国家标准《建筑抗震设计标准》(2024 年版)(GB/T 50011—2011)第 9.2.14 条第 2 款的规定设计，且 S5 级截面的板件宽厚比小于 S4 级经 ε_σ 修正的板件宽厚比时，可视作 c 类截面，ε_σ 为应力修正因子，$\varepsilon_\sigma = \sqrt{f_y/\sigma_{\max}}$。

有限塑性发展的强度准则：将截面塑性区限制在某一范围，一旦塑性区达到规定的范围即视为破坏，梁的抗弯强度按下列规定计算：

在单向弯矩 M_x 作用下：

$$\sigma = \frac{M_x}{\gamma_x W_{nx}} \leqslant f \tag{4-4}$$

在双向弯矩 M_x 和 M_y 同时作用下：

$$\frac{M_x}{\gamma_x W_{nx}} + \frac{M_y}{\gamma_y W_{ny}} \leqslant f \tag{4-5}$$

式中：M_x，M_y——分别为同一截面处绕 x 轴和 y 轴的弯矩设计值((N·mm)，对工字形截面：x 轴为强轴，y 轴为弱轴)；

W_{nx}，W_{ny}——分别为对 x 轴和 y 轴的净截面模量，当截面板件宽厚比等级为 S1 级、S2 级、S3 级或 S4 级时，应取全截面模量，当截面板件宽厚比等级为 S5 时，应取有效截面模量，均匀受压翼缘有效外伸宽度可取 $15t_f\varepsilon_k$；

γ_x，γ_y——分别为对主轴 x、y 的截面塑性发展系数；

f——钢材的抗弯强度设计值(N/mm^2)。

对工字形和箱形截面，当截面板件宽厚比等级为 S4 或 S5 级时，截面塑性发展系数应取 1.0，当截面板件宽厚比等级为 S1 级、S2 级及 S3 级时，截面塑性发展系数应按下列规定取值：

① 工字形截面(x 轴为强轴，y 轴为弱轴)：$\gamma_x = 1.05$，$\gamma_y = 1.20$；箱形截面：$\gamma_x = \gamma_y = 1.05$。

② 其他截面可按表 4-4 采用。

③ 对需要计算疲劳的梁，宜取 $\gamma_x = \gamma_y = 1.0$。

表 4-4　截面塑性发展系数 γ_x、γ_y 值

项次	截面形式	γ_x	γ_y
1	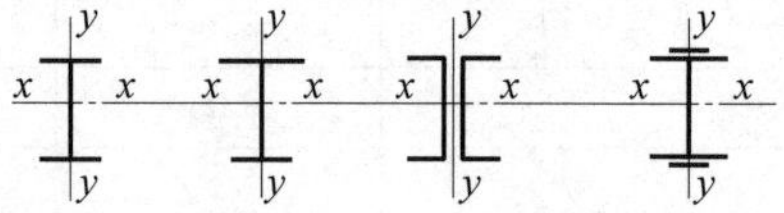		1.2
2	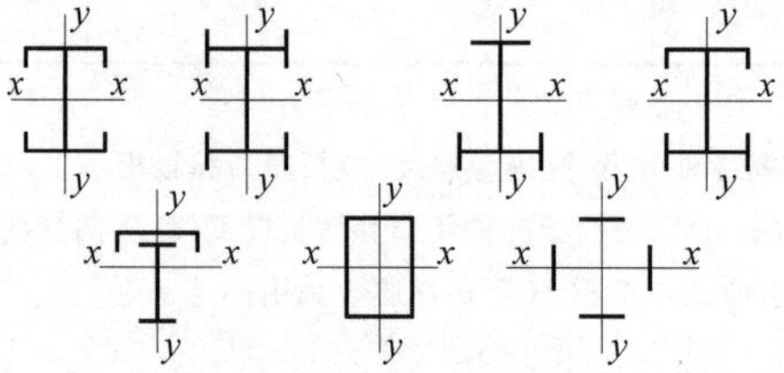	1.05	1.05
3	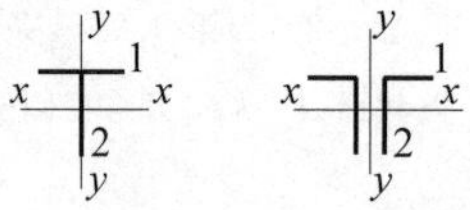	$\gamma_{x_1}=1.05$ $\gamma_{x_2}=1.2$	1.2
4	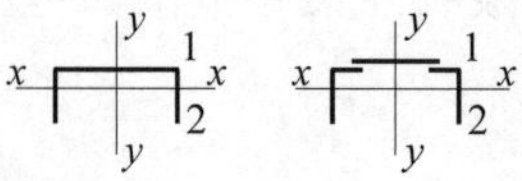		1.05
5	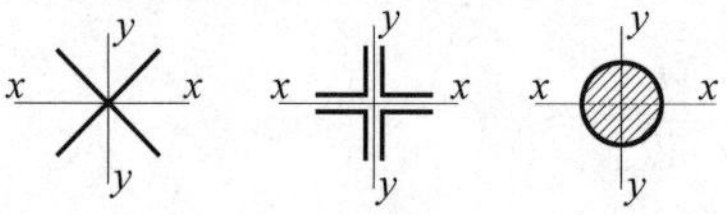	1.2	1.2
6	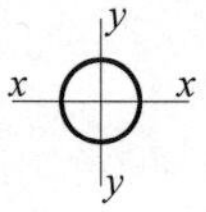	1.15	1.15
7	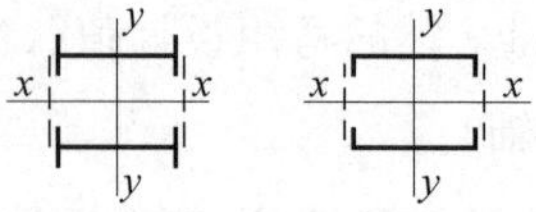	1.0	1.05
8	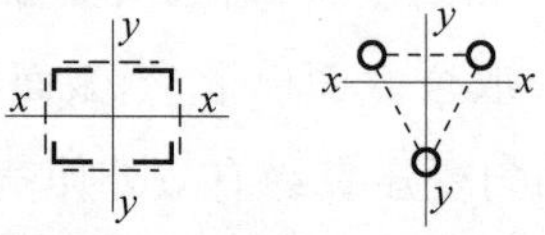		1.0

注：当压弯构件受压翼缘的自由外伸宽度与其厚度之比大于 $13\varepsilon_k$ 而小于或等于 $15\varepsilon_k$ 时，应取 $\gamma_x=1.0$。需要验算疲劳的拉弯、压弯构件，应取 $\gamma_x=\gamma_y=1.0$。

表 4-4 中单轴对称截面绕非对称轴弯曲时，截面上、下边缘对应两个不同的数值 γ_{x_1} 和 γ_{x_2}。对于格构构件，当绕截面的虚轴弯曲时，将边缘纤维开始屈服看作构件发生强度破坏的标志，所以 γ 值取为 1.0。

对于梁考虑腹板屈曲后强度时，腹板弯曲受压区已部分退出工作，其抗弯强度另有计算方法。

4.2.2　受弯构件的抗剪强度

横向荷载作用下的梁，一般都会有剪应力。工字形和槽形等薄壁开口截面构件，根据剪力流理论，在竖直方向剪力 V 作用下，剪应力在截面上的分布如图 4-6 所示。截面上的最大

剪应力在腹板上中和轴处。从剪应力分布可看出,增大腹板面积可以有效提高梁抗剪强度。

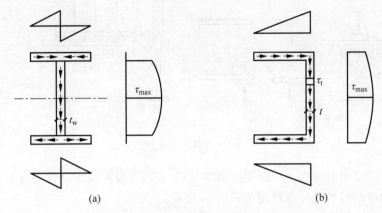

图 4-6　弯曲剪应力分布

《钢结构设计标准》(GB 50017—2017)规定以截面最大剪应力达到钢材的抗剪屈服极限作为抗剪承载能力极限状态。由此,对于绕强轴(x 轴)受弯的梁,其抗剪强度按式(4-6)计算:

$$\tau = \frac{VS}{It_w} \leqslant f_v \tag{4-6}$$

式中：V——计算截面沿腹板平面作用的剪力设计值(N);

　　　I——梁的毛截面惯性矩(mm^4);

　　　S——计算应力处以上(或以下)毛截面对中和轴的面积矩(mm^3);

　　　t_w——腹板厚度(mm);

　　　f_v——钢材抗剪强度设计值(N/mm^2)。

考虑腹板屈曲后强度的梁,其抗剪承载力有较大提高,不必受式(4-6)的限制。

4.2.3　受弯构件的局部抗压强度

梁承受集中荷载处,集中荷载也有分布长度,无加劲肋(图 4-7(a)、(b))或承受移动荷载(图 4-7(c)),荷载通过翼缘传至腹板,使其受压。集中力 F 作用点处实际压应力分布如图 4-7(d)所示。集中荷载在腹板计算高度上边缘的假定分布长度,按式(4-7)计算,也允许采用简化式(4-8)计算:

$$l_z = 3.25 \sqrt[3]{\frac{I_R + I_f}{t_w}} \tag{4-7}$$

式中：I_R——轨道绕自身形心的惯性矩(mm^4);

　　　I_f——梁上翼缘绕翼缘中面的惯性矩(mm^4)。

$$l_z = a + 5h_y + 2h_R \tag{4-8}$$

式中：a——集中荷载沿梁跨度方向的支撑长度(mm),对钢轨上的轮压可取 50 mm;

　　　h_y——自梁顶面至腹板计算高度上边缘的距离(mm),对焊接梁为上翼缘厚度,对轧制工字形截面梁是梁顶面到腹板过渡完成点的距离;

　　　h_R——轨道的高度(mm),对梁顶无轨道的梁 $h_R = 0$ mm。

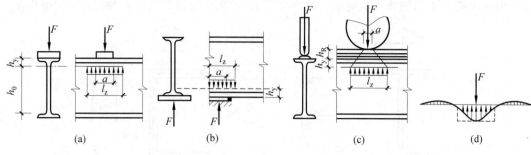

图 4-7　局部压应力作用

当梁上翼缘受沿着腹板平面作用的集中荷载，且该荷载处又未设置支承加劲肋时，腹板计算高度上边缘的局部受压强度应按式(4-9)计算：

$$\sigma_c = \frac{\psi F}{t_w l_z} \leqslant f \tag{4-9}$$

式中：F——集中荷载设计值(N)，对动力荷载应考虑动力系数；

　　　ψ——集中荷载增大系数，对重级工作制吊车梁，$\psi = 1.35$，对其他梁，$\psi = 1.0$；

　　　f——钢材的抗压强度设计值($N \cdot mm^2$)。

腹板的计算高度 h_0：对于轧制型钢梁，为上、下翼缘在腹板处两内弧起点的间距 (图 4-7(a))；对于焊接截面钢梁为腹板高度；对于铆接(或高强度螺栓连接)组合梁，为上、下翼缘与腹板连接处的铆钉(或高强度螺栓)线间最近距离。

若局部承压验算不满足要求，对于固定集中荷载处应设置支承加劲肋，对于移动集中荷载则需要加大腹板厚度。对于翼缘上承受均布荷载的梁，因腹板上边缘局部压应力不大，不需要进行局部压应力的验算。对于设置了支承加劲肋的梁支座可不进行局部承压验算。

4.2.4　受弯构件在复杂应力作用下的强度计算

在梁腹板截面的边缘处通常会同时承受较大的正应力、剪应力和局部压应力，或同时受到较大的正应力和剪应力，此时应当考虑复合应力状态，按照式(4-10)对该处的折算应力进行验算：

$$\sqrt{\sigma^2 + \sigma_c^2 - \sigma\sigma_c + 3\tau^2} \leqslant \beta_1 f \tag{4-10}$$

$$\sigma = \frac{M_x}{I_{nx}} \cdot y_1 \tag{4-11}$$

式中：σ、τ、σ_c——分别为腹板计算高度边缘同一点上同时产生的正应力、剪应力和局部压应力(N/mm^2)；τ 和 σ_c 应分别按式(4-6)和式(4-9)计算，σ 应按式(4-11)计算。σ 和 σ_c 以拉应力为正值，压应力为负值。

　　　I_{nx}——梁绕 x 轴净截面惯性矩(mm^4)。

　　　y_1——所计算点至梁中和轴的距离(mm)。

　　　β_1——强度增大系数；当 σ 与 σ_c 异号时，$\beta_1 = 1.2$；当 σ 与 σ_c 同号或 $\sigma_c = 0$ 时，$\beta_1 = 1.1$。

例 4-1　图 4-8 所示为某车间工作平台的平面布置简图，平台上无动力荷载，平台板由 100 mm 混凝土板和 30 mm 水泥砂浆层组成，混凝土板的重度为 25 kN/m³，砂浆层的重度为 20 kN/m³，平台活荷载为 14 kN/m²。

钢材为 Q355B 钢，假定平台板为刚性，并可保证次梁的整体稳定，试选择其中间次梁 A 的截面。恒载分项系数 $\gamma_G=1.3$，活载分项系数 $\gamma_Q=1.5$。

由附表 C-1 查得 Q355B 的 $f=305\ \text{N/mm}^2$，$f_v=175\ \text{N/mm}^2$；由表 4-4 查得 $\gamma_x=1.05$；由表 4-2 查得 $\left[\dfrac{\nu}{l}\right]=\dfrac{1}{250}$；次梁计算简图如图 4-9 所示。

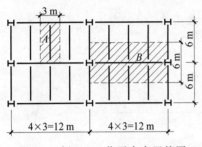
图 4-8　例 4-1 工作平台布置简图

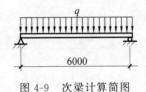
图 4-9　次梁计算简图

解　(1) 荷载组合

平台恒荷载

标准值

$[(25\times0.1+20\times0.03)\times3]\ \text{kN/m}=9.3\ \text{kN/m}$

设计值

$(9.3\times1.3)\ \text{kN/m}=12.09\ \text{kN/m}$

平台活荷载

标准值

$(14\times3)\ \text{kN/m}=42\ \text{kN/m}$

$q_k=51.3\ \text{kN/m}$

设计值

$(42\times1.5)\ \text{kN/m}=63.0\ \text{kN/m}$

$q=75.09\ \text{kN/m}$

(2) 次梁内力

最大弯矩

$$M_x=\frac{ql^2}{8}=\frac{75.09\times6^2}{8}\ \text{kN}\cdot\text{m}=337.91\ \text{kN}\cdot\text{m}$$

最大剪力

$$V=\frac{ql}{2}=\frac{75.09\times6}{2}\ \text{kN}=225.27\ \text{kN}$$

所需净截面模量

$$W_{nx}=\frac{M_x}{\gamma_x f}=\frac{337.91\times10^6}{1.05\times305}\ \text{mm}^3=1.055\times10^6\ \text{mm}^3$$

由附表 A-2 查得 HN $450\times151\times8\times14$，$W_{nx}=1140\ \text{cm}^3$，$I_x=25\,700\ \text{cm}^4$，质量 60.8 kg/m。

(3) 验算弯曲正应力

次梁自重

$$q_k'=(60.8\times9.8\times10^{-3})\ \text{kN/m}=0.596\ \text{kN/m}$$

$$q'=(0.596\times1.3)\ \text{kN/m}=0.775\ \text{kN/m}$$

$$\sigma = \frac{M_x}{\gamma_x W_{nx}} = \frac{(75.09 + 0.775) \times 6000^2 \times 10^3}{8 \times 1.05 \times 1140 \times 10^6} \text{ N/mm}^2$$

$$= 285.21 \text{ N/mm}^2 < f = 305 \text{ N/mm}^2$$

验算梁端最大剪应力

$$S = [14 \times 151 \times 218 + (450 - 14 \times 2)/2 \times 8 \times (450 - 14 \times 2)/4] \text{ mm}^3$$

$$= 6.4 \times 10^5 \text{ mm}^3$$

$$\tau = \frac{VS}{I_x t_w} = \frac{(75.09 + 0.775) \times 6 \times 10^3 \times 6.4 \times 10^5}{2 \times 2.57 \times 10^8 \times 8} \text{ N/mm}^2$$

$$= 70.8 \text{ N/mm}^2 < f_v = 175 \text{ N/mm}^2$$

验算刚度

$$\frac{\nu}{l} = \frac{5(q_k + q_k')l^3}{384EI_x} = \frac{5 \times (51.3 + 0.596) \times 6^3 \times 10^9}{384 \times 2.06 \times 10^5 \times 25\,700 \times 10^4} = \frac{1}{363} < [\nu_T] = \frac{1}{250}$$

由永久和可变荷载标准值产生的挠度

$$\frac{\nu}{l} = \frac{1}{363} < [\nu_Q] = \frac{1}{300}$$

所以只由可变荷载标准值产生的挠度同样小于 $[\nu_Q] = \dfrac{1}{300}$。

结论：选取截面 HN $450 \times 151 \times 8 \times 14$ 满足要求。

例 4-2　图 4-10 所示型钢截面简支梁,均布恒荷载设计值 $q_1 = 30$ kN/m(含自重),均布活荷载设计值 $q_2 = 10$ kN/m,集中恒荷载设计值 $F_1 = 80$ kN,集中活荷载设计值 $F_2 = 20$ kN,材料为 Q355B。集中荷载作用点的构造如图 4-10(a)所示,$a = 200$ mm,支座反力作用点的构造如图 4-10(b)所示。选择 HN $600 \times 200 \times 11 \times 17$,试验算梁截面的强度。恒荷载分项系数 $\gamma_G = 1.3$,活荷载分项系数 $\gamma_Q = 1.5$。

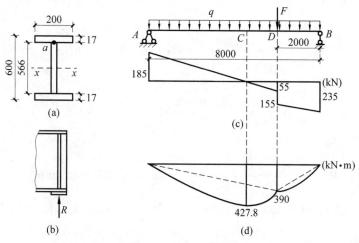

图 4-10　例 4-2 附图

(a) 集中荷载作用点构造图；(b) 支座处构造图；(c) 剪力图；(d) 弯矩图

解　(1) 由内力图 4-10(c)、(d)可知：

C 截面弯矩最大,其值为 $M_C = 427.8$ kN·m

B 截面剪力最大,其值为 $V_B = 235$ kN

集中力 F 作用点 D 处右侧面存在很大弯矩 $M_D = 390$ kN·m,剪力 $V_D = 155$ kN 和局部压力 $F = 100$ kN。

由附表 A-2 可知截面的几何参数 $I_x = 7.56 \times 10^8$ mm^4,$W_x = 2.52 \times 10^6$ mm^3

D 处右侧截面翼缘和腹板交界处 a 点 $S_a = (17 \times 200 \times 308.5)$ mm$^3 = 10.5 \times 10^5$ mm^3

(2) 验算截面危险点的强度。

C 截面抗弯强度

$$\frac{M_x}{\gamma_x W_{nx}} = \frac{427.8 \times 10^6}{1.05 \times 2.52 \times 10^6} \text{ N/mm}^2 = 161.68 \text{ N/mm}^2 < f = 295 \text{ N/mm}^2$$

B 截面中点的抗剪强度

$$S = (17 \times 200 \times 308.5 + 300 \times 11 \times 150) \text{ mm}^3 = 15.4 \times 10^5 \text{ mm}^3$$

$$\tau = \frac{VS}{I_x t_w} = \frac{235 \times 10^3 \times 15.4 \times 10^5}{7.56 \times 10^8 \times 11} \text{ N/mm}^2 = 43.52 \text{ N/mm}^2 < f_v = 170 \text{ N/mm}^2$$

a 点的折算应力强度

$$\sigma_a = \frac{390 \times 10^6 \times 300}{7.56 \times 10^8} \text{ N/mm}^2 = 154.76 \text{ N/mm}^2$$

$$\tau_a = \frac{V_a S_a}{I_x t_w} = \frac{155 \times 10^3 \times 10.5 \times 10^5}{7.56 \times 10^8 \times 11} \text{ N/mm}^2 = 19.57 \text{ N/mm}^2$$

$$\sigma_c = \frac{\psi F}{t_w l_z} = \frac{1 \times 100 \times 10^3}{11 \times (200 + 5 \times 17)} \text{ N/mm}^2 = 31.9 \text{ N/mm}^2$$

$$\sqrt{\sigma_a^2 + \sigma_c^2 - \sigma_a \sigma_c + 3\tau_a^2} = \sqrt{154.76^2 + 31.9^2 - 154.76 \times 31.9 + 3 \times 19.57^2} \text{ N/mm}^2$$
$$= 145.53 \text{ N/mm}^2 < f = 295 \text{ N/mm}^2$$

在 B 截面支座处设置了支承加劲肋,因此可不验算该截面局部压应力。

(3) 验算刚度

$$q_k = \left(\frac{30}{1.3} + \frac{10}{1.5}\right) \text{ kN/m} = 29.7 \text{ kN/m}, \quad F_k = \left(\frac{80}{1.3} + \frac{20}{1.5}\right) \text{ kN} = 74.9 \text{ kN}$$

梁中点的最大挠度偏安全,用下式计算:

$$\frac{\nu}{l} = \frac{5q_k l^3}{384 EI_x} + \frac{F_k l^2}{48 EI_x} = \frac{5 \times 29.7 \times 8^3 \times 10^9}{384 \times 2.06 \times 10^5 \times 7.56 \times 10^8} + \frac{74.9 \times 10^3 \times 8^2 \times 10^6}{48 \times 2.06 \times 10^5 \times 7.56 \times 10^8}$$

$$= 0.0019 < \left[\frac{\nu}{l}\right] = \frac{1}{400} = 0.0025$$

4.3　受弯构件的整体稳定

4.3.1　受弯构件整体失稳的现象

为了提高钢梁的抗弯强度和抗弯刚度,钢梁的截面通常设计得又高又窄。荷载作用在其最大刚度平面内,如图 4-11(a)所示的 yz 平面内,当荷载较小时,梁截面内的弯矩 M_x 也较小，梁在最大刚度平面内的弯曲平衡状态是稳定的。当梁内弯矩 M_x 增大到某一个值时，这时梁的危险截面上应力尚未达到钢材的屈服点，梁突然发生侧向（图 4-11(b)所示，在刚度较小的 xz 平面）弯曲。由于受拉翼缘的拉力抵抗这种侧向弯曲，于是受拉翼缘的侧向位移小于受压翼缘的侧向位移，即梁的截面发生了扭转变形。这就是梁的整体失稳现象，它是侧向弯扭屈曲变形。处在两种平衡状态临界点上的最大弯矩和截面上的最大弯曲应力分别称为临界弯矩 M_{cr} 和临界应力 σ_{cr}。

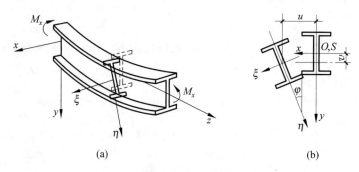

图 4-11　梁丧失整体稳定的变化情况

4.3.2　受弯构件整体稳定性的保证

梁的失稳是在梁的强度充分发挥之前突然发生的，危害性较大，因此在工程设计中，探讨影响梁整体失稳的因素，采取有效措施提高和保证梁的整体稳定性是很有必要的。

梁的失稳是梁的受压翼缘存在压应力引起的。采用图 4-2(d)(e)(j)(k)所示的截面形式，可提高梁的侧向抗弯刚度 EI_y 和抗扭刚度 GI_t，梁的整体稳定性会提高；增加梁的侧向支承点，减少侧向自由长度 l_1（图 4-12(a)），可提高抗侧移刚度，整体稳定性也会提高；梁端支座对梁端位移约束越有效，梁的整体稳定性越高，如采取图 4-12(b)所示的构造措施，使梁截面只能绕 x 轴转动，不能绕 y 轴和 z 轴转动；荷载作用于梁的下翼缘，比作用在上翼缘对梁的整体稳定有利，如图 4-12(c)所示，荷载 P 作用于上翼缘，一旦失稳，P 对剪切中心 S（对双轴对称工字形截面，剪切中心 S 和截面形心 O 重合）产生的附加扭矩 Pe 对梁的失稳起促进作用，作用于下翼缘，附加扭矩 Pe 将阻止梁失稳。

符合下列任一情况的钢梁可不计算梁的整体稳定：

(1) 当铺板（各种钢筋混凝土板和钢板）密铺在梁的受压翼缘上并与其牢固连接，能阻止梁受压翼缘的侧向位移时。

(2) 不符合条款(1)情况的箱形截面简支梁，当其截面尺寸（图 4-12(d)）满足 $h/b_0 \leqslant 6$，$l_1/b_0 \leqslant 95\varepsilon_k^2$ 时，可不计算整体稳定性。l_1 为受压翼缘侧向支承点间的距离（梁的支座处视为有侧向支承）。

4.3.3　受弯构件的临界荷载

和理想轴心受压构件一样，失稳的平衡方程必须建立在变形之后的位置上。图 4-13 所示为纯弯曲状态下的简支梁达到临界状态时，发生微小侧向弯曲和扭转的位置和形态。临

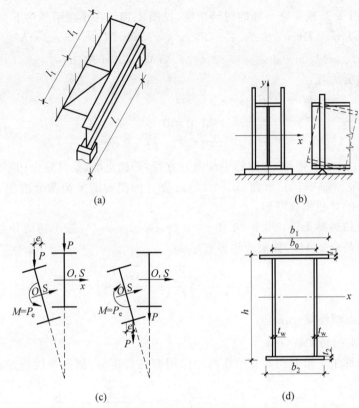

图 4-12　影响梁整体稳定构造图

（a）梁侧向支承图；（b）梁端铰支座构造示意图；
（c）荷载作用点在截面上的位置对梁稳定的影响；（d）箱形梁横截面

界荷载就是在这种变形形态上建立弹性平衡微分方程求解出来的。也就是说，是在通常意义简支的基础上对端部截面绕纵轴（z 轴）的扭转变形进行约束，如图 4-13（b）所示。

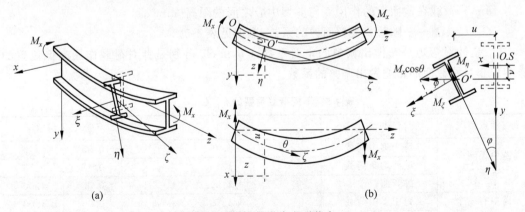

图 4-13　梁的微小变形状态

采用固定的坐标系 $Oxyz$ 和截面发生位移后的移动坐标系 $O'\xi\eta\zeta$。假定截面为双轴对称工字形截面，剪力中心 S 与形心 O 相重合，失稳后，$v=v(z)$ 是在弯矩作用平面内，即 Oyz 平面绕强轴 x 弯曲变形产生的挠度；$u=u(z)$ 是在弯矩平面外，即 Oxz 平面绕弱轴 y 弯曲变形产生的挠度；φ 是截面绕 z 轴的扭转角度，见图 4-13。在小变形条件下：

$$EI_\xi \eta'' = EI_x v'', \quad EI_\eta \xi'' = EI_y u'', \quad M_\xi = M_x \cos\theta\cos\varphi = M_x$$

$$M_\eta = M_x \cos\theta\sin\varphi = M_x\varphi, \quad M_\zeta = M_x \sin\theta = M_x u'$$

建立平衡微分方程：

$$EI_x v'' + M_x = 0 \tag{4-12}$$

$$EI_y u'' + M_x\varphi = 0 \tag{4-13}$$

$$GI_t \varphi' - EI_\omega \varphi''' + M_x u' = 0 \tag{4-14}$$

式（4-12）是绕 x 轴（强轴）弯曲的平衡微分方程，是独立的，是弯矩作用平面内的弯曲变形；式（4-13）是绕 y 轴（弱轴）弯曲，式（4-14）是绕 z 轴扭转的平衡微分方程，是耦联的，是弯矩作用平面外的弯扭耦合变形。

根据简支梁的边界条件：当 $z=0$ 和 $z=l$ 时，$\varphi=0$，$\varphi''=0$。按上述微分方程，可求得梁丧失整体稳定时的弯矩 M_x，即梁的临界弯矩 M_{cr}：

$$M_{cr} = \frac{\pi^2 EI_y}{l^2}\sqrt{\frac{I_\omega}{I_y}\left(1 + \frac{GI_t l^2}{\pi^2 EI_\omega}\right)} \tag{4-15}$$

式中：I_ω——翘曲惯性矩（mm^6）；

$\quad\quad I_t$——自由扭转常数（mm^4）。

对于单轴对称工字形截面简支梁在两端作用有纯弯矩时，依据弹性稳定理论可推导得到其临界弯矩：

$$M_{cr} = C_1 \frac{\pi^2 EI_y}{l^2}\left[C_2 a + C_3 B_y + \sqrt{(C_2 a + C_3 B_y)^2 + \frac{I_\omega}{I_y}\left(1 + \frac{GI_t l^2}{\pi^2 EI_\omega}\right)}\right] \tag{4-16}$$

式中：$B_y = \dfrac{1}{2I_x}\displaystyle\int_A y(x^2 + y^2)\mathrm{d}A - y_0$；

$\quad\quad y_0 = \dfrac{I_1 h_1 - I_2 h_2}{I_y}$，为剪切中心的纵坐标；

$\quad\quad a$——荷载在截面上的作用点与剪切中心之间的距离（mm）；

$\quad\quad C_1$、C_2、C_3——随荷载类型而异的系数，取值见表 4-5。

C_1 是针对弯矩分布做出调整的主要系数，C_2 和 C_3 分别是针对荷载作用高低位置的影响和非对称截面的影响做出调整的系数。

表 4-5　不同荷载类型的 C_1、C_2、C_3

支承点情况	荷 载 类 型	C_1	C_2	C_3
跨中无侧向支承点	跨中集中荷载	1.35	0.55	0.40
	满跨均布荷载	1.13	0.47	0.53
	纯弯曲	1.00	0.00	1.00
跨中有一个侧向支承点	跨中集中荷载	1.75	0.00	1.00
	满跨均布荷载	1.39	0.14	0.86
跨中有 2 个侧向支承点	跨中集中荷载	1.84	0.89	0.00
	满跨均布荷载	1.45	0.00	1.00
跨中有 3 个侧向支承点	跨中集中荷载	1.90	0.00	1.00
	满跨均布荷载	1.47	1.00	0.00

续表

支承点情况	荷 载 类 型	C_1	C_2	C_3
侧向支承点间 弯矩线性变化	不考虑段与段 之间相互约束	$1.75-1.05\left(\dfrac{M_2}{M_1}\right)+0.3\left(\dfrac{M_2}{M_1}\right)^2\leqslant 2.3$	0.00	1.00
侧向支承点间 弯矩非线性变化		$\dfrac{5M_{max}}{M_{max}+1.2(M_2+M_4)+1.6M_3}$	—	—

注：M_1 和 M_2 为区段的端弯矩，使构件产生同向曲率（无反弯点）时取同号；使构件产生反向曲率（有反弯点）时取异号，且 $|M_1|\geqslant|M_2|$。

4.3.4　受弯构件的整体稳定系数

梁不丧失整体稳定性的条件是梁受压翼缘的最大应力小于临界应力 σ_{cr} 除以抗力分项系数 γ_R 的值，即

$$\frac{M_x}{W_x}\leqslant\frac{\sigma_{cr}}{\gamma_R}=\frac{\sigma_{cr}f_y}{\gamma_R f_y}=\frac{\sigma_{cr}}{f_y}f$$

令 $\varphi_b=\dfrac{\sigma_{cr}}{f_y}$ 为梁的整体稳定系数，则梁的整体稳定计算公式为

$$\frac{M_x}{\varphi_b W_x f}\leqslant 1.0 \tag{4-17}$$

式中：M_x——绕主轴（x 轴）作用的最大弯矩设计值（N·mm）；

　　　W_x——按受压最大纤维确定的梁毛截面模量（mm³），当截面板件宽厚比等级为 S1、S2、S3 或 S4 级时，应取全截面模量，当截面板件宽厚比等级为 S5 级时，应取有效截面模量，均匀受压翼缘有效外伸宽度可取 $15t_f\varepsilon_k$，腹板有效截面可按《钢结构设计标准》（GB 50017—2017）第 8.4.2 条的规定采用。

下面讨论梁的整体稳定系数 φ_b，规范为了简化计算，引用

$$I_t\approx\frac{1}{3}At_1^2 \tag{4-18a}$$

$$I_\omega=\frac{1}{4}I_y h^2 \tag{4-18b}$$

式中：A——梁的毛截面面积（mm²）；

　　　t_1——梁受压翼缘板的厚度（mm）；

　　　h——梁截面的高度（mm）。

将 $E=206\times10^3$ N/mm²，$E/G=2.6$ 代入式（4-15）得

$$M_{cr}=\frac{10.17\times10^5}{\lambda_y^2}\cdot Ah\sqrt{1+\left(\frac{\lambda_y t_1}{4.4h}\right)^2} \tag{4-19a}$$

临界应力：

$$\sigma_{cr}=\frac{M_{cr}}{W_x}=\frac{10.17\times10^5}{\lambda_y^2 W_x}\cdot Ah\sqrt{1+\left(\frac{\lambda_y t_1}{4.4h}\right)^2} \tag{4-19b}$$

取梁的稳定系数 $\varphi_b = \dfrac{\sigma_{cr}}{f_y}$，代入式（4-19b）：

$$\varphi_b = \frac{\sigma_{cr}}{f_y} = \frac{4320}{\lambda_y^2} \cdot \frac{Ah}{W_x} \sqrt{1 + \left(\frac{\lambda_y t_1}{4.4h}\right)^2} \tag{4-19c}$$

引入修正系数 ε_k：

$$\varphi_b = \frac{\sigma_{cr}}{f_y} = \frac{4320}{\lambda_y^2} \cdot \frac{Ah}{W_x} \sqrt{1 + \left(\frac{\lambda_y t_1}{4.4h}\right)^2} \varepsilon_k^2 \tag{4-20}$$

考虑系数 β_b 和 η_b 得：

$$\varphi_b = \beta_b \frac{4320}{\lambda_y^2} \cdot \frac{Ah}{W_x} \left[\sqrt{1 + \left(\frac{\lambda_y t_1}{4.4h}\right)^2} + \eta_b\right] \cdot \varepsilon_k^2 \tag{4-21}$$

式（4-21）则为等截面焊接工字钢和轧制 H 型钢简支梁的整体稳定系数公式。

式中：β_b——梁整体稳定的等效弯矩系数，参见附表 D-1。

$\quad\quad \eta_b$——截面不对称影响系数，双轴对称工字形截面 $\eta_b = 0$；对单轴对称工字形截面：加强受压翼缘的工字形截面 $\eta_b = 0.8(2a_b - 1)$；加强受拉翼缘的工字形截面 $\eta_b = 2a_b - 1$；$a_b = I_1/(I_1 + I_2)$。

$\quad\quad \lambda_y$——梁在侧向支承点间对截面弱轴 y-y 的长细比，$\lambda_y = l_1/i_y$，l_1 为受压翼缘相邻两侧向支承点之间的距离，i_y 为梁毛截面对 y 轴的截面回转半径。

$\quad\quad I_1, I_2$——分别为受压、受拉翼缘对 y 轴的惯性矩（mm^4）。

式（4-15）~式（4-21）都是在弹性工作阶段推出的。由于残余应力的影响，可取比例极限 $f_p = 0.6f_y$。因此，当 $\sigma_{cr} > 0.6f_y$ 即 $\varphi_b > 0.6$ 时，梁已经进入了弹塑性工作阶段，应按下列公式修正：

$$\varphi_b' = 1.07 - 0.282/\varphi_b \leqslant 1.0 \tag{4-22}$$

普通轧制工字钢简支梁的整体稳定系数 φ_b 可由附表 D-2 查得，当查得 $\varphi_b > 0.6$ 时，应按式（4-22）修正。

受弯构件整体稳定系数 φ_b 值的近似计算：

均匀弯曲的受弯构件，当 $\lambda_y \leqslant 120\varepsilon_k$ 时，其整体稳定系数可按下列近似公式计算。

1. 工字钢或 H 型钢截面

双轴对称时：

$$\varphi_b = 1.07 - \frac{\lambda_y^2}{44\,000\varepsilon_k^2} \tag{4-23}$$

单轴对称时：

$$\varphi_b = 1.07 - \frac{W_x}{(2a_b + 0.1)Ah} \cdot \frac{\lambda_y^2}{14\,000\varepsilon_k^2} \tag{4-24}$$

2. T 形截面（弯矩作用在对称轴平面内，绕 x 轴）

1）弯矩使翼缘受压时：

双角钢组成的 T 形截面：

$$\varphi_b = 1 - 0.0017 \frac{\lambda_y}{\varepsilon_k} \tag{4-25}$$

剖分 T 型钢和两板组合 T 型钢截面：

$$\varphi_b = 1 - 0.0022 \frac{\lambda_y}{\varepsilon_k} \tag{4-26}$$

2) 弯矩使翼缘受拉且腹板宽厚比不大于 $18\varepsilon_k$ 时：

$$\varphi_b = 1 - 0.0005 \frac{\lambda_y}{\varepsilon_k} \tag{4-27}$$

近似公式计算出的 φ_b 值已经考虑到了非弹性屈曲问题，所以算得的 φ_b 值大于 0.6 时，无须据式(4-22)修正。当算得 $\varphi_b > 1.0$ 时，取 $\varphi_b = 1.0$。

在两个主平面内受弯曲作用的工字钢或 H 型钢截面构件，应按式(4-28)计算整体稳定：

$$\frac{M_x}{\varphi_b W_x f} + \frac{M_y}{\gamma_y W_y f} \leqslant 1.0 \tag{4-28}$$

式中：W_x，W_y——分别为按受压最大纤维确定的对 x 轴和 y 轴的毛截面模量(mm^3)；

γ_y——截面塑性发展系数；

φ_b——最大刚度主平面内弯曲的整体稳定系数。

4.3.5 梁的整体稳定算例

例 4-3 设计平台梁格，梁格布置及平台承受的荷载见例 4-1，根据强度条件选择的规格为 HN 450×150×9×14 的窄翼缘 H 型钢，其满足强度、刚度条件的要求，现验算是否满足整体稳定条件。

解 由附表 A-2 查得 HN 450×150×9×14，$I_x = 2.71 \times 10^8$ mm^4，$I_y = 7.93 \times 10^7$ mm^4，$W_x = 1.2 \times 10^6$ mm^3，$i_y = 30.8$ mm，$A = 8341$ mm^2，质量为 65.5 kg/m，则

$$\xi = \frac{l_1 t_1}{b_1 h} = \frac{6000 \times 14}{150 \times 450} = 1.24$$

$$\beta_b = 0.69 + 0.13\xi = 0.69 + 0.13 \times 1.24 = 0.85$$

$$\lambda_y = \frac{l}{i_y} = \frac{6000}{30.8} = 194.8$$

$$\varphi_b = \beta_b \frac{4320}{\lambda_y^2} \frac{Ah}{W_x} \left[\sqrt{1 + \left(\frac{\lambda_y t_1}{4.4 h} \right)^2} + \eta_b \right] \varepsilon_k^2$$

$$= 0.85 \times \frac{4320}{194.8^2} \times \frac{8341 \times 450}{1\,200\,000} \times \left[\sqrt{1 + \left(\frac{194.8 \times 14}{4.4 \times 450} \right)^2} + 0 \right] \times \left(\sqrt{\frac{235}{355}} \right)^2$$

$$= 0.341 < 0.6$$

自重标准值为 $q'_k = (65.5 \times 9.8 \times 10^{-3})$ kN/m $= 0.642$ kN/m

设计值为 $q' = 1.3 q'_k = 1.3 \times 0.642$ kN/m $= 0.835$ kN/m

$$M'_x = \frac{q' l^2}{8} = \frac{0.835 \times 36}{8} \text{ kN} \cdot \text{m} = 3.758 \text{ kN} \cdot \text{m}$$

验算

$$\frac{M_x + M'_x}{\varphi_b W_x f} = \frac{(337.91 + 3.758) \times 10^6}{0.341 \times 1.2 \times 10^6 \times 305} = 2.738 > 1$$

不满足要求。

　　上述计算结果表明，该次梁能满足强度与刚度要求，不能满足整体稳定要求。为了设计更经济，应当首先满足整体稳定要求，再通过强度和刚度控制截面。

　　例 4-4　跨度 $l = 12$ m 的简支梁，跨中有一集中荷载 P（设计值）。选定两种截面面积和梁高都相等的截面，如图 4-14(a)、(b) 所示，其中图(a)为双轴对称焊接工字形截面，图(b)为加强受压翼缘的单轴对称焊接工字形截面，材料均为 Q355B，不计梁自重。求：跨中无侧向支承时，此两种截面所能承受的 P 值。

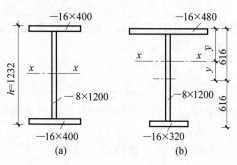

图 4-14　例 4-4 附图

　　解　(1) 对于图 4-14(a)所示截面：

$$I_y = \left(2 \times \frac{1}{12} \times 16 \times 400^3\right) \text{mm}^4 = 1.71 \times 10^8 \text{ mm}^4$$

$$I_x = \left[\frac{1}{12} \times 400 \times 1232^3 - \frac{1}{12} \times (400 - 8) \times 1200^3\right] \text{mm}^4 = 5.88 \times 10^9 \text{ mm}^4$$

$$W_x = \frac{2I_x}{h} = \frac{2 \times 5.88 \times 10^9}{1232} \text{ mm}^3 = 9.55 \times 10^6 \text{ mm}^3$$

梁所承担的 P 按强度计算为

$$M_x \leqslant W_{nx} f \cdot \gamma_x$$

$$P \leqslant \frac{4}{l} W_{nx} f \cdot \gamma_x$$

$$\gamma_x = 1.05, \quad f = 305 \text{ N/mm}^2$$

$$P \leqslant \left(\frac{4}{12\,000} \times 9.55 \times 10^6 \times 305 \times 1.05\right) \text{N} = 1.02 \times 10^6 \text{ N}$$

按梁的整体稳定计算为

$$A = (400 \times 16 \times 2 + 1200 \times 8) \text{ mm}^2 = 22\,400 \text{ mm}^2$$

$$M_x \leqslant \varphi_b W_x f \cdot \gamma_x$$

$$P \leqslant \frac{4}{l} \varphi_b W_x f \cdot \gamma_x$$

$$\gamma_x = 1.05$$

$$i_y = \sqrt{\frac{I_y}{A}} = \sqrt{\frac{1.71 \times 10^8}{22\,400}} = 87.4$$

$$\lambda_y = \frac{l_1}{i_y} = \frac{12\,000}{87.4} = 137.3$$

$$\xi = \frac{l_1 t_1}{b_1 h} = \frac{12\,000 \times 16}{400 \times 1232} = 0.39$$

$$\beta_b = 0.73 + 0.18\xi = 0.73 + 0.18 \times 0.39 = 0.80$$

双轴对称截面 $\eta_b = 0$

$$\varphi_b = \beta_b \frac{4320}{\lambda_y^2} \cdot \frac{Ah}{W_x} \left[\sqrt{1 + \left(\frac{\lambda_y t_1}{4.4h}\right)^2} + \eta_b \right] \varepsilon_k^2$$

$$= 0.80 \times \frac{4320}{137.3^2} \times \frac{22\,400 \times 1232}{9.55 \times 10^6} \left[\sqrt{1 + \left(\frac{137.3 \times 16}{4.4 \times 1232}\right)^2} + 0 \right] \frac{235}{355} = 0.38 < 0.6$$

$$P = \frac{4}{l} \varphi_b W_x f \cdot \gamma_x = \left(\frac{4}{12\,000} \times 0.38 \times 9.55 \times 10^6 \times 305 \times 1.05 \right) \text{N} = 3.87 \times 10^5 \text{ N}$$

$$P = 3.87 \times 10^5 \text{ N} < P = 1.02 \times 10^6 \text{ N}$$

所以图 4-14(a) 中截面梁的最大承载力由稳定性决定，为 $P = 3.87 \times 10^5$ N

(2) 对于图 4-14(b) 所示的截面，有

梁所承担的 P 按强度计算为

$$M_x \leqslant W_{nx} f \cdot \gamma_x$$

$$P \leqslant \frac{4}{l} W_{nx} f \cdot \gamma_x$$

$$P \leqslant \left(\frac{4}{12\,000} \times 6.746 \times 10^6 \times 305 \times 1.05 \right) \text{N} = 0.72 \times 10^6 \text{ N}$$

按梁的整体稳定计算为

$$A = (480 \times 16 + 1200 \times 8 + 320 \times 16) \text{ mm}^2 = 22\,400 \text{ mm}^2$$

$$\bar{y} = \frac{\sum A_i y_i}{A} = \frac{16 \times 320 \times 1224 + 8 \times 1200 \times 616 + 16 \times 480 \times 8}{22\,400} \text{ mm} = 546.5 \text{ mm}$$

$$h_1 = 546.5 \text{ mm}, \quad h_2 = h - h_1 = (1232 - 546.5) \text{ mm} = 685.5 \text{ mm}$$

$$I_y = I_1 + I_2 = \left(\frac{1}{12} \times 16 \times 480^3 + \frac{1}{12} \times 16 \times 320^3 \right) \text{ mm}^4$$

$$= (1.47 \times 10^8 + 4.37 \times 10^7) \text{ mm}^4 = 1.91 \times 10^8 \text{ mm}^4$$

$$I_x = \left[\frac{1}{12} \times 8 \times 1200^3 + 8 \times 1200 \times (616 - 546.5)^2 + \right.$$

$$\left. 16 \times 320 \times (1224 - 546.5)^2 + 16 \times 480 \times (546.5 - 8)^2 \right] \text{ mm}^4$$

$$= 5.776 \times 10^9 \text{ mm}^4$$

$$I_1 = \left(\frac{1}{12} \times 16 \times 480^3 \right) \text{ mm}^4 = 1.47 \times 10^8 \text{ mm}^4$$

$$I_2 = \left(\frac{1}{12} \times 16 \times 320^3 \right) \text{ mm}^4 = 4.37 \times 10^7 \text{ mm}^4$$

$$W_{1x} = \frac{I_x}{\bar{y}} = \frac{5.776 \times 10^9}{546.5} \text{ mm}^3 = 1.057 \times 10^7 \text{ mm}^3$$

$$W_{2x} = \frac{I_x}{h - \bar{y}} = \frac{5.776 \times 10^9}{1232 - 546.5} \text{ mm}^3 = 8.426 \times 10^6 \text{ mm}^3$$

$$i_y = \sqrt{\frac{I_y}{A}} = \sqrt{\frac{1.91 \times 10^8}{22\,400}} = 92.3$$

$$\lambda_y = \frac{l_1}{i_y} = \frac{12\,000}{92.3} = 130.0$$

$$\xi = \frac{l_1 t_1}{b_1 h} = \frac{12\,000 \times 16}{480 \times 1232} = 0.32$$

$$\beta_b = 0.73 + 0.18\xi = 0.73 + 0.18 \times 0.32 = 0.79$$

非双对称截面

$$\alpha_b = \frac{I_1}{I_1 + I_2} = \frac{1.47 \times 10^8}{1.47 \times 10^8 + 4.37 \times 10^7} = 0.77$$

$$\eta_b = 0.8(2\alpha_b - 1) = 0.8 \times (2 \times 0.77 - 1) = 0.432$$

$$\varphi_b = \beta_b \frac{4320}{\lambda_y^2} \cdot \frac{Ah}{W_x} \left[\sqrt{1 + \left(\frac{\lambda_y t_1}{4.4h}\right)^2} + \eta_b \right] \varepsilon_k^2$$

$$= 0.79 \times \frac{4320}{130.0^2} \times \frac{22\,400 \times 1232}{1.057 \times 10^7} \left[\sqrt{1 + \left(\frac{130.0 \times 16}{4.4 \times 1232}\right)^2} + 0.432 \right] \frac{235}{355}$$

$$= 0.525 < 0.6$$

由受压翼缘决定的 P 值为

$$P = \frac{4}{l} \varphi_b W_{1x} f \cdot \gamma_x = \left(\frac{4}{12\,000} \times 0.525 \times 1.057 \times 10^7 \times 305 \times 1.05 \right) \text{ N}$$

$$= 5.92 \times 10^5 \text{ N}$$

由受拉翼缘决定的 P' 值为

$$P' = \frac{4}{l} W_{2x} f \cdot \gamma_x = \left(\frac{4}{12\,000} \times 8.426 \times 10^6 \times 305 \times 1.05 \right) \text{ N}$$

$$= 8.99 \times 10^5 \text{ N} > P = 5.92 \times 10^5 \text{ N}$$

说明图 4-14(b)中截面由稳定性决定的最大承载力为 $P = 5.92 \times 10^5$ N。

综上所述：

图 4-14(a)中截面梁的最大承载力由稳定条件决定，最大承载力为 3.87×10^5 N；

图 4-14(b)中截面梁的最大承载力由稳定条件决定，最大承载力为 5.92×10^5 N。

讨论：

(1) 稳定承载力，加强受压翼缘的图 4-14(b)截面比图 4-14(a)截面高 34.6%，计算如下：

$$\frac{5.92 \times 10^5 - 3.87 \times 10^5}{5.92 \times 10^5} \times 100\% = 34.6\%$$

(2) 抗弯刚度，图 4-14(b)截面比图 4-14(a)截面低 1.7%，计算如下：

$$\frac{5.88 \times 10^9 - 5.78 \times 10^9}{5.88 \times 10^9} \times 100\% = 1.7\%$$

（3）抗弯强度承载力，图 4-14(b) 截面比图 4-14(a) 截面低 29.4％，计算如下：

$$\frac{1.02 \times 10^6 - 0.72 \times 10^6}{1.02 \times 10^6} \times 100\% = 29.4\%$$

说明梁的整体稳定性在构造上如果有保证，用图 4-14(b) 所示截面形式比用图 4-14(a) 所示截面形式好。

4.4　受弯构件的局部稳定

为了获得经济的截面尺寸，焊接钢梁常增大翼缘的宽厚比和腹板的高厚比。受压翼缘和轴心受压构件一样，受到较均匀的压应力。腹板中段受到较大的纵向压应力，腹板端部受到剪力引起的斜压应力，都有可能使各板件失去稳定。丧失局部稳定后虽不会像丧失整体稳定立即导致梁失去承载能力的后果那样严重，但局部失稳会改变梁的受力情况，降低梁的刚度和整体稳定性，所以局部稳定性的问题必须认真对待。

4.4.1　翼缘板的容许宽厚比

梁的翼缘板远离截面形心，强度一般能得到比较充分的利用，且受压翼缘板受到较均匀的纵向压应力，所以可以用限制宽厚比的方法来保证它不先于梁的整体失稳。它的计算基础仍然是薄板的临界应力公式(3-44)。

腹板应力分布不均匀，大部分应力很低，中和轴以下为拉应力，如果用限制高厚比的方法来控制其局部稳定是不经济的。提高梁腹板的局部稳定可以通过改变板件的边界约束，即设置加劲肋来完成。

4.4.2　腹板加劲肋的配置

如图 4-15 所示，加劲肋可分为横向、纵向、短加劲肋和支承加劲肋。支承加劲肋用于承受固定集中力(和支座反力)，它和横向加劲肋常在梁腹板中设置，纵向加劲肋和短加劲肋不是所有梁中都有。

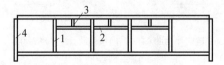

1—横向加劲肋；2—纵向加劲肋；3—短加劲肋；4—支承加劲肋。

图 4-15　腹板加劲肋的配置

下面讨论梁腹板加劲肋的配置、计算和有关构造。

1. 焊接截面梁腹板配置加劲肋应符合下列规定

（1）当 $\dfrac{h_0}{t_w} \leqslant 80\varepsilon_k$ 时，对有局部压应力的梁，宜按构造配置横向加劲肋；当局部压应力较小时，可不配置加劲肋。

（2）直接承受动力荷载的吊车梁及类似构件，应按下列规定配置加劲肋(图 4-16)：

① 当 $\dfrac{h_0}{t_w}>80\varepsilon_k$ 时,应配置横向加劲肋。

② 当受压翼缘扭转受到约束(如连有刚性铺板、制动板或焊有钢轨时)且 $\dfrac{h_0}{t_w}>170\varepsilon_k$、受压翼缘扭转未受到约束且 $\dfrac{h_0}{t_w}>150\varepsilon_k$,或按计算需要时,应在弯曲应力较大区格的受压区增加配置纵向加劲肋。局部压应力很大的梁,必要时尚宜在受压区配置短加劲肋。对单轴对称梁,当确定是否要配置纵向加劲肋时,h_0 应取腹板受压区高度 h_c 的 2 倍。

③ 不考虑腹板屈曲后强度时,当 $\dfrac{h_0}{t_w}>80\varepsilon_k$ 时,宜配置横向加劲肋。

④ $\dfrac{h_0}{t_w}$ 不宜超过 250。

⑤ 梁的支座处和上翼缘作用有较大固定集中荷载处,宜设置支承加劲肋。

⑥ 腹板的计算高度 h_0 应按下列规定采用:对轧制型钢梁,为腹板与上、下翼缘相接处两内弧起点间的距离;对焊接截面梁,为腹板高度;对高强度螺栓连接(或铆接)梁,为上、下翼缘与腹板连接的高强度螺栓(或铆钉)线间最近距离(图 4-16)。

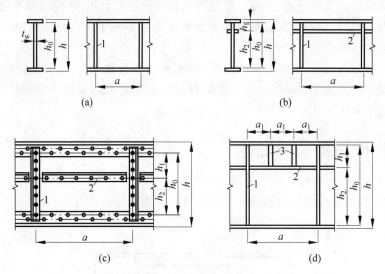

1—横向加劲肋；2—纵向加劲肋；3—短加劲肋。

图 4-16　加劲肋布置

2. 配置腹板加劲肋的计算

(1) 仅配置横向加劲肋的腹板(图 4-16(a)),其各区格的局部稳定应按下列公式计算:

$$\left(\dfrac{\sigma}{\sigma_{cr}}\right)^2+\left(\dfrac{\tau}{\tau_{cr}}\right)^2+\dfrac{\sigma_c}{\sigma_{c,cr}}\leqslant 1.0 \tag{4-29a}$$

$$\tau=\dfrac{V}{h_0 t_w} \tag{4-29b}$$

式中:σ——计算腹板区格内,由平均弯矩产生的腹板计算高度边缘的弯曲压应力(N/mm^2);

τ——所计算腹板区格内,由平均剪力产生的腹板平均剪应力(N/mm^2);

σ_c——腹板计算高度边缘的局部压应力(N/mm^2);

h_w——腹板高度(mm);

σ_{cr}、τ_{cr}、$\sigma_{c,cr}$——各种应力单独作用下的临界应力(N/mm^2),按下列方法计算。

σ_{cr} 按下列公式计算:

当 $\lambda_{n,b} \leqslant 0.85$ 时

$$\sigma_{cr} = f \tag{4-30a}$$

当 $0.85 < \lambda_{n,b} \leqslant 1.25$ 时

$$\sigma_{cr} = [1 - 0.75(\lambda_{n,b} - 0.85)]f \tag{4-30b}$$

当 $\lambda_{n,b} > 1.25$ 时

$$\sigma_{cr} = \frac{1.1f}{\lambda_{n,b}^2} \tag{4-30c}$$

当梁受压翼缘扭转受到约束时

$$\lambda_{n,b} = \frac{2h_c/t_w}{177\varepsilon_k} \tag{4-30d}$$

当梁受压翼缘扭转未受到约束时

$$\lambda_{n,b} = \frac{2h_c/t_w}{138\varepsilon_k} \tag{4-30e}$$

式中:$\lambda_{n,b}$——梁腹板受弯计算的正则化宽厚比;

h_c——梁腹板弯曲受压区高度(mm),对双轴对称截面 $2h_c = h_0$。

τ_{cr} 按下列公式计算:

当 $\lambda_{n,s} \leqslant 0.8$ 时

$$\tau_{cr} = f_v \tag{4-31a}$$

当 $0.8 < \lambda_{n,s} \leqslant 1.2$ 时

$$\tau_{cr} = [1 - 0.59(\lambda_{n,s} - 0.8)]f_v \tag{4-31b}$$

当 $\lambda_{n,s} > 1.2$ 时

$$\tau_{cr} = \frac{1.1f_v}{\lambda_{n,s}^2} \tag{4-31c}$$

当 $a/h_0 \leqslant 1.0$ 时

$$\lambda_{n,s} = \frac{h_0/t_w}{37\eta\sqrt{4 + 5.34(h_0/a)^2}} \cdot \frac{1}{\varepsilon_k} \tag{4-31d}$$

当 $a/h_0 > 1.0$ 时

$$\lambda_{n,s} = \frac{h_0/t_w}{37\eta\sqrt{5.34 + 4(h_0/a)^2}} \cdot \frac{1}{\varepsilon_k} \tag{4-31e}$$

式中:$\lambda_{n,s}$——梁腹板受剪计算的正则化宽厚比;

η——简支梁取 1.11,框架梁梁端最大应力区取 1。

$\sigma_{c,cr}$ 按照下列公式计算:

当 $\lambda_{n,c} \leqslant 0.9$ 时

$$\sigma_{c,cr} = f \tag{4-32a}$$

当 $0.9 < \lambda_{n,c} \leqslant 1.2$ 时

$$\sigma_{c,cr} = [1 - 0.79(\lambda_{n,c} - 0.9)]f \tag{4-32b}$$

当 $\lambda_{n,c} > 1.2$ 时

$$\sigma_{c,cr} = \frac{1.1f}{\lambda_{n,b}^2} \tag{4-32c}$$

当 $0.5 \leqslant a/h_0 \leqslant 1.5$ 时

$$\lambda_{n,c} = \frac{h_0/t_w}{28\sqrt{10.9 + 13.4(1.83 - a/h_0)^3}} \cdot \frac{1}{\varepsilon_k} \tag{4-32d}$$

当 $1.5 < a/h_0 \leqslant 2.0$ 时

$$\lambda_{n,c} = \frac{h_0/t_w}{28\sqrt{18.9 - 5a/h_0}} \cdot \frac{1}{\varepsilon_k} \tag{4-32e}$$

式中：$\lambda_{n,c}$——梁腹板受局部压力计算的正则化宽厚比。

（2）同时用横向加劲肋和纵向加劲肋加强的腹板（图 4-16(b)、(c)），其局部稳定性应按下列公式计算：

① 受压翼缘与纵向加劲肋之间的区格：

$$\frac{\sigma}{\sigma_{cr1}} + \left(\frac{\sigma}{\sigma_{c,cr1}}\right)^2 + \left(\frac{\tau}{\tau_{cr1}}\right)^2 \leqslant 1.0 \tag{4-33}$$

其中，σ_{cr1}、τ_{cr1}、$\sigma_{c,cr1}$ 分别按下列方法计算：

（a）σ_{cr1} 按式(4-30)计算，但式中的 $\lambda_{n,b}$ 改用下列 $\lambda_{n,b1}$ 代替。

当梁受压翼缘扭转受到约束时：

$$\lambda_{n,b1} = \frac{h_1/t_w}{75\varepsilon_k} \tag{4-34a}$$

当梁受压翼缘扭转未受到约束时：

$$\lambda_{n,b1} = \frac{h_1/t_w}{64\varepsilon_k} \tag{4-34b}$$

式中：h_1——纵向加劲肋至腹板计算高度受压边缘的距离(mm)。

（b）τ_{cr1} 按式(4-31)计算，但将式中的 h_0 改为 h_1。

（c）$\sigma_{c,cr1}$ 按式(4-30)计算，但式中的 $\lambda_{n,b}$ 改用 $\lambda_{n,c1}$ 代替。

当梁受压翼缘扭转受到约束时：

$$\lambda_{n,c1} = \frac{h_1/t_w}{56\varepsilon_k} \tag{4-35a}$$

当梁受压翼缘扭转未受到约束时：

$$\lambda_{n,c1} = \frac{h_1/t_w}{40\varepsilon_k} \tag{4-35b}$$

② 受拉翼缘与纵向加劲肋之间的区格：

$$\left(\frac{\sigma_2}{\sigma_{cr2}}\right)^2 + \left(\frac{\tau}{\tau_{cr2}}\right)^2 + \frac{\sigma_{c2}}{\sigma_{c,cr2}} \leqslant 1.0 \tag{4-36}$$

式中：σ_2——所计算区格内由平均弯矩产生的腹板在纵向加劲肋处的弯曲压应力(N/mm^2)；

σ_{c2}——腹板在纵向加劲肋处的横向压应力,取 $0.3\sigma_c (\text{N/mm}^2)$。

其中,σ_{cr2}、τ_{cr2}、$\sigma_{c,cr2}$ 应分别按照下列计算方法计算:

(a) σ_{cr2} 按式(4-30)计算,但式中的 $\lambda_{n,b}$ 改用 $\lambda_{n,b2}$ 代替,则

$$\lambda_{n,b2} = \frac{h_2/t_w}{194\varepsilon_k} \qquad (4-37)$$

(b) τ_{cr2} 按式(4-31)计算,但将式中的 h_0 改成 $h_2(h_2 = h_0 - h_1)$。

(c) $\sigma_{c,cr2}$ 按式(4-32)计算,但式中的 h_0 改成 h_2,当 $\frac{a}{h_2} > 2$ 时,取 $\frac{a}{h_2} = 2$。

在受压翼缘与纵向加劲肋之间设有短加劲肋的区格(图 4-16(d)),其局部稳定性按式(4-29)计算。该式中的 σ_{cr1} 按(2)中的第①条计算;τ_{cr1} 按式(4-31)计算,但将 h_0 和 a 改为 h_1 和 a_1(a_1 为短加劲肋间距);$\sigma_{c,cr1}$ 按式(4-30)计算,但式中 $\lambda_{n,b}$ 改用下列 $\lambda_{n,c1}$ 代替。

当梁受压翼缘扭转受到约束时:

$$\lambda_{n,c1} = \frac{a_1/t_w}{87\varepsilon_k} \qquad (4-38a)$$

当梁受压翼缘扭转未受到约束时:

$$\lambda_{n,c1} = \frac{a_1/t_w}{73\varepsilon_k} \qquad (4-38b)$$

对 $a_1/h_1 > 1.2$ 的区格,式(4-38)右侧应乘以 $\dfrac{1}{\sqrt{0.4 + 0.5\dfrac{a_1}{h_1}}}$。

3. 腹板加劲肋的构造要求

腹板加劲肋是为了加强腹板的局部稳定而设置的。焊接梁的加劲肋一般采用钢板制作,常在腹板两侧成对配置(图 4-17(a)),对于仅受静荷载作用或受动荷载作用较小的梁腹板,为了节省钢材和减轻制作工作量,其横向和纵向加劲肋亦可以考虑单侧配置(图 4-17(b))。但是对于支撑加劲肋、重级工作制吊车梁的加劲肋不能单侧配置。

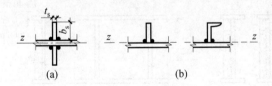

图 4-17 加劲肋形式

加劲肋作为腹板的支撑边,应有足够的刚度,设置应符合下列规定:

(1) 横向加劲肋的最小间距应为 $0.5h_0$,除无局部压应力的梁,当 $h_0/t_w \leqslant 100$ 时,最大间距可采用 $2.5h_0$ 外,最大间距应为 $2h_0$。纵向加劲肋至腹板计算高度受压边缘的距离应为 $\dfrac{h_c}{2.5} \sim \dfrac{h_c}{2}$。

(2) 在腹板两侧成对配置的钢板横向加劲肋,其截面尺寸按下列经验公式确定:

外伸宽度:

$$b_s \geqslant \frac{h_0}{30} + 40 (\mathrm{mm}) \tag{4-39}$$

厚度：

$$\text{承压加劲肋 } t_s \geqslant \frac{b_s}{15}, \text{不受力加劲肋 } t_s \geqslant \frac{b_s}{19} \tag{4-40}$$

（3）仅在腹板一侧配置的横向加劲肋，其外伸宽度应大于按式（4-39）算得的 1.2 倍，厚度应符合式（4-40）的规定。

（4）在同时采用横向加劲肋和纵向加劲肋加强的腹板中，横向加劲肋作为纵向加劲肋的支撑，应在其相交处将纵向加劲肋断开，横向加劲肋保持连续。此时，横向加劲肋的截面尺寸除应满足上述要求之外，其绕 z 轴的截面惯性矩还应满足：

$$I_z \geqslant 3h_0 t_w^3 \tag{4-41}$$

当加劲肋单向配置时，I_z 应以和加劲肋相连的腹板边缘，图 4-17（b）中的 z—z 线为轴线计算。纵向加劲肋的截面惯性矩 I_y，应符合下列要求：

当 $a/h_0 \leqslant 0.85$ 时：

$$I_y \geqslant 1.5h_0 t_w^3 \tag{4-42}$$

当 $a/h_0 > 0.85$ 时：

$$I_y \geqslant \left(2.5 - 0.45\frac{a}{h_0}\right)\left(\frac{a}{h_0}\right)^2 h_0 t_w^3 \tag{4-43}$$

（5）为了减小焊接应力，避免焊缝的过分集中，横向加劲肋的端部应切去宽约 $b_s/3$（但是不大于 40 mm）高约 $b_s/2$（但是不大于 60 mm）的斜角，见图 4-18（b），以使梁的翼缘焊缝连续通过。焊接梁的横向加劲肋与翼缘板、腹板相接处应切角，当作为焊接工艺孔时，切角宜采用半径 $R=30$ mm 的 1/4 圆弧。

（6）对直接承受动力荷载的梁（如吊车梁），为改善梁的抗疲劳性能，不降低疲劳强度，横向加劲肋的下端不应和受拉翼缘焊接，一般在距受拉翼缘 50～100 mm 处断开，见图 4-18（c）。

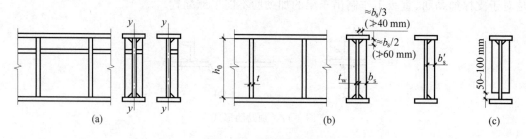

图 4-18　加劲肋构造

（7）短加劲肋的最小间距为纵向加劲肋至腹板计算高度受压边缘距离的 75%。短加劲肋外伸宽度应取横向加劲肋外伸宽度的 70%～100%，厚度不应小于短加劲肋外伸宽度的 1/15。

（8）用型钢（H 型钢、工字钢、槽钢、肢尖焊于腹板的角钢）做成的加劲肋，其截面惯性矩不得小于相应钢板加劲肋的惯性矩。在腹板两侧成对配置的加劲肋，其截面惯性矩应按梁腹板中心线为轴线进行计算。在腹板一侧配置的加劲肋，其截面惯性矩应按加劲肋相连的腹板边缘为轴线进行计算。

4. 支承加劲肋的计算

支承加劲肋是指承受固定集中荷载或者支座反力的横向加劲肋。这种加劲肋必须在腹板两侧成对设置,并进行整体稳定和端面承压计算,其截面往往比中间横向加劲肋大,见图 4-19。

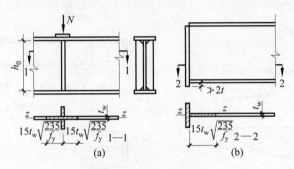

图 4-19　支承加劲肋

(1) 按轴心受力构件计算支承加劲肋在腹板平面外的稳定性。此受压构件的截面面积 A 包括加劲肋和加劲肋每侧 $15t_w\varepsilon_k$ 范围内的腹板面积,图 4-19 中的阴影部分计算长度近似地取为 h_0。计算公式为

$$\frac{N}{\varphi_z A} \leqslant f \tag{4-44}$$

式中:A——图 4-19 所示阴影部分的面积(mm^2);

　　　φ_z——绕 z 轴失稳的稳定系数。

(2) 当支承加劲肋端刨平顶紧时,应按所承受的固定集中荷载或支座反力计算。其端面承压力为

$$\sigma_{ce} = N/A_{ce} \leqslant f_{ce} \tag{4-45}$$

式中:f_{ce}——钢材端面承压的强度设计值(N/mm^2);

　　　A_{ce}——支承加劲肋与翼缘板或柱顶相接处的承压面积(mm^2)。

(3) 支承加劲肋与腹板的连接焊缝,应按传力需要进行计算。通常采用角焊缝连接,角焊缝的焊脚尺寸应满足构造要求。

对于图 4-19(b)所示的突缘支座,若应用式(4-45)按端面承压验算,必须保证支承加劲肋向下的伸出长度不大于加劲肋厚度的 2 倍。

4.4.3　梁的局部稳定算例

例 4-5　如图 4-20 所示变截面简支梁,变截面处分别离梁左、右端为 1.82 m,如图 4-20(d)所示,左为梁端部横截面,右为梁中部横截面。材料为 Q355B,其他参数如图所示。验算梁的板件的局部稳定是否满足要求。

解　1)梁翼缘的宽厚比

$$\frac{b_1}{t} = \frac{350-8}{2 \times 14} = 12.214 < 20$$

满足 S5 级截面类别要求。

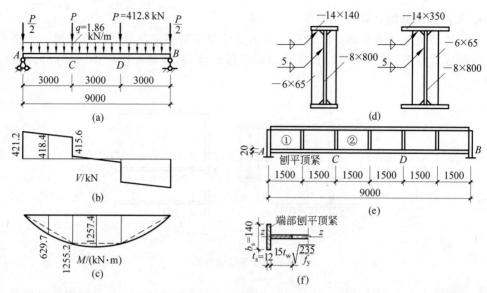

图 4-20 例 4-5 附图

2）梁腹板的高厚比

$$65.09 = 80\varepsilon_k < \frac{h_0}{t_w} = \frac{800}{8} = 100 < 150\varepsilon_k = 122.04$$

应根据计算结构构造配置横向加劲肋。

考虑到集中荷载处应配置横向加劲肋，满足构造要求 $0.5h_0 \leqslant a \leqslant 2h_0$ 的条件下，选横向加劲肋的间距 $a = 1500$ mm，如图 4-20(e)所示，各区格无局部压应力。

（1）验算区格①的局部稳定

区格①左端内力 $M_L = 0$，$V_L = 421.2$ kN

区格①右端内力 $M_R = 629.7$ kN·m，$V_R = 418.4$ kN

校核应力，因梁变截面离梁左端 1.82 m，所以区格①内

$$I_x = \left[\frac{140 \times 828^3}{12} - \frac{(140-8) \times 800^3}{12} \right] \text{mm}^4 = 9.91 \times 10^8 \text{ mm}^4$$

$$W_x = \frac{2I_x}{h_0} = \frac{2 \times 9.91 \times 10^8}{800} \text{ mm}^3 = 2.48 \times 10^6 \text{ mm}^3$$

$$\sigma = \left(\frac{M_R}{W_x} + 0 \right) / 2 = \frac{629.7 \times 10^6}{2 \times 2.48 \times 10^6} \text{ N/mm}^2 = 126.96 \text{ N/mm}^2$$

$$\tau = \frac{V_L + V_R}{2h_0 t_w} = \frac{(421.2 + 418.4) \times 10^3}{2 \times 800 \times 8} \text{ N/mm}^2 = 65.6 \text{ N/mm}^2$$

梁受压翼缘的扭转不受约束

$$\lambda_{n,b} = \frac{\frac{2h_c}{t_w}}{138} \cdot \frac{1}{\varepsilon_k} = \frac{h_0}{138 t_w} \sqrt{\frac{f_{yk}}{235}} = \frac{800}{138 \times 8} \sqrt{\frac{355}{235}} = 0.89 \geqslant 0.85$$

$$\sigma_{cr} = [1 - 0.75(\lambda_{n,b} - 0.85)]f = [1 - 0.75 \times (0.89 - 0.85)] \times 305 \text{ N/mm}^2 = 295.85 \text{ N/mm}^2$$

$$\frac{a}{h_0} = \frac{1500}{800} = 1.875 > 1$$

由式(4-31)可知,$\eta = 1$。

$$\lambda_{n,s} = \frac{h_0/t_w}{37\eta\sqrt{5.34 + 4(h_0/a)^2}} \cdot \frac{1}{\varepsilon_k} = \frac{800/8}{37 \times 1 \times \sqrt{5.34 + 4 \times (800/1500)^2}} \times \sqrt{\frac{355}{235}} = 1.31$$

$\lambda_{n,s} > 1.2$

$$\tau_{cr} = 1.1 f_v / \lambda_{n,s}^2 = (1.1 \times 175 \div 1.31^2)\ \text{N/mm}^2 = 112.17\ \text{N/mm}^2$$

$$1.5 < \frac{a}{h_0} = \frac{1500}{800} = 1.875 < 2.0$$

$$\lambda_{n,c} = \frac{h_0/t_w}{28\sqrt{18.9 - 5a/h_0}} \cdot \frac{1}{\varepsilon_k} = \frac{800/8}{28 \times \sqrt{18.9 - 5 \times 1.875}} \times \sqrt{\frac{355}{235}} = 1.42$$

$\lambda_{n,c} > 1.2$

$$\sigma_{c,cr} = \frac{1.1f}{(\lambda_{n,c})^2} = \frac{1.1 \times 305}{(1.42)^2}\ \text{N/mm}^2 = 166.39\ \text{N/mm}^2$$

(由于 $\sigma_c = 0$ 时可不计算 $\sigma_{c,cr}$,但 σ_c 不等于 0 时,需计算 $\sigma_{c,cr}$)

设置腹板加劲肋,所以 $\sigma_c = 0$,

$$\left(\frac{\sigma}{\sigma_{cr}}\right)^2 + \left(\frac{\tau}{\tau_{cr}}\right)^2 + \frac{\sigma_c}{\sigma_{c,cr}} = \left(\frac{126.96}{295.85}\right)^2 + \left(\frac{65.6}{112.17}\right)^2 = 0.526$$

(2) 同法验算区格②的局部稳定

区格②左端内力 $M_L = 1255.2\ \text{kN} \cdot \text{m}$,$V_L = 415.6\ \text{kN}$

区格②右端内力 $M_R = 1257.4\ \text{kN} \cdot \text{m}$,$V_R = 0$

区格②处

$$I_x = \left[\frac{350 \times 828^3}{12} - \frac{(350 - 8) \times 800^3}{12}\right]\ \text{mm}^4 = 1.97 \times 10^9\ \text{mm}^4$$

$$W_x = \frac{2I_x}{h_0} = \frac{2 \times 1.97 \times 10^9}{800}\ \text{mm}^3 = 4.93 \times 10^6\ \text{mm}^3$$

$$\sigma = \frac{M_L + M_R}{2W_x} = \frac{(1255.2 + 1257.4) \times 10^6}{2 \times 4.93 \times 10^6}\ \text{N/mm}^2 = 254.83\ \text{N/mm}^2$$

$$\tau = \frac{V_L + V_R}{2h_0 t_w} = \frac{415.6 \times 10^3}{2 \times 800 \times 8}\ \text{N/mm}^2 = 32.47\ \text{N/mm}^2$$

$$\left(\frac{\sigma}{\sigma_{cr}}\right)^2 + \left(\frac{\tau}{\tau_{cr}}\right)^2 = \left(\frac{254.83}{295.85}\right)^2 + \left(\frac{32.47}{112.17}\right)^2 = 0.826 < 1.0$$

经验算,图 4-20(e)所示配置满足要求。

(3) 验算支承加劲肋的面外稳定

横向加劲肋的截面尺寸

$$b_s \geqslant \frac{h_0}{30} + 40 = \left(\frac{800}{30} + 40\right)\ \text{mm} = 66.7\ \text{mm}$$

$$t_s \geqslant \frac{b_s}{15} = \frac{66.7}{15}\ \text{mm} = 4.4\ \text{mm}$$

由图 4-20(d)可见，$t_s=6$ mm，$b_s=65$ mm，基本满足构造要求，且使加劲肋的边缘在梁翼缘边缘内。

下面验算支承加劲肋的面外失稳。

支承加劲肋的截面面积比梁内加劲肋的截面面积大，如图 4-20(f)所示，$t_s=12$ mm，$b_s=140$ mm，且突缘伸出下翼缘 20 mm（图 4-20(e)），小于 $2t_s$ 即 24 mm，满足构造要求。

$$A=b_s t_s+15t_w^2=(140\times12+15\times8^2)\ \text{mm}^2=2.64\times10^3\ \text{mm}^2$$

$$I_z=\frac{1}{12}t_s b_s^3=\left(\frac{1}{12}\times12\times140^3\right)\ \text{mm}^4=2.74\times10^6\ \text{mm}^4$$

$$i_z=\sqrt{\frac{I_z}{A}}=\sqrt{\frac{2.74\times10^6}{2.64\times10^3}}\ \text{mm}=32.24\ \text{mm}$$

$$\lambda_z=\frac{h_0}{i_z}=\frac{800}{32.24}=24.8$$

由附表 E-3 查得 $\varphi_z=0.935$

支座反力

$$N=P+\frac{P+ql}{2}=\left(412.8+\frac{412.8+1.86\times9}{2}\right)\ \text{kN}=627.6\ \text{kN}$$

$$\frac{N}{A\varphi_z}=\frac{627.6\times10^3}{2.64\times10^3\times0.935}\ \text{N/mm}^2=254.2\ \text{N/mm}^2<f=305\ \text{N/mm}^2$$

支承加劲肋的承压强度

$$\frac{N}{A_b}=\frac{N}{b_s t_s}=\frac{627.6\times10^3}{140\times12}\ \text{N/mm}^2=373.6\ \text{N/mm}^2<f_{ce}=400\ \text{N/mm}^2$$

梁的板件全部满足要求。

例 4-6　试比较 HN $400\times150\times8\times13$ 和 HN $400\times200\times8\times13$ 两种 H 型钢截面（材料为 Q355B）各能承担多大的弯矩设计值。

解　（1）由附表 A-2 可知截面几何参数

HN $400\times150\times8\times13$

$$I_x=1.86\times10^8\ \text{mm}^4$$

$$W_x=0.93\times10^6\ \text{mm}^3$$

HN $400\times200\times8\times13$

$$I_x=2.35\times10^8\ \text{mm}^4$$

$$W_x=1.17\times10^6\ \text{mm}^3$$

（2）确定使用的强度准则及承载力

HN $400\times150\times8\times13$

$$\frac{b_1}{t}=\frac{150-8}{2\times13}=5.5<13\varepsilon_k=13\sqrt{\frac{235}{355}}=10.58$$

采用有限塑性强度准则（按照 S3 类截面），其承载力为

$$M_u=\gamma_x W_x f=(1.05\times0.93\times10^6\times305\times10^{-6})\ \text{kN·m}=297.83\ \text{kN·m}$$

HN $400 \times 200 \times 8 \times 13$

$$\frac{b_1}{t} = \frac{200 - 8}{2 \times 13} = 7.4 < 13\varepsilon_k = 13\sqrt{\frac{235}{355}} = 10.58$$

采用有限塑性强度准则(按 S3 类截面),其承载力为

$$M_u = \gamma_x W_x f = (1.05 \times 1.17 \times 10^6 \times 305 \times 10^{-6})\,\text{kN}\cdot\text{m} = 374.69\,\text{kN}\cdot\text{m}$$

4.5 焊接梁翼缘焊缝的计算

当梁在横向荷载作用下弯曲时,由于相邻截面弯矩有变化,因而在横截面上产生了剪力 V。对工字形截面,剪力主要由腹板承担,腹板边缘剪力为

$$\tau_1 = \frac{VS_1}{I_x t_w} \tag{4-46}$$

式中: V——所计算截面处梁的剪力(N);

I_x——所计算截面处梁截面对 x 轴的惯性矩(mm^4);

S_1——上翼缘(或下翼缘板)对梁截面中和轴的面积矩(mm^3)。

根据剪应力互等定理,在与梁的横截面垂直的纵截面上也有相同的剪应力,因此梁的翼缘和腹板接触面间,沿梁轴线单位长度上的剪力 T_h 为(图 4-21):

$$T_h = \frac{VS_1}{I_x t_w} \times t_w \times 1 = \frac{VS_1}{I_x} \tag{4-47}$$

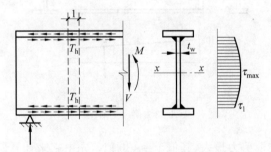

图 4-21 翼缘焊缝所受剪力

这个剪力由梁的翼缘和腹板之间两条连接角焊缝承担,为了保证翼缘板和腹板的整体工作,应使两条角焊缝的剪应力 τ_f 不超过角焊缝的强度设计值 f_f^w,即:

$$\tau_f = \frac{T_h}{2h_e \times 1} = \frac{VS_1}{1.4h_f I_x} \leqslant f_f^w \tag{4-48}$$

则可得焊脚尺寸为

$$h_f \geqslant \frac{VS_1}{1.4f_f^w I_x} \tag{4-49}$$

梁的翼缘上承受固定集中荷载而没有设置支承加劲肋或承受移动集中荷载(如吊车轮压)时,翼缘和腹板的连接焊缝不仅承受水平剪力 T_h 的作用,同时还承受集中力产生的垂直剪力 T_v 的作用(图 4-22)。沿单位长度的垂直剪力为

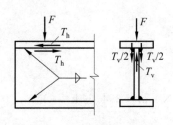

图 4-22　双向剪力作用下的
　　　　　翼缘焊缝

$$T_v = \sigma_c t_w \times 1 = \frac{\psi F}{t_w l_z} t_w \times 1 = \frac{\psi F}{l_z} \tag{4-50}$$

式（4-50）中有关符号的定义参照式（4-9）。

在 T_v 作用下，两条焊缝相当于正面角焊缝，其应力为

$$\sigma_f = \frac{T_v}{2h_e \times 1} = \frac{\psi F}{1.4 h_f l_z} \tag{4-51}$$

因此，在 T_h 和 T_v 共同作用下，应满足

$$\sqrt{\left(\frac{\sigma_f}{\beta_f}\right)^2 + \tau_f^2} \leqslant f_f^w \tag{4-52}$$

将式（4-51）和式（4-48）代入式（4-52），整理可得

$$h_f \geqslant \frac{1}{1.4 f_f^w} \sqrt{\left(\frac{\psi F}{\beta_f l_z}\right)^2 + \left(\frac{V S_1}{I_x}\right)^2} \tag{4-53}$$

设计时可首先假定一焊脚尺寸 h_f，然后进行验算。

例 4-7　计算图 4-23 所示变截面焊接梁翼缘和腹板的连接焊缝。材料为 Q355B，焊条为 E50 系列，手工施焊。

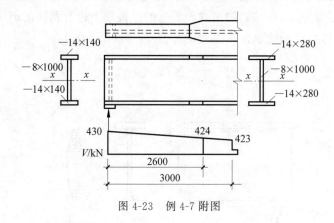

图 4-23　例 4-7 附图

解　由剪力图知梁端剪力最大，其值 $V = 430$ kN，先由它来计算所需焊脚尺寸 h_f。

$$I_x = \left(\frac{140 \times (1000 + 2 \times 14)^3}{12} - \frac{132 \times 1000^3}{12}\right) \text{mm}^4 = 1.67 \times 10^9 \text{ mm}^4$$

$$S_1 = (14 \times 140 \times (1000 + 14) \times 0.5) \text{ mm}^4 = 9.94 \times 10^5 \text{ mm}^3$$

$$h_f \geqslant \frac{V S_1}{1.4 f_f^w I_x} = \frac{430 \times 10^3 \times 9.94 \times 10^5}{1.4 \times 200 \times 1.67 \times 10^9} \text{ mm} = 0.91 \text{ mm}$$

变截面处剪力为 $V = 424$ kN，但是 S_1 比梁端大，再由它来决定所需焊脚尺寸 h_f。

$$I_x = \left(\frac{280 \times 1028^3}{12} - \frac{272 \times 1000^3}{12}\right) \text{mm}^4 = 2.68 \times 10^9 \text{ mm}^4$$

$$S_1 = (14 \times 280 \times 507) \text{mm}^3 = 1.99 \times 10^6 \text{ mm}^3$$

$$h_f \geqslant \frac{V S_1}{1.4 f_f^w I_x} = \frac{424 \times 10^3 \times 1.99 \times 10^6}{1.4 \times 200 \times 2.68 \times 10^9} \text{ mm} = 1.12 \text{ mm}$$

所需 h_f 很小，按构造要求，取 $h_f = 6 \text{ mm}$ 沿梁全长施焊。

4.6　受弯构件的截面设计

工程中应用最为广泛的钢梁是型钢梁和组合截面梁。其中型钢梁由于截面的翼缘和腹板厚度较大，截面等级一般不低于 S3 级，此时可以满足局部稳定的要求。同时，工程中大多数梁都有防止其失稳的构件与之相连，因此整体稳定性得到了保证。综上，型钢梁一般按强度条件和刚度条件进行设计，组合梁需考虑局部稳定问题。

4.6.1　型钢梁的截面设计

型钢梁中应用最广泛的是工字钢和 H 型钢。受弯构件截面设计通常是先初选截面，然后进行截面验算。若不满足要求，重新修改截面，直到符合要求为止。

（1）初选截面

当梁的整体稳定从构造上有保证时，根据抗弯强度求出需要的净截面模量：

$$W_{nx} \geqslant \frac{M_x}{\gamma_x f} \tag{4-54}$$

当需要计算整体稳定时，预估梁的整体稳定系数 φ_b，按整体稳定求出需要的截面模量：

$$W_x \geqslant \frac{M_x}{\varphi_b f} \tag{4-55}$$

（2）验算抗弯强度、抗剪强度、局部抗压强度和折算应力。

（3）验算其挠度是否满足要求。验算时应加入梁的自重，且注意用荷载的标准值。

（4）验算其整体稳定性是否满足要求。

4.6.2　组合梁的截面设计

当梁的内力较大、跨度较大时，需要采用焊接组合梁。组合梁常采用三块钢板焊接而成的工字形截面。

以焊接双轴对称工字形截面梁（图 4-24）为例，截面共有 4 个基本尺寸 h_0（或 h）、t_w、b、t。下面按顺序确定焊接工字梁截面尺寸。首先要确定截面的高度 h，其中用料节省是首先要考虑的因素，同时也受到相关参数要求的制约。

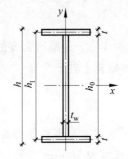

图 4-24　焊接工字形截面

1. 梁截面高度 h

确定梁截面的高度 h 从以下三方面考虑

1）容许最大高度 h_{max}

h_{max} 必须满足建筑设计或工艺设备对净空的要求。

2）容许最小高度 h_{min}

h_{min} 以满足梁的刚度要求为准，即梁的挠度应满足正常使用极限状态的要求，而梁挠度的大小与梁截面的高度直接相关。下面以均布荷载作用下的简支梁为例来说明。

$$\nu = \frac{5q_k l^4}{384 E I_x} = \frac{5l^2}{48 E I_x} \cdot \frac{q_k l^2}{8} = \frac{5}{48} \cdot \frac{M_k l^2}{E I_x} = \frac{10\sigma_k l^2}{48 E h}$$

当梁的强度得到充分利用时，$\sigma_k \gamma_s = f$，γ_s 是荷载分项系数，近似取 $\gamma_s = 1.3$，上式可写成

$$\nu = \frac{10 f l^2}{48 \times 1.3 E h} \leqslant [\nu] \tag{4-56}$$

则

$$\frac{h_{\min}}{l} \geqslant \frac{10 f}{48 \times 1.3 E} \frac{l}{[\nu]} \tag{4-57}$$

式中：$[\nu]$——梁的容许挠度。

不同 $[\nu]$ 值算得梁的容许最小高度如表 4-6 所示。

表 4-6　均布荷载作用下简支梁的最小高度 $h_{\min}$

$h_{\min}$	$[\nu]$							
	$\frac{l}{1000}$	$\frac{l}{750}$	$\frac{l}{600}$	$\frac{l}{500}$	$\frac{l}{400}$	$\frac{l}{300}$	$\frac{l}{250}$	$\frac{l}{200}$
Q235 钢	$\frac{l}{6}$	$\frac{l}{8}$	$\frac{l}{10}$	$\frac{l}{12}$	$\frac{l}{15}$	$\frac{l}{20}$	$\frac{l}{24}$	$\frac{l}{30}$
Q355 钢	$\frac{l}{4.1}$	$\frac{l}{5.5}$	$\frac{l}{6.8}$	$\frac{l}{8.2}$	$\frac{l}{10.2}$	$\frac{l}{13.7}$	$\frac{l}{16.4}$	$\frac{l}{20.5}$
Q390 钢	$\frac{l}{3.7}$	$\frac{l}{4.9}$	$\frac{l}{6.1}$	$\frac{l}{7.4}$	$\frac{l}{9.2}$	$\frac{l}{12.3}$	$\frac{l}{14.7}$	$\frac{l}{18.4}$

3）经济高度 h_e

一般来说，梁的高度高，腹板用钢量多，翼缘用钢量少。经济高度应使梁总用钢量最小。经济高度的经验公式为

$$h_e = 7\sqrt[3]{W_x} - 30 \tag{4-58}$$

式中：W_x——梁所需要的截面抵抗矩（mm^3）。

根据上述三个条件，实际所取用的梁高 h 一般应满足：

$$h_{\min} \leqslant h \leqslant h_{\max}$$
$$h \approx h_e$$

选定梁高度后即可找出相应的腹板和翼缘尺寸。腹板高度 h_0 应取稍小于梁高 h 的尺寸，且宜为 50 mm 或者 100 mm 的倍数，便于下料。

2. 腹板厚度 t_w

腹板厚度 t_w 应满足抗剪强度的要求和选择适宜的高厚比。抗剪所需要的厚度根据梁端最大剪力按式(4-59)计算：

$$t_w = \frac{\alpha V}{h_0 f_v} \tag{4-59}$$

当梁端翼缘截面无削弱时，式中的系数 α 宜取 1.2；当梁端翼缘截面有削弱时，α 宜取 1.5。

依最大剪力所算得的 t_w 一般较小。考虑到腹板还需满足局部稳定要求和构造要求,其厚度一般用下列经验公式估算:

$$t_w = \frac{\sqrt{h_0}}{3.5} \tag{4-60}$$

式中,h_0 和 t_w 的单位均为 mm。

$$t_w = \frac{2}{7}\sqrt{h_0} \tag{4-61}$$

$$t_w = 7 + 0.003h_0 \tag{4-62}$$

式中的 h_0 和 t_w 均以 mm 计。腹板厚度一般不宜小于 6 mm,也不应使高厚比超过 250。

3. 翼缘板尺寸 b、t

初选截面时可取 $h \approx h_1 \approx h_0$,则

$$W_x = \frac{t_w h_0^2}{6} + bth_0 \quad \text{或} \quad bt = \frac{W_x}{h_0} - \frac{t_w h_0}{6} \tag{4-63}$$

已知腹板尺寸后,即可由式(4-63)算得需要的翼缘截面 b、t。翼缘的尺寸首先应满足局部稳定的要求。当考虑塑性发展即 $\gamma_x = 1.05$ 时,悬伸宽厚比不应超过 $13\varepsilon_k$;当 $\gamma_x = 1.0$ 时,则不应超过 $15\varepsilon_k$。通常可按 $b = 25t$ 选择 b 和 t,一般翼缘宽度 b 的取值范围为 $\frac{h}{6} \leqslant b \leqslant \frac{h}{2.5}$。

4. 截面验算

由于在初选截面的计算中采用了一些近似关系,因此对初选截面应按实际尺寸进行强度验算、刚度验算、整体稳定验算和局部稳定验算。验算时,应加入梁的自重产生的内力。经过验算如果发现初选截面有不满足要求或不够恰当之处时,则应适当修改截面重新验算,直至得到合适的截面为止。

习题

4.1 梁的强度计算有哪些内容?如何计算?

4.2 一简支梁跨长为 5.5 m,在梁上翼缘受均布静力荷载作用,恒荷载标准值为 10.2 kN/m(不包括梁自重),活荷载标准值为 25 kN/m。假定梁的受压翼缘有可靠侧向支承,钢材为 Q355B,梁的容许挠度为 $l/250$,试选择最经济的工字钢及 H 型钢梁截面,并进行比较。

4.3 图 4-25 所示为一两端铰接的轧制 H 形等截面钢梁,钢材为 Q355B,梁上作用有两个集中荷载 $P = 300$ kN。试对此梁进行强度验算并指明计算位置。

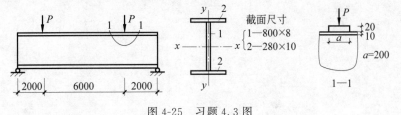

图 4-25 习题 4.3 图

4.4 试验算图 4-26 所示简支梁的整体稳定。跨中荷载的设计值 $P = 500$ kN（不含自重），钢材为 Q355B。跨中无侧向支承。

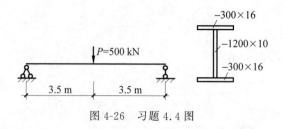

图 4-26 习题 4.4 图

4.5 图 4-27 为简支 H 型钢梁。跨中 6 m 处梁上翼缘有简支侧向支承，钢材为 Q355B，集中静荷载设计值 $P = 300$ kN。试验算梁的整体稳定性。

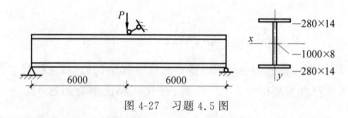

图 4-27 习题 4.5 图

4.6 如图 4-28 所示两轧制 H 型钢简支梁截面，其截面面积大小相同，跨度均为 12 m，跨间无侧向支承点，均布荷载大小亦相同，均作用于梁的上翼缘，钢材为 Q355B，试比较说明哪一个稳定性更好。

4.7 一跨中受集中荷载作用的简支 H 型钢梁，钢材为 Q355B，设计荷载为 $P = 800$ kN，梁的跨度及几何尺寸如图 4-29 所示。试布置梁腹板加劲肋，确定加劲肋间距。

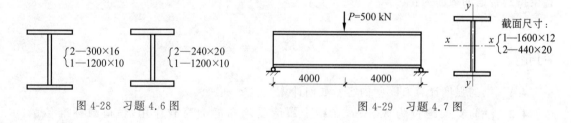

图 4-28 习题 4.6 图   图 4-29 习题 4.7 图

第5章

拉弯和压弯构件

5.1 概述

5.1.1 拉弯和压弯构件应用及截面形式

1. 拉弯和压弯构件应用

同时承受弯矩和轴心拉力或轴心压力的构件分别称为拉弯构件或压弯构件。若弯矩只作用在截面的一个形心主轴平面内,称为单向拉弯或压弯构件;若弯矩作用在截面的两个形心主轴平面内,称为双向拉弯或压弯构件。

常见的单向拉弯和压弯构件如图 5-1 所示,由偏心受力引起的拉弯、压弯构件如图 5-1(a)、(b)所示;同时承受轴心力和端弯矩的构件如图 5-1(c)、(d)所示,同时承受轴心力和横向力的构件如图 5-1(e)、(f)所示。

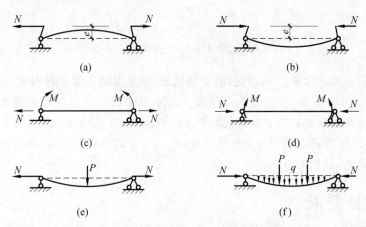

图 5-1　常见的单向拉弯和压弯构件

(a) 偏心受力引起的拉弯构件;(b) 偏心受力引起的压弯构件;(c) 同时作用有轴心力和端弯矩的拉弯构件;
(d) 同时作用有轴心力和端弯矩的压弯构件;(e) 同时承受轴心力和横向力的拉弯构件;
(f) 同时承受轴心力和横向力的压弯构件

拉弯及压弯构件均为钢结构中常见的构件形式,尤其以压弯构件的应用更为广泛,如单层厂房的框架柱,多层和高层房屋的框架柱、平台柱和天窗侧柱等。而常见的拉弯构件如桁架中承受节间荷载的桁架的下弦杆等。

2. 拉弯和压弯构件截面形式

拉弯和压弯构件的截面形式可分为实腹式截面、格构式截面和变截面等形式，见图 5-2。

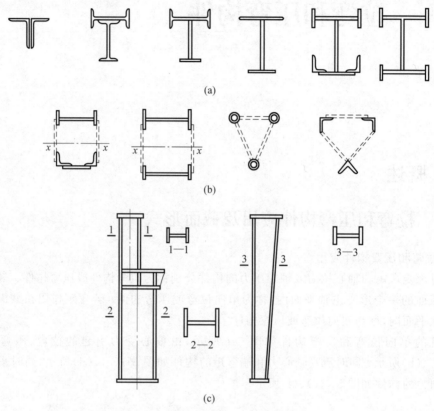

图 5-2　压弯构件的截面形式

（a）实腹式截面；（b）格构式截面；（c）变截面

采用何种截面形式取决于其用途、所受荷载、用钢量及施工等多种因素。例如单向压弯构件宜采用单轴对称截面，使弯矩作用于最大的刚度平面内并使较大翼缘承担较大应力；牛腿柱宜采用变截面形式；为了得到截面最大抗弯刚度，宜采用格构式截面，并使弯矩绕虚轴（x 轴）作用，此时弯矩作用于最大刚度平面内，也便于调整截面高度（即分肢间距）使其获得更大的抗弯刚度，达到节省钢材的目的。

5.1.2　设计要求

1. 压弯构件的设计要求

（1）强度要求：在压力 N 和弯矩 M 共同作用下，受力最不利截面（最大弯矩截面或有严重削弱的截面）出现塑性铰则构件达到其承载能力极限状态。

（2）刚度要求：压弯构件正常使用极限状态是通过限制其长细比来满足刚度要求的，即

$$\lambda_{\max} = \left(\frac{l_0}{i}\right)_{\max} \leqslant [\lambda] \tag{5-1}$$

式中：λ_{max}——构件最不利方向的计算长细比；

[λ]——压弯构件的容许长细比，与受压构件的长细比容许值相同，见表 3-3。

（3）整体稳定要求：压弯构件存在以下两种整体失稳形式：

① 弯矩作用平面内的失稳：对于弯矩 M 和轴心压力 N 同时作用在一个对称轴平面内的压弯构件，侧向（非弯矩作用方向）有足够的支撑阻止构件发生侧向位移和扭转。当 M、N 增大到某值时，由于变形突然增大，其内力不能和外力保持稳定的平衡而失去原有的稳定平衡形式，称为弯矩作用平面内的失稳，简称为面内失稳。

② 弯矩作用平面外的失稳：在一个对称轴平面内同时作用弯矩 M 和轴心压力 N 的压弯构件，其侧向无足够支撑。当 M、N 达到某值时，突然产生侧向弯曲和扭转，称为弯矩作用平面外的失稳，简称为面外失稳。

（4）局部稳定要求：压弯构件的局部稳定包括组成构件的板件的稳定和格构式柱中各肢件的稳定。

2. 拉弯构件的设计要求

（1）强度要求：在拉力 N 和弯矩 M 共同作用下，受力最不利的截面（最大弯矩截面或有严重削弱的截面）出现塑性铰则构件达到其承载能力极限状态。

（2）刚度要求：与轴心受力构件一样，其正常使用极限状态是通过限制其长细比来满足刚度要求的，拉弯构件的容许长细比，与轴心受拉构件规定相同，见表 3-2。

拉弯构件一般只需进行强度和刚度计算，但当弯矩较大而拉力较小时，拉弯构件与梁的受力状态相似，此时应考虑构件的整体稳定性以及受压板件或分肢的局部稳定性。

5.2　拉弯和压弯构件的强度计算

构件在弯矩 M 和轴力 N 共同作用下截面上应力的发展和变化与只在弯矩 M 作用下截面上应力的发展变化相似。现以矩形截面受轴向压力 N 和弯矩 M 共同作用为例。

设轴向压力 N 为定值，而弯矩 M 不断增大，通过截面上应力状态的变化来观察其强度极限。如图 5-3 所示，矩形截面在轴向压力 N 和弯矩 M 的共同作用下，当截面边缘纤维的压应力小于钢材的屈服强度时，整个截面均处于弹性状态（图 5-3(a)）。随着弯矩 M 逐渐增加，截面受压区和受拉区先后进入塑性状态（图 5-3(b)、(c)）。最后整个截面进入塑性状态并出现塑性铰，如图 5-3(d)所示，构件达到承载能力极限状态。

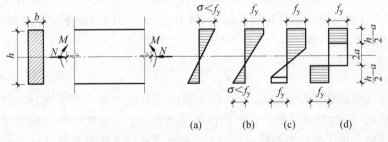

图 5-3　压弯构件截面的应力状态

对图 5-3 所示截面上的塑性铰进行讨论。如果把受压区应力图分解为阴影部分和无阴影部分，且使受压区阴影部分的面积和受拉区阴影部分的面积相等，则这两个阴影部分的合力构成的力偶应等于梁截面上的弯矩 M；无阴影部分的力应等于梁截面上的轴力 N，即

$$M = b\left(\frac{h}{2} - a\right)f_y\left[2a + \left(\frac{h}{2} - a\right)\right] = \frac{bh^2}{4}f_y\left(1 - \frac{4a^2}{h^2}\right) \tag{5-2a}$$

$$N = 2abf_y = bhf_y\frac{2a}{h} \tag{5-2b}$$

令 $M_P = W_P f_y = \dfrac{bh^2}{4}f_y$，$N_P = bhf_y$，将其分别代入式（5-2a）、式（5-2b）。消去 a 后得 N 和 M 的相关方程：

$$\left(\frac{N}{N_P}\right)^2 + \frac{M}{M_P} = 1 \tag{5-2c}$$

式中：M_P——无轴力作用时截面的塑性铰弯矩（N·mm）；

N_P——无弯矩作用时全截面屈服的应力（N）。

把式（5-2c）画成如图 5-4 所示的 N/N_P 和 M/M_P 的无量纲化的相关曲线。对于工字形截面压弯构件，也可以用相同的方法得到截面出现塑性铰时 N/N_P 和 M/M_P 的相关关系式，从而画出相关曲线。因工字形截面翼缘和腹板尺寸的多样化，相关曲线会在一定的范围内变动，图 5-4 中的阴影部分画出了常用的工字形截面绕强轴和弱轴弯曲相关曲线的变动范围。

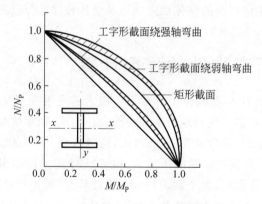

图 5-4　拉弯及压弯构件强度相关曲线

由图 5-4 可见，各类压（拉）弯构件的相关曲线都是凸曲线，且有一定的变化范围。因此，为了工程中计算简便，《钢结构设计标准》（GB 50017—2017）偏于安全考虑，取相关曲线中的直线作为计算依据，即

$$\frac{N}{N_P} + \frac{M}{M_P} = 1 \tag{5-2d}$$

考虑构件因形成塑性铰而变形过大，以及截面上剪应力等不利影响，所以《钢结构设计标准》（GB 50017—2017）采用部分发展塑性的强度准则：该准则以构件最大受力截面的部分受压区和受拉区进入塑性为强度极限，截面塑性发展深度将根据具体情况给予规定。与受弯构件的强度计算类似，用 $\gamma_x W_{nx}$ 和 $\gamma_y W_{ny}$ 分别代替截面对两个主轴的塑性净截面模

量,令 $M_P = \gamma_x W_{nx} f$,$N_P = A_n f$,则单向压弯(拉弯)构件的强度计算公式为

$$\frac{N}{A_n} \pm \frac{M_x}{\gamma_x W_{nx}} \leqslant f \tag{5-3a}$$

双向压弯(拉弯)构件(圆管截面除外),采用与式(5-3a)相衔接的线性公式:

$$\frac{N}{A_n} \pm \frac{M_x}{\gamma_x W_{nx}} \pm \frac{M_y}{\gamma_y W_{ny}} \leqslant f \tag{5-3b}$$

式中:M_x、M_y——分别为同一截面处对 x 轴和 y 轴的弯矩设计值(N·mm)。

A_n——构件净截面面积(mm^2)。

γ_x,γ_y——分别为截面塑性发展系数,根据其受压板件的内力分布情况确定其截面板件宽厚比等级,当截面板件宽厚比等级不满足 S3 级要求时,取 1.0,满足 S3 级要求时,可按表 4-4 采用;需要验算疲劳强度的拉弯、压弯构件,宜取 1.0。

W_{nx},W_{ny}——分别为对 x 轴和 y 轴净截面模量(mm^3),当截面板件宽厚比等级为 S1 级、S2 级、S3 级或 S4 级时,应取全截面模量,当截面板件宽厚比等级为 S5 级时,应取有效截面模量。

弯矩作用在两个主平面内的圆形截面压弯(拉弯)构件,其截面强度应按下列规定计算:

$$\frac{N}{A_n} + \frac{\sqrt{M_x^2 + M_y^2}}{\gamma_m W_n} \leqslant f \tag{5-3c}$$

式中:γ_m——圆形构件的截面塑性发展系数,对于实腹圆形截面取 1.2;当圆管截面板件宽厚比等级不满足 S3 级要求时取 1.0,满足 S3 级要求时取 1.15;需要验算疲劳强度的拉弯、压弯构件,宜取 1.0。

例 5-1 如图 5-5 所示,两端铰支、中点处设有侧向支承的压弯构件受到静荷载作用,截面为 HN 350×175×7×11。轴向压力的设计值 $N = 600$ kN,横向荷载的设计值 $P = 100$ kN。截面无削弱,材料为 Q355B 钢,$[\lambda] = 150$。试验算构件的强度和刚度是否满足要求。

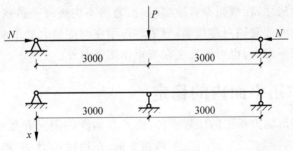

图 5-5 例 5-1 附图

解 (1) 截面几何参数

查附表 A-2 可得 HN 350×175×7×11 的几何特性为

$$A = 62.91 \text{ cm}^2, \quad q = 0.48 \text{ kN/m}, \quad I_x = 13\ 500 \text{ cm}^4,$$

$$W_x = 771 \text{ cm}^3, \quad i_x = 14.6 \text{ cm}, \quad i_y = 3.95 \text{ cm}$$

(2) 截面宽厚比验算

$$M_x = \left(\frac{1}{8} \times 0.48 \times 6^2 + \frac{1}{4} \times 100 \times 6\right) \text{kN·m} = 152.16 \text{ kN·m}$$

$$\begin{matrix} \sigma_{\max} \\ \sigma_{\min} \end{matrix} = \frac{N}{A} \pm \frac{M_x}{I_x}y = \left(\frac{600 \times 10^3}{6291} \pm \frac{152.16 \times 10^6}{13\,500 \times 10^4} \times \frac{350}{2} \right) \text{N/mm}^2 = \begin{matrix} 292.62 \\ -101.87 \end{matrix} \text{N/mm}^2$$

$$\alpha_0 = \frac{\sigma_{\max} - \sigma_{\min}}{\sigma_{\max}} = \frac{292.62 - (-101.87)}{292.62} = 1.35$$

已知截面：

$$\frac{b_1}{t} = \frac{175 - 7}{2 \times 11} = 7.64 < 13 \times \sqrt{\frac{235}{355}} = 10.58$$

$$\frac{h_0}{t_w} = \frac{350 - 2 \times 11}{7} = 46.86 < (40 + 18\alpha_0^{1.5})\varepsilon_k = (40 + 18 \times 1.35^{1.5})\sqrt{\frac{235}{355}} = 55.52$$

即截面宽厚比等级为 S3 级，其截面塑性发展系数 $\gamma_x = 1.05$。

（3）强度验算

$$\frac{N}{A_n} + \frac{M_x}{\gamma_x W_{nx}} = \left(\frac{600 \times 10^3}{62.91 \times 10^2} + \frac{152.16 \times 10^6}{1.05 \times 771 \times 10^3} \right) \text{N/mm}^2$$

$$= 283.33 \text{ N/mm}^2 < f = 305 \text{ N/mm}^2$$

（4）刚度验算

$$\lambda_x = \frac{l_{0x}}{i_x} = \frac{600}{14.6} = 41.10 < [\lambda] = 150$$

$$\lambda_y = \frac{l_{0y}}{i_y} = \frac{300}{3.95} = 75.95 < [\lambda] = 150$$

综上，构件的强度和刚度均满足要求。

5.3　实腹式压弯构件的整体稳定

压弯构件的截面尺寸，在截面没有被削弱时，通常不由强度条件决定，而由稳定条件决定。对于单轴对称截面或双轴对称截面，弯矩均作用在刚度最大的平面内，构件的整体失稳可能发生在弯矩作用平面内，也可能发生在弯矩作用平面外。

5.3.1　弯矩作用平面内的稳定

对于抵抗弯扭变形能力很强的压弯构件，或者在构件的侧向有足够支撑以阻止其发生弯扭变形，在轴线压力 N 和弯矩 M 的共同作用下，可能在弯矩作用的平面内发生整体的弯曲失稳。发生这种弯曲失稳的压弯构件，其承载能力可以用图 5-6 来说明。

偏心压杆的面内失稳和轴力 N 的"二阶效应"有关，由于轴力 N 的"二阶效应"使外力弯矩为 $(M + N\nu)$，随着压力 N 的增加，构件中点的挠度 ν 非线性增大。在 N-ν 曲线的 AB 段构件处于稳定平衡状态，B 点是构件承载力的极值点，

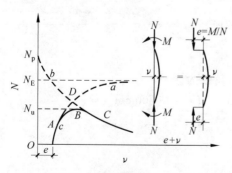

图 5-6　压弯构件的 N-ν 曲线

其极限承载力为 N_u；随着构件截面边缘进入塑性且弹性核（在截面一部分进入塑性之后，仍有一部分处于弹性，弹性这部分称为弹性核）不断缩小，构件内力（抗力）弯矩不断减小，而外力弯矩（$M+N\nu$）又呈非线性增大，BC 段构件内部的抗力小于外力，构件处于不稳定平衡状态而丧失整体稳定性，属于极值点失稳。

构件塑性发展的程度取决于截面的形状和尺寸、构件的长度和初始缺陷，其中残余应力的存在会使构件截面提前屈服，从而降低其稳定承载力。图 5-6 中曲线 ABC 是考虑了构件的初弯曲和残余应力的实际压弯构件的 N-ν 曲线 c，曲线的 C 点表示构件的截面出现了塑性铰，而表示构件达到极限承载力 N_u 的 B 点却在塑性铰之前。在图 5-6 中另外两条曲线，一条是弹性压弯构件的 N-ν 曲线 a，它以 $N=N_E$ 为其渐近线，另一条是构件的中央截面出现塑性铰的 N-ν 曲线 b，两条曲线的交点为 D。构件极限承载力的 B 点位于 D 点之下，是因为经过 A 点之后出现部分塑性。

压弯构件在弯矩作用平面内失稳简称为面内失稳。压弯构件面内稳定极限承载力 N_u 的计算方法，也可以同第 3 章轴心受压构件一样考虑，但是它比轴心受压构件极限承载力的计算更复杂，目前研究的成果还不能用于工程计算。因此，《钢结构设计标准》（GB 50017—2017）借用在均匀弯矩作用下，以边缘纤维屈服为准则的相关公式，再考虑初缺陷及非均匀弯矩的影响，并引进部分塑性发展系数得出实腹式压弯构件面内稳定的实用计算公式。

1. 以边缘纤维屈服为承载力准则的弯矩作用平面内整体稳定的相关方程（图 5-7）

1）均匀弯矩作用下压弯构件跨中最大挠度 ν

由平衡微分方程

$$EI_x y'' + Ny = -M \tag{5-4}$$

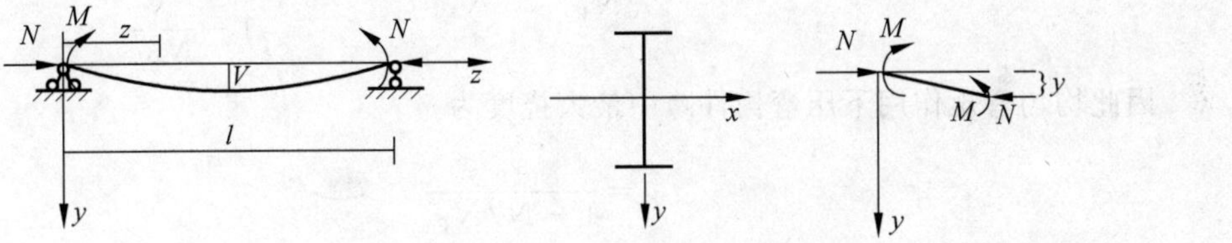

图 5-7　均匀弯矩作用下压弯构件受力情况示意

令 $k^2 = \dfrac{N}{EI_x}$，则方程可变形为

$$y'' + k^2 y = \frac{-M}{EI_x} \tag{5-5}$$

方程的通解为

$$y(z) = A\sin kz + B\cos kz - \frac{M}{N} \tag{5-6}$$

边界条件

由 $z=0,\ y(0)=0$ 得 $B = \dfrac{M}{N}$

由 $z=l,\ y(l)=l$ 得 $A = \dfrac{M(1-\cos kl)}{N\sin kl}$

压弯构件挠曲方程

$$y(z) = \frac{M}{N}\left(\frac{1-\cos kl}{\sin kl}\sin kz + \cos kz - 1\right) \tag{5-7}$$

跨中最大挠度

$$\nu = y\left(\frac{l}{2}\right) = \frac{M}{N}\left[\frac{(1-\cos kl)\sin\dfrac{kl}{2}}{\sin kl} + \cos\frac{kl}{2} - 1\right]$$

$$= \frac{M}{N}\left(\sec\frac{kl}{2} - 1\right) = \frac{M}{N}\left(\sec\frac{\pi}{2}\sqrt{\frac{N}{N_{Ex}}} - 1\right)$$

$$= \nu_0\frac{8}{k^2 l^2}\left(\sec\frac{kl}{2} - 1\right) \tag{5-8}$$

式中，$\nu_0 = \dfrac{Ml^2}{8EI_x}$——在弯矩 M 作用下梁中央的挠度；

$N_{Ex} = \dfrac{\pi^2 EI_x}{l^2}$——欧拉荷载。

令 $u = \dfrac{kl}{2}$，则 $\nu = \nu_0\dfrac{2}{u^2}(\sec u - 1)$，

将 $\sec u$ 展开成级数，即：$\sec u = 1 + \dfrac{1}{2!}u^2 + \dfrac{5}{4!}u^4 + \cdots$，于是

$$\frac{2}{u^2}(\sec u - 1) = 1 + 1.028\frac{N}{N_{Ex}} + 1.032\left(\frac{N}{N_{Ex}}\right)^2 + \cdots$$

$$\approx 1 + \frac{N}{N_{Ex}} + \left(\frac{N}{N_{Ex}}\right)^2 + \cdots = \frac{1}{1-\dfrac{N}{N_{Ex}}} \tag{5-9}$$

因此均匀弯矩作用下压弯构件跨中最大挠度为

$$\nu = \frac{\nu_0}{1 - N/N_{Ex}} \tag{5-10}$$

式中：$\dfrac{1}{1-N/N_{Ex}}$——考虑二阶效应后对挠度的放大系数。

2）均匀弯矩作用下压弯构件的跨中弯矩 M_{max}

$$M_{max} = M + N\nu = M + \frac{N\nu_0}{1-N/N_{Ex}} = \frac{M}{1-N/N_{Ex}}\left(1 - \frac{N}{N_{Ex}} + \frac{N\nu_0}{M}\right)$$

$$= \frac{M}{1-\dfrac{N}{N_{Ex}}}\left(1 + \frac{Nl^2}{40EI}\right) \approx \frac{M\left(1 + \dfrac{0.25N}{N_{Ex}}\right)}{1 - \dfrac{N}{N_{Ex}}}$$

$$= \frac{\beta_{mx}M}{1 - N/N_{Ex}} \tag{5-11}$$

式中：β_{mx}——弯矩作用平面内的等效弯矩系数；

$\dfrac{\beta_{mx}}{1-N/N_{Ex}}$——考虑二阶效应后，轴向压力引起弯矩的放大系数。

3) 面内稳定的弹性相关方程

对于弹性压弯构件,如果以截面边缘纤维开始屈服作为面内稳定承载力计算准则,那么面内稳定的相关方程为

$$\frac{N}{A} + \frac{\beta_{mx}M_x}{W_x(1 - N/N_{Ex})} \leqslant f_y \tag{5-12}$$

考虑到实际压弯构件的初缺陷的影响,将式(5-12)转化为

$$\frac{N}{\varphi_x A} + \frac{\beta_{mx}M_x}{W_x\left(1 - \varphi_x \dfrac{N}{N_{Ex}}\right)} \leqslant f \tag{5-13}$$

满足式(5-13)时,压弯构件截面边缘纤维开始屈服,变形速度加大,对于无发展塑性变形余量的截面,将由稳定平衡进入不稳定平衡。所以,此方程可直接用来计算冷弯薄壁型钢压弯构件和格构式柱绕虚轴弯曲的面内整体稳定。

2. 实腹式压弯构件在弯矩作用平面内整体稳定的实用计算公式

对式(5-13)作如下修改:首先考虑到实腹式压弯构件失稳时截面存在塑性区,故在式(5-13)第二项分母中引进截面塑性发展系数 γ_x,用常数 0.8 代替稳定系数 φ_x,用 N'_{Ex} 代替 N_{Ex}。修改后即成为规范规定的面内稳定的实用计算公式,即弯矩作用在对称轴平面内(绕 x 轴)的实腹式压弯构件(圆管截面除外),其稳定性应按下列规定计算:

$$\frac{N}{\varphi_x A f} + \frac{\beta_{mx}M_x}{\gamma_x W_{1x}(1 - 0.8N/N'_{Ex})f} \leqslant 1 \tag{5-14}$$

式中:N——所计算构件范围内的轴心压力设计值(N);

φ_x——在弯矩作用平面内,轴心受压构件的稳定系数,从附表 E-1 中查找;

M_x——所计算构件段范围内的最大弯矩设计值(N·mm);

N'_{Ex}——相当欧拉力除以分项系数,即欧拉力的设计值(N),$N'_{Ex} = \dfrac{\pi^2 EA}{1.1\lambda_x^2}$;

W_{1x}——弯矩作用平面内受压最大纤维的毛截面模量(mm³);

γ_x——截面塑性发展系数,按表 4-4 取值;

A——毛截面面积(mm²)。

式(5-14)可以看作半理论半经验公式。当 $M_x = 0$ 时,公式成为轴心受压构件绕 x 轴弯曲屈曲的公式;当 $N = 0$ 时,弯矩不会因 N 而增大,$\beta_{mx} = 1$,公式即为梁的抗弯强度公式。

弯矩作用平面内的等效弯矩系数 β_{mx} 取值如下:

1) 无侧移框架柱和两端支承的构件

(1) 无横向荷载作用时

$$\beta_{mx} = 0.6 + 0.4\frac{M_2}{M_1} \tag{5-15a}$$

式中:M_1 和 M_2——端弯矩(N·mm),构件产生同向曲率(无反弯点)时取同号;构件产生反向曲率(有反弯点)时取异号,$|M_1| \geqslant |M_2|$。

(2) 无端弯矩但有横向荷载作用时

跨中单个集中荷载

$$\beta_{mqx} = 1 - 0.36N/N_{cr} \tag{5-15b}$$

全跨均布荷载

$$\beta_{mqx} = 1 - 0.18N/N_{cr} \tag{5-15c}$$

式中：N_{cr}——弹性临界力（N），$N_{cr} = \dfrac{\pi^2 EI}{(\mu l)^2}$；

　　　μ——构件的计算长度系数。

（3）端弯矩和横向荷载同时作用时，将式（5-14）中的 $\beta_{mx}M_x$ 取为

$$\beta_{mx}M_x = \beta_{mqx}M_{qx} + \beta_{m1x}M_1$$

即工况（1）和工况（2）等效弯矩的代数和。

式中：M_{qx}——横向荷载产生的弯矩最大值（N·mm）；

　　　β_{m1x}——取工况（1）和工况（2）计算的等效弯矩系数。

2）有侧移框架柱和悬臂构件

（1）除本款（2）项规定之外的框架柱

$$\beta_{mx} = 1 - 0.36N/N_{cr} \tag{5-16a}$$

（2）有横向荷载的柱脚铰接的单层框架柱和多层框架的底层柱，$\beta_{mx} = 1.0$。

（3）自由端作用有弯矩的悬臂柱

$$\beta_{mx} = 1 - 0.36(1-m)N/N_{cr} \tag{5-16b}$$

式中：m——自由端弯矩与固定端弯矩之比，当弯矩图无反弯点时取正号，有反弯点时取负号。

当框架内力采用二阶分析时，柱弯矩由无侧移弯矩和放大的侧移弯矩组成（式（5-11））。此时可对两部分弯矩分别乘以无侧移柱和有侧移柱的等效弯矩系数。

对于单轴对称压弯构件，当弯矩作用在对称平面内且翼缘受压时，除按式（5-14）计算外，还应按式（5-17）做补充计算：

$$\left| \frac{N}{Af} - \frac{\beta_{mx}M_x}{\gamma_x W_{2x}(1 - 1.25N/N'_{Ex})f} \right| \leqslant 1 \tag{5-17}$$

式中：W_{2x}——无翼缘端的毛截面模量（mm³）。

5.3.2　弯矩作用平面外的稳定

开口截面压弯构件的抗扭刚度和弯矩作用平面外的抗弯刚度通常都不大，当侧向没有足够支撑来阻止其产生侧向位移和扭转时，构件在轴向压力和弯矩作用下，可能产生侧向弯曲和扭转而破坏。这就是弯矩作用平面外的失稳现象，它具有分支点失稳的物理特征。

1. 双轴对称截面压弯构件弹性侧向弯扭屈曲相关方程

图 5-8 为开口薄壁杆件在弯矩 M、轴力 N 共同作用下的变形状态。在小变形条件下

$$EI_{x_1}y''_1 = EI_x v'', \quad EI_{y_1}x''_1 = EI_y u''$$

$$M_{x_1} = M_x \cos\alpha \cos\theta + N v = M_x + N v$$

$$M_{y_1} = M_x \cos\alpha \sin\theta + N u = M_x \theta + N u$$

1）弯扭屈曲平衡微分方程

$$EI_x v'' + N v + M_x = 0 \tag{5-18}$$

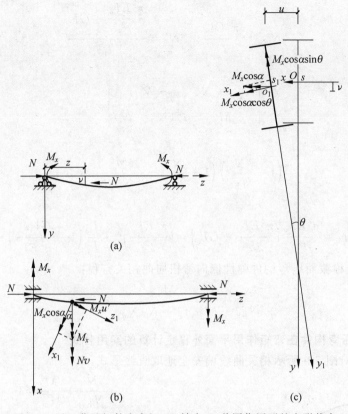

图 5-8　开口薄壁杆件在弯矩 M、轴力 N 共同作用下的变形状态

$$EI_y u'' + Nu + M_x \theta = 0 \tag{5-19a}$$

$$EI_\omega \theta''' + (Ni_0^2 - GI_t)\theta' + M_x u' = 0 \tag{5-20a}$$

式(5-18)是绕 x 轴挠曲的平衡微分方程,相对于方程式(5-19a)和式(5-20a)是独立的;式(5-19a)和式(5-20a)是弯扭耦合方程,式中 $i_0^2 = \dfrac{I_x + I_y}{A}$,$I_t$ 为扭转惯性矩,I_ω 为扇性惯性矩。

2) 侧向弯扭屈曲相关方程

对式(5-19a)微分 2 次,对式(5-20a)微分 1 次,并且 M_x 为常量,则有

$$EI_y u^{(4)} + Nu'' + M_x \theta'' = 0 \tag{5-19b}$$

$$EI_\omega \theta^{(4)} + (Ni_0^2 - GI_t)\theta'' + M_x u'' = 0 \tag{5-20b}$$

满足边界条件的方程通解的最小值:

$$u = c_1 \sin\frac{\pi z}{l}, \quad \theta = c_2 \sin\frac{\pi z}{l}$$

代入式(5-19b)、式(5-20b)得

$$(N_{Ey} - N)c_1 - M_x c_2 = 0 \tag{5-21}$$

$$-M_x c_1 + i_0^2 (N_\theta - N)c_2 = 0 \tag{5-22}$$

其中,

$$N_{\mathrm{E}y} = \frac{\pi^2 EI_y}{l^2}, \quad N_\theta = \frac{\dfrac{\pi^2 EI_\omega}{l^2} + GI_{\mathrm{t}}}{i_0^2}$$

特征方程

$$\begin{vmatrix} N_{\mathrm{E}y} - N & -M_x \\ -M_x & i_0^2(N_\theta - N) \end{vmatrix} = 0 \tag{5-23a}$$

展开

$$\left(1 - \frac{N}{N_{\mathrm{E}y}}\right)\left(1 - \frac{N}{N_\theta}\right) - \frac{M_x^2}{i_0^2 N_{\mathrm{E}y} N_\theta} = 0 \tag{5-23b}$$

并注意到

$$i_0^2 N_{\mathrm{E}y} N_\theta = \frac{\pi^2 EI_y}{l^2}\left(\frac{\pi^2 EI_\omega}{l^2} + GI_{\mathrm{t}}\right) = \left(\frac{\pi^2 EI_y}{l^2}\right)^2 \cdot \frac{I_\omega}{I_y}\left(1 + \frac{GI_{\mathrm{t}} l^2}{\pi^2 EI_\omega}\right) = M_{x\mathrm{cr}}^2$$

则得双轴对称截面压弯构件弹性侧向弯扭屈曲相关方程：

$$\frac{N}{N_{\mathrm{E}y}} + \frac{M_x^2}{M_{x\mathrm{cr}}^2(1 - N/N_\theta)} = 1 \tag{5-24}$$

2. 实腹式压弯构件在弯矩作用平面外稳定计算的实用公式

规范规定，对图 5-9 所示相关曲线偏安全地取直线形式：

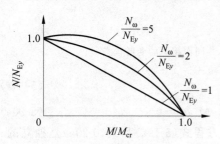

图 5-9 弯扭屈曲相关曲线

$$\frac{N}{N_{\mathrm{E}y}} + \frac{M}{M_{\mathrm{cr}}} = 1 \tag{5-25}$$

且令 $N_{\mathrm{E}y} = \varphi_y A f_y$，$M_{\mathrm{cr}} = \varphi_{\mathrm{b}} W_x f_y$。

在工程设计中，用强度设计值 f_{d} 代替屈服点 f_y，考虑到闭口截面的情况，引入系数 η，并引入考虑弯矩非均匀分布时的弯矩等效系数 $\beta_{\mathrm{t}x}$，得到：

$$\frac{N}{\varphi_y A} + \eta \frac{\beta_{\mathrm{t}x} M_x}{\varphi_{\mathrm{b}} W_{1x}} \leqslant f \tag{5-26}$$

式中：φ_{b}——均匀弯曲的受弯构件整体稳定系数；其中工字形、T 形截面的非悬臂构件可用式(4-23)～式(4-27)计算；

φ_y——弯矩作用平面外轴心受压构件的稳定系数；

η——截面影响系数，对闭口截面 $\eta = 0.7$，对其他截面 $\eta = 1$；

M_x——计算构件段内的最大弯矩设计值（N·mm）；

W_{1x}——在弯矩作用平面内对受压最大纤维的毛截面模量（mm^3）；

N——所计算构件范围内轴心压力设计值（N）；

$\beta_{\mathrm{t}x}$——弯矩作用平面外的等效弯矩系数，可采用以下数值。

(1) 在弯矩作用平面外有支承的构件，应根据两相邻支承间构件段内的荷载和内力情况确定。

① 无横向荷载作用时，$\beta_{\mathrm{t}x}$ 应按式(5-27)计算：

$$\beta_{\mathrm{t}x} = 0.65 + 0.35 \frac{M_2}{M_1} \tag{5-27}$$

② 端弯矩和横向荷载同时作用时,β_{tx} 应按下列规定取值:

使构件产生同向曲率时:

$$\beta_{tx} = 1.0$$

使构件产生反向曲率时:

$$\beta_{tx} = 0.85$$

③ 无端弯矩有横向荷载作用时,$\beta_{tx} = 1.0$。

(2) 弯矩作用平面外为悬臂的构件,$\beta_{tx} = 1.0$。

5.3.3　例题

例 5-2　图 5-10 所示 H 形压弯构件,截面为 HN $500 \times 200 \times 10 \times 16$,钢材为 Q390B,弹性模量 $E = 2.06 \times 10^5$ N/mm^2。承受的轴心压力设计值为 600 kN,在构件的中央有一横向集中荷载 150 kN。构件的两端铰接且跨中设置一侧向支承点。试验算构件的整体稳定性是否满足要求。

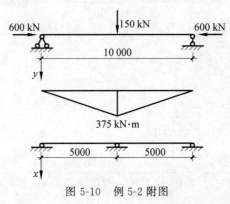

图 5-10　例 5-2 附图

解　(1) 截面几何参数

查附表 A-2 可得:

$A = 11\,230$ mm^2,　$I_x = 4.68 \times 10^8$ mm^4,　$i_x = 204$ mm,　$W_x = 1.87 \times 10^6$ mm^3,

$I_y = 2.14 \times 10^7$ mm^4,　$i_y = 43.6$ mm

(2) 截面宽厚比验算

$$\begin{aligned}\sigma_{max} \\ \sigma_{min}\end{aligned} = \frac{N}{A} \pm \frac{M_x}{I_x} y = \left(\frac{600 \times 10^3}{11\,230} \pm \frac{375 \times 10^6}{4.68 \times 10^8} \times \frac{500}{2} \right) \text{ N/mm}^2 = \begin{aligned}253.75 \\ -146.89\end{aligned} \text{ N/mm}^2$$

$$\alpha_0 = \frac{\sigma_{max} - \sigma_{min}}{\sigma_{max}} = \frac{253.75 - (-146.89)}{253.75} = 1.58$$

已知截面:

$$\frac{b_1}{t} = \frac{200 - 16}{2 \times 16} = 5.75 < 9\sqrt{\frac{235}{390}} = 6.99$$

$$\frac{h_0}{t_w} = \frac{500 - 2 \times 16}{10} = 46.8 < (33\alpha_0 + 13\alpha_0^{1.3})\varepsilon_k$$

$$= (33 \times 1.58 + 13 \times 1.58^{1.3})\sqrt{\frac{235}{390}} = 58.77$$

即截面宽厚比等级为 S1 级，其截面塑性发展系数 $\gamma_x = 1.05$。

（3）平面内稳定性验算

由附表 C-1 可知，$f_y = 390 \text{ N/mm}^2$。

$$\lambda_x = \frac{l_{0x}}{i_x} = \frac{10\,000}{204} = 49.0$$

$$\lambda_x \sqrt{\frac{f_y}{235}} = 49.0 \sqrt{\frac{390}{235}} = 63.1$$

由表 3-6 可知，轧制 H 型钢 $b/h = 200/500 = 0.4 < 0.8$，对 x 轴为 a 类截面，对 y 轴均为 b 类截面。由附表 E-1 查得 $\varphi_x = 0.871$。构件两端铰接，由表 3-4 可知，$\mu = 1$。

$$N'_{Ex} = \frac{\pi^2 EA}{1.1 \lambda_x^2} = \frac{\pi^2 \times 2.06 \times 10^5 \times 11\,230}{1.1 \times 49.0^2} \text{ N} = 8636.17 \text{ kN}$$

$$N_{cr} = \frac{\pi^2 EI_x}{(\mu l)^2} = \frac{\pi^2 \times 2.06 \times 10^5 \times 4.68 \times 10^8}{(1 \times 10\,000)^2} \text{ N} = 9505.44 \text{ kN}$$

$$\beta_{mx} = 1 - 0.36 N/N_{cr} = 1 - 0.36 \times 600/9505.44 = 0.98$$

$$W_{1x} = W_x = 1.87 \times 10^6 \text{ mm}^3 。$$

综上

$$\frac{N}{\varphi_x A f} + \frac{\beta_{mx} M_x}{\gamma_x W_{1x} \left(1 - 0.8 \dfrac{N}{N'_{Ex}}\right) f}$$

$$= \frac{600 \times 10^3}{0.871 \times 11\,230 \times 345} + \frac{0.98 \times 375 \times 10^6}{1.05 \times 1.87 \times 10^6 \times (1 - 0.8 \times 600/8636.17) \times 345}$$

$$= 0.75 < 1$$

弯矩作用平面内整体稳定性满足要求。

（4）平面外稳定性验算

$$\lambda_y = \frac{l_{0y}}{i_y} = \frac{5000}{43.6} = 114.7$$

$$\lambda_y \sqrt{\frac{f_y}{235}} = 114.7 \sqrt{\frac{390}{235}} = 147.8$$

查附表 E-2 得 $\varphi_y = 0.315$，查附表 D-1 得 $\beta_b = 1.75$。

对双轴对称截面 $\eta_b = 0$，对于 H 型钢，其整体稳定系数计算公式为

$$\varphi_b = \beta_b \frac{4320}{\lambda_y^2} \cdot \frac{Ah}{W_x} \left[\sqrt{1 + \left(\frac{\lambda_y t_1}{4.4h}\right)^2} + \eta_b \right] \varepsilon_k$$

$$= 1.75 \times \frac{4320}{114.7^2} \times \frac{11\,230 \times 500}{1.87 \times 10^6} \left[\sqrt{1 + \left(\frac{114.7 \times 16}{4.4 \times 500}\right)^2} + 0 \right] \sqrt{\frac{235}{390}}$$

$$= 1.74 > 0.6$$

从而

$$\varphi'_b = 1.07 - \frac{0.282}{\varphi_b} = 0.91 < 1.0$$

由于弯矩作用平面外有一侧向支承,支座与侧向支承间的构件段内仅有端弯矩,故

$$\beta_{tx} = 0.65 + 0.35 \frac{M_2}{M_1} = 0.65 + 0.35 \times \frac{0}{375} = 0.65$$

对 H 形截面,$\eta = 1.0$

$$\frac{N}{\varphi_y A f} + \eta \frac{\beta_{tx} M_x}{\varphi'_b W_x f} = \frac{600 \times 10^3}{0.315 \times 11\,230 \times 345} + 1.0 \times \frac{0.65 \times 375 \times 10^6}{0.91 \times 1.87 \times 10^6 \times 345}$$
$$= 0.91 < 1.0$$

弯矩作用平面外整体稳定性满足要求。

综上,构件的整体稳定性满足要求。

例 5-3 某天窗的侧腿为焊接 T 形截面,翼缘为剪切边。侧腿两端铰接,长为 3.5 m,如图 5-11 所示。材料为 Q355B,荷载设计值 $N = 8$ kN,$q = 4$ kN/m。无侧向支承,试验算侧腿的整体稳定性。

$$I_x = 265.65 \text{ cm}^4, \quad I_y = 111.38 \text{ cm}^4$$

$$E = 2.06 \times 10^5 \text{ N/mm}^2, \quad G = 0.79 \times 10^5 \text{ N/mm}^2$$

$$f = 305 \text{ N/mm}^2$$

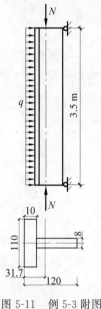

图 5-11 例 5-3 附图

解 (1)计算截面几何参数

$$A = (110 \times 10 + 110 \times 8) \text{ mm}^2 = 1980 \text{ mm}^2$$

$$i_x = \sqrt{\frac{I_x}{A}} = \sqrt{\frac{265.65 \times 10^4}{1980}} \text{ mm} = 36.6 \text{ mm}$$

$$i_y = \sqrt{\frac{I_y}{A}} = \sqrt{\frac{111.38 \times 10^4}{1980}} \text{ mm} = 23.7 \text{ mm}$$

(2)验算面内稳定

$$M_x = \frac{ql^2}{8} = \frac{4 \times 3.5^2}{8} \text{ kN} \cdot \text{m} = 6.125 \text{ kN} \cdot \text{m}$$

$$W_{1x} = \frac{I_x}{31.7} = \frac{265.65 \times 10^4}{31.7} \text{ mm}^3 = 83\,801.26 \text{ mm}^3$$

$$W_{2x} = \frac{I_x}{120 - 31.7} = \frac{265.65 \times 10^4}{88.3} \text{ mm}^3 = 30\,084.94 \text{ mm}^3$$

$$\lambda_x = \frac{l_{0x}}{i_x} = \frac{3.5 \times 10^3}{36.6} = 95.63$$

$$\lambda_x \sqrt{\frac{f_y}{235}} = 95.63 \sqrt{\frac{355}{235}} = 117.54$$

由表 3-6 可知 T 形截面,对 x 轴为 b 类截面,对 y 轴为 c 类截面。

从而查附表 E-2 得 $\varphi_x = 0.450$

$$N'_{Ex} = \frac{\pi^2 EA}{1.1\lambda_x^2} = \frac{\pi^2 \times 2.06 \times 10^5 \times 1980}{1.1 \times 95.63^2} \text{ N} = 400.18 \text{ kN}$$

查表 4-4 得 $\gamma_{1x} = 1.05$,$\gamma_{2x} = 1.2$,构件两端铰接,由表 3-4 可知,$\mu = 1$。

$$N_{cr} = \frac{\pi^2 EI_x}{(\mu l)^2} = \frac{\pi^2 \times 2.06 \times 10^5 \times 265.65 \times 10^4}{(1 \times 3500)^2} \text{ N} = 440.90 \text{ kN}$$

$$\beta_{mx} = 1 - 0.18N/N_{cr} = 1 - 0.18 \times 8/440.90 = 0.997$$

综上

$$\frac{N}{\varphi_x A f} + \frac{\beta_{mx} M_x}{\gamma_{1x} W_{1x}\left(1 - 0.8\dfrac{N}{N'_{Ex}}\right)f}$$

$$= \frac{8000}{0.450 \times 1980 \times 305} + \frac{0.997 \times 6.125 \times 10^6}{1.05 \times 83\,801.26 \times \left(1 - 0.8 \times \dfrac{8000}{400.18 \times 10^3}\right) \times 305}$$

$$= 0.26 < 1$$

T 形截面为单轴对称截面，弯矩作用在对称平面内且翼缘受压，因此弯矩作用平面内稳定性还应按下式计算：

$$\left| \frac{N}{Af} - \frac{\beta_{mx} M_x}{\gamma_{2x} W_{2x}\left(1 - 1.25\dfrac{N}{N'_{Ex}}\right)f} \right|$$

$$= \left| \frac{8000}{1980 \times 305} - \frac{0.997 \times 6.125 \times 10^6}{1.2 \times 30\,084.94 \times \left(1 - 1.25 \times \dfrac{8000}{400.18 \times 10^3}\right) \times 305} \right|$$

$$= 0.57 < 1$$

弯矩作用平面内整体稳定性满足要求。

（3）验算面外稳定

$$\lambda_y = \frac{l_{0y}}{i_y} = \frac{3500}{23.7} = 147.7$$

$$\lambda_y \sqrt{\frac{f_y}{235}} = 147.7\sqrt{\frac{355}{235}} = 181.53$$

由附表 E-3 查得 $\varphi_y = 0.207$，

$$\varphi_b = 1 - 0.0022\lambda_y/\varepsilon_k = 1 - 0.0022 \times 147.7 \Big/ \sqrt{\frac{235}{355}} = 0.60$$

综上

$$\frac{N}{\varphi_y A f} + \eta\frac{\beta_{tx} M_x}{\varphi_b W_{1x} f} = \frac{8000}{0.207 \times 1980 \times 305} + 1 \times \frac{1 \times 6.125 \times 10^6}{0.60 \times 83\,801.26 \times 305} = 0.46 < 1$$

整体稳定性满足要求。

例 5-4　图 5-12 所示偏心受压悬臂柱，柱底与基础刚性固定，柱高 $l = 6.5$ m。承受压力设计值 $N = 1200$ kN（含自重），偏心距为 0.5 m。平面外设支撑系统，支承点为铰接。材料为 Q355B，弹性模量 $E = 2.06 \times 10^5$ N/mm²。轧制 H 型钢，截面为 HW $428 \times 407 \times 20 \times 35 \times 22$。试验算强度和整体稳定是否满足要求。

解　（1）查附表 A-2 可知截面几何参数为

$$A = 36\,070 \text{ mm}^2, \quad A_n = A = 36\,070 \text{ mm}^2$$

$$I_x = 1.19 \times 10^9 \text{ mm}^4, \quad I_y = 3.94 \times 10^8 \text{ mm}^4$$

$$W_{nx} = W_x = 5.58 \times 10^6 \text{ mm}^3, \quad i_x = 182 \text{ mm}, \quad i_y = 104 \text{ mm}$$

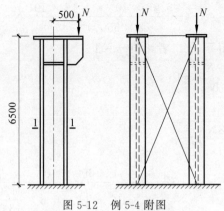

图 5-12　例 5-4 附图

$$l_x = 2 \times 6.5 \text{ m} = 13 \text{ m}, \quad l_y = 0.8 \times 6.5 \text{ m} = 5.2 \text{ m}$$

（2）截面宽厚比验算

$$M_x = (1200 \times 0.5) \text{ kN} \cdot \text{m} = 600 \text{ kN} \cdot \text{m}$$

计算截面宽厚比

$$\frac{\sigma_{\max}}{\sigma_{\min}} = \frac{N}{A} \pm \frac{M_x}{I_x} y = \left(\frac{1200 \times 10^3}{36\ 070} \pm \frac{600 \times 10^6}{1.19 \times 10^9} \times \frac{428}{2} \right) \text{N/mm}^2 = \frac{141.17}{-74.63} \text{N/mm}^2$$

$$\alpha_0 = \frac{\sigma_{\max} - \sigma_{\min}}{\sigma_{\max}} = \frac{141.17 - (-74.63)}{141.17} = 1.53$$

已知截面

$$\frac{b_1}{t} = \frac{407 - 20}{2 \times 35} = 5.53 < 9\sqrt{\frac{235}{345}} = 7.43$$

$$\frac{h_0}{t_w} = \frac{428 - 2 \times 35}{20} = 17.9 < (33\alpha_0 + 13\alpha_0^{1.3})\varepsilon_k$$

$$= (33 \times 1.53 + 13 \times 1.53^{1.3})\sqrt{\frac{235}{345}} = 60.32$$

即截面宽厚比等级为 S1 级,其截面塑性发展系数 $\gamma_x = 1.05$。

（3）强度验算

$$\frac{N}{A_n} + \frac{M_x}{\gamma_x W_{nx}} = \left(\frac{1200 \times 10^3}{36\ 070} + \frac{600 \times 10^6}{1.05 \times 5.58 \times 10^6} \right) \text{N/mm}^2$$

$$= 135.68 \text{ N/mm}^2 < 295 \text{ N/mm}^2$$

（4）平面内稳定性验算

$$\lambda_x = \frac{l_x}{i_x} = \frac{13\ 000}{182} = 71.4, \quad \lambda_x\sqrt{\frac{f_y}{235}} = 71.4\sqrt{\frac{345}{235}} = 86.51$$

由表 3-6(a)知 H 型钢对 x 轴为 a 类截面。

从而查附表 E-1 得 $\varphi_x = 0.738$,构件一端固接,一端自由,查表 3-4 可知,$\mu = 2.0$。

$$N'_{Ex} = \frac{\pi^2 EA}{1.1\lambda_x^2} = \frac{\pi^2 \times 206 \times 10^3 \times 36\ 070}{1.1 \times 71.42^2} \times 10^{-3} \text{ kN} = 13\ 077 \text{ kN}$$

$$N_{cr} = \frac{\pi^2 EI}{(\mu l)^2} = \frac{\pi^2 \times 2.06 \times 10^5 \times 1.19 \times 10^9}{(2 \times 6500)^2} \text{ N} = 14\,316 \text{ kN}$$

自由端与固定端弯矩相等，故二者比值 $m = 1$。

$$\beta_{mx} = 1 - 0.36(1 - m)\frac{N}{N_{cr}} = 1$$

$$\frac{N}{\varphi_x A f} + \frac{\beta_{mx} M_x}{\gamma_x W_{1x}\left(1 - \frac{0.8N}{N'_{Ex}}\right)f} =$$

$$\frac{1200 \times 10^3}{0.738 \times 36\,070 \times 295} + \frac{1 \times 600 \times 10^6}{1.05 \times 5.58 \times 10^6 \times \left(1 - 0.8 \times \frac{1200}{13\,077}\right) \times 295} = 0.53 < 1$$

（5）平面外稳定性验算

$$\lambda_y = \frac{l_y}{i_y} = \frac{5200}{104} = 50, \quad \lambda_y\sqrt{\frac{f_y}{235}} = 50\sqrt{\frac{345}{235}} = 60.58$$

由附表 E-2 查得 $\varphi_y = 0.804$

由附表 D-1 可得，M_1 与 M_2 分别为自由端与固定端的弯矩，二者相等。

$$\beta_b = 1.75 - 1.05\left(\frac{M_2}{M_1}\right) + 0.3\left(\frac{M_2}{M_1}\right)^2 = 1.75 - 1.05 + 0.3 = 1 < 2.3$$

双轴对称截面 $\eta_b = 0$

$$\varphi_b = \beta_b \frac{4320}{\lambda_y^2} \cdot \frac{Ah}{W_x}\left[\sqrt{1 + \left(\frac{\lambda_y t_1}{4.4h}\right)^2} + \eta_b\right]\varepsilon_k$$

$$= 1 \times \frac{4320}{50^2} \times \frac{36\,070 \times 428}{5.58 \times 10^6}\left[\sqrt{1 + \left(\frac{50 \times 20}{4.4 \times 428}\right)^2} + 0\right]\sqrt{\frac{235}{345}} = 4.47 > 0.6$$

$$\varphi'_b = 1.07 - \frac{0.282}{\varphi_b} = 1.0 \leqslant 1.0, \quad \beta_{tx} = 0.65 + 0.35\frac{M_2}{M_1} = 1$$

$$\frac{N}{\varphi_y A f} + \eta\frac{\beta_{tx} M_x}{\varphi_b W_{1x} f} = \frac{1200 \times 10^3}{0.804 \times 36\,070 \times 295} + 1 \times \frac{1 \times 6 \times 10^8}{1.0 \times 5.58 \times 10^6 \times 295} = 0.51 < 1.0$$

计算结果说明，压弯构件在截面无削弱时，安全性由稳定条件控制。

图 5-13　例 5-5 附图

例 5-5　图 5-13 所示偏心受压构件，截面为热轧 H 型钢 HN 175×90×5×8×8，两端铰接，长度为 2.75 m。荷载设计值 $N = 100$ kN，偏心距为 40 mm。轴力 N 作用在最大刚度 yz 平面内，材料 Q355B，弹性模量 $E = 2.06 \times 10^5$ N/mm^2，无侧向支承，试验算该构件是否满足要求。

解　（1）截面几何参数

查附表 A-2 可得：

$A_n = A = 2289$ mm^2, $\quad I_x = 1.21 \times 10^7$ mm^4, $\quad W_{nx} = W_x = 1.38 \times 10^5$ mm^3,

$i_x = 72.5$ mm, $\quad I_y = 9.75 \times 10^5$ mm^4, $\quad i_y = 20.6$ mm

（2）计算截面宽厚比

$$M_x = Ne(100 \times 0.04) \text{ kN} \cdot \text{m} = 4 \text{ kN} \cdot \text{m}$$

$$\begin{matrix} \sigma_{\max} \\ \sigma_{\min} \end{matrix} = \frac{N}{A} \pm \frac{M_x}{I_x} y = \left(\frac{100 \times 10^3}{2289} \pm \frac{4 \times 10^6}{1.21 \times 10^7} \times \frac{175}{2} \right) \text{N/mm}^2 = \begin{matrix} 72.61 \\ 14.76 \end{matrix} \text{N/mm}^2$$

$$\alpha_0 = \frac{\sigma_{\max} - \sigma_{\min}}{\sigma_{\max}} = \frac{72.61 - 14.76}{72.61} = 0.80$$

已知截面：

$$\frac{b_1}{t} = \frac{90 - 5}{2 \times 8} = 5.31 < 11 \sqrt{\frac{235}{355}} = 8.95$$

$$\frac{h_0}{t_w} = \frac{175 - 2 \times 8}{5} = 31.8 < (38\alpha_0 + 13\alpha_0^{1.39})\varepsilon_k$$

$$= (38 \times 0.80 + 13 \times 0.80^{1.39}) \sqrt{\frac{235}{355}} = 32.49$$

即截面宽厚比等级为 S2 级，其截面塑性发展系数 $\gamma_x = 1.05$。

（3）强度验算

由附表 C-1 可知，$f = 305 \text{ N/mm}^2$。

$$\frac{N}{A_n} + \frac{M_x}{\gamma_x W_{nx}} = \left(\frac{100 \times 10^3}{2289} + \frac{4 \times 10^6}{1.05 \times 1.38 \times 10^5} \right) \text{N/mm}^2$$

$$= 71.29 \text{ N/mm}^2 < 305 \text{ N/mm}^2$$

强度满足要求。

（4）平面内稳定性验算

$$\lambda_x = \frac{l_{0x}}{i_x} = \frac{2750}{72.5} = 37.9$$

$$\lambda_x \sqrt{\frac{f_y}{235}} = 37.9 \sqrt{\frac{355}{235}} = 46.58$$

由表 3-6(a)可知，轧制 H 型钢 $b/h = 90/175 = 0.51 < 0.8$，对 x 轴为 a 类截面，对 y 轴为 b 类截面。由附表 E-1 查得 $\varphi_x = 0.925$。

$$N'_{Ex} = \frac{\pi^2 EA}{1.1\lambda_x^2} = \frac{\pi^2 \times 2.06 \times 10^5 \times 2289}{1.1 \times 37.9^2} \text{N} = 2945.38 \text{ kN}$$

构件两端铰接，由表 3-4 可知，$\mu = 1$。

$$N_{cr} = \frac{\pi^2 EI_x}{(\mu l)^2} = \frac{\pi^2 \times 2.06 \times 10^5 \times 1.21 \times 10^7}{(1 \times 2750)^2} \text{N} = 3249.72 \text{ kN}$$

$$\beta_{mx} = 1 - 0.36N/N_{cr} = 1 - 0.36 \times 100/3249.72 = 0.99$$

$$W_{1x} = W_x = 1.38 \times 10^5 \text{ mm}^3。$$

综上

$$\frac{N}{\varphi_x Af} + \frac{\beta_{mx} M_x}{\gamma_x W_{1x} \left(1 - 0.8 \dfrac{N}{N'_{Ex}} \right) f}$$

$$= \frac{100 \times 10^3}{0.925 \times 2289 \times 305} + \frac{0.99 \times 46 \times 10^6}{1.05 \times 1.38 \times 10^5 \times (1 - 0.8 \times 100/2945.38) \times 305}$$

$$= 0.76 < 1$$

弯矩作用平面内整体稳定性满足要求。

（5）平面外稳定性验算

$$\lambda_y = \frac{l_{0y}}{i_y} = \frac{2750}{20.6} = 133.5$$

$$\lambda_y \sqrt{\frac{f_y}{235}} = 133.5 \sqrt{\frac{355}{235}} = 164.08$$

查附表 E-2 得 $\varphi_y = 0.264$，

$$M_1 = M_2 = 4 \text{ kN} \cdot \text{m}。$$

查附表 D-1 得 $\beta_b = 1.75 - 1.05 \dfrac{M_2}{M_1} + 0.3 \left(\dfrac{M_2}{M_1}\right)^2 = 1.75 - 1.05 \times \dfrac{4}{4} + 0.3 \times \left(\dfrac{4}{4}\right)^2 = 1.0$。

对双轴对称截面 $\eta_b = 0$，对于 H 型钢，其整体稳定系数计算公式为

$$\varphi_b = \beta_b \frac{4320}{\lambda_y^2} \cdot \frac{Ah}{W_x} \left[\sqrt{1 + \left(\frac{\lambda_y t_1}{4.4h}\right)^2} + \eta_b\right] \varepsilon_k$$

$$= 1.0 \times \frac{4320}{133.5^2} \times \frac{2289 \times 175}{1.38 \times 10^5} \left[\sqrt{1 + \left(\frac{133.5 \times 8}{4.4 \times 175}\right)^2} + 0\right] \sqrt{\frac{235}{355}} = 0.98 > 0.6$$

从而

$$\varphi_b' = 1.07 - \frac{0.282}{\varphi_b} = 1.07 - \frac{0.282}{0.98} = 0.78 < 1.0$$

对 H 型钢 $\eta = 1.0$，由式(5-26)可得 $\beta_{tx} = 1.0$。

综上，$\dfrac{N}{\varphi_y Af} + \eta \dfrac{\beta_{tx} M_x}{\varphi_b' W_x f} = \dfrac{100 \times 10^3}{0.264 \times 2289 \times 305} + 1.0 \times \dfrac{1.0 \times 4 \times 10^6}{0.78 \times 1.38 \times 10^5 \times 305} = 0.66 < 1.0$

弯矩作用平面外整体稳定性满足要求。

（6）刚度验算

$$\lambda = \max(\lambda_x, \lambda_y) = 133.5 < [\lambda] = 150$$

刚度满足要求。

综上，该压弯构件的强度、刚度及稳定性满足要求。

5.4 实腹式压弯构件的局部稳定

5.4.1 压弯构件腹板内的受力状态

对腹板内受剪应力和不均匀压应力的情况，引进压应力分布梯度 $\alpha_0 = \dfrac{\sigma_{max} - \sigma_{min}}{\sigma_{max}}$ 来衡量压应力的分布情况，如图 5-14 所示。α_0 越大，对腹板的稳定越有利，因为这时受拉翼缘的拉应力增大有阻止腹板屈曲作用。当 $\alpha_0 = 0$ 时，表示腹板均匀受压，对腹板的稳定是最不利的。

一般压弯构件的剪应力对腹板屈曲影响较小,但是剪应力的存在必然降低腹板的屈曲应力。

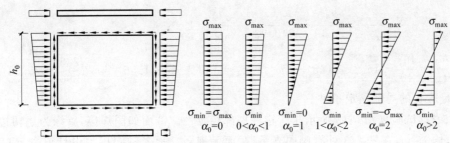

图 5-14 压弯构件腹板的应力状态

5.4.2 压弯构件的局部稳定

实腹式压弯构件要求不出现局部失稳者,其腹板高厚比、翼缘宽厚比应符合表 4-3 规定的压弯构件 S4 级截面要求。其中

H 形截面:

翼缘

$$\frac{b}{t} \leqslant 15\varepsilon_{\mathrm{k}} \tag{5-28}$$

腹板

$$\frac{h_0}{t_{\mathrm{w}}} \leqslant (45 + 25\alpha_0^{1.66})\varepsilon_{\mathrm{k}} \tag{5-29}$$

箱形截面:

壁板、腹板间翼缘

$$\frac{b_0}{t} \leqslant 45\varepsilon_{\mathrm{k}} \tag{5-30}$$

其他截面类型应符合表 4-3 规定的压弯构件 S4 级截面要求。

5.4.3 算例

例 5-6 验算例 5-2 中压弯构件的局部稳定性。

解 (1) 例 5-2 截面参数

$$A = 11\,230 \text{ mm}^2, \quad I_x = 4.68 \times 10^8 \text{ mm}^4, \quad \lambda_x = 49.0$$

荷载设计值

$$N = 600 \text{ kN}, \quad M = 375 \text{ kN} \cdot \text{m}$$

(2) 翼缘宽厚比验算

$$\frac{b_1}{t} = \frac{200 - 10}{2 \times 16} = 5.94 < 15\sqrt{\frac{235}{390}} = 11.64$$

满足弹塑性承载准则。

(3) 腹板高厚比验算

$$\frac{\sigma_{\max}}{\sigma_{\min}} = \frac{N}{A} \pm \frac{My_1}{I_x} = \left(\frac{600 \times 10^3}{11\,230} \pm \frac{375 \times 10^6}{4.68 \times 10^8} \times \frac{500 - 2 \times 16}{2}\right) \text{N/mm}^2$$

$$= (53.4 \pm 183.6)\,\text{N/mm}^2 = \begin{array}{l} 240.93 \\ -134.07 \end{array} \text{N/mm}^2$$

$$\alpha_0 = \frac{\sigma_{\max} - \sigma_{\min}}{\sigma_{\max}} = \frac{240.93 - (-134.07)}{240.93} = 1.56$$

$$\frac{h_0}{t_w} = \frac{468}{10} = 46.8 < (45 + 25\alpha_0^{1.66})\varepsilon_k = (45 + 25 \times 1.56^{1.66})\sqrt{\frac{235}{390}} = 75.53$$

满足腹板的局部稳定条件。

例 5-7　试验算图 5-15 所示压弯构件局部稳定性。截面如图焊接，翼缘为焰切边，杆两端铰接，长 15 m，在杆 1/3 处有侧向支承，截面无削弱。承受轴心压力设计值 $N = 980$ kN，中点横向荷载设计值 $F = 180$ kN，材料为 Q355B。

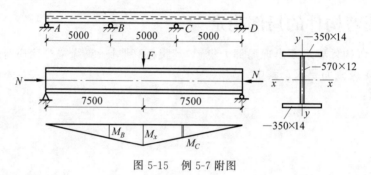

图 5-15　例 5-7 附图

解　（1）截面几何参数

$$A = (2 \times 350 \times 14 + 570 \times 12)\,\text{mm}^2 = 16\,640\,\text{mm}^2$$

$$I_x = \left(\frac{12 \times 570^3}{12} + 2 \times 350 \times 14 \times \left(\frac{570 + 14}{2} \right)^2 \right)\,\text{mm}^4 = 1.020\,78 \times 10^9\,\text{mm}^4$$

$$i_x = \sqrt{\frac{I_x}{A}} = \sqrt{\frac{1.020\,78 \times 10^9}{16\,640}}\,\text{mm} = 247.7\,\text{mm}, \quad \lambda_x = \frac{l_{0x}}{i_x} = \frac{15\,000}{247.7} = 60.6$$

（2）局部稳定性验算

翼缘板：$\dfrac{b_1}{t} = \dfrac{35 - 1.2}{2 \times 1.4} = 12.1 < 15\sqrt{\dfrac{235}{355}} = 12.2$（满足 S4 级要求），所以 $\gamma_x = 1.0$。前面按弹性准则验算是正确的。

腹板：

$$\sigma_{\max} = \frac{N}{A} + \frac{M}{I_x} \times \frac{h_0}{2} = \left(\frac{980 \times 10^3}{16\,640} + \frac{675 \times 10^6}{1.020\,78 \times 10^9} \times \frac{570}{2} \right)\,\text{N/mm}^2 = 247.4\,\text{N/mm}^2$$

$$\sigma_{\min} = \frac{N}{A} - \frac{M}{I_x} \times \frac{h_0}{2} = \left(\frac{980 \times 10^3}{16\,640} - \frac{675 \times 10^6}{1.020\,78 \times 10^9} \times \frac{570}{2} \right)\,\text{N/mm}^2 = -129.6\,\text{N/mm}^2$$

$$\alpha_0 = \frac{\sigma_{\max} - \sigma_{\min}}{\sigma_{\max}} = \frac{247.4 - (-129.6)}{247.4} = 1.52$$

$$\frac{h_0}{t_w} = \frac{570}{12} = 47.5 < (45 + 25\alpha_0^{1.66})\varepsilon_k = (45 + 25 \times 1.52^{1.66})\sqrt{\frac{235}{355}} = 77.4$$

局部稳定满足要求。

5.5　压弯构件与框架柱的计算长度

压弯构件的稳定性计算需要用到构件的长细比 λ，也就涉及构件的计算长度 l_0。计算长度的概念来自轴心受压构件的欧拉屈曲，它的几何意义是柱子屈曲变形曲线上反弯点(或铰接节点)之间的距离，物理意义是把不同支撑情况的轴心压杆等效为长度等于计算长度的两端铰支轴心受压构件。对于压弯构件和框架柱，这个概念是借用了轴心压杆的计算长度。关于框架柱的稳定设计，目前有两种方法：一种方法是目前大多数采用的一阶弹性分析，不考虑框架变形的二阶影响，计算框架由各种荷载设计值产生的内力，把框架柱作为单独的压弯构件来设计，将框架整体稳定问题简化为柱的稳定计算问题。另外一种方法是将框架结构作为整体，采用二阶理论进行分析，按稳定性计算框架柱截面时，取实际的几何长度计算长细比。

有关于单独压弯构件的计算长度，目前均按照轴心受压构件，根据两端的支撑情况取用，可参看表 3-4。

5.5.1　等截面框架柱在平面内的计算长度

1. 单层等截面框架柱在框架平面内的计算长度

设计单层框架柱的计算长度，是以荷载集中于柱顶的对称单跨等截面框架为依据的。当框架顶部有侧向支承时，框架失稳呈对称形式。节点 B 与节点 C 的转角大小相等但方向相反(图 5-16(a))。由于框架柱的上端与横梁刚接，因此，横梁对柱的约束作用取决于横梁

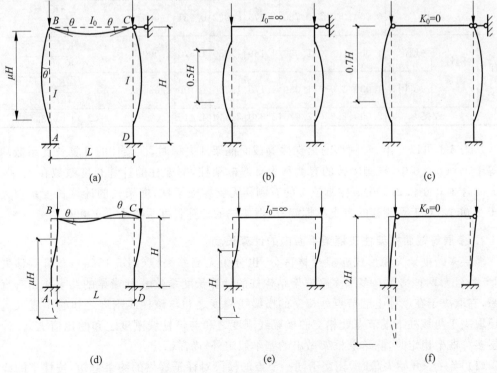

图 5-16　单层单跨框架失稳形式

与柱的线刚度比值 K_0，对于单层单跨框架而言，$K_0 = \dfrac{I_0/L}{I/H}$。框架柱的计算长度 $H_0 = \mu H$ 是根据弹性屈曲理论计算的，并做了如下基本假定：

（1）材料是线弹性的。

（2）框架只承受作用在节点上的竖向荷载，忽略横梁荷载和水平荷载产生梁端弯矩的影响。分析表明，在弹性工作范围内，此种假设带来的误差不大，可以满足设计要求。但需注意，此假定只能用于确定计算长度，在计算柱的截面尺寸时必须同时考虑弯矩和轴心力。

（3）框架中所有柱子是同时丧失稳定的，即各柱同时达到其临界荷载。

根据以上基本假定，进行简化计算，只考虑直接与所研究柱子相连的横梁约束作用，略去不直接与该柱子连接的横梁约束影响，将框架按其侧向支承情况用位移法进行稳定分析，即可得出框架柱在框架平面内的计算长度系数 μ，显然，μ 值与框架柱柱脚、基础的连接形式以及横梁与柱子的线刚度比值 K_0 有关，见表 5-1。

表 5-1　单层等截面框架柱的计算长度系数

框架类型	柱与基础连接方式		线刚度比值 K_0							近似计算公式
			≥20	10	5	1.0	0.5	0.1	0	
无侧移	刚性固接	理论	0.500	0.524	0.546	0.626	0.656	0.689	0.700	$\mu = \dfrac{K_0 + 2.188}{2K_0 + 3.125}$
		实用	0.549	0.549	0.570	0.654	0.685	0.721	0.732	$\mu = \dfrac{7.8K_0 + 17}{14.8K_0 + 23}$
	铰接		0.700	0.732	0.760	0.875	0.922	0.981	1.000	$\mu = \dfrac{1.4K_0 + 3}{2K_0 + 3}$
有侧移	刚性固接	理论	1.000	1.020	1.030	1.160	1.280	1.670	2.000	$\mu = \sqrt{\dfrac{K_0 + 0.532}{K_0 + 0.133}}$
		实用	1.030	1.030	1.050	1.170	1.300	1.700	2.030	$\mu = \sqrt{\dfrac{79K_0 + 44.6}{76K_0 + 10}}$
	铰接		2.000	2.030	2.070	2.330	2.640	4.440	∞	$\mu = 2\sqrt{1 + 0.38/K_0}$

从表 5-1 可以看出，有侧移的无支撑等截面框架柱失稳时，框架柱的计算长度系数均大于等于 1.000。其中，柱脚刚接的有侧移无支撑框架柱，框架柱的计算长度系数在 1.000～2.000（含 1.000 和 2.000）；柱脚铰接的有侧移无支撑框架柱，框架柱的计算长度系数大于等于 2.000。对于无侧移的有支撑框架柱，框架柱的计算长度系数小于 1.000。

2. 多层等截面框架柱在框架平面内的计算长度

多层多跨框架失稳形式亦应严格区分，也分为无侧移失稳（图 5-17(a)）和有侧移失稳（图 5-17(b)）两种情况。多层多跨框架结构柱的计算长度系数 μ 和横梁的约束作用有直接关系，它取决于在该柱上端节点处相交的横梁线刚度之和与该柱线刚度之和的比值 K_1，同时还取决于与该柱下端节点处相交的横梁线刚度之和与该柱线刚度之和的比值 K_2。计算多层多跨框架稳定时，除单层框架做出的基本假定外，尚需假定：

（1）当柱子开始失稳时，相交于同一节点的横梁对柱子提供的约束弯矩，按柱子的线刚度之比分配给柱子。

（2）在无侧移失稳时，横梁两端的转角大小相等方向相反；在有侧移失稳时，横梁两端的转角不但大小相等而且方向相同。

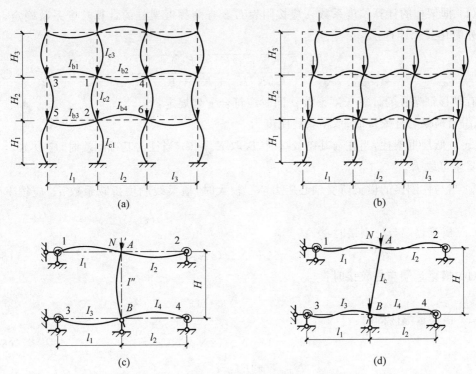

图 5-17　多层框架的失稳形式

当支撑结构（支撑桁架、剪力墙等）满足式（5-31）要求时，为强支撑框架，属于无侧移失稳。当支撑结构的侧移刚度（产生单位侧倾角所需的水平力）S_b 不满足式（5-31）的要求时，为弱支撑框架。《钢结构设计标准》（GB 50017—2017）不建议采用弱支撑框架。

$$S_b \geqslant 4.4\left[\left(1+\frac{100}{f_y}\right)\sum N_{bi} - \sum N_{0i}\right] \tag{5-31}$$

式中：$\sum N_{bi}$、$\sum N_{0i}$——分别为第 i 层层间所有框架柱用无侧移框架和有侧移框架柱计算长度系数算得的轴压杆稳定承载力之和（N）；

　　　　S_b——支撑结构层侧移刚度，即施加于结构上的水平力与其产生的层间位移角的比值（N）。

因多层多跨框架的稳定问题比单层单跨框架复杂得多，计算时需要展开高级行列式和求解复杂的超越方程，工作量大且很困难。故在工程设计中，通常只考虑与柱端直接相连构件的约束作用，取框架的一部分作为计算单元进行分析，如图 5-17（c）、（d）所示。对于所取单元，用 K_1 表示与柱上端节点 A 相交的横梁线刚度之和与柱线刚度之和的比值；K_2 表示与柱下端节点 B 相交的横梁线刚度之和与柱线刚度之和的比值，即：

$$K_1 = \frac{I_1/l_1 + I_2/l_2}{I'''/H_3 + I'''/H_2} \tag{5-32}$$

$$K_2 = \frac{I_3/l_1 + I_4/l_2}{I'''/H_2 + I'''/H_1} \tag{5-33}$$

等截面柱，在框架平面内的计算长度系数亦可采用下列近似公式计算：

1）无支撑框架

（1）框架柱的计算长度系数 μ 应按附表 G-2 有侧移框架柱的计算长度系数确定，也可按下列简化公式计算：

$$\mu = \sqrt{\frac{7.5 K_1 K_2 + 4(K_1 + K_2) + 1.52}{7.5 K_1 K_2 + K_1 + K_2}} \tag{5-34}$$

有侧移框架柱的计算长度系数 μ 同时应符合下列规定：

① 当横梁与柱铰接时，取横梁线刚度为 0。

② 对低层框架柱，当柱与基础铰接时，应取 $K_2 = 0$；当柱与基础刚接时，应取 $K_2 = 10$；平板支座可取 $K_2 = 0.1$。

③ 当与柱刚接的横梁所受轴心压力 N_b 较大时，横梁线刚度折减系数 α_N 应按下列公式计算：

（a）横梁远端与柱刚接时：

$$\alpha_N = 1 - N_b / (4 N_{Eb}) \tag{5-35}$$

（b）横梁远端与柱铰接时：

$$\alpha_N = 1 - N_b / N_{Eb} \tag{5-36}$$

（c）横梁远端嵌固时：

$$\alpha_N = 1 - N_b / (2 N_{Eb}) \tag{5-37}$$

$$N_{Eb} = \pi^2 E I_b / l^2 \tag{5-38}$$

式中：I_b——横梁截面惯性矩（mm^4）；

l——横梁长度（mm）。

（2）附有摇摆柱的框架柱，摇摆柱自身的计算长度系数应取 1.0，其计算长度系数应乘以放大系数 η，η 应按式（5-39）计算：

$$\eta = \sqrt{1 + \frac{\sum (N_1 / h_1)}{\sum (N_f / h_f)}} \tag{5-39}$$

式中：$\sum (N_f / h_f)$——本层各框架柱轴心压力设计值与柱子高度比值之和；

$\sum (N_1 / h_1)$——本层各摇摆柱轴心压力设计值与柱子高度比值之和。

摇摆柱的计算长度取其几何长度，即 $\mu = 1$。

多跨框架可以把一部分柱和梁组成框架体系来抵抗侧力，而把其余的柱做成两端铰接。这些不参与承受侧力的柱称为摇摆柱，它们的截面较小，连接构造简单，从而造价较低。不过这种上下均为铰接的摇摆柱承受荷载的倾覆作用必然由支撑它的框架来抵抗，使框架柱的计算长度增大。式（5-39）表达的增大系数 η 为近似值，与按弹性稳定导出的值接近且偏安全。

（3）当有侧移框架同层各柱的 N/I 不相同时，柱计算长度系数宜按式（5-40）计算；当框架附有摇摆柱时，框架柱的计算长度系数宜按式（5-42）确定；当根据式（5-40）或式（5-42）计算而得的 μ_i 小于 1.0 时，应取 $\mu_i = 1$。

$$\mu_i = \sqrt{\frac{N_{Ei}}{N_i} \cdot \frac{1.2}{K} \sum \frac{N_i}{h_i}} \tag{5-40}$$

$$N_{Ei} = \pi^2 EI_i / h_i^2 \tag{5-41}$$

$$\mu_i = \sqrt{\frac{N_{Ei}}{N_i} \cdot \frac{1.2 \sum \dfrac{N_i}{h_i} + \sum \dfrac{N_{1j}}{h_j}}{K}} \tag{5-42}$$

式中：N_i——第 i 根柱轴心压力设计值（N）；

　　　N_{Ei}——第 i 根柱的欧拉临界力（N）；

　　　h_i——第 i 根柱高度（mm）；

　　　K——框架层侧移刚度，即产生层间单位侧移所需的力（N/mm）；

　　　N_{1j}——第 j 根摇摆柱轴心压力设计值（N）；

　　　h_j——第 j 根摇摆柱的高度（mm）。

（4）计算单层框架和多层框架底层的计算长度系数时，K 值宜按柱脚的实际约束情况进行计算，也可按理想情况（铰接或刚接）确定 K 值，并对算得的系数 μ 进行修正。

（5）当多层单跨框架的顶层采用轻型屋面，或多跨多层框架的顶层抽柱形成较大跨度时，顶层框架柱的计算长度系数应忽略屋面梁对柱的转动约束。

2）有支撑框架

对于强支撑框架，框架柱的计算长度系数 μ 可按附表 G-1 无侧移框架柱的计算长度系数确定，也可按式（5-43）计算。

$$\mu = \sqrt{\frac{(1 + 0.41K_1)(1 + 0.41K_2)}{(1 + 0.82K_1)(1 + 0.82K_2)}} \tag{5-43}$$

式中：K_1、K_2——分别为相交于柱上端、柱下端的横梁线刚度之和与柱线刚度之和的比值。K_1、K_2 的修正见附表 G-1 所注。

无侧移框架柱的计算长度系数 μ 同时应符合下列规定：

（1）当横梁与柱铰接时，取横梁线刚度为 0。

（2）对低层框架柱，当柱与基础铰接时，应取 $K_2 = 0$；当柱与基础刚接时，应取 $K_2 = 10$；平板支座可取 $K_2 = 0.1$。

（3）当与柱刚接的横梁所受轴心压力 N_b 较大时，横梁线刚度折减系数 α_N 应按下列公式计算：

① 横梁远端与柱刚接和横梁远端与柱铰接时：

$$\alpha_N = 1 - N_b / N_{Eb} \tag{5-44}$$

② 横梁远端嵌固时：

$$\alpha_N = 1 - N_b / (2N_{Eb}) \tag{5-45}$$

3. 多层变截面框架柱在框架平面内的计算长度

对于带牛腿等截面柱在框架平面内的计算长度，《钢结构设计标准》（GB 50017—2017）按考虑沿柱高轴压力变化的实际条件，忽略相邻柱的支撑作用（相邻柱的起重机压力较小）和柱脚实际上并非完全刚性两个因素，给出了偏安全的计算公式。具体计算方法如下：

$$H_0 = \alpha_N \left[\sqrt{\frac{4 + 7.5K_h}{1 + 7.5K_b}} - \alpha_K \left(\frac{H_1}{H} \right)^{1 + 0.8K_b} \right] H \qquad (5\text{-}46)$$

$$K_b = \frac{\sum (I_{bi}/l_i)}{I_c/H} \qquad (5\text{-}47)$$

当 $K_b < 0.2$ 时，$\alpha_K = 1.5 - 2.5K_b$；

当 $0.2 \leqslant K_b < 2.0$ 时，$\alpha_K = 1.0$，$\gamma = N_1/N_2$；

当 $\gamma \leqslant 0.2$ 时，$\alpha_N = 1.0$；

当 $\gamma > 0.2$ 时，$\alpha_N = 1 + \dfrac{H_1}{H_2} \cdot \dfrac{\gamma - 0.2}{1.2}$

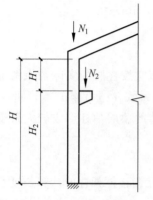

图 5-18　单层厂房框架示意

式中：H_1、H——分别为柱在牛腿表面以上的高度（m）和柱总高度（m），见图 5-18；

K_b——与柱连接的横梁线刚度之和与柱线刚度之比；

α_K——和比值 K_b 有关的系数；

α_N——考虑压力变化的系数；

γ——柱上、下段压力比；

N_1、N_2——分别为上、下段柱的轴心压力设计值（N）；

I_{bi}、l_i——分别为第 i 根梁的截面惯性矩（mm^4）和跨度（mm）；

I_c——柱截面惯性矩（mm^4）。

需要指出的是，由于缀件或腹杆变形的影响，格构式柱和桁架式横梁的变形比具有相同截面惯性矩的实腹式构件的大，因此计算框架的格构式柱和桁架式横梁的线刚度时，所用截面惯性矩要根据上述变形增大影响进行折减。对于截面高度变化的横梁或柱，计算线刚度时习惯采用截面高度最大处的截面惯性矩，同样也应对其数值进行折减。

5.5.2　单层厂房框架柱下端刚性固定时平面内的计算长度

图 5-19(a)和(c)分别表示屋架与阶形柱上端铰接和刚接的单层单跨厂房横向框架。其中，对阶形柱的上段柱有关参数都记以下标 1，下段柱有关参数都记以下标 2。对于单层厂房框架下端刚性固定的阶形柱，在框架平面内的计算长度应按下列规定确定：

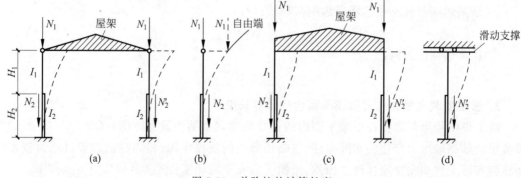

图 5-19　单阶柱的计算长度

1. 单阶柱

(1) 下段柱的计算长度系数 μ_2：当柱上端与横梁铰接时，应按附表 G-5 的数值乘以表 5-2 的折减系数；当柱上端与桁架型横梁刚接时，应按附表 G-6 的数值乘以表 5-2 的折减系数。

(2) 当柱上端与实腹梁刚接时，下段柱的计算长度系数 μ_2，应按下列公式计算的系数 μ_2^1 乘以表 5-2 的折减系数，系数 μ_2^1 不应大于按柱上端与横梁铰接计算时得到的 μ_2 值，且不小于按柱上端与桁架型横梁刚接计算时得到的 μ_2 值。

$$K_c = \frac{I_1/H_1}{I_2/H_2} \tag{5-48}$$

$$\mu_2^1 = \frac{\eta_1^2}{2(\eta_1+1)} \cdot \sqrt[3]{\frac{\eta_1-K_b}{K_b}} + (\eta_1-0.5)K_c+2 \tag{5-49}$$

$$\eta_1 = \frac{H_1}{H_2}\sqrt{\frac{N_1}{N_2} \cdot \frac{I_2}{I_1}} \tag{5-50}$$

式中：I_1、H_1——分别为阶形柱上段柱的惯性矩（mm^4）和柱高（mm）；

I_2、H_2——分别为阶形柱下段柱的惯性矩（mm^4）和柱高（mm）；

K_c——阶形柱上段柱线刚度与下段柱线刚度的比值；

η_1——参数，根据式（5-50）计算。

在实际情况中，单层厂房阶形柱主要承受吊车荷载，同一框架的各个柱并不同时达到最大荷载。荷载大的柱失稳时必然受到荷载小的柱的牵制，因此，计算长度减小；另外，单层厂房通常布置纵向水平支撑及屋面板，这些对柱的侧移都有约束作用。因此，《钢结构设计标准》（GB 50017—2017）规定，应根据框架跨数、纵向温度区段内柱列的柱子根数、屋面情况、厂房是否布置纵向水平支撑等因素，对计算的结果或附表 G-3 和附表 G-4 查到的结果进行折减，见表 5-2。

表 5-2 单层厂房阶形柱计算长度的折减系数

厂 房 类 型				折减系数
单跨或多跨	纵向温度区段内一个柱列的柱子数	屋面情况	厂房两侧是否有通长的屋盖纵向水平支撑	
单跨	等于或少于 6 个	—		0.9
	多于 6 个	非大型混凝土屋面板的屋面	无纵向水平支撑	
			有纵向水平支撑	0.8
		大型混凝土屋面板的屋面	—	
多跨	—	非大型混凝土屋面板的屋面	无纵向水平支撑	
			有纵向水平支撑	0.7
		大型混凝土屋面板的屋面	—	

（3）上段柱的计算长度系数 μ_1 应按下式计算：

$$\mu_1 = \frac{\mu_2}{\eta_1}$$

2. 双阶柱

（1）下段柱的计算长度系数 μ_3：当柱上端与横梁铰接时，应取附表 G-3 的数值乘以表 5-2 的折减系数；当柱上端与横梁刚接时，应取附表 G-4 的数值乘以表 5-2 的折减系数。

（2）上段柱和中段柱的计算长度系数 μ_1 和 μ_2，应按下列公式计算：

$$\mu_1 = \frac{\mu_3}{\eta_1}, \quad \mu_2 = \frac{\mu_3}{\eta_2}$$

式中：η_1、η_2——参数，可根据式(5-50)计算；计算 η_1 时，H_1、N_1、I_1 分别为上柱的柱高（m）、轴力压力设计值（N）和惯性矩（mm⁴），H_2、N_2、I_2 分别为下柱的柱高（m）、轴力压力设计值（N）和惯性矩（mm⁴）；计算 η_2 时，H_1、N_1、I_1 分别为中柱的柱高（m）、轴力压力设计值（N）和惯性矩（mm⁴），H_2、N_2、I_2 分别为下柱的柱高（m）、轴力压力设计值（N）和惯性矩（mm⁴）。

5.5.3 框架柱在平面外的计算长度

框架柱在平面外的计算长度取决于支撑构件的布置。支撑结构是框架柱在平面外的支承点。框架柱在平面外失稳时，支承点可以看作其变形曲线的反弯点，计算长度可取为支承点之间的距离。如图 5-20 所示，单层框架柱在平面外的计算长度，上下段是不同的，上段为 H_1，下段为 H_2。实际上两段之间存在约束关系，使弱者的屈曲延迟，不过通常在设计中没有考虑。有了计算长度以后框架柱即可根据其受力条件按压弯构件设计。

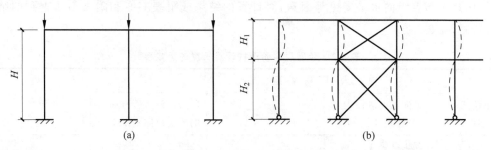

图 5-20 框架柱在弯矩作用平面外的计算长度

例 5-8 如图 5-21 所示，为有侧移双层框架，图中圆圈内数字为横梁或柱子的线刚度，柱下端与基础刚性连接，其他尺寸如图所示。试求出各柱在框架平面内的计算长度系数。

解 根据题意，框架以及作用荷载均为对称，只需计算柱 AB 和柱 BC 的计算长度。由于框架有侧移，应查附表 G-2。柱 AB 和柱 BC 计算长度系数如下：

柱 AB：$K_1 = \dfrac{1.6}{0.4+0.8} = 1.333$，$K_2 = 10$，查得 $\mu_{AB} = 1.16$。

柱 BC：$K_1 = \dfrac{1}{0.4} = 2.5$，$K_2 = \dfrac{1.6}{0.4+0.8} = 1.333$，

查得 $\mu_{BC} = 1.20$。

若用近似公式计算，则

柱 AB：$\mu_{AB} = \sqrt{\dfrac{7.5K_1K_2 + 4(K_1+K_2) + 1.52}{7.5K_1K_2 + K_1 + K_2}} =$

$$\sqrt{\dfrac{7.5 \times 1.333 \times 10 + 4(1.333+10) + 1.52}{7.5 \times 1.333 \times 10 + 1.333 + 10}} = 1.15$$

柱 BC：$\mu_{BC} = \sqrt{\dfrac{7.5K_1K_2 + 4(K_1+K_2) + 1.52}{7.5K_1K_2 + K_1 + K_2}} =$

$$\sqrt{\dfrac{7.5 \times 2.5 \times 1.333 + 4(2.5+1.333) + 1.52}{7.5 \times 2.5 \times 1.333 + 2.5 + 1.333}} = 1.20$$

通过计算看出，近似公式计算误差极小。

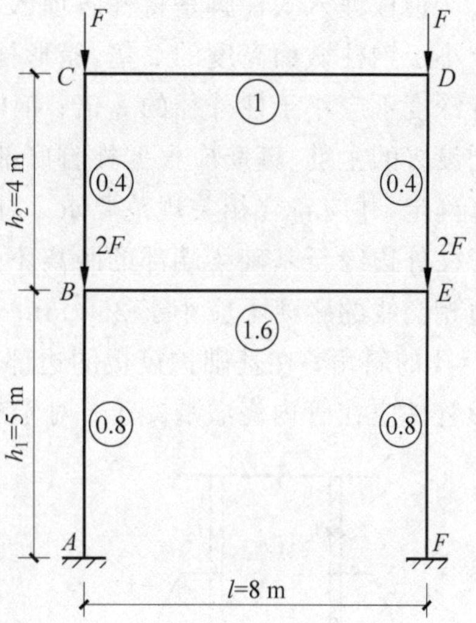

图 5-21　例 5-8 附图

5.6　刚接柱脚设计

钢柱柱脚按柱脚位置可分为外露式、外包式、埋入式和插入式四种。其选用主要与《高层民用建筑钢结构技术规程》(JGJ 99—2015)的相关规定相协调，同时参考国内相关试验研究以及工程实践总结。抗震设计时，宜优先采用埋入式；外包式柱脚可在有地下室的高层民用建筑中采用。各类柱脚均应进行受压、受弯、受剪承载力计算，其轴力、弯矩、剪力的设计值取钢柱底部的相应设计值。

钢柱外露式柱脚应通过底板锚栓固定于混凝土基础上(图 5-22(a))，高层民用建筑的钢柱应采用刚接柱脚。外露式柱脚底板的尺寸和厚度应根据柱端弯矩、轴心力、底板的支承条件和底板下混凝土的反力以及柱脚构造确定。其柱脚锚栓应有足够的埋置深度，当埋置深度受限或锚栓在混凝土中的锚固较长时，则可设置锚板或锚梁。三级及以上抗震等级时，锚栓截面面积不宜小于钢柱下端截面面积的 20%。

钢柱外包式柱脚由钢柱脚和外包混凝土组成，位于混凝土基础顶面以上(图 5-22(b))，钢柱脚与基础的连接应采用抗弯连接。外包层内纵向受力钢筋在基础内的锚固长度(l_a，l_{aE})应根据现行国家标准《混凝土结构设计标准》(2024 年版)(GB/T 50010—2010)的有关规定确定，且四角主筋的上、下都应加弯钩，弯钩投影长度不应小于 $15d$；外包层中应配置箍筋，箍筋的直径、间距和配箍率应符合现行国家标准《混凝土结构设计规范》中钢筋混凝土柱的要求；外包层顶部箍筋应加密且不应少于 3 道，其间距不应大于 50 mm。外包部分的钢柱翼缘表面宜设置栓钉。外包式柱脚底板应位于基础梁或筏板的混凝土保护层内；外包混凝土厚度，对 H 形截面柱不宜小于 160 mm，对矩形管或圆管柱不宜小于 180 mm，同时不宜小于钢柱截面高度的 30%；混凝土强度等级不宜低于 C30；柱脚混凝土外包高度从柱脚底板到外包层顶部箍筋的距离与外包混凝土宽度之比不应小于 1.0。H 形截面柱不宜小于柱截面高度的 2 倍，矩形管柱或圆管柱宜为矩形管截面长边尺寸或圆管直径的 2.5 倍；当没有地下室时，外包宽度和高度宜增加 20%；当仅有一层地下室时，外包宽度宜增大 10%。

钢柱埋入式柱脚是将柱脚埋入混凝土基础内（图 5-22(c)），H 形截面柱的埋置深度不应小于钢柱截面高度的 2 倍，箱形柱的埋置深度不应小于柱截面长边的 2.5 倍，圆管柱的埋置深度不应小于柱外径的 3 倍；钢柱脚底板应设置锚栓与下部混凝土连接。柱埋入部分四周设置的主筋、箍筋应根据柱脚底部弯矩和剪力按现行国家标准《混凝土结构设计规范》计算确定，并应符合相关规范要求。柱翼缘或管柱外边缘混凝土保护层厚度、边列柱的翼缘或管柱外边缘至基础梁端部的距离不应小于 400 mm，中间柱翼缘或管柱外边缘至基础梁梁边相交线的距离不应小于 250 mm；基础梁梁边相交线的夹角应做成钝角，其坡度不应大于 1∶4 的斜角；在基础护筏板的边部，应配置水平 U 形箍筋抵抗柱的水平冲切；圆管柱和矩形管柱应在管内浇灌混凝土；对于有拔力的柱，宜在柱埋入混凝土部分设置栓钉。

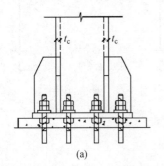 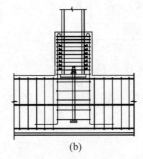 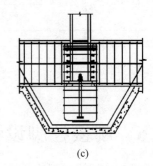

图 5-22　柱脚的不同形式
(a) 外露式柱脚；(b) 外包式柱脚；(c) 埋入式柱脚

插入式柱脚在设计时应符合：H 型钢实腹柱宜设柱底板，钢管柱应设柱底板，柱底板应设排气孔或浇筑孔；实腹柱柱底至基础杯口底的距离不应小于 50 mm，当有柱底板时，其距离可采用 150 mm；实腹柱、双肢格构柱杯口基础底板应验算柱吊装时的局部受压和冲切承载力；宜采用便于施工时临时调整的技术措施。

钢柱柱脚按构造形式有铰接柱脚和刚接柱脚两种柱脚形式。因为铰接柱脚不承受弯矩，其设计构造和计算方法与轴心受压柱的柱脚相同。但对于刚接柱脚，既要承受轴向压力，又要承受弯矩，在构造上要实现传力路径明确，在设计时还应兼顾强度和刚度，更要便于制造和安装以提高施工效率。但无论刚接柱脚还是铰接柱脚，柱脚都要传递剪力。

铰接柱脚和第 3 章中的柱脚相同，本节着重介绍和基础刚接的柱脚。刚接柱脚有分离式柱脚与整体式柱脚，前者主要用于格构柱，当两肢件距离较大时，为节省钢材而采用分离式；后者主要用于实腹式和分肢距离较小的格构柱。下面只介绍整体式柱脚。

1. 整体式柱脚的组成

如图 5-23 所示，整体式柱脚由底板、靴梁、竖向隔板、锚栓支架肋板、锚栓等组成。底板的作用是将底板传来的压力，安全、直接、均匀地传给混凝土基础，因为混凝土的抗压强度远低于钢材的，这就要求底板面积足够大。为了增加底板的刚度和传力的均匀性，柱脚上设置了靴梁和隔板，柱压力通过靴梁均匀地扩散到底板上。柱传来的弯矩会产生拉力，拉力将使底板和基础分离，为避免其分离，由锚栓来承担拉力，所以锚栓是刚接柱脚中重要的受力部件，锚栓的直径和数量应当根据受力情况由计算确定。锚栓不能直接固定在底板上，必须固定在锚栓支架上。锚栓支架由肋板和安全锚栓的平板组成，为便于安装，锚栓不宜穿过底板。

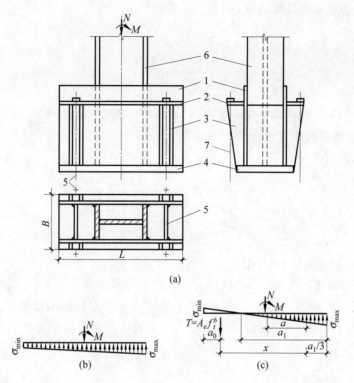

1—靴梁；2—平板；3—锚栓支架肋板；4—底板；5—竖向隔板；6—柱；7—锚栓中心线。

图 5-23 整体式刚接柱脚

2. 整体式柱脚的计算

刚接柱脚只传递轴心压力和弯矩,柱上传来的剪力由底板和基础之间的摩擦力或专门设置的抗剪键传递。

1) 底板的计算

设底板和基础面的应力按直线分布(图 5-23(b)、(c)),则根据弹性条件 4

$$\sigma_{max} = \frac{N}{BL} + \frac{6M}{BL^2} \leqslant f_{ce} \tag{5-51}$$

式中：B——底板宽度(mm),由构造决定；

L——底板长度(mm),由式(5-51)算出；

M、N——分别为基础承受的弯矩(N)和轴向压力(N)的设计值(应取使底板产生最大压应力的内力组合)；

f_{ce}——混凝土的抗压强度设计值(N/mm^2)。

当 B 和 L 选定后,由式(5-52)算出最大、最小应力：

$$\frac{\sigma_{max}}{\sigma_{min}} = \frac{N}{BL} \pm \frac{6M}{BL^2} \tag{5-52}$$

2) 锚栓计算

若 $\sigma_{min} \geqslant 0$(图 5-23(b)),说明底板全部受压,锚栓根据构造设置。若 $\sigma_{min} < 0$,说明底板

部分受压,则锚栓承担全部拉力 T(图 5-23(c))为

$$T = (M - Na)/x \tag{5-53}$$

锚栓所需的总有效面积为

$$A_e = \frac{T}{f_t^b} \tag{5-54}$$

式中: M、N——分别为基础承受的弯矩(N)和轴力(N)设计值;

f_t^b——锚栓抗拉强度设计值(N/mm^2)。

由图 5-23(c)可得

$$a = \frac{L}{2} - \frac{a_1}{3}, \quad a_1 = \frac{\sigma_{max} L}{\sigma_{max} + \sigma_{min}}$$

$$x = L - a_0 - \frac{a_1}{3}$$

一般柱脚每侧各设置 2~4 个直径为 30~75 mm 的锚栓。

3) 其他部分计算

轴心受压柱脚,厚度一般不小于 20 mm;靴梁按支承在柱边的双悬臂外伸梁计算;隔板按简支梁计算;锚栓支架肋板按悬臂梁计算;锚栓支架平板按构造在 20~40 mm 厚度中选取。

习题

5.1 某梁端铰接的拉弯构件,截面为热轧 H 型钢 HN 500×200×10×16,钢材为 Q355B。作用力如图 5-24 所示,截面无削弱,要求确定构件所能承受的最大轴线拉力。

5.2 图 5-25 所示热轧 H 型钢柱,截面为 HM 588×300×10×20,钢材为 Q355B,钢两端铰接,截面无削弱,承受轴心压力设计值 $N = 800$ kN,跨中集中力设计值 $F = 100$ kN。

①验算平面内稳定;②根据平面外稳定性不低于平面内稳定性的原则确定此柱需要几道侧向支承。

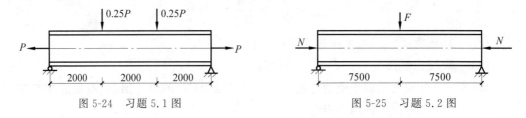

图 5-24 习题 5.1 图   图 5-25 习题 5.2 图

5.3 试验算图 5-26 所示偏心受压柱。压力设计值 $F = 1000$ kN,偏心距 $e_1 = 150$ mm,$e_2 = 100$ mm。截面为焊接 T 形,力作用于对称轴平面内翼缘一侧。杆长 8 m,两端铰接,杆中点侧向(垂直于对称轴平面)有一支承点。钢材为 Q355B。

5.4 某两端双向铰接长 10 m 的箱型截面压弯构件,承受轴向压力设计值 $N = 1000$ kN,端弯矩设计值 $M_x = 700$ kN·m,材料为 Q235 钢,构件截面尺寸如图 5-27 所示。试验算其能否可靠工作。

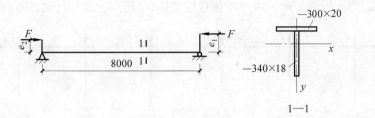

图 5-26　习题 5.3 图

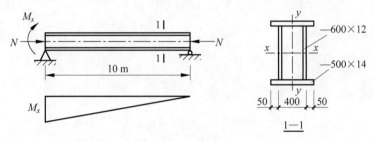

图 5-27　习题 5.4 图

5.5　影响等截面框架柱计算长度的主要因素有哪些？

5.6　什么是框架的有侧移失稳和无侧移失稳？

5.7　框架柱的计算长度系数由弹性稳定理论得出，它是否同样适用于进入弹塑性范围工作的框架柱？为什么？

5.8　什么是摇摆柱？它对框架柱的稳定承载力有何影响？

5.9　图 5-28 所示超静定桁架承受竖向荷载 P，因竖杆压缩而在两斜杆中产生压力 250 kN。桁架的水平荷载则使两斜杆分别产生拉力和压力 150 kN。试确定下列两种情况斜杆在桁架平面外的计算长度。

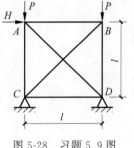

图 5-28　习题 5.9 图

（1）两斜杆在交叉点均不中断；

（2）一根斜杆在交叉点中断并用节点板搭接（先选择哪一根杆中断，然后确定连续杆的计算长度）。

5.10　试确定图 5-29 所示两种无侧移框架的柱计算长度，各杆惯性矩相同。

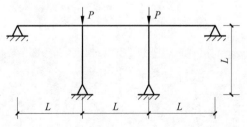
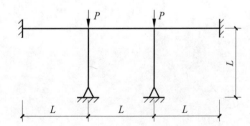

图 5-29　习题 5.10 图

5.11　试确定图 5-30 所示两种有侧移框架的柱计算长度,各杆惯性矩相同。

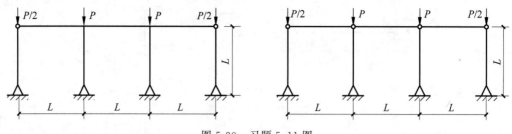

图 5-30　习题 5.11 图

第6章

钢结构的连接

6.1 概述

钢结构是由钢板或型钢通过连接组成构件,各构件再通过一定的安装连接而组成整体结构。选定合理的连接方案是钢结构设计中的重要环节,其合理与否直接影响结构的安全、寿命和造价。

对连接部位(节点)的基本要求是有足够的强度、刚度和延性;传力应直接可靠,各部分受力明确,尽可能避免严重的应力集中;构造简单,便于制作和安装。

钢结构的连接方法主要有铆钉连接、焊缝连接、螺栓连接等。其中普通螺栓连接使用最早,约从 18 世纪中叶开始。19 世纪 20 年代开始使用铆钉连接。19 世纪下半叶出现焊缝连接,在 20 世纪 20 年代后逐渐广泛使用并取代铆钉连接成为钢结构的主要连接方法。20 世纪中叶又发展使用高强度螺栓,现已在钢结构安装中得到广泛的应用。

钢结构的铆钉连接一般采用热铆的制造方法。热铆是由烧红的钉坯插入构件的钉孔中,用铆钉枪或压铆机铆合而成。铆钉的材料应有良好的塑性,通常采用专用钢材 BL2 和 BL3 号钢制成。铆钉连接的塑性和韧性较好,传力可靠,质量易于检查,特别适合于重型和直接承受动力荷载的结构。但铆钉连接由于构造复杂,费钢费工,打铆时噪声大,劳动条件差,目前已很少采用。

焊缝连接的优点是构造简单,不削弱构件截面,省材,加工方便,易于实现自动化,密封性好,刚度大;缺点是焊缝附近材质变脆,存在残余应力和残余变形,局部裂缝一经发生便容易扩展到整体,焊接结构冷脆性能突出。

受力和构造焊缝可采用对接焊缝、角接焊缝、对接与角接组合焊缝、塞焊焊缝、槽焊焊缝。重要连接或有等强要求的对接焊缝应为熔透焊缝,较厚板件或无须焊透时可采用部分熔透焊缝。

钢结构焊接连接构造设计应符合下列要求:①尽量减少焊缝的数量和尺寸;②焊缝的布置宜对称于构件截面的形心轴;③节点区留有足够空间,便于焊接操作和焊后检测;④应避免焊缝密集和双向、三向相交;⑤焊缝位置应避开高应力区;⑥焊缝接头宜选择等强配比。当不同强度的钢材连接时,可采用与低强度钢材相适应的焊接材料。

螺栓连接分普通螺栓连接和高强度螺栓连接两种。

普通螺栓分为 A、B、C 三级。A 级与 B 级为精制螺栓,C 级为粗制螺栓。5.6 级和 8.8

级普通螺栓为 A 级或 B 级螺栓,4.6 级或 4.8 级普通螺栓为 C 级螺栓。螺栓性能等级的含义是(以 4.8 级为例)：小数点前的数字"4"表示螺栓成品的抗拉强度不小于 400 N/mm²,小数点及小数点以后数字".8"表示屈强比(屈服点与抗拉强度之比)为 0.8。

C 级螺栓由未经加工的圆钢压制而成。由于螺栓表面粗糙,一般采用在单个零件上一次冲成或不用钻模钻成的孔(Ⅱ类孔)。螺栓孔的直径比螺栓杆的直径大 1.0～1.5 mm。对于采用 C 级螺栓的连接,由于螺杆与栓孔之间有较大的间隙,受剪力作用时,将会产生较大的剪切滑移,连接的变形大。但安装方便,且能有效地传递拉力,故一般可用于沿螺栓杆轴受拉的连接中,以及次要结构的抗剪连接或安装时的临时固定。

A、B 级精制螺栓是由毛坯在车床上经过切削加工精制而成。表面光滑,尺寸准确,被连接构件要求制成Ⅰ类孔,螺杆直径与孔径相差 0.2～0.5 mm,螺杆直径仅允许负公差,螺栓孔直径仅允许正公差,对成孔质量要求高。由于有较高的精度,所以受剪性能好。但制作和安装复杂,价格较高,已很少在钢结构中采用。

高强螺栓一般采用 45 号钢、40B 钢和 20MnTiB 钢加工制作,经热处理后,螺栓抗拉强度应分别不低于 800 N/mm² 和 1000 N/mm²,且屈强比分别为 0.8 和 0.9,因此,其性能等级分别称为 8.8 级和 10.9 级。

高强度螺栓分大六角头型(图 6-1(a))和扭剪型(图 6-1(b))两种。安装时通过特别的扳手,以较大的扭矩上紧螺母,使螺杆产生很大的预拉力。高强螺栓的预拉力把被连接的部件夹紧,使部件的接触面间产生很大的摩擦力,外力通过摩擦力来传递。这种连接称为高强度螺栓摩擦型连接。它的优点是施工方便,对构件的削弱较小,可拆换,能承受动力荷载,耐疲劳,韧性和塑性好,包含了普通螺栓和铆钉连接的优点,目前已成为代替铆接的优良连接形式。另外,高强度螺栓也可同普通螺栓一样,允许接触面滑移,依靠螺栓杆和螺栓孔之间的承压来传力。这种连接称为高强度螺栓承压型连接。

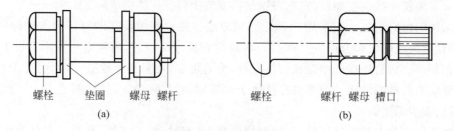

图 6-1　高强度螺栓

(a) 大六角头型；(b) 扭剪型

摩擦型连接的剪切变形小,受力良好,耐疲劳,可拆换,安装简单,动力性能好；承压型连接的承载力高于摩擦型,但剪切变形大,不得用于承受动力荷载的结构中。

6.2　焊缝连接

6.2.1　焊缝连接形式

焊缝连接形式可按被连接件间的相对位置划分,一般分为平接、搭接、T 形连接和角接四种,其基本形式如图 6-2 所示。

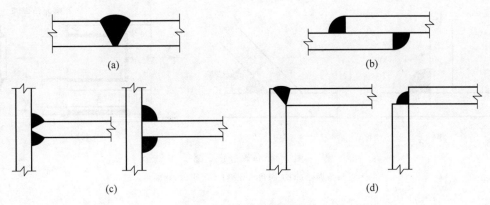

图 6-2　焊缝的连接形式

（a）平接；（b）搭接；（c）T 形连接；（d）角接

6.2.2　焊缝种类

按受力和构造不同,焊缝可分为对接焊缝、角焊缝、对接与角接组合焊缝、塞焊焊缝、槽焊焊缝。

1. 对接焊缝

对接焊缝,即在两焊件接触面之间用焊缝金属填塞,传递内力。根据焊缝填充情况,又可以分为全熔透对接焊缝和部分熔透对接焊缝,如图 6-3 所示。

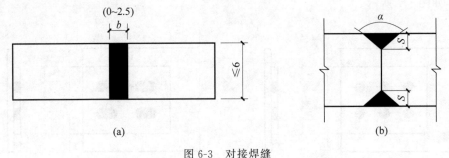

图 6-3　对接焊缝

（a）I 形全熔透对接焊缝；（b）V 形部分熔透对接焊缝

2. 角焊缝

角焊缝按照截面形式的不同可分为:直角角焊缝和斜角角焊缝,如图 6-4(a)、(b)所示。按照焊缝长度方向与受力方向的不同,又可分为垂直于受力方向的正面角焊缝和平行于受力方向的侧面角焊缝,如图 6-4(c)所示。

3. 对接与角接组合焊缝

在 T 形、十字形及角接接头设计中,对于承受静荷载的节点,在满足接头强度计算要求的条件下,宜用部分熔透的对接与角接焊缝代替全熔透坡口焊缝,如图 6-5 所示。对于直接承受动力荷载作用的对接与角接焊缝,为了传递集中动力荷载,应采用全熔透的对接与角接焊缝,如图 6-6 所示。

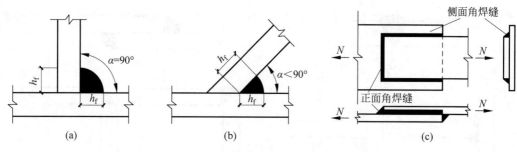

图 6-4　角焊缝示意图

（a）直角角焊缝；（b）斜角角焊缝；（c）正面、侧面角焊缝

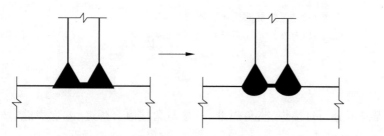

图 6-5　采用部分熔透对接与角接组合焊缝代替全焊透坡口焊缝

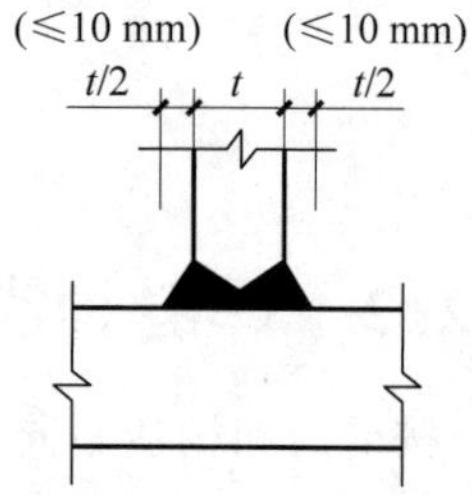

图 6-6　焊透 T 形对接焊缝

4. 塞焊与槽焊焊缝

塞焊和槽焊是分别将被连接件开圆孔和长圆孔，然后在孔中焊接并填满孔形的一种连接形式，如图 6-7 所示。

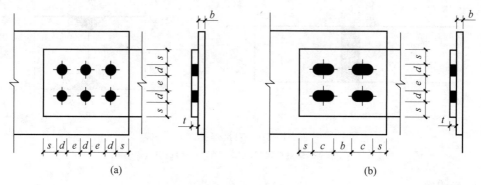

图 6-7　塞焊与槽焊截面图

（a）塞焊；（b）槽焊

6.2.3　常用的焊接方法

常用的焊接方法有电弧焊、电渣焊、电阻焊、气焊等。

1. 电弧焊

电弧焊的质量比较可靠，是钢结构最常用的焊接方法。电弧焊分为手工电弧焊、自动或半自动电弧焊、气体保护焊。

　　手工电弧焊(图 6-8)的焊接工艺为：①采用涂有焊药的焊条；②通电后，焊条与焊件之间产生电弧；③高热量使焊条熔化而形成焊缝。焊条的选用应与焊件金属的强度相适应，例如：Q235 钢焊件采用 E43 型焊条；Q355、Q390 和 Q345GJ 钢焊件采用 E50 型或 E55 型焊条，Q420 和 Q460 钢焊件采用 E55 型或 E60 型焊条。两种不同钢材连接时，宜采用低强度钢材所适用的焊条，例如 Q235 和 Q355 钢相焊接，应采用 E43 型焊条。手工电弧焊的缺点是工作环境恶劣，焊缝质量波动大，生产效率低，劳动强度大。其优点为设备简单、适应性强，因此应用最广泛。

　　自动或半自动电弧焊(图 6-9)，是焊丝埋在焊剂层下(埋弧焊)，焊缝不和外界空气接触，焊缝质量均匀，塑性好，冲击韧性高。对焊丝、焊剂的要求是保证熔敷金属的抗拉强度不低于相应手工焊条的数值，例如：对 Q235 钢焊件，用 H08、H08A 焊丝配合高锰、高硅型焊剂；对 Q355 焊件，用 H80A、H80E 焊丝配合高锰焊剂等。焊接工艺为：①采用无涂层焊药的焊丝，埋在焊剂下；②通电后电弧使焊丝、焊剂形成焊缝；③熔化后的焊剂成为焊渣，浮在金属面上。自动或半自动电弧焊的优点是焊缝质量好，生产效率高。缺点是需专用焊接设备，成本高。

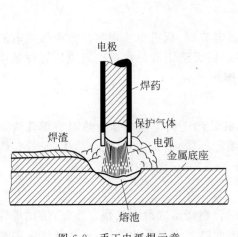

图 6-8　手工电弧焊示意

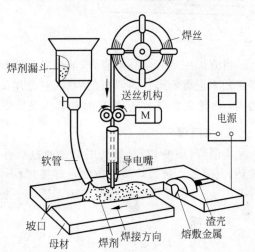

图 6-9　自动或半自动电弧焊示意

　　气体保护焊(图 6-10)是利用二氧化碳气体或者其他惰性气体作为保护介质的一种电弧熔焊方法，其焊接工艺主要为：①采用无涂层焊药的成盘光焊丝，通过丝盘送丝；②先由喷嘴喷出 CO_2 气体保护气体，把电弧、熔池与大气隔离进行保护；③再开始沿施焊方向施焊；④最后滞延停气。气体保护焊的优点是防止有害气体的侵入并保证焊接过程的稳定性；焊缝熔化区没有熔渣，焊工能够清楚地看到焊缝成形的过程；由于保护气体是喷射的，有助于熔滴的过渡，又由于热量集中，焊件熔深较大，故所形成的焊缝质量比手工电弧焊要好，且焊接速度较快；气体保护焊的焊接效率高，适用于全位置的焊接。这种焊接方式的主要缺点是在室外作业，特别是在高空作业时，需要有一定的防风措施，以防保护气体被吹散而导致气孔、焊坑缺陷。

2. 电渣焊

　　电渣焊(图 6-11)是利用电流通过熔渣所产生的电阻热作为热源，将填充金属和母材熔化，凝固后形成金属原子间牢固连接的一种焊接方法。在开始焊接时，使焊丝与起焊槽短路起弧,不断加入少量固体焊剂,利用电弧的热量使之熔化,形成液态熔渣,待熔渣达到一定深度时,增加焊丝的送进速度,并降低电压,使焊丝插入渣池,电弧熄灭,从而转入电渣焊焊接过程。

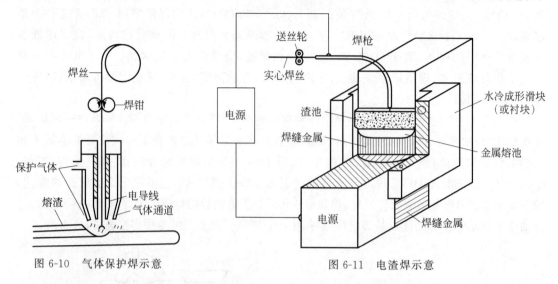

图 6-10　气体保护焊示意　　　　　　图 6-11　电渣焊示意

电渣焊主要有熔嘴电渣焊、非熔嘴电渣焊、丝极电渣焊、板极电渣焊等。其中熔嘴电渣焊常用来进行箱形柱内隔板的焊接,它是用细直径冷拔无缝钢管外涂药皮制成的管焊条作熔嘴;焊丝在管内送进,焊接时和管焊条熔嘴一起熔化。

3. 电阻焊

电阻焊(图 6-12)是指利用电流通过焊件及接触处产生的电阻热作为热源将焊件局部加热,同时加压进行焊接的方法。焊接时,不需要填充金属,不采用焊接材料,生产率高,焊件变形小,容易实现自动化。电阻焊适用于板厚为 6~12 mm 的焊接。

4. 气焊

气焊(图 6-13)是指利用可燃气体与助燃气体混合燃烧生成的火焰作为热源,熔化焊件和焊接材料使之达到原子间结合的一种焊接方法。助燃气体主要为氧气,可燃气体主要采用乙炔等。所使用的焊接材料主要包括可燃气体、助燃气体、焊丝、气焊熔剂等。气焊优点为设备简单,不需要用电,使用灵活。缺点为生产效率低,危险性高。气焊适用于钢板厚度薄的连接,一般小厂家备用此焊接设备。

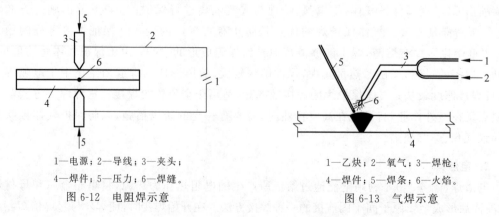

1—电源;2—导线;3—夹头;　　　　　1—乙炔;2—氧气;3—焊枪;
4—焊件;5—压力;6—焊缝。　　　　　4—焊件;5—焊条;6—火焰。

图 6-12　电阻焊示意　　　　　　　　图 6-13　气焊示意

6.2.4　焊缝的缺陷和级别

1. 焊缝缺陷

裂纹是最危险的缺陷,产生裂纹的因素很多。采用合理的施焊次序,可以减少焊接应力,避免出现裂纹;焊前对焊件预热等也可以减少裂纹出现的概率。气孔是由空气入侵等形成的;其他缺陷有烧穿、夹渣、未焊透、咬边和焊瘤等。各种焊缝缺陷如图 6-14 所示。

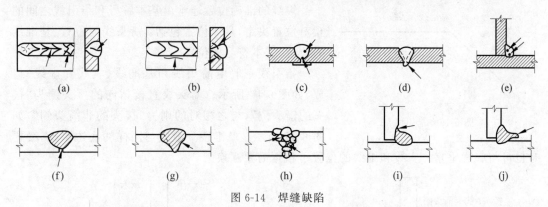

图 6-14　焊缝缺陷

(a) 热裂纹分布示意图;(b) 冷裂纹分布示意图;(c) 气孔;(d) 烧穿;(e) 夹渣;
(f) 根部未焊透;(g) 边缘未融合;(h) 焊缝层间未融合;(i) 咬边;(j) 焊瘤

2. 质量检验

为了确保结构和构件的受力性能和焊接连接的可靠质量,焊缝质量检验非常重要。焊缝质量检验一般可用外观检查及内部无损检验,前者检查外观缺陷和几何尺寸,后者检查内部缺陷。内部无损检验目前广泛采用超声波检验,使用灵活、经济,对内部缺陷反应灵敏,但不易识别缺陷性质;有时还用磁粉检验、荧光检验等较简单的方法作为辅助;当前最明确可靠的检验方法是 X 射线或 γ 射线透照或拍片,X 射线应用较广泛。

《钢结构工程施工质量验收标准》(GB 50205—2020)规定焊缝按其检验方法和质量要求分为一级、二级和三级。三级焊缝只要求对全部焊缝作外观检查且符合三级质量标准;一级、二级焊缝则除外观检查外,还要求一定数量的超声波检验并符合相应级别的质量标准。

3. 施焊方位

施焊方位有俯焊(平焊)、立焊、横焊和仰焊,如图 6-15 所示。其中,俯焊施焊方便,质量易保证;仰焊操作条件最差,焊缝质量不易保证,应尽量避免。

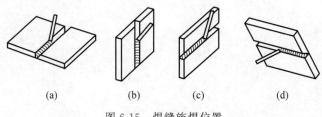

图 6-15　焊缝施焊位置

(a) 俯焊(平焊);(b) 立焊;(c) 横焊;(d) 仰焊

6.2.5　焊缝的标注与符号

1. 焊缝标注

在钢结构施工图上一般用焊缝符号标明焊缝或接头的形式、尺寸和辅助要求。现行《焊缝符号表示法》(GB/T 324—2008)规定：完整的焊缝符号包括基本符号、指引线、补充符号、尺寸符号及数据等。为了简化标注，在图样上标注焊缝时通常只采用基本符号和指引线。

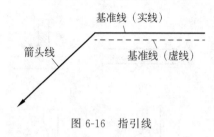

图 6-16　指引线

焊缝的准确位置通常由基本符号和指引线之间的相对位置决定，具体位置包括：箭头线的位置、基准线的位置、基本符号的位置。

指引线一般由箭头线和基准线（实线和虚线）组成，如图 6-16 所示。箭头线直接指向的接头侧为"接头的箭头侧"，与之相对的则为"接头的非箭头侧"，如图 6-17 所示。基准线一般应与图样的底边平行，必要时也可与底边垂直。实线和虚线的位置可根据需要互换。

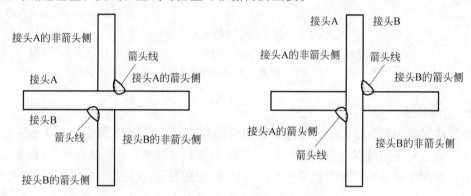

图 6-17　接头的"箭头侧"及"非箭头侧"示例

基本符号与基准线的相对位置表示不同的含义：基本符号在实线侧时，表示焊缝在箭头侧，参见图 6-18(a)；基本符号在虚线侧时，表示焊缝在非箭头侧，参见图 6-18(b)；对称焊缝允许省略虚线，参见图 6-18(c)；在明确焊缝分布位置的情况下，有些双面焊缝也可省略虚线，参见图 6-18(d)。

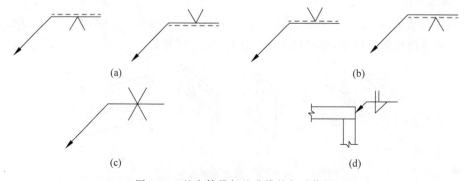

图 6-18　基本符号与基准线的相对位置

(a) 焊缝在接头的箭头侧；(b) 焊缝在接头的非箭头侧；(c) 对称焊缝；(d) 双面焊缝

当需要注明焊缝尺寸要求时,可以在焊缝符号中标注尺寸,尺寸符号参见表 6-1。

表 6-1　尺寸符号

符号	名称	示意图	符号	名称	示意图
δ	工件厚度		c	焊缝宽度	
α	坡口角度		K	焊脚尺寸	
β	坡口面角度		d	点焊:熔核直径 塞焊:孔径	
b	根部间隙		n	焊缝段数	
p	钝边		l	焊缝长度	
R	根部半径		e	焊缝间距	
H	坡口深度		N	相同焊缝数量	
S	焊缝有效厚度		h	余高	

横向尺寸应标注在基本符号的左侧;纵向尺寸应标注在基本符号的右侧;坡口角度、坡口面角度、根部间隙应标注在基本符号的上侧或下侧;相同焊缝数量标注在尾部;当尺寸较多不易分辨时,可在尺寸数据前标注相应的尺寸符号。当箭头线方向改变时,上述规则不变。尺寸的具体标注方法参见图 6-19。

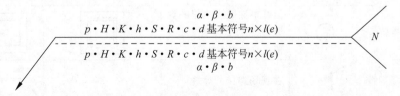

图 6-19　尺寸标注方法《焊缝符号表示法》(GB/T 324—2008)

关于尺寸标注的其他规定:确定焊缝位置的尺寸不在焊缝符号中标注,应将其标注在图样上。在基本符号的右侧无任何尺寸标注又无其他说明时,意味着焊缝在整个长度方向上是连续的;在基本符号的左侧无任何尺寸标注又无其他说明时,意味着对接焊缝应完全焊透;塞焊缝、槽焊缝带有斜边时,应标注其底部的尺寸。

2. 焊缝的符号

基本符号用以表示焊缝截面形状，符号的线条宜粗于指引线，常用的一些基本符号见表 6-2。

表 6-2 常用焊缝基本符号（GB/T 324—2008）

名称	I 形焊缝	V 形焊缝	单边 V 形焊缝	带钝边 V 形焊缝
符号	‖	∨	⌴	Y

名称	带钝边 U 形焊缝	角焊缝	塞焊缝与槽焊缝	点焊缝
符号	∪	△	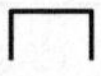 ⊓	○

补充符号是为了补充说明焊缝的某些特征而采用的符号，如带有垫板、三面或四面围焊及工地施焊等。钢结构中常用的补充符号见表 6-3。

表 6-3 焊缝符号中的补充符号（GB/T 324—2008）

	名称	符号	说　明	焊缝示意图	示　例
补充符号	平面	—	焊缝表面通常经过加工后平整		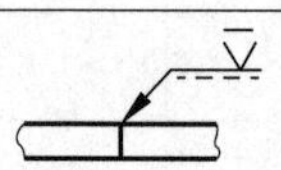
	凹面	⌣	焊缝表面凹陷	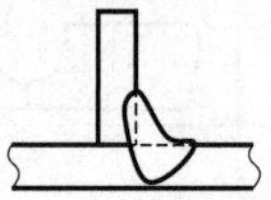	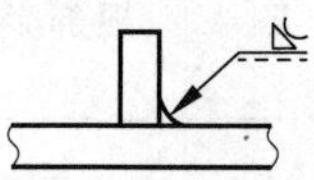
	凸面	⌢	焊缝表面突起		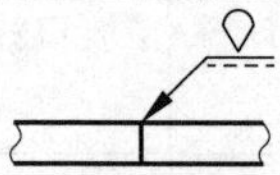
	圆滑过渡	 ⌣	焊趾处过渡圆滑	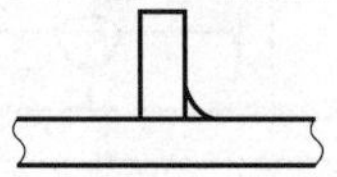	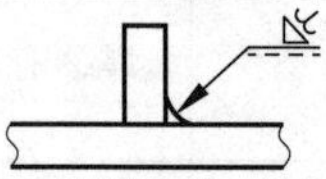
	永久衬垫	M	衬垫永久保留	—	—
	临时衬垫	MR	衬垫在焊接完成后拆除	—	—
	三面焊缝	⊏	三面带有焊缝	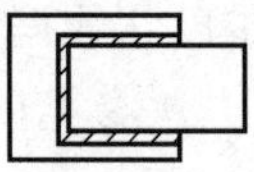	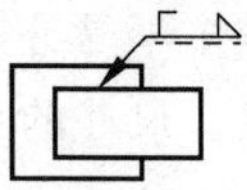
	周围焊缝	○	沿着工件周边施焊的焊缝，标注位置为基准线与箭头线的交点处		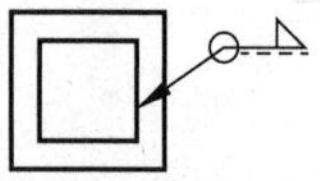
	现场焊缝	▶	在现场焊接的焊缝	—	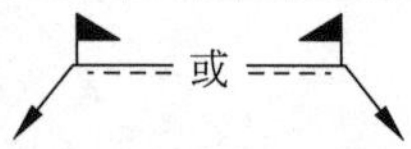 或
	尾部	＜	可以表示所需的信息	—	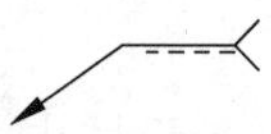

当焊缝分布不规则时，在标注焊缝符号的同时，可按《建筑结构制图标准》（GB/T 50105—2010）的规定，宜在焊缝处加中实线（表示可见焊缝），或加细栅线（表示不可见焊缝），如图 6-20 所示。

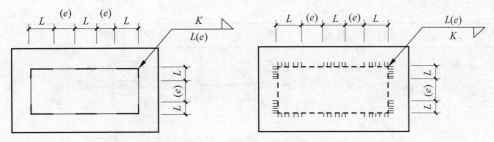

图 6-20　不规则焊缝的标注方法

6.3　对接焊缝

6.3.1　全熔透对接焊缝的构造要求

现行国家规范中,《气焊、焊条电弧焊、气体保护焊和高能束焊的推荐坡口》(GB/T 985.1—2008)以及《埋弧焊的推荐坡口》(GB/T 985.2—2008)两个规范,按照完全熔透的原则,规定了对接接头的坡口形式和尺寸,而对于不完全熔透的对接接头,允许采用其他形式的焊接坡口。坡口可分为单面对接焊坡口和双面对接焊坡口两大类,常见的坡口形式有 I 形(即不开坡口)、V 形、X 形、单边 V 形、K 形、U 形、单边 U 形,坡口代号、具体名称、尺寸数据以及横截面示意图见表 6-4～表 6-6。

表 6-4　坡口形式代号(《钢结构焊接规范》(GB 50661—2011))

代　　号	坡　口　形　式
I	I 形坡口
V	V 形坡口
X	X 形坡口
L	单边 V 形坡口
K	K 形坡口
U[①]	U 形坡口
J[①]	J 形坡口(单边 U 形坡口)

① 当钢板厚度不小于 50 mm 时,可采用 U 形或 J 形坡口。

表 6-5　坡口形式(GB/T 985.1—2008)

母材厚度/mm	坡口/接头种类	横截面示意图	焊缝示意图	备　　注
$t \leqslant 4$	I 形坡口 (单面对接焊坡口)			—
$3 < t \leqslant 15$				必要时加衬垫
$t \leqslant 15$	I 形坡口 (双面对接焊坡口)			—
$5 < t \leqslant 40$	V 形坡口(带钝边) (单面对接焊坡口)			—

续表

母材厚度/mm	坡口/接头种类	横截面示意图	焊缝示意图	备　注
$3 \leqslant t \leqslant 40$	V 形坡口 （双面对接焊坡口）			封底
$t > 12$	U 形坡口 （单面对接焊坡口）			—
$t > 12$	U 形坡口 （双面对接焊坡口）			封底

表 6-6　坡口形式（GB/T 985.2—2008）

母材厚度/mm	坡口/接头种类	横截面示意图	焊缝示意图	备　注
$3 \leqslant t \leqslant 12$	平对接焊缝 （单面对接焊坡口）			带衬垫，衬垫厚度至少为 5 mm 或 0.5t
$3 \leqslant t \leqslant 20$	平对接焊缝 （双面对接焊坡口）			间隙应符合公差要求
$10 \leqslant t \leqslant 20$	V 形焊缝 （单面对接焊坡口）			带衬垫，衬垫厚度至少为 5 mm 或 0.5t
$10 \leqslant t \leqslant 35$	带钝边 V 形焊缝/封底 （双面对接焊坡口）			根部焊道可用其他方法焊接
$t \geqslant 30$	U 形焊缝 （单面对接焊坡口）			带衬垫，衬垫厚度至少为 5 mm 或 0.5t
$t \geqslant 30$	U 形焊缝/封底焊缝 （双面对接焊坡口）			—

　　表 6-5 中的坡口形式是采用气焊、焊条电弧焊、气体保护焊或高能束焊接时所推荐的，表 6-6 中的坡口形式是采用埋弧焊时所推荐的。对比表 6-5 和表 6-6 可以看出对于不同的焊接方法，同一种对接坡口的相关要求会存在一定的差异。常用的对接坡口形式还有单边 V 形坡口、J 形坡口（单边 U 形坡口）、K 形坡口以及与角焊缝单面焊和双面焊相应的各种接头形式，具体请参考《气焊、焊条电弧焊、气体保护焊和高能束焊的推荐坡口》（GB/T 985.1—2008)和《埋弧焊的推荐坡口》（GB/T 985.2—2008）。

　　在钢板宽度或厚度有变化的连接中，为了减少应力集中，其连接处坡度值不宜大于 1：2.5，形成平缓过渡（图 6-21）。当较薄板件厚度大于 12 mm 且一侧厚度差不大于 4 mm 时，焊缝表面的斜度已足以满足和缓传递的要求，焊缝的计算厚度取较薄板的厚度；当较薄板件厚度不大于 9 mm 且不采用斜角时，一侧厚度差容许值为 2 mm；其他情况下一侧厚度差容许值为 3 mm。

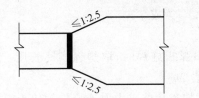

图 6-21　不同宽度或厚度的钢板拼接

　　对接焊缝的起弧和落弧点，常因不能熔透而出现焊口，形成类裂纹和应力集中。一般的焊缝计算长度 l_w 应为实际长度减去 $2h_e$（h_e 为较薄焊件厚度）。为消除焊口影响，焊接时可将焊缝的起点和终点延伸至引弧板（图 6-22）上，焊后将引弧板切除，并用砂轮将表面磨平，此时焊缝 l_w 即为实际长度。

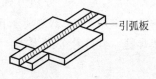

图 6-22　引弧板

　　焊缝的质量等级应根据结构的重要性、荷载特性、焊缝形式、工作环境以及应力状态等情况，按下列原则选用。

　　(1) 在承受动荷载且需要进行疲劳验算的构件中，凡要求与母材等强连接的焊缝应焊透，其质量等级应符合下列规定：①作用力垂直于焊缝长度方向的横向对接焊缝或 T 形对接与角接组合焊缝，受拉时应为一级，受压时不应低于二级；②作用力平行于焊缝长度方向的纵向对接焊缝不应低于二级；③重级工作制（A6～A8）和起重量 $Q \geqslant 50$ t 的中级工作制（A4、A5）吊车梁的腹板与上翼缘之间以及吊车桁架上弦杆与节点板之间的 T 形连接部位焊缝应焊透，焊缝形式宜为对接与角接的组合焊缝，其质量等级不低于二级。

　　(2) 在工作环境温度低于或等于 −20℃ 的地区，构件对接焊缝的质量不得低于二级。

　　(3) 不需要疲劳验算的构件中，凡要求与母材等强的对接焊缝宜焊透，其质量等级受拉时不应低于二级，受压时不宜低于二级。

　　(4) 部分焊透的对接焊缝、采用角焊缝或部分焊透的对接与角接组合焊缝的 T 形连接部位以及搭接连接角焊缝，其质量等级应符合下列规定：①直接承受动荷载且需要疲劳验算的结构和吊车起重量大于或等于 50 t 的中级工作制吊车梁以及梁柱、牛腿等重要节点不应低于二级；②其他结构可为三级。

6.3.2　全熔透对接焊缝的计算

如果焊缝中不存在任何缺陷，焊缝金属的强度一般是高于母材的。但是由于焊接技术的问题，焊缝中有时会不可避免地出现夹渣、气孔、未焊透、咬边等焊接缺陷。相关试验表明，焊接缺陷的存在对对接焊缝抗压强度无明显影响，可认为与母材强度等强；但是焊缝缺陷对对接焊缝的抗拉强度影响较大，对质量等级为一、二级的对接焊缝，其抗拉强度可认为与母材强度相同，对于质量等级为三级的焊缝，考虑到可能存在的缺陷较多，故取其抗拉强度为母材强度的 85%。所以只对承受拉应力的三级对接焊缝才需专门进行焊接抗拉强度的计算。

（1）在对接和 T 形连接中，承受轴心力的对接焊缝或对接与角接组合焊缝，其强度应按式（6-1）计算：

$$\sigma = N/l_w h_e \leqslant f_t^w \text{ 或 } f_c^w \tag{6-1}$$

式中：N——轴心拉力或压力设计值（N）；

　　　l_w——焊缝的计算长度（mm），当采用引弧板施焊时，取焊缝实际长度，当未采用引弧板时，每条焊缝取实际长度减去 $2h_e$；

　　　h_e——对接焊缝的计算厚度（mm），在对接连接节点中取连接件的较小厚度，在 T 形连接节点中取腹板的厚度；

　　　f_t^w, f_c^w——分别为对接焊缝的抗拉、抗压强度设计值（N/mm^2），可由附表 C-2 查得。

当采用图 6-23（a）所示正对接焊缝不能满足强度要求时，可采用图 6-23（b）所示的斜对接焊缝。其计算公式为

$$\sigma = \frac{N\sin\theta}{l_w h_e} \leqslant f_t^w \text{ 或 } f_c^w \tag{6-2}$$

$$\tau = \frac{N\cos\theta}{l_w h_e} \leqslant f_v^w \tag{6-3}$$

式中：θ——焊缝与作用力间的夹角（°）；

　　　l_w——斜焊缝的计算长度（mm），不采用引弧板时，$l_w = \dfrac{L}{\sin\theta} - 2h_e$，$L$ 为构件的宽度（mm）；

　　　f_t^w, f_c^w, f_v^w——分别为对接焊缝的抗拉、抗压、抗剪强度的设计值（N/mm^2），可由附表 C-2 查得。

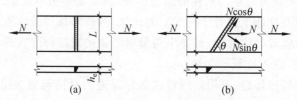

图 6-23　轴心力作用下对接焊缝连接

（a）正对接焊缝；（b）斜对接焊缝

计算证明，当 $\tan\theta \leqslant 1.5$ 时，斜对接焊缝强度不低于母材，可不必验算，读者可自行验证。

（2）在对接和 T 形连接中，承受弯矩和剪力共同作用的对接焊缝或对接与角接组合焊缝，其正应力和剪应力应分别进行计算：

$$\sigma_{\max} = \frac{M}{W_w} = \frac{6M}{l_w^2 h_e} \leqslant f_t^w \text{ 或 } f_c^w \tag{6-4}$$

$$\tau_{\max} = \frac{VS_w}{I_w h_e} \leqslant f_v^w \tag{6-5}$$

式中：$\sigma_{\max}$、$\tau_{\max}$——分别为最大正应力（N/mm^2）和最大剪应力（N/mm^2）；

M、V——分别为焊缝承受的弯矩（N·mm）和剪力（N）；

W_w——焊缝截面模量（mm^3）；

I_w——焊缝截面惯性矩（mm^4）。

图 6-24 所示是工字形截面梁的接头，采用对接焊缝，除应分别计算最大正应力和剪应力外，对于同时受到较大正应力和较大剪应力处，如腹板与翼缘的交接处"1"点，还应按式（6-6）计算折算应力：

$$\sqrt{\sigma^2 + 3\tau^2} \leqslant 1.1 f_t^w \tag{6-6}$$

式中：σ、τ——分别为计算点处的正应力（N/mm^2）和剪应力（N/mm^2）；

1.1——考虑到最大折算应力只在局部出现，而将强度设计值适当提高的系数。

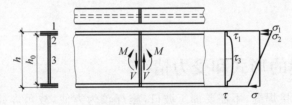

图 6-24 弯剪共同作用下的对接焊缝

6.3.3 部分熔透对接焊缝的计算

对于重要连接或有等强要求的对接焊缝应采用熔透焊缝，较厚板件或无需焊透时可采用部分熔透焊缝（图 6-25）。

部分熔透的对接焊缝以及 T 形对接与角接组合焊缝必须在设计图上注明坡口的形式和尺寸。坡口形式分为 V 形（图 6-25(a)）、单边 V 形（图 6-25(b)）、K 形（图 6-25(c)）、U 形（图 6-25(d)）和 J 形（图 6-25(e)）。从图中焊缝的截面形状可以看出，部分焊透的对接焊缝的截面形状与角焊缝类似，可视为在坡口内焊接的角焊缝，故部分熔透的对接焊缝和 T 形对接与角接组合焊缝的强度计算应按角焊缝的计算公式计算，当熔合线处焊缝截面边长等于或接近于最短距离 s 时，抗剪强度设计值应按角焊缝的强度设计值乘以 0.9。在垂直于焊缝长度方向的压力作用下，取 $\beta_f = 1.22$，其他情况取 $\beta_f = 1.0$，其计算厚度（单位为 mm）应按以下规定取值：

（1）V 形坡口：当 $\alpha \geqslant 60°$ 时，$h_e = s$；当 $\alpha < 60°$ 时，$h_e = 0.75s$。

（2）单边 V 形和 K 形坡口：当 $\alpha = 45° \pm 5°$ 时，$h_e = s - 3$。

（3）U 形和 J 形坡口：当 $\alpha = 45° \pm 5°$ 时，$h_e = s$。

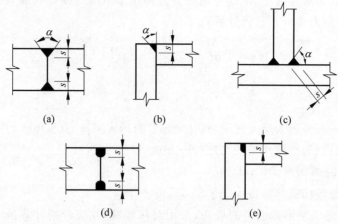

图 6-25　部分熔透的对接焊缝及其与角接焊缝的组合焊缝截面

（a）V 形；（b）单边 V 形；（c）K 形；（d）U 形；（e）J 形

其中：s 为坡口深度（mm），即根部至焊缝表面（不考虑余高）的最短距离；α 为 V 形、单边 V 形或 K 形坡口角度（°）。

6.4　角焊缝

6.4.1　角焊缝的形式和受力情况

角焊缝相较于对接焊缝，不需要加工坡口，施焊较为方便，故角焊缝广泛应用于工厂和工地的安装连接中。角焊缝按照截面形式可分为直角角焊缝和斜角角焊缝。直角角焊缝有等边、不等边和等边凹形三种截面形式，如图 6-26 所示。普通焊缝截面的两个直角边长 h_f 称为焊脚尺寸，最小截面在 45°方向，不计突出部分时的斜高 $h_e=0.7h_f$ 称为有效厚度；突出部分约 $0.1h_f$ 称为余高，在强度计算时不予计入。斜角角焊缝有凹形锐角、钝角和凹形钝角三种截面形式，如图 6-27 所示。目前常用等边直角焊缝截面。角焊缝按其与作用力的关系（图 6-28）又分为：焊缝与作用力平行的侧面角焊缝、焊缝与作用力垂直的正面角焊缝（端焊缝）、焊缝长度方向与作用力相倾斜的斜焊缝，以及由它们组合而成的围焊缝。

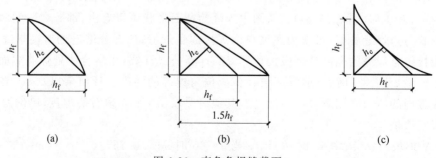

图 6-26　直角角焊缝截面

（a）等边直角焊缝截面；（b）不等边直角焊缝截面；（c）等边凹形直角焊缝截面

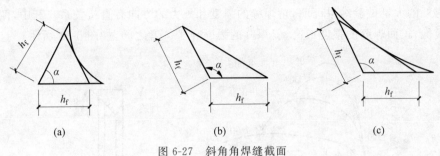

图 6-27 斜角角焊缝截面

(a) 凹形锐角焊缝截面;(b) 钝角焊缝截面;(c) 凹形钝角焊缝

侧面角焊缝(图 6-29)在轴心力 N 作用下,主要承受由轴力 N 产生的平行于焊缝长度方向的剪应力 τ_f,剪应力沿焊缝长度方向的分布不均匀,呈两端大而中间小的状态,因而在弹性阶段侧面角焊缝承载力和弹性模量均较低,但塑性变形性能较好,当焊缝不是很长时,两端出现塑性变形后将产生应力重分布,剪应力分布逐渐趋于均匀,计算时可按均匀分布考虑。侧面角焊缝的剪切破坏一般发生在 45°有效厚度 $h_e = 0.7h_f$ 处最小截面。焊缝破坏通常发生在最小截面,即沿 45°斜截面。

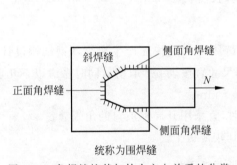

图 6-28 角焊缝按其与外力方向关系的分类

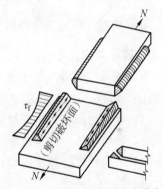

图 6-29 侧面角焊缝的应力分布

正面角焊缝在轴向力 N 作用下受力复杂,在焊缝根部既有正应力,也有剪应力,且分布很不均匀,焊根处存在着很严重的应力集中如图 6-30 所示。破坏时首先在焊缝根部开裂,然后扩展至整个焊缝截面。正面角焊缝刚度大,破坏时变形小,强度高于侧面角焊缝,但塑性变形比侧面角焊缝差些,常呈脆性破坏。

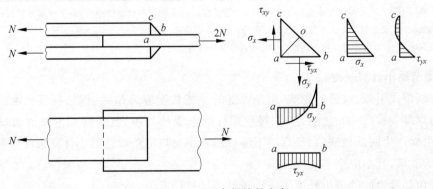

图 6-30 正面角焊缝的应力

国内外的大量试验结果证明,角焊缝的强度和外力的方向有直接关系。其中,侧面焊缝的强度最低,正面焊缝的强度最高,斜焊缝的强度介于二者之间,如图 6-31 所示。

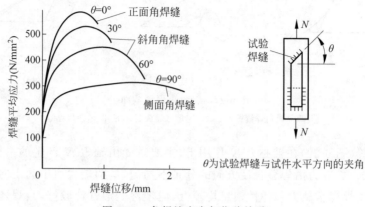

图 6-31　角焊缝应力与位移关系

6.4.2　角焊缝的构造要求

角焊缝的主要尺寸是焊脚尺寸 h_f 和焊缝计算长度 l_w。

1. 最小焊脚尺寸

为了保证角焊缝的最小承载能力,并防止焊缝因冷却过快而产生裂纹,《钢结构设计标准》(GB 50017—2017)规定了角焊缝的最小焊脚尺寸宜按表 6-7 取值。同时考虑以下几点:

(1) 承受动荷载时角焊缝焊脚尺寸不宜小于 5 mm;

(2) 被焊构件中较薄板厚度不小于 25 mm 时,宜采用开局部坡口的角焊缝;

(3) 采用角焊缝焊接连接,不宜将厚板焊接到较薄板上。

表 6-7　角焊缝最小焊脚尺寸　　　　　　　　　　　　　　　单位：mm

母材厚度 t	角焊缝最小焊脚尺寸 h_f
$t \leqslant 6$	3
$6 < t \leqslant 12$	5
$12 < t \leqslant 20$	6
$t > 20$	8

注：① 采用不预热的非低氢焊接方法进行焊接时,t 等于焊接连接部位中较厚件厚度,宜采用单道焊缝;采用预热的非低氢焊接方法或低氢焊接方法进行焊接时,t 等于焊接连接部位中较薄件厚度。

② 焊缝尺寸 h_f 不要求超过焊接连接部位中较薄件厚度的情况除外。

2. 焊缝最小计算长度

考虑到焊接引弧、收弧的影响,每条焊缝的计算长度应为扣除引弧、收弧长度后的焊缝长度。角焊缝焊脚尺寸长度过小时,将使焊件局部受热严重,且焊缝起落弧的弧坑相距太近,加上可能产生的其他缺陷,使焊缝不够可靠。因此规定角焊缝最小计算长度应为其焊脚尺寸 h_f 的 8 倍,且不应小于 40 mm。

断续角焊缝焊段的最小长度不应小于最小计算长度。

3. 搭接连接角焊缝的尺寸及布置

（1）传递轴向力的部件，其搭接接头最小搭接长度应为较薄件厚度的 5 倍，且不应小于 25 mm（图 6-32），并应施焊纵向或横向双角焊缝。

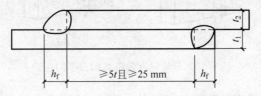

图 6-32　搭接连接双角焊缝的要求

t—t_1 和 t_2 中较小者；h_f—焊脚尺寸，按设计要求

（2）只采用纵向角焊缝连接型钢杆件端部时，型钢杆件的宽度不应大于 200 mm，当宽度大于 200 mm 时，应加横向角焊缝或中间塞焊；型钢杆件每一侧纵向角焊缝的长度不应小于型钢杆件的宽度。

（3）型钢杆件搭接连接采用围焊时，在转角处应连续施焊。杆件端部搭接角焊缝作绕焊时，绕焊长度不应小于焊脚尺寸的 2 倍，并应连续施焊。

（4）搭接焊缝沿母材棱边的最大焊脚尺寸，当板厚不大于 6 mm 时，应为母材厚度，当板厚大于 6 mm 时，应为母材厚度减去 1~2 mm（图 6-33）。

（5）用搭接焊缝传递荷载的套管连接可只焊一条角焊缝，其管材搭接长度 L 不应小于 $5(t_1+t_2)$，且不应小于 25 mm。搭接焊缝焊脚尺寸应符合设计要求（图 6-34）。

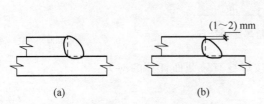

图 6-33　搭接焊缝沿母材棱边的最大焊脚尺寸

（a）母材厚度小于等于 6 mm 时；（b）母材厚度大于 6 mm 时

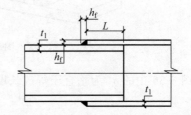

图 6-34　管材套管连接的搭接焊缝最小长度

h_f—焊脚尺寸，按设计要求

6.4.3　角焊缝的计算

角焊缝的应力状态极为复杂，精确求解较为困难，因而建立角焊缝计算公式要靠试验分析。实际计算在试验的基础上采用简化的方法，即假定焊缝破坏通常发生在沿 45°斜截面上（图 6-35），其面积为角焊缝的计算厚度 h_e 与焊缝计算长度 l_w 的乘积，此截面称为角焊缝的计算截面。同时假定截面上的应力沿焊缝计算长度均匀分布，而且角焊缝不分抗拉、抗压或抗剪都采用同一强度设计值 f_f^w。

国内对直角角焊缝的大批试验结果表明：正面焊缝的破坏强度是侧面焊缝的 1.35~1.55 倍，并且根据相关的试验数据，通过加权回归分析和偏于安全方面的修正，对任何方向的直角角焊缝（图 6-36）的强度条件可用式（6-7）表达：

$$\sqrt{\sigma_\perp^2+3(\tau_\perp^2+\tau_\parallel^2)} \leqslant \sqrt{3}\, f_f^w \tag{6-7}$$

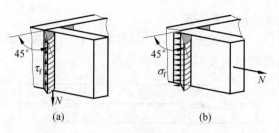

图 6-35 角焊缝有效破坏截面上的应力

式中：$\sigma_\perp$——垂直于焊缝有效截面（$h_e l_w$）的正应力（N/mm²）；

　　$\tau_\perp$——有效截面上垂直于焊缝长度方向的剪应力（N/mm²）；

　　$\tau_{/\!/}$——有效截面上平行于焊缝长度方向的剪应力（N/mm²）；

　　f_f^w——角焊缝的强度设计值（即侧面焊缝的强度设计值）（N/mm²）。

式(6-7)的计算结果与国外的试验和推荐的计算方法是相符的。现将式(6-7)转换为便于使用的计算式。

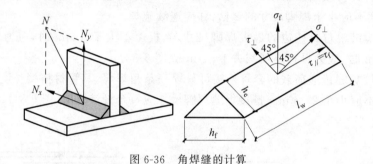

图 6-36 角焊缝的计算

图 6-36 中的 σ_f 为垂直于焊缝长度方向按焊缝有效截面计算的应力：

$$\sigma_f = \frac{N_y}{h_e l_w} \tag{6-8}$$

它既不是正应力也不是剪应力，但可分解为

$$\sigma_\perp = \frac{\sigma_f}{\sqrt{2}}, \quad \tau_\perp = \frac{\sigma_f}{\sqrt{2}} \tag{6-9}$$

τ_f 为沿焊缝长度方向按焊缝有效截面计算的剪应力，显然：

$$\tau_{/\!/} = \tau_f = \frac{N_x}{h_e l_w} \tag{6-10}$$

将上述 $\sigma_\perp$、$\tau_\perp$、$\tau_{/\!/}$ 代入式(6-7)中，得：

$$\sqrt{\left(\frac{\sigma_f}{\beta_f}\right)^2 + \tau_f^2} \leqslant f_f^w \tag{6-11}$$

对正面角焊缝，$N_x = 0$，只有垂直于焊缝长度方向的轴心力 N_y 作用：

$$\sigma_f = \frac{N_y}{h_e l_w} = \frac{N_y}{0.7 h_f l_w} \leqslant \beta_f f_f^w \tag{6-12}$$

对侧面角焊缝，$N_y = 0$，只有平行于焊缝长度方向的轴心力 N_x 作用：

$$\tau_f = \frac{N_x}{h_e l_w} = \frac{N_x}{0.7 h_f l_w} \leqslant f_f^w \tag{6-13}$$

考虑多条焊缝：

对于端焊缝或正面角焊缝,其破坏截面上应力 σ_f 的计算公式为

$$\sigma_f = \frac{N}{h_e \sum l_w} \leqslant \beta_f f_f^w \tag{6-14}$$

对于侧面角焊缝,其破坏截面上的应力 τ_f 的计算公式为

$$\tau_f = \frac{N}{h_e \sum l_w} \leqslant f_f^w \tag{6-15}$$

当焊缝上同时存在 τ_f 和 σ_f 时,其计算公式为

$$\sqrt{\left(\frac{\sigma_f}{\beta_f}\right)^2 + \tau_f^2} \leqslant f_f^w \tag{6-16}$$

式(6-14)~式(6-16)中：

N——轴心力设计值(N)。

β_f——端焊缝强度设计值的增大系数,对承受静荷载和间接承受动力荷载的结构,$\beta_f = 1.22$;对直接承受动力荷载的结构,$\beta_f = 1.0$。

h_e——直角角焊缝的计算厚度(mm),当两焊件间隙 $b \leqslant 1.5$ mm 时,$h_e = 0.7 h_f$; 1.5 mm $< b \leqslant 5$ mm 时,$h_e = 0.7(h_f - b)$,h_f 为焊脚尺寸。

$\sum l_w$ —— 角焊缝的计算长度总和(mm)。

σ_f——角焊缝有效截面上垂直于焊缝长度方向上的应力(N/mm²)。

τ_f——角焊缝有效截面上平行于焊缝长度方向上的应力(N/mm²)。

f_f^w——角焊缝的强度设计值,可由附表 C-2 查出(N/mm²)。

在角焊缝的搭接焊缝连接中,当焊缝计算长度 l_w 超过 $60 h_f$ 时,焊缝的承载力设计值应乘以折减系数 α_f,并不小于 0.5。

$$\alpha_f = 1.5 - \frac{l_w}{120 h_f} \tag{6-17}$$

6.4.4　塞焊和槽焊的构造与计算

1. 构造要求

对于圆孔或槽孔内的焊脚,塞焊和槽焊焊缝的尺寸、间距、焊缝高度应符合下列规定：①塞焊和槽焊的有效面积应为贴合面上圆孔或长槽孔的标称面积。②塞焊焊缝的最小中心间隔应为孔径的 4 倍,槽焊焊缝的纵向最小间距应为槽孔长度的 2 倍,垂直于槽孔长度方向的两排槽孔的最小间距应为槽孔宽度的 4 倍。③塞焊孔的最小直径不得小于开孔板厚度加 8 mm,最大直径应为最小直径加 3 mm 和开孔件厚度的 2.25 倍两值中较大者。槽孔长度不应超过开孔件厚度的 10 倍,最小及最大槽宽规定应与塞焊孔的最小及最大孔径规定相同。④塞焊和槽焊的焊缝高度应符合下列规定：当母材厚度不大于 16 mm 时,应与母材厚度相同;当母材厚度大于 16 mm 时,不应小于母材厚度的一半和 16 mm 两值中较大者。

⑤塞焊焊缝和槽焊焊缝的尺寸应根据贴合面上承受的剪力计算确定。⑥在次要构件或次要焊接连接中，可采用断续角焊缝。断续角焊缝焊段的长度不得小于 $10h_f$ 或 $50\ \text{mm}$，其净距不应大于 $15t$（对受压构件）或 $30t$（对受拉构件），t 为较薄焊件厚度。腐蚀环境中不宜采用断续角焊缝。

2. 计算公式

圆形塞焊焊缝和圆孔或槽孔内角焊缝的强度应分别按式(6-18a)和式(6-18b)计算。

$$\tau_f = \frac{N}{A_w} \leqslant f_f^w \tag{6-18a}$$

$$\tau_f = \frac{N}{h_e l_w} \leqslant f_f^w \tag{6-18b}$$

式中：A_w——塞焊圆孔面积(mm^2)；

l_w——圆孔内或槽孔内角焊缝的计算长度(mm)。

6.4.5 常用连接方式的角焊缝计算

1. 承受轴心力作用时钢板拼接焊缝的计算

当轴心力通过连接焊缝形心时，可认为焊缝有效截面上的应力是均匀分布的。

(1) 矩形板只用侧面角焊缝连接时，外力和焊缝长度方向平行，计算公式为

$$\tau_f = \frac{N}{\sum l_w h_e} \leqslant f_f^w \tag{6-19}$$

(2) 矩形板采用三面围焊缝连接时，先算出正面角焊缝承担的力 N_1，其计算公式为

$$N_1 = \sum b h_e \beta_f f_f^w \tag{6-20}$$

式中：b——矩形盖板的宽度，与外力垂直。

再按式(6-21)计算焊缝强度：

$$\tau_f = \frac{N - N_1}{\sum l_w h_e} \leqslant f_f^w \tag{6-21}$$

例 6-1 设计一个双盖板角焊缝连接接头如图 6-37 所示，主板—500×14，承受静荷载轴向力设计值 $N=1200\ \text{kN}$，钢材为 Q355B，手工焊接，采用 E50 焊条，采用预热的非低氢焊接方法或低氢焊接方法进行焊接。要求分别用侧面角焊缝连接(可加塞焊)、用三面围焊缝连接。

解 (1) 拼接盖板的宽度 b 就是两条侧面角焊缝之间的距离，应根据等强原则和构造要求来确定。根据等强原则，在钢材种类相同的情况下，拼接盖板的截面面积 A' 应大于等于被连接钢板的截面面积。选两块 Q355B 钢板—460×8 作为盖板，则：

$$A' = (2\times460\times8)\ \text{mm}^2 = 7360\ \text{mm}^2, \quad A = (500\times14)\ \text{mm}^2 = 7000\ \text{mm}^2$$

$$A' > A$$

满足强度要求。

(2) 根据构造要求选择焊脚尺寸 h_f。由于盖板厚度 $t=8\ \text{mm}>6\ \text{mm}$，则

$$h_{f,\max} = [8-(1\sim2)]\ \text{mm} = 6\sim7\ \text{mm}$$

查表 6-7 得

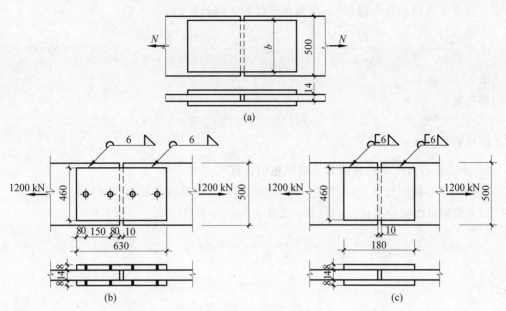

图 6-37　例 6-1 附图及施工图

(a) 例 6-1 附图；(b) 侧面角焊缝施工图；(c) 围焊缝施工图

$$h_{\text{f,min}} = 6 \text{ mm}$$

选 $h_f = 6$ mm。

根据 Q355B 和 E50 焊条，由附表 C-2 查得 $f_f^w = 200$ N/mm^2。

（3）根据题目要求先用侧面角焊缝连接。根据构造要求，由于板宽 $b = 460$ mm > 200 mm，此时应加横向角焊缝或中间塞焊，由于塞焊点直径需满足如下条件：

$$d_{\min} = t + 8 = 16 \text{ mm} \leqslant d \leqslant \max\{d_{\min} + 3, 2.25t\} = 19 \text{ mm}$$

式中：t——开孔件厚度（mm）。

故每侧每面加两个直径为 18 mm 的塞焊点，塞焊点承担的力为

$$N' = \sum A_w f_f^w = 4 \times \frac{\pi d^2}{4} \times f_f^w = (3.14 \times 18^2 \times 200 \times 10^{-3}) \text{ kN} = 203.47 \text{ kN}$$

此对接连接采用了上下两块拼接盖板，一共有 4 条侧面角焊缝，一条侧面角焊缝的计算长度为

$$l_w = \frac{N - N'}{4 \times 0.7 h_f f_f^w} = \frac{(1200 - 203.47) \times 10^3}{4 \times 0.7 \times 6 \times 200} \text{ mm} \approx 297 \text{ mm} \quad \begin{array}{l} < 60 h_f = 360 \text{ mm} \\ > \max\{8h_f, 40\} = 48 \text{ mm} \end{array}$$

满足最小和最大焊缝长度的要求。

一条侧面角焊缝的实际长度为

$$l = l_w + 2h_f = (297 + 2 \times 6) \text{ mm} = 309 \text{ mm}，取 l = 310 \text{ mm}。$$

考虑塞焊中心间隔 $e \geqslant 4d = (4 \times 18)$ mm $= 72$ mm，取 $e = 80$ mm。

拼接板长 $L = 2l + 10 = (2 \times 310 + 10)$ mm $= 630$ mm

式中，10 mm 为两块被连接钢板间的间隙，施工图见图 6-37(b)。

（4）根据题目要求再用三面围焊。由式(6-16)得 $\beta_f = 1.22$。正面(端)焊缝承担的力为

$$N_1 = 0.7h_f \times 2b \times \beta_f f_f^w = (0.7 \times 6 \times 2 \times 460 \times 1.22 \times 200 \times 10^{-3}) \text{ kN} = 943 \text{ kN}$$

一共有 4 条侧面角焊缝，一条侧面角焊缝的实际长度为

$$l = \frac{\sum l_w}{4} + h_f = \frac{N - N_1}{4 \times 0.7 h_f f_f^w} + h_f = \left(\frac{(1200 - 943) \times 10^3}{4 \times 0.7 \times 6 \times 200} + 6 \right) \text{mm} \approx 83 \text{ mm}$$

取 $l = 85$ mm

拼接板长

$$L = 2l + 10 = (2 \times 85 + 10) \text{mm} = 180 \text{ mm}$$

施工图见图 6-37(c)。

2. 承受轴心力作用的角钢角焊缝连接的计算

角钢的形心轴到肢背、肢尖的距离不相等，所以肢背焊缝和肢尖焊缝的受力不相等。

(1) 角钢只用侧焊缝连接的计算。见图 6-38(a)，肢背受力

$$N_1 = \frac{e_2}{e_1 + e_2} N = K_1 N \tag{6-22}$$

肢尖受力

$$N_2 = \frac{e_1}{e_1 + e_2} N = K_2 N \tag{6-23}$$

式中：K_1, K_2——分别为肢背、肢尖焊缝内力分配系数，见表 6-8。

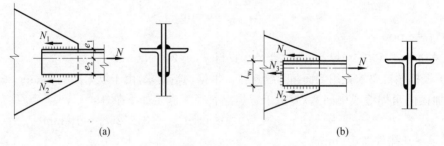

(a)　　　　　　　　　　　　　(b)

图 6-38　角钢角焊缝上受力分配

(a) 两面侧焊；(b) 三面围焊

表 6-8　角钢焊缝内力分配系数

角钢类型	连接形式	内力分配系数	
		K_1	K_2
等肢角钢		0.70	0.30
不等肢角钢短肢连接		0.75	0.25
等肢角钢长肢连接		0.65	0.35

按式(6-24)验算肢背、肢尖焊缝的强度：

肢背：

$$\frac{N_1}{\sum 0.7h_{f_1}l_{w_1}} = \frac{K_1 N}{\sum 0.7h_{f_1}l_{w_1}} \leqslant f_f^w \tag{6-24a}$$

肢尖：

$$\frac{N_2}{\sum 0.7h_{f_2}l_{w_2}} = \frac{K_2 N}{\sum 0.7h_{f_2}l_{w_2}} \leqslant f_f^w \tag{6-24b}$$

式中，h_{f_1}，h_{f_2}——分别为肢背、肢尖的焊脚尺寸(mm)；

$\sum l_{w_1}$，$\sum l_{w_2}$——分别为肢背、肢尖焊缝计算长度之和(mm)。

(2)角钢用三面围焊缝连接的计算，见图 6-38(b)。

对于三面围焊，可先假定正面角焊缝的焊脚尺寸 h_{f_3}，求出正面角焊缝所分担的轴心力 N_3。

$$N_3 = 0.7h_{f_3} \times 2l_{w_3}\beta_f f_f^w \tag{6-25a}$$

$$N_1 = K_1 N - \frac{N_3}{2} \tag{6-25b}$$

$$N_2 = K_2 N - \frac{N_3}{2} \tag{6-25c}$$

按式(6-26)验算肢背、肢尖焊缝强度。因为必须连续施焊，所以肢背、肢尖焊角 h_f 都相同。

肢背焊缝强度验算公式

$$\frac{N_1}{\sum 0.7h_{f_1}l_{w_1}} = \frac{K_1 N - \dfrac{N_3}{2}}{\sum 0.7h_{f_1}l_{w_1}} \leqslant f_f^w \tag{6-26a}$$

肢尖焊缝强度验算公式

$$\frac{N_2}{\sum 0.7h_{f_2}l_{w_2}} = \frac{K_2 N - \dfrac{N_3}{2}}{\sum 0.7h_{f_2}l_{w_2}} \leqslant f_f^w \tag{6-26b}$$

例 6-2 设计角钢 $2\llcorner 100\times 80\times 10$ 与厚度为 12 mm 的节点板长肢相连，组成 T 形截面的连接角焊缝如图 6-39 所示，静荷载轴力设计值 $N=600$ kN，钢材为 Q355B，焊条 E50 系列，手工焊，采用预热的非低氢焊接方法或低氢焊接方法进行焊接。

解 (1)根据构造要求选择焊脚尺寸 h_f

由于被连接钢板厚度 $t=12$ mm，查表 6-7 得

$$h_{f,\min} = 5 \text{ mm}$$

$$h_{f,\max} = [10-(1\sim2)] \text{ mm} = 8\sim9 \text{ mm}$$

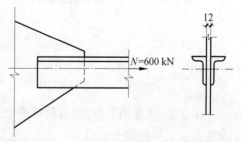

图 6-39 例 6-2 附图及施工图

取肢背 $h_{f_1}=7$ mm，肢尖 $h_{f_2}=7$ mm。

（2）设计角焊缝的连接长度

由表 6-8 查得 $K_1=0.65$，$K_2=0.35$，由附表 C-2 查得 $f_f^w=200$ N/mm²。所以，肢背一条焊缝的计算长度为

$$l_{w_1}=\frac{K_1 N}{2\times 0.7 h_{f_1} f_f^w}=\frac{0.65\times 600\times 10^3}{2\times 0.7\times 7\times 200}\ \text{mm}=198.98\ \text{mm}<60h_{f_1}=420\ \text{mm}$$

实际焊缝长度为

$$l_1=l_{w_1}+2h_{f_1}=(198.98+2\times 7)\ \text{mm}=212.98\ \text{mm}，取\ 215\ \text{mm}。$$

肢尖一条焊缝的计算长度为

$$l_{w_2}=\frac{K_2 N}{2\times 0.7 h_{f_2} f_f^w}=\left(\frac{0.35\times 600\times 10^3}{2\times 0.7\times 7\times 200}\right)\ \text{mm}$$

$$=107.14\ \text{mm}>8h_{f_2}=56\ \text{mm}$$

实际焊缝长度为

$$l_2=l_{w_2}+2h_{f_2}=(107.14+2\times 7)\ \text{mm}=121.14\ \text{mm}，取\ 130\ \text{mm}。$$

3. 承受弯矩、剪力、轴力作用下角焊缝连接的计算

如图 6-40(a)所示，钢柱与支托连接受力向焊缝群形心简化为弯矩 $M=N_1 e-\dfrac{2}{15}N_2 l$，剪力 $V=N_1+\dfrac{3}{5}N_2$，轴向拉力 $N=\dfrac{4}{5}N_2$。连接焊缝受弯矩 M、剪力 V、轴力 N 的共同作用。

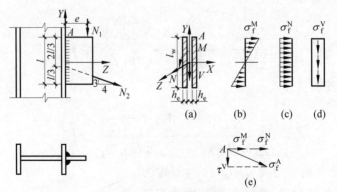

图 6-40　角焊缝受弯、剪、轴拉力共同作用

(a) 作用力向焊缝群形心简化图；(b) M 引起应力分布图；(c) N 引起应力分布图；

(d) V 引起应力分布图；(e) 危险点 A 的应力分布图

在弯矩 M 作用下，焊缝有效截面上产生呈三角形分布垂直焊缝长度的应力 σ_f，其边缘为最大值 σ_f^M，见图 6-40(b)。

$$\sigma_f^M=\frac{M}{W_w}=\frac{6M}{2\times h_e l_w^2} \tag{6-27}$$

式中：W_w——焊缝有效截面的截面抗弯模量（mm³）。

在轴向拉力 N 的作用下，焊缝有效截面上产生垂直于焊缝长度的平均分布应力

$$\sigma_f^N = \frac{N}{A_w} = \frac{N}{h_e \sum l_w} \tag{6-28}$$

式中：A_w——焊缝有效截面面积(mm^2)，$A_w = h_e \sum l_w$。

在剪力 V 作用下，焊缝有效截面上产生沿焊缝长度均匀分布的应力

$$\tau^V = \frac{V}{A_w} = \frac{V}{h_e \sum l_w} \tag{6-29}$$

危险点 A 的焊缝强度计算公式

$$\sigma_f^A = \sqrt{\left(\frac{\sigma_f^M + \sigma_f^N}{\beta_f}\right)^2 + (\tau^V)^2} \leqslant f_f^w \tag{6-30}$$

例 6-3 图 6-41 所示连接中，承托板只起安装作用。静荷载设计值 $F = 540\ kN$，材料为 Q355B，E50 焊条，手工焊接，采用预热的非低氢焊接方法或低氢焊接方法进行焊接。验算节点板与端板的连接焊缝强度。$d_1 = 190\ mm$，$d_2 = 150\ mm$，焊脚尺寸 $h_f = 10\ mm$。

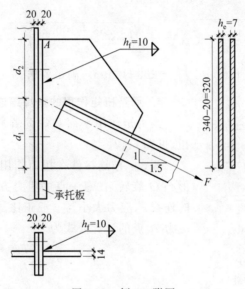

图 6-41 例 6-3 附图

解 先验算给出的焊脚尺寸是否满足构造要求，如果满足则验算焊缝的强度。

(1) 验算 $h_f = 10\ mm$

查表 6-7 得

$$h_{f,min} = 6\ mm$$

$$h_{f,max} = [14 - (1 \sim 2)]\ mm = 12 \sim 13\ mm$$

$$6\ mm < h_f = 10\ mm < 12\ mm，满足构造要求。$$

(2) 验算焊缝连接强度

根据 Q355B 和 E50，由附表 C-2 查得 $f_f^w = 200\ N/mm^2$。

力 F 向焊缝群形心简化为

$$剪力\ V = \left(\frac{1}{\sqrt{1 + 1.5^2}} \times 540\right) kN = 299.54\ kN$$

轴向拉力 $N = \left(\dfrac{1.5}{\sqrt{1+1.5^2}} \times 540 \right) \mathrm{kN} = 449.31\ \mathrm{kN}$

弯矩 $M = Ne = N \times \dfrac{d_1 - d_2}{2} = \left(449.31 \times \dfrac{190-150}{2} \times 10^{-3} \right) \mathrm{kN \cdot m} = 8.98\ \mathrm{kN \cdot m}$

验算危险点 A 的强度

$$l_w = d_1 + d_2 - 2h_f = (190 + 150 - 2 \times 10)\ \mathrm{mm} = 320\ \mathrm{mm}$$

$$h_e = 0.7 \times h_f = 0.7 \times 10\ \mathrm{mm} = 7\ \mathrm{mm}$$

$$\sigma_A^M = \frac{M}{W_w} = \frac{6M}{2 \times h_e l_w^2} = \frac{6 \times 8.98 \times 10^6}{2 \times 7 \times 320^2}\ \mathrm{N/mm^2} = 37.58\ \mathrm{N/mm^2}$$

$$\sigma_A^N = \frac{N}{A_w} = \frac{N}{2 \times h_e l_w} = \frac{449.31 \times 10^3}{2 \times 7 \times 320}\ \mathrm{N/mm^2} = 100.29\ \mathrm{N/mm^2}$$

$$\tau_A^V = \frac{V}{A_w} = \frac{V}{2 \times h_e l_w} = \frac{299.54 \times 10^3}{2 \times 7 \times 320}\ \mathrm{N/mm^2} = 66.86\ \mathrm{N/mm^2}$$

$$\sigma_f^A = \sqrt{\left(\frac{\sigma_A^M + \sigma_A^N}{\beta_f} \right)^2 + (\tau_A^V)^2} = \sqrt{\left(\frac{37.58+100.29}{1.22} \right)^2 + 66.86^2}\ \mathrm{N/mm^2}$$

$$= 131.30\ \mathrm{N/mm^2} < f_f^w = 200\ \mathrm{N/mm^2}，满足要求。$$

4. 承受扭矩作用的角焊缝连接的计算

当力矩作用平面和焊缝群所在平面平行时，焊缝受扭，见图 6-42。

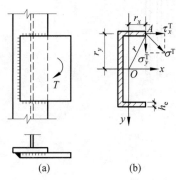

图 6-42　扭矩作用时角焊缝应力

假设：被连接件在扭矩作用下绕焊缝群有效截面的形心 O 旋转，任意一点的应力方向垂直于该点和形心 O 的连线 r，应力大小与 r 成正比。则焊缝有效截面上最大应力 A 点的计算公式为

$$\sigma^T = \frac{Tr}{I_\rho} \qquad (6\text{-}31)$$

$$I_\rho = I_x + I_y \qquad (6\text{-}32)$$

式中：I_ρ——焊缝有效截面绕形心 O 的极惯性矩（$\mathrm{mm^4}$）；

$\quad I_x，I_y$——分别为焊缝有效截面对 x、y 轴的惯性矩（$\mathrm{mm^4}$）；

$\quad r$——距离形心最远点到形心的距离（mm）；

$\quad T$——扭矩的设计值（$\mathrm{N \cdot m}$）。

σ^T 在 x 轴和 y 轴的分量为

$$\tau_x^T = \frac{Tr_y}{I_\rho} \qquad (6\text{-}33)$$

$$\tau_y^T = \frac{Tr_x}{I_\rho} \qquad (6\text{-}34)$$

5. 承受扭矩、剪力、轴力共同作用的角焊缝连接的计算

计算步骤如下：

（1）求焊缝有效截面的形心 O（图 6-43）。

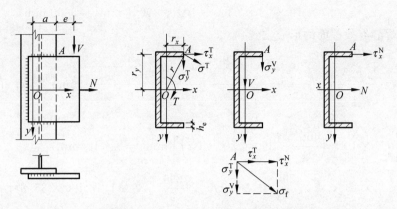

图 6-43　共同受轴心力、剪力、扭矩作用下的角焊缝应力分布

（2）将连接所受外力平移到形心 O，得一扭矩 $T=V(a+e)$，剪力为 V，轴力为 N。

（3）分别计算 V,N,T 单独作用下危险点 A 的应力。

$$\sigma_x^T=\frac{Tr_y}{I_\rho}, \quad \sigma_x^N=\frac{N}{h_e\sum l_w}, \quad \tau_y^V=\frac{V}{h_e\sum l_w}, \quad \tau_y^T=\frac{Tr_x}{I_\rho} \tag{6-35}$$

（4）验算危险点焊缝强度。

$$\sigma_f=\sqrt{\left(\frac{\sigma_x^T+\sigma_x^N}{\beta_f}\right)^2+(\tau_y^T+\tau_y^V)^2}\leqslant f_f^w \tag{6-36}$$

例 6-4　设计如图 6-44 所示厚度为 12 mm 的承托板和钢柱搭接焊缝。作用力为静力设计值 $V=250$ kN，材料为 Q355B，焊条为 E50 系列，手工焊接，采用预热的非低氢焊接方法或低氢焊接方法进行焊接。图 6-44 中 $l_1=300$ mm，$l_2=400$ mm，$e=300$ mm，柱翼缘板厚度为 14 mm。

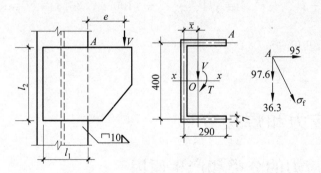

图 6-44　例 6-4 附图

解　（1）确定焊脚尺寸 h_f

$t=12$ mm，根据表 6-7，$h_{f,\min}=5$ mm

$$h_{f,\max}=[12-(1\sim2)]\ mm=10\sim11\ mm，\quad 取\ h_f=10\ mm$$

采用三面围焊缝，连续施焊。

下面验算焊缝强度。由附表 C-2 查得 $f_f^w=200$ N/mm²。

（2）截面特性计算

$$A_\text{w} = \{0.7 \times 10 \times [2 \times (300 - 10) + 400]\}\ \text{mm}^2 = 6860\ \text{mm}^2$$

计算角焊缝有效截面的形心位置

$$\bar{x} = \frac{\sum x_i A_{\text{w}i}}{A_\text{w}} = \frac{2 \times 0.7 \times 10 \times (300 - 10) \times \dfrac{300 - 10}{2}}{6860}\ \text{mm} = 85.8\ \text{mm}$$

惯性矩

$$I_x = \left[0.7 \times 10 \times \left(\frac{400^3}{12} + 290 \times 200^2 \times 2 \right) \right]\ \text{mm}^4 = 2 \times 10^8\ \text{mm}^4$$

$$I_y = \left\{ 0.7 \times 10 \times \left[2 \times \frac{290^3}{12} + 2 \times 290 \times \left(\frac{290}{2} - 85.8 \right)^2 + 400 \times 85.8^2 \right] \right\}\ \text{mm}^4$$

$$= 6 \times 10^7\ \text{mm}^4$$

$$I_\rho = I_x + I_y = 2.6 \times 10^8\ \text{mm}^4$$

（3）验算焊缝强度

验算危险点 A 的强度，扭矩

$$T = V(e + l_1 - \bar{x}) = [250 \times (300 + 300 - 85.8) \times 10^{-3}]\ \text{kN} \cdot \text{m} = 128.5\ \text{kN} \cdot \text{m}$$

$$\sigma_x^T = \frac{Ty}{I_\rho} = \frac{128.5 \times 10^6 \times 200}{2.6 \times 10^8}\ \text{N/mm}^2 = 98.8\ \text{N/mm}^2$$

$$\tau_y^T = \frac{Tx}{I_\rho} = \frac{128.5 \times 10^6 \times (290 - 85.8)}{2.6 \times 10^8}\ \text{N/mm}^2 = 100.9\ \text{N/mm}^2$$

$$\tau_y^V = \frac{V}{A_\text{w}} = \frac{250 \times 10^3}{6860}\ \text{N/mm}^2 = 36.4\ \text{N/mm}^2$$

$$\sigma_\text{f} = \sqrt{\left(\frac{\sigma_x^T}{\beta_\text{f}} \right)^2 + (\tau_y^T + \tau_y^V)^2} = \sqrt{\left(\frac{98.8}{1.22} \right)^2 + (100.9 + 36.4)^2}\ \text{N/mm}^2$$

$$= 159.40\ \text{N/mm}^2 < f_\text{f}^\text{w} = 200\ \text{N/mm}^2$$

满足要求。

6.5　焊接应力和焊接变形

6.5.1　焊接应力的分类和产生原因

未受到荷载的焊接构件在施焊的过程中，焊件由于受到局部的高温而形成不均匀的温度场，由此引起的应力和变形称为焊接应力和焊接变形。它们的存在会直接影响到焊接结构的质量及正常使用，是焊接构件产生各种裂纹的原因之一。

焊接应力根据产生时期的不同分为暂时应力和残余应力。暂时应力只在焊接的过程中存在，当焊件冷却至室温时，暂时应力便消失。而焊件冷却至室温后依然残留在焊件内部的应力即为残余应力。焊接残余应力根据在焊件中的方位不同可分为：沿焊缝长度方向的纵向焊接残余应力、垂直于焊缝长度方向的横向焊接残余应力和沿厚度方向的焊接残余应力。

1. 纵向焊接残余应力

焊接过程是一个不均匀的加热和冷却过程。在施焊时,焊件上产生不均匀的温度场,焊缝处可达 1600℃,而邻近区域温度骤降,如图 6-45(a)和(b)所示。不均匀的温度场产生不均匀的膨胀。温度高的钢材膨胀较大,但是由于受到两侧温度低、膨胀小的钢材限制,使其产生热态塑性压缩,在焊缝冷却时被塑性压缩的焊缝区趋向收缩,但受到两侧钢材的限制而产生拉应力。对于低碳钢和低合金钢,该拉应力可以使钢材达到屈服强度。焊接残余应力是一种无荷载作用下的内应力,故会在焊件内部自相平衡,这就必然会在焊缝稍远区产生残余压应力。焊接钢板和工字梁上所产生的纵向焊接残余应力如图 6-45(c)和(d)所示。

纵向焊接残余应力一般是由纵向收缩引起的。一般情况下,焊缝区域及焊缝两侧附近区域是拉应力区,远离焊缝的两侧是压应力区。如图 6-45(c)所示。

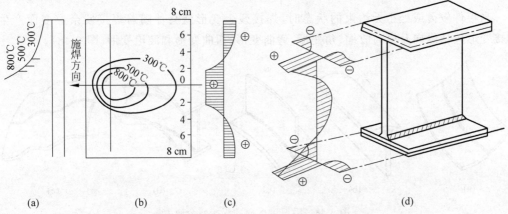

图 6-45　施焊时焊缝及附近的温度场和焊件残余应力

(a)、(b) 施焊时焊缝及附近的温度场;(c) 钢板上纵向焊接应力;
(d) 焊接工字形截面翼缘上和腹板上纵向焊接残余应力

2. 横向焊接残余应力

横向焊接残余应力一般是由两个原因引起的:一是焊缝的纵向收缩使得焊件有反向弯曲变形的趋势,导致两焊件在焊缝中部受拉,两端受压(图 6-46(a)、(b));二是在焊接时已凝固的焊缝会阻止后焊焊缝的横向膨胀,使得后焊焊缝发生横向的塑性压缩变形(图 6-46(c))。横向焊接残余应力实际上就是由上述两部分应力叠加后的应力(图 6-46(d))。

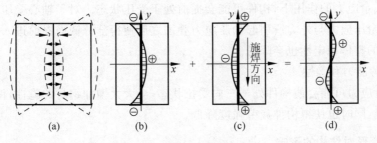

图 6-46　横向焊接残余应力

3. 沿厚度方向的焊接残余应力

对于厚钢板的焊接,通常采用分层施焊的方法,这种情况下会存在沿厚度方向的焊接残余应力。纵向、横向和厚度方向三种应力同时存在的位置会形成三向应力场,特别是当这三种残余应力均为拉应力时(图 6-47),三向受拉的状态会使焊缝的塑性大大降低。

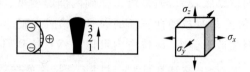

图 6-47　沿厚度方向的焊接残余应力

6.5.2　焊接残余变形

当板件较薄或处于无约束的状态时,焊接残余变形就会伴随着焊接残余应变而产生。焊接变形包括纵向及横向收缩、角变形、弯曲变形、扭曲变形和波浪变形(图 6-48)。

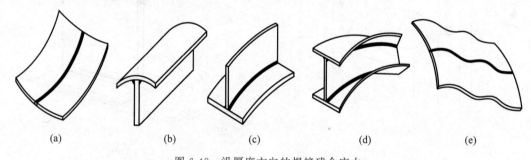

(a)　　　　　(b)　　　　　(c)　　　　　(d)　　　　　(e)

图 6-48　沿厚度方向的焊接残余应力
（a）纵向及横向收缩；（b）角变形；（c）弯曲变形；（d）扭曲变形；（e）波浪变形

6.5.3　焊接残余应力和残余变形的影响

1. 残余应力对结构性能的影响

1）静力强度

在静力荷载作用下,焊接残余应力是自相平衡力系,所以并不影响结构的静力强度。

2）刚度及稳定性

在焊接残余应力的作用下,构件可能会提前处于受压状态。对于轴心受压、受弯和压弯构件来说,残余压应力与外力所引起的压应力叠加之后使得部分截面提前进入塑性,使得刚度降低,构件的整体稳定性也会降低。

3）抗疲劳能力和脆性

由于残余应力可能会使构件处于三向受拉状态,会大大增加钢材的脆性,使得裂纹更容易出现和扩展,同时也使得构件疲劳强度降低。

2. 残余变形对结构的影响

过大的残余变形会使构件不能精确装配,使结构的承载能力显著降低,导致构件不能满足正常使用的需求。因此,当残余变形超出验收规范的规定时,必须加以矫正,使其不致影响构件的使用和承载力。

6.5.4　减少焊接残余应力和残余变形的措施

由于焊接残余应力和残余变形对结构会产生上述种种影响,所以在设计和制造时必须采取适当措施来减小残余应力和残余变形的这些不利影响,通常从设计、焊接工艺、制造工艺等方面采取一些有效措施。

1.　焊缝设计方面

(1) 合理的焊缝位置安排。尽可能将焊缝布置在受力较小的位置,以减小焊接残余应力对结构的不利影响;尽可能使焊缝对称于构件截面的中心轴,以减小构件的焊接残余变形。焊缝数量不宜过多且位置不宜太集中,尽量避免三向交叉焊缝,如图 6-49 所示。

(2) 适当的焊缝尺寸。焊脚尺寸不宜过大,过大的焊脚尺寸容易引起较大的焊接残余应力,并且在施焊时可能会发生焊透、咬边等焊接缺陷。在设计允许的范围内,宜采用细长焊缝,不宜采用较粗焊缝,如图 6-50 所示。

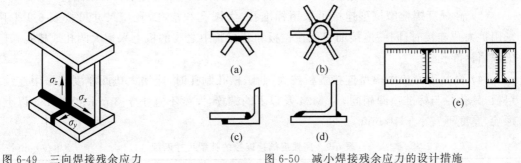

图 6-49　三向焊接残余应力

图 6-50　减小焊接残余应力的设计措施
(a)、(c) 不合理;(b)、(d)、(e) 合理

2.　焊接工艺方面

应选择使焊件易于收缩并可减少残余应力的焊接次序,如分段退焊、分层焊、分块拼焊和对角跳焊,如图 6-51 所示。

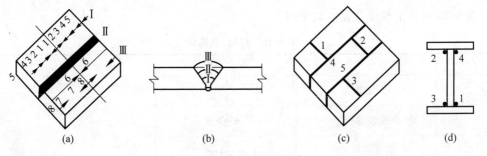

图 6-51　合理的施焊次序
(a) 分段退焊;(b) 分层焊;(c) 分块拼焊;(d) 对角跳焊

3.　制造工艺方面

可采用预先施加反变形的方法。施焊前给构件一个与焊接变形反方向的预变形,使之与

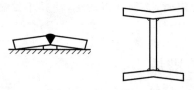

图 6-52　预加反变形

焊接所引起的变形相抵消，从而达到减小焊接变形的目的，如图 6-52 所示。此外，对于小尺寸焊件，采用焊前预热（在焊缝两侧各 80～100 mm 范围均匀加热至 100～150℃）及焊后退火（加热至 600℃后缓冷）或锤击法（用手锤轻击焊缝表面使其延伸，以减小焊缝中部残余拉应力）可以消除焊接应力和焊接变形。

6.6　螺栓连接的构造

6.6.1　螺栓孔的孔径与孔型

螺栓孔的孔径与孔型应符合下列规定：

（1）B 级普通螺栓的孔径 d_0 较螺栓公称直径 d 大 0.2～0.5 mm，C 级普通螺栓的孔径 d_0 较螺栓公称直径 d 大 1.0～1.5 mm。

（2）高强度螺栓承压型连接采用标准圆孔时，其孔径 d_0 可按表 6-9 采用。

（3）高强度螺栓摩擦型连接可采用标准孔、大圆孔和槽孔，孔型尺寸可按表 6-9 采用。采用扩大孔连接时，同一连接面只能在盖板和芯板其中之一的板上采用大圆孔或槽孔，其余仍采用标准孔。

（4）高强度螺栓摩擦型连接盖板按大圆孔、槽孔制孔时，应增大垫圈厚度或采用连续型垫板，其孔径与标准垫圈相同，对 M24 及以下的螺栓，厚度不宜小于 8 mm；对 M24 以上的螺栓，厚度不宜小于 10 mm。

表 6-9　高强度螺栓连接的孔型尺寸匹配　　　　　　　　单位：mm

螺栓公称直径			M12	M16	M20	M22	M24	M27	M30
孔型	标准孔	直径	13.5	17.5	22	24	26	30	33
	大圆孔	直径	16	20	24	28	30	35	38
	槽孔	短向	13.5	17.5	22	24	26	30	33
		长向	22	30	37	40	45	50	55

表 6-10 列出了螺栓及孔径的图例。

表 6-10　螺栓、孔图例

序　号	名　　　称	图　　例	说　明
1	永久螺栓		
2	安装螺栓		
3	高强度螺栓		①细"＋"线表示定位线
4	螺栓圆孔		②必须标注孔、螺栓直径
5	椭圆形螺栓孔	a	

6.6.2 螺栓的排列和构造要求

螺栓应按照简单、统一、整齐而紧凑的原则排列,使构造合理,安装方便。通常螺栓在钢板上的排列有并列和错列两种形式(图 6-53)。在型钢上的排列有单排和双排两种形式(图 6-54)。

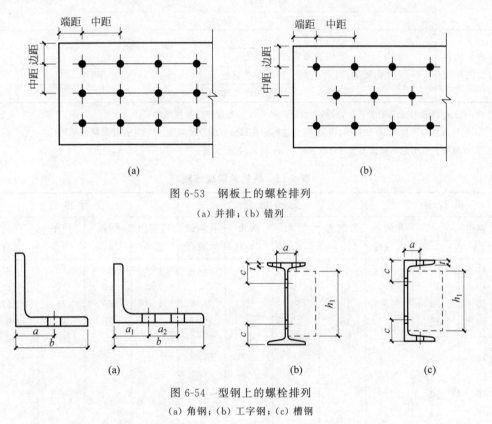

图 6-53 钢板上的螺栓排列
(a)并排;(b)错列

图 6-54 型钢上的螺栓排列
(a)角钢;(b)工字钢;(c)槽钢

螺栓的排列应满足以下要求:

(1)受力要求:为使钢板端部不被撕裂,螺栓的端距不应小于 $2d_0$,其中 d_0 为螺栓孔径。对于受拉构件,螺栓的中距不应过小,否则螺栓周围应力集中相互影响较大,且对钢板的截面削弱过多,从而降低其承载能力。对于受压构件,沿作用力方向螺栓中距不宜过大,否则在被连接的板件间容易发生鼓曲现象。

(2)构造要求:若螺栓中距和边距过大,则构件接触面不够紧密,潮气易于侵入缝隙而发生锈蚀。

(3)施工要求:要保证有一定的空间,便于转动螺栓扳手。

根据以上要求,规范规定钢板上螺栓的最大和最小容许距离如图 6-53 及表 6-11 所示。角钢、普通工字钢、槽钢上螺栓的线距应满足图 6-54 及表 6-12~表 6-14 的要求。H 型钢腹板上的 c 值可参照普通工字钢,翼缘上 e 值或 e_1、e_2 值可根据外伸宽度参照角钢。

表 6-11　螺栓或铆钉的孔距、边距和端距容许值

名　称	位置和方向			最大容许距离（取两者的较小值）	最小容许距离
中心间距	外排（垂直内力方向或顺内力方向）			$8d_0$ 或 $12t$	$3d_0$
	中间排	垂直内力方向		$16d_0$ 或 $24t$	
		顺内力方向	构件受压力	$12d_0$ 或 $18t$	
			构件受拉力	$16d_0$ 或 $24t$	
	沿对角线方向			—	
中心至构件边缘的距离	顺内力方向			$4d_0$ 或 $8t$	$2d_0$
	垂直内力方向	剪切边或手工切割边			$1.5d_0$
		轧制边、自动气割或锯割边	高强度螺栓		
			其他螺栓或铆钉		$1.2d_0$

注：① d_0 为螺栓或铆钉的孔径，对槽孔为短向尺寸，t 为外层较薄板件的厚度；

　　② 钢板边缘与刚性构件（如角钢、槽钢等）相连的螺栓或铆钉的最大间距，可按中间排的数值采用；

　　③ 计算螺栓孔引起的截面削弱时可取 $d+4\text{mm}$ 和 d_0 的较大者。

表 6-12　热轧角钢规线距离　　　　　　单位：mm

单行排列			交错排列				双行排列			
角钢边长 b	线距 a	孔的最大直径	角钢边长 b	线距 a_1	线距 a_2	孔的最大直径	角钢边长 b	线距 a_1	线距 a_2	孔的最大直径
45	25	11	125	55	35	23.5	140	55	60	19.5
50	30	13	140	60	45	25.5	160	60	70	23.5
56	30	15	160	60	65	25.5	180	65	75	25.5
63	35	17	180	65	80	25.5	200	80	80	25.5
70	40	19	200	80	80	25.5				
75	45	21.5								
80	45	21.5								
90	50	23.5								
100	55	23.5								
110	60	25.5								
125	70	25.5								

表 6-13　热轧工字钢规线距离　　　　　　单位：mm

型号	翼缘			腹板		
	a	t	孔的最大直径	c	h_1	孔的最大直径
10	36	7.6	11	35	63	9
12.6	42	8.2	11	35	89	11
14	44	9.2	13	40	103	13
16	44	10.2	15	45	119	15
18	50	10.7	17	50	137	17
20	54	11.5	17	50	155	17
22	54	12.8	19	50	171	19
25	64	13.0	21.5	60	197	21.5

型号	翼缘			腹板		
	a	t	孔的最大直径	c	h_1	孔的最大直径
28	64	13.9	21.5	60	226	21.5
32	70	15.3	21.5	65	260	21.5
36	74	16.1	23.5	65	298	23.5
40	80	16.5	23.5	70	336	23.5
45	84	18.1	25.5	75	380	25.5
50	94	19.6	25.5	75	424	25.5
56	104	20.1	25.5	80	480	25.5
63	110	21.0	25.5	80	546	25.5

表 6-14　热轧槽钢规线距离　　　　　　　单位：mm

型号	翼缘			腹板		
	a	t	孔的最大直径	c	h_1	孔的最大直径
5	20	7.1	11	—	26	—
6.3	22	7.5	11	—	32	—
8	25	7.9	13	—	47	—
10	28	8.4	13	35	63	11
12.6	30	8.9	17	45	85	13
14	35	9.4	17	45	99	17
16	35	10.1	21.5	50	117	21.5
18	40	10.5	21.5	55	135	21.5
20	45	10.7	21.5	55	153	21.5
22	45	11.4	21.5	60	171	21.5
25	50	11.7	21.5	60	197	21.5
28	50	12.4	25.5	65	225	25.5
32	50	14.2	25.5	70	260	25.5
36	60	15.7	25.5	75	291	25.5
40	60	17.9	25.5	75	323	25.5

6.7　普通螺栓连接的计算

　　普通螺栓连接按其受力性能可分为普通螺栓抗剪连接、普通螺栓抗拉连接以及同时抗剪和抗拉的普通螺栓连接。

6.7.1　普通螺栓抗剪连接的计算

1. 普通螺栓抗剪连接的工作性能

　　普通螺栓抗剪连接是指在外力作用下，被连接件的接触面产生相对滑移，如图 6-55（b）所示。螺栓连接实际上以螺栓群的形式出现，当外力作用于螺栓群中心时，克服不大的摩擦力后，构件间产生相对滑移，螺栓杆和螺栓孔壁接触，使螺栓杆受剪，同时螺栓杆和螺栓孔壁产生挤压。

图 6-55 表示螺栓抗剪连接可能出现的五种破坏形式。

①螺栓杆被剪断；②孔壁被挤压破坏；③由于螺栓孔对板件的削弱，板件可能在削弱处被拉断。以上三种破坏要通过计算来保证。④板端被剪断；⑤螺栓杆发生过大的弯曲变形而破坏。后两种破坏，靠构造措施来保证不发生破坏，例如规定端距 $e_3 \geqslant 2d_0$，以避免发生第 4 种破坏；规定板叠厚不超过 $5d$，避免第 5 种破坏。

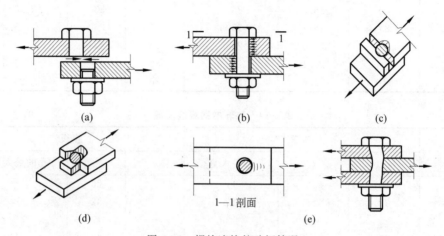

图 6-55　螺栓连接的破坏情况

（a）螺栓杆剪断；（b）孔壁挤压；（c）钢板被拉断；（d）钢板剪断；（e）螺栓弯曲

2. 单个普通螺栓抗剪连接的承载力设计值

抗剪承载力设计值

$$N_v^b = n_v \frac{\pi d^2}{4} f_v^b \tag{6-37}$$

承压承载力设计值

$$N_c^b = d \sum t f_c^b \tag{6-38}$$

式中：n_v——螺栓受剪面数（图 6-56），单剪 $n_v = 1$，双剪 $n_v = 2$，四面剪 $n_v = 4$；

$\quad d$——螺栓杆直径（mm），对铆接取孔径 d_0，其取值见附表 B-1；

$\quad \sum t$——在同一方向承压的构件较小总厚度（mm），图 6-56(c) 中，对于四剪面，$\sum t$

$\qquad$ 取 $(a + c + e)$ 和 $(b + d)$ 两者中的较小值；

$\quad f_v^b, f_c^b$——分别为螺栓的抗剪、承压强度设计值（N/mm²），其取值见附表 C-3。

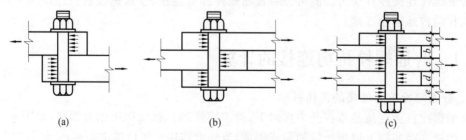

图 6-56　抗剪螺栓连接

（a）单剪；（b）双剪；（c）四面剪

单个螺栓的抗剪承载力设计值应该取 N_v^b 和 N_c^b 两者中的较小值 $N_{\min}^b$。

6.7.2　普通螺栓抗拉连接的计算

在螺栓抗拉连接中,外力使被连接构件的接触面脱开而使螺栓杆受拉,最后螺栓被拉断而破坏,如图 6-57 所示。

单个抗拉螺栓的承载力设计值按式(6-39)计算:

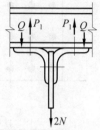

$$N_t^b = A_e f_t^b = \frac{\pi d_e^2}{4} f_t^b \qquad (6\text{-}39)$$

式中:d_e——普通螺栓或锚栓螺纹处的有效直径(mm),其取

值见附表 B-1,对铆钉连接取孔径 d_0;

f_t^b——普通螺栓的抗拉强度设计值(N/mm^2),其取值

见附表 C-3,对铆接取 f_t^r。

图 6-57　抗拉螺栓受力状态

在螺栓的 T 形连接中,必须借助于附件,如图 6-57 中的角钢,由于角钢肢的变形使肢端产生了撬力 Q,因此螺栓实际承受的拉力 $P_1 = N + Q$。而 Q 难以确定,则通过降低螺栓强度设计值的方法来抵消 Q 的影响。规范规定普通螺栓抗拉强度设计值 f_t^b 取同种钢号钢材的抗拉强度设计值 f 的 80% 左右,即 $f_t^b \approx 0.8f$。例如 Q235 钢由附表 C-1 查得其抗拉强度设计值 $f = 215$ N/mm^2,Q235 钢普通螺栓抗拉强度设计值由附表 C-3 查得 $f_t^b = 170$ N/mm^2,$\dfrac{f_t^b}{f} \approx 0.8$。

6.7.3　普通螺栓承受剪力和拉力的联合作用计算

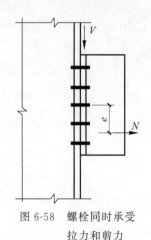

图 6-58　螺栓同时承受
拉力和剪力

在实际结构中,螺栓有同时承受拉力和剪力的情况,如图 6-58 所示。

根据试验结果,当螺栓同时承受拉力和剪力时,连接强度条件是连接中最危险螺栓所承受的拉力和剪力满足下列公式:

$$\sqrt{\left(\frac{N_v}{N_v^b}\right)^2 + \left(\frac{N_t}{N_t^b}\right)^2} \leqslant 1.0 \qquad (6\text{-}40)$$

$$N_v \leqslant N_c^b \qquad (6\text{-}41)$$

式中:N_v、N_t——分别为最危险螺栓所承受的剪力和拉力(kN);

N_v^b、N_t^b、N_c^b——分别为最危险螺栓的受剪、受拉和承压承载力设计值(kN)。

6.7.4　普通螺栓群连接的计算

1. 螺栓群在轴心力作用下的抗剪计算

1)确定螺栓的数量

当外力通过螺栓群形心时,假设各螺栓平均分担剪力,图 6-59 中接头一边所需要的螺

栓数目为

$$n = N/N^{\text{b}}_{\min} \tag{6-42}$$

式中：N——作用于螺栓群的轴心力设计值（kN）。

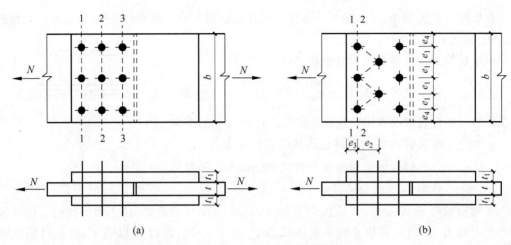

图 6-59　轴向拉力作用下受剪螺栓群

当连接处于弹性阶段时，螺栓群受力不均匀，呈两端大而中间小的状态，如图 6-60（b）所示。因为采用极限状态设计，当出现塑性变形后，内力重新分布，螺栓群受力趋于均匀，如图 6-60（c）所示。因此，当外力作用于螺栓群形心时，可认为轴心力 N 由每个螺栓平均分担。当沿受力方向连接长度 l_1 过大时，端部螺栓因变形过大首先破坏，继而引发螺栓依次向内逐个破坏。因此规定当 $l_1 > 15d_0$ 时，应将螺栓设计承载力乘以折减系数 $\beta = 1.1 - \dfrac{l_1}{150d_0}$，当 $l_1 > 60d_0$ 时，折减系数 $\beta = 0.7$，d_0 为相应的标准孔孔径。

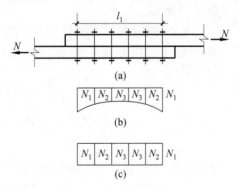

图 6-60　螺栓受剪力状态
（a）受剪螺栓；（b）弹性阶段受力状态；（c）塑性阶段受力状态

2）验算净截面强度

由于螺栓削弱了板件的截面，为防止板件在净截面上被拉断，需要验算净截面的强度。计算公式为

$$\sigma = N/A_{\text{n}} \leqslant 0.7 f_{\text{u}} \tag{6-43}$$

式中：A_n——构件或连接板的净截面面积（mm^2）；

　　f_u——钢材的抗拉强度最小值（N/mm^2），见附表 C-1。

净截面强度验算应选择构件或连接板最不利截面，即内力最大或螺孔较多而净截面较小的截面。如图 6-59(a)所示最不利截面 1—1，其内力最大为 N，2—2 截面内力为 $N-\dfrac{n_1}{n}N$，3—3 截面内力是 $N-[(n_1+n_2)/n]N$。

1—1 截面：

$$A_n=(b-n_1d_0)t \tag{6-44}$$

对于拼接板（盖板），3—3 截面是最不利截面，其内力最大为 N，其净截面面积为

$$A_n=2t_1(b-n_3d_0) \tag{6-45}$$

对于图 6-59(b)所示错列螺栓排列，最不利截面可能是 1—1 正交截面，

$$A_{n_{1-1}}=(b-n_1d_0)t \tag{6-46}$$

也可能是折线截面 2—2

$$A_{n_{2-2}}=t\left[2e_4+(n_2-1)\sqrt{e_1^2+e_2^2}-n_2d_0\right] \tag{6-47}$$

式中：n——一侧螺栓总数（个）；

　　n_1、n_2、n_3——分别为 1—1 截面、2—2 截面、3—3 截面上的螺栓数。

比较 $A_{n_{1-1}}$，$A_{n_{2-2}}$，其中最小者为最不利截面。

例 6-5　设计双盖板普通（C 级）螺栓拼接钢板—12×340。材料为 Q355B，螺栓直径 $d=20\ mm$，拉力设计值 $N=700\ kN$。

解　(1) 根据母材与双盖板之间的等强度原则，选取两块 Q355B—6×340 盖板。

由附表 C-3 查得 $f_v^b=140\ N/mm^2$，$f_c^b=385\ N/mm^2$；由附表 C-1 查得 $f_u=470\ N/mm^2$。

(2) 确定一侧所需螺栓数 n

一个螺栓设计承载力

$$N_v^b=n_v\frac{\pi d^2}{4}f_v^b=\left(2\times\frac{\pi\times20^2}{4}\times140\times10^{-3}\right)\ kN=87.92\ kN$$

$$N_c^b=d\sum tf_c^b=(20\times12\times385\times10^{-3})\ kN=92.4\ kN$$

$$n=\frac{N}{N_{min}^b}=\frac{700}{87.92}=7.96,\quad 取\ n=9$$

排列如图 6-61 所示。

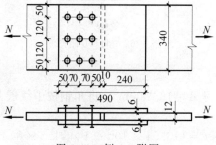

图 6-61　例 6-5 附图

（3）验算板件净截面强度

螺栓孔直径：螺栓孔的直径介于 $21\sim21.5$ mm，取 $d_0=21$ mm。

主板：$A_n=(b-n_1 d_0)t=[(340-3\times21)\times12]$ mm^2 = 3324 mm^2

拼接板：$A_n=2t_1(b-n_3 d_0)=[2\times6\times(340-3\times21)]$ mm^2 = 3324 mm^2

$$\sigma=\frac{N}{A_n}=\frac{700\times10^3}{3324}\ \text{N/mm}^2=210.59\ \text{N/mm}^2, \quad 0.7f_u=329\ \text{N/mm}^2$$

$$\sigma < 0.7f_u$$

板件净截面强度满足要求。

例 6-6 设计两角钢用 C 级螺栓拼接。角钢的型号∟ 90×8，材料为 Q355B，轴心拉力设计值 $N=210$ kN。

解 （1）选 M20 普通螺栓，孔径介于 $21\sim21.5$ mm，取 $d_0=21.5$ mm，小于表 6-12 规定的最大孔径 23.5 mm，采用同种材料同型号的角钢拼接。

由附表 C-3 查得 $f_v^b=140$ N/mm^2，$f_c^b=385$ N/mm^2；由附表 C-1 查得 $f_u=470$ N/mm^2。

（2）确定一侧所需螺栓数 n

单个螺栓的设计承载力

$$N_v^b=n_v\frac{\pi d^2}{4}f_v^b=\left(1\times\frac{\pi\times20^2}{4}\times140\times10^{-3}\right)\text{kN}=43.96\ \text{kN}$$

$$N_c^b=d\sum tf_c^b=(20\times8\times385\times10^{-3})\ \text{kN}=61.6\ \text{kN}$$

$$n=\frac{N}{N_{min}^b}=\frac{210}{43.96}=4.78, \quad 取\ n=5$$

排列如图 6-62 所示。

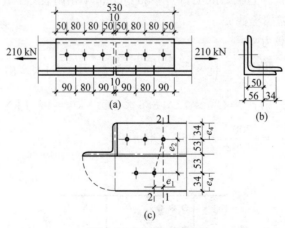

图 6-62 例 6-6 附图

（3）验算净截面强度

∟90×8 由附表 A-4 查得 $A=13.94$ cm^2；将角钢按中线展开如图 6-62(c)所示。

1—1 截面的净面积

$$A_{n_{1-1}}=A-n_1 d_0 t=(13.94\times100-1\times21.5\times8)\ \text{mm}^2=1222\ \text{mm}^2$$

2—2 截面的净面积

$$e_1=40\ \text{mm}, \quad e_2=53\times2=106\ \text{mm}, \quad e_4=34\ \text{mm}$$

$$A_{n_{2-2}} = t\left[2e_4 + (n_2 - 1)\sqrt{e_1^2 + e_2^2} - n_2 d_0\right]$$

$$= 8 \times \left[2 \times 34 + (2 - 1)\sqrt{40^2 + 106^2} - 2 \times 21.5\right] \text{mm}^2 = 1106.4 \text{ mm}^2$$

由于 $A_{n_{1-1}} > A_{n_{2-2}}$，最不利截面为 2—2 截面，则

$$\frac{N}{A_{n_{2-2}}} = \frac{210 \times 10^3}{1106.4} \text{ N/mm}^2 = 189.8 \text{ N/mm}^2 < 0.7f_u = 329 \text{ N/mm}^2$$

板件净截面强度满足要求。

2. 螺栓群在扭矩作用下的抗剪计算

螺栓群在扭矩作用下，每个螺栓都受到剪切和挤压作用。计算时做如下假设：①连接件绝对刚性，螺栓弹性；②螺栓都绕螺栓群形心旋转，其受力大小与到螺栓群的形心距离成正比，方向与螺栓到形心的连线垂直(图 6-63)。

公式推导如下。

设各个螺栓至其形心的距离分别为 $r_1, r_2, r_3, \cdots, r_n$，所承受的剪力分别为 $N_1^T, N_2^T, N_3^T, \cdots, N_n^T$。

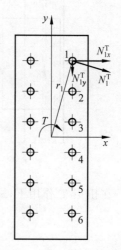

图 6-63　螺栓承受扭矩作用

由力的平衡条件，各螺栓的剪力对螺栓群形心 O 的力矩总和应等于外扭矩 T，故有

$$T = N_1^T r_1 + N_2^T r_2 + N_3^T r_3 + \cdots + N_n^T r_n \tag{6-48a}$$

由于螺栓受力大小与其距 O 点的距离成正比，即

$$N_1^T/r_1 = N_2^T/r_2 = N_3^T/r_3 = \cdots = N_n^T/r_n$$

因而

$$N_2^T = N_1^T r_2/r_1, \quad N_3^T = N_1^T r_3/r_1, \quad \cdots, \quad N_n^T = N_1^T r_n/r_1 \tag{6-48b}$$

将式(6-48b)代入式(6-48a)得

$$T = \frac{N_1^T}{r_1}(r_1^2 + r_2^2 + r_3^2 + \cdots + r_n^2) = \frac{N_1^T}{r_1}\sum r_i^2$$

因此

$$N_1^T = Tr_1/\sum r_i^2 = Tr_1/\left(\sum x_i^2 + \sum y_i^2\right) \tag{6-48c}$$

由比例关系可得 N_1^T 在 x, y 方向的分量：

$$N_{1x}^T = \frac{Ty_1}{\sum x_i^2 + \sum y_i^2} \tag{6-49}$$

$$N_{1y}^T = \frac{Tx_1}{\sum x_i^2 + \sum y_i^2} \tag{6-50}$$

为了计算简便，当螺栓布置成狭长带时，例如 $y_1 > 3x_1$ 时，r_1 趋近于 y_1，$\sum x_i^2$ 与 $\sum y_i^2$ 比较可忽略不计。因此，式(6-48c)可简化为

$$N_1^T = N_{1x}^T = Ty_1/\sum y_i^2 \tag{6-51}$$

设计时，受力最大的一个螺栓所承受的设计剪力 N_1^T 应不大于螺栓的抗剪承载力设计值 N_{min}^b，即

$$N_1^T \leqslant N_{\min}^b \tag{6-52}$$

上述各式中，x_1，y_1 分别为受力最大的螺栓 1 的坐标；x_i，y_i（$i=1,2,\cdots,n$）分别为其他螺栓的坐标。

3. 螺栓群在扭矩、剪力、轴心力共同作用下的抗剪计算

图 6-64 所示的螺栓群，承受扭矩 T、剪力 V 和轴心力 N 的共同作用。设计时，通常先布置好螺栓，再进行验算。

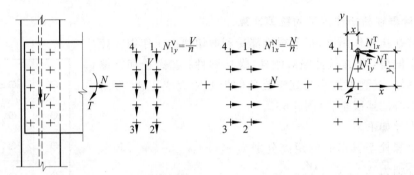

图 6-64 螺栓群受扭、受剪、受轴心力的计算

在扭矩 T 作用下，螺栓 1、2、3、4 受力最大，为 N_1^T，其在 x，y 两个方向的分力为

$$N_{1x}^T = N_1^T \frac{y_1}{r_1} = Ty_1 / \left(\sum x_i^2 + \sum y_i^2 \right)$$

$$N_{1y}^T = N_1^T \frac{x_1}{r_1} = Tx_1 / \left(\sum x_i^2 + \sum y_i^2 \right)$$

在剪力 V 和轴心力 N 作用下，螺栓均匀受力，每个螺栓受力为

$$N_{1y}^V = V/n$$

$$N_{1x}^N = N/n$$

以上各力对螺栓来说都是剪力，故受力最大螺栓 1 承受的合力 N_1 应满足式(6-53)：

$$N_1 = \sqrt{(N_{1x}^T + N_{1x}^N)^2 + (N_{1y}^T + N_{1y}^V)^2} \leqslant N_{\min}^b \tag{6-53}$$

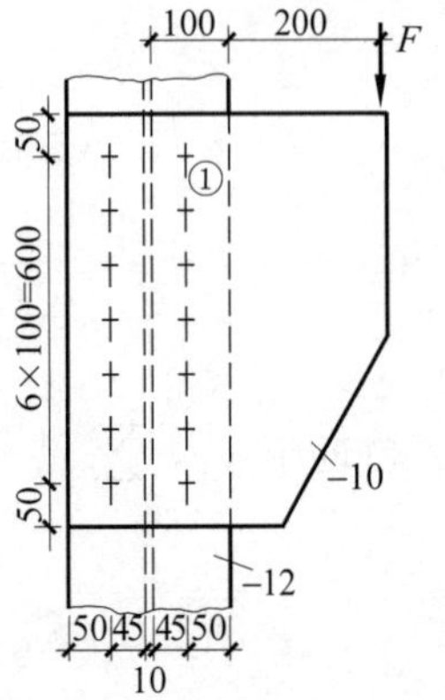

例 6-7 试设计如图 6-65 所示普通螺栓连接的搭接接头。外力的设计值 $F = 220$ kN，对螺栓形心的偏心距 $e = 300$ mm，材料 Q355B。

解 （1）选用 M20 螺栓，孔径介于 $21 \sim 21.5$ mm，取 $d_0 = 21.5$ mm，布置如图 6-65 所示。

由附表 C-3 查得 $f_v^b = 140$ N/mm^2，$f_c^b = 385$ N/mm^2；

由附表 C-1 查得 $f_u = 470$ N/mm^2。

（2）验算螺栓承载强度

螺栓群受扭 $T = Fe = (220 \times 300 \times 10^{-3})$ kN·m $= 66$ kN·m，剪力 $V = F = 220$ kN。

单个螺栓的承载力设计值

图 6-65 例 6-7 附图

由于 $15 < h/d_0 = 6 \times 100/21.5 = 27.9 < 60$，故 $\beta = 1.1 - \dfrac{h}{150d_0} = 1.1 - \dfrac{100 \times 6}{150 \times 21.5} = 0.914$。

$$N_v^b = \beta n_v \frac{\pi d^2}{4} f_v^b = 0.914 \times \left(1 \times \frac{\pi \times 20^2}{4} \times 140 \times 10^{-3}\right) \text{ kN} = 40.22 \text{ kN}$$

$$N_c^b = \beta d \sum t f_c^b = 0.914 \times (20 \times 10 \times 385 \times 10^{-3}) \text{ kN} = 70.38 \text{ kN}$$

（3）螺栓群中受力最大的螺栓承载力（图 6-65 螺栓①）

$$N_{1x}^T = \frac{Ty_1}{\left(\sum x_i^2 + \sum y_i^2\right)} = \frac{66 \times 10^6 \times 300 \times 10^{-3}}{\left(45 + \dfrac{10}{2}\right)^2 \times 14 + 4 \times (100^2 + 200^2 + 300^2)} \text{ kN}$$

$$= 33.28 \text{ kN}$$

$$N_{1y}^T = \frac{Tx_1}{\left(\sum x_i^2 + \sum y_i^2\right)} = \frac{66 \times 10^6 \times 50 \times 10^{-3}}{\left(45 + \dfrac{10}{2}\right)^2 \times 14 + 4 \times (100^2 + 200^2 + 300^2)} \text{ kN}$$

$$= 5.55 \text{ kN}$$

$$N_{1y}^V = \frac{V}{n} = \frac{220}{14} \text{ kN} = 15.71 \text{ kN}$$

$$N_1 = \sqrt{(N_{1x}^T)^2 + (N_{1y}^T + N_{1y}^V)^2} = \sqrt{33.28^2 + (5.55 + 15.71)^2} \text{ kN}$$

$$= 39.49 \text{ kN} < N_{\min}^b = N_v^b = 40.22 \text{ kN}$$

满足要求。

4. 螺栓群在弯矩作用下的计算

牛腿和柱连接，荷载 N 向螺栓群形心简化为弯矩 $M = Ne$，剪力 $V = N$。如果剪力 V 由承托板承担，则螺栓群只受弯矩 M 作用。

螺栓群在弯矩 M 作用下，上部螺栓受拉，中和轴以下钢板受压。由于难以确定中和轴的位置，在实际计算中通常偏于安全地取最下排螺栓轴线为中和轴，如图 6-66 所示。假设螺栓所受拉力与从 O 点算起的纵坐标 y 成正比，计算平衡时偏于安全地忽略压力提供的弯矩。

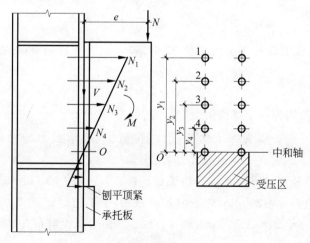

图 6-66 螺栓群承受弯矩和剪力作用

公式推导如下：

由假设有：$\dfrac{N_1}{y_1} = \dfrac{N_2}{y_2} = \cdots = \dfrac{N_n}{y_n}$，或 $N_2 = \dfrac{N_1}{y_1} y_2, \cdots, N_n = \dfrac{N_1}{y_1} y_n$

由平衡条件有：

$$M = (N_1 y_1 + N_2 y_2 + \cdots + N_n y_n)m = \dfrac{N_1}{y_1} m (y_1^2 + y_2^2 + \cdots + y_n^2)，将假设代入可得$$

$$N_1 = \frac{My_1}{m \sum y_i^2} \leqslant N_t^b \tag{6-54}$$

式中：N_1——一个螺栓承受的最大拉力（kN）；

    m——螺栓纵列数，在图 6-66 中 $m=2$。

剪力 V 由承托板承担，这时应当按式（6-55）来验算承托板和柱翼缘的连接角焊缝

$$\frac{\alpha V}{\sum 0.7 h_f l_w} \leqslant f_f^w \tag{6-55}$$

式中：α——剪力 V 对焊缝偏心影响系数，取 $1.25 \sim 1.6$。

5. 螺栓群在弯矩和剪力共同作用下的计算

如果图 6-66 中承托板只起安装作用，不再承担剪力，则此时螺栓群承受弯矩 M 和剪力 V 的共同作用。

螺栓群中受力最大的螺栓在弯矩 M 作用下所受拉力为

$$N_t = \frac{My_1}{m \sum y_i^2}$$

螺栓群在剪力 V 作用下所受剪力为

$$N_v = \frac{V}{n}$$

式中：n——螺栓群螺栓数。

螺栓在弯矩引起的拉力和剪力共同作用下，要满足相关公式：

$$\sqrt{\left(\frac{N_t}{N_t^b}\right)^2 + \left(\frac{N_v}{N_v^b}\right)^2} \leqslant 1 \tag{6-56}$$

满足式（6-56），说明螺栓不会因受拉、受剪破坏，但当板较薄时，可能发生承压破坏，所以还应当满足：

$$N_v \leqslant N_c^b \tag{6-57}$$

式中：N_t、N_v——分别为一个螺栓所受的拉力、剪力（kN）；

    N_t^b、N_v^b、N_c^b——分别为一个螺栓抗拉、抗剪、承压承载力的设计值（kN），分别由

        式（6-37）~式（6-39）给出。

例 6-8　设计牛腿和柱子用普通 C 级螺栓连接。$N = 194\,\text{kN}$（设计值），$e = 200\,\text{mm}$，材料为 Q355B，螺栓直径 $d = 20\,\text{mm}$，焊条为 E50 系列，手工施焊。

解　螺栓孔径介于 $21 \sim 21.5\,\text{mm}$，取 $d_0 = 21.5\,\text{mm}$，螺栓群布置如图 6-67 所示。

由附表 C-3 查得：$f_t^b = 170\,\text{N/mm}^2$，$f_v^b = 140\,\text{N/mm}^2$，$f_c^b = 385\,\text{N/mm}^2$；由附表 C-2

查得：$f_f^w = 200 \text{ N/mm}^2$；由附表 B-1 查得：$A_e = 244.8 \text{ mm}^2$。

荷载向螺栓群形心简化为弯矩 $M = Ne = (194 \times 0.2) \text{kN} \cdot \text{m} = 38.8 \text{ kN} \cdot \text{m}$，剪力 $V = N = 194 \text{ kN}$。

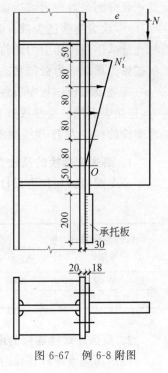

图 6-67　例 6-8 附图

（1）如果承托板只起安装作用，螺栓群承受弯矩 M 和剪力 V 的共同作用。下面验算图 6-67 所示螺栓的连接强度。

单个螺栓的承载力设计值为

$$N_t^b = A_e f_t^b = (244.8 \times 170 \times 10^{-3}) \text{ kN} = 41.62 \text{ kN}$$

$$N_v^b = n_v \frac{\pi d^2}{4} f_v^b = \left(1 \times \frac{\pi \times 20^2}{4} \times 140 \times 10^{-3}\right) \text{ kN} = 43.98 \text{ kN}$$

$$N_c^b = d \sum t f_c^b = (20 \times 18 \times 385 \times 10^{-3}) \text{ kN} = 138.6 \text{ kN}$$

单个螺栓承受的最大拉力为

$$N_t = \frac{M y_1}{m \sum y_i^2} = \frac{38.8 \times 10^3 \times 320}{2 \times (80^2 + 160^2 + 240^2 + 320^2)} \text{ kN}$$

$$= 32.33 \text{ kN}$$

单个螺栓承受的剪力为

$$N_v = \frac{V}{n} = \frac{194}{10} \text{ kN} = 19.4 \text{ kN}$$

螺栓在 M，V 共同作用下

$$\sqrt{\left(\frac{N_t}{N_t^b}\right)^2 + \left(\frac{N_v}{N_v^b}\right)^2} = \sqrt{\left(\frac{32.33}{41.62}\right)^2 + \left(\frac{19.4}{43.98}\right)^2} = 0.89 < 1$$

$$N_v = 19.4 \text{ kN} < N_c^b = 138.6 \text{ kN}$$

满足要求。

（2）如果剪力由承托板承担，螺栓群只受弯矩作用。

验算承托板和柱翼缘连接角焊缝强度：

取 $h_f = 10 \text{ mm}$，$h_f > h_{f,\min} = 8 \text{ mm}$

$$h_f < h_{f,\max} = [30 - (1 \sim 2)] \text{ mm} = 28 \sim 29 \text{ mm}$$

$$\tau_f = \frac{\alpha V}{\sum 0.7 h_f l_w} = \frac{1.35 \times 194 \times 10^3}{0.7 \times 10 \times (200 - 20) \times 2} \text{ N/mm}^2$$

$$= 103.93 \text{ N/mm}^2 < f_f^w = 200 \text{ N/mm}^2$$

α 为角焊缝偏心力的增大系数，α 取 1.35，图 6-67 的布置满足要求。

6.8　高强度螺栓连接的构造与计算

6.8.1　高强度螺栓连接的性能

高强度螺栓有摩擦型和承压型两种连接方式。摩擦型连接是依靠高强度螺栓的紧固预拉力，在被连接件间产生摩擦阻力以传递剪力而将构件、部件或板件连成整体的连接方式，其承载准则是以剪力到达接触面的最大摩擦力作为承载能力极限状态，当板件间发生相对滑移时，认为连接已失效；承压型连接是摩擦型连接摩擦面滑移以后，依靠螺杆抗剪和螺杆与孔壁承压以传递剪力而将构件、部件或板件连成整体的连接方式，其承载准则是螺杆或钢板破坏为承载能力极限状态。

高强度螺栓连接中板件间的挤压力和摩擦力对外力的传递有很大影响。栓杆的预拉力，连接表面的抗滑移系数和钢材种类都直接影响到高强度螺栓连接的承载力，因此，高强度螺栓的预拉力 P 和接触面间的摩擦系数 μ 是明确规定并给予控制的两个主要指标。

1. 高强度螺栓的预拉力 P

一个螺栓的预拉力设计值 P 如表 6-15 所示。

表 6-15　一个高强度螺栓的设计预拉力 P　　　　单位：kN

螺栓的承载性能等级	螺栓公称直径/mm					
	M16	M20	M22	M24	M27	M30
8.8 级	80	125	150	175	230	280
10.9 级	100	155	190	225	290	355

2. 高强度螺栓连接的摩擦面间的抗滑移系数 μ

使用高强度螺栓连接时，构件的接触面（摩擦面）应经过特殊处理，以提高抗滑移系数 μ 的值。规范规定接触面经各种处理方法后的抗滑移系数见表 6-16。

表 6-16　钢材摩擦面的抗滑移系数 μ

连接处构件接触面的处理方法	构件的钢材牌号		
	Q235 钢	Q355 钢或 Q390 钢	Q420 钢或 Q460 钢
喷硬质石英砂或铸钢棱角砂	0.45	0.45	0.45
抛丸（喷砂）	0.40	0.40	0.40
钢丝刷清除浮锈或未经处理的干净轧制面	0.30	0.35	—

注：1. 钢丝刷除锈方向应与受力方向垂直；

2. 当连接构件采用不同钢材牌号时，μ 按相应较低强度者取值；

3. 采用其他方法处理时，其处理工艺及抗滑移系数值均需经试验确定。

试验证明，构件摩擦面涂红丹后，抗滑移系数 μ 变低（在 0.14 以下），经处理后仍然较低，故摩擦面应严格避免涂染红丹。另外，连接在潮湿或淋雨状态下进行安装，也会降低 μ 值，故应采取防潮措施并避免雨天施工，以保证连接处表面干燥。

6.8.2　高强度螺栓连接的计算

1. 高强度螺栓的抗剪承载力设计值

（1）高强度螺栓摩擦型连接：高强度螺栓摩擦型连接承受剪力时的设计准则是外力不得超过摩擦力。一个高强度摩擦型螺栓的抗剪承载力设计值按式（6-58）计算：

$$N_v^b = 0.9kn_f\mu P \tag{6-58}$$

式中：0.9——螺栓受力不均匀，取抗力分项系数的倒数（1/1.111）；

N_v^b——一个高强度螺栓的抗剪承载力设计值(kN)。

k——孔型系数,标准孔取 1.0;大圆孔取 0.85;荷载与槽孔长方向垂直时取 0.7;荷载与槽孔长方向平行时取 0.6。

n_f——传力摩擦面数目(个),单剪时,$n_f=1$;双剪时,$n_f=2$,以此类推。

μ——摩擦面抗滑移系数,按钢材摩擦面与涂层摩擦面不同,分别按表 6-16 取值。

P——一个高强度螺栓的预拉力设计值(kN),按表 6-15 取值。

(2) 高强度螺栓承压型连接:为了充分利用高强度螺栓的潜力,高强度螺栓承压型连接的极限承载力由螺栓杆抗剪和孔壁承压决定,摩擦力只起延缓滑动的作用,故其计算方法和普通螺栓相同,但当计算剪切面在螺纹处时,其受剪承载力设计值应按螺纹处的有效截面面积进行计算。承压型连接的高强度螺栓,预拉力 P 的施拧工艺和设计值取值应与摩擦型连接高强度螺栓相同。单个高强度承压型螺栓的承载力设计值如下:

抗剪承载力设计值

$$N_v^b = n_v \frac{\pi d^2}{4} f_v^b \tag{6-59}$$

抗压承载力设计值

$$N_c^b = d \sum t f_c^b \tag{6-60}$$

式中:f_v^b,f_c^b——分别为承压型高强度螺栓的抗剪、承压强度设计值(N/mm²)。

2. 高强度螺栓的抗拉承载力设计值

1) 高强度螺栓摩擦型连接

由图 6-68 可见,在施加外力作用前(图 6-68(a)),预拉力 P 和挤压力 C 处于平衡状态,即 $P=C$;当施加外力 N_t 后,预拉力由 P 变为 P_f,挤压力由 C 变为 C_f,由其平衡状态得出 $P_f = C_f + N_t$(图 6-68(b)),此时方程中 P_f、C_f 都是未知的,是一个超静定问题。为解此方程必须补充变形条件。

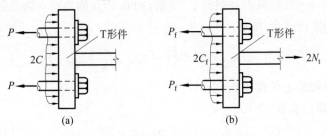

图 6-68　高强度螺栓受拉 T 形件

如果 T 形件和螺栓处于弹性状态,板叠厚度为 δ,则螺栓的伸长量是 $\Delta_b = \dfrac{(P_f - P)\delta}{EA_b}$;构件压缩恢复量 $\Delta_P = \dfrac{(C - C_f)\delta}{EA_p}$,在外力作用下,螺栓杆的伸长量应等于构件压缩的恢复量,即 $\Delta_b = \Delta_P$,这就是变形条件方程。则得到如下关系:

$$P_f = P + \frac{N_t}{A_p/A_b + 1} \tag{6-61a}$$

式中：A_b——螺栓杆截面面积（mm^2）；

　　　A_p——构件挤压面面积（mm^2）。

通常 A_p 比 A_b 大得多，取 $A_p/A_b=10$，当被连接件被拉开时，$C_f=0$，即 $P_f=N_t$，由式（6-61a）得：

$$P_f=1.1P \tag{6-61b}$$

可见当外拉力增量为预拉力 P 的 10% 时，即被拉开。因此，规范规定每个摩擦型高强度螺栓的抗拉设计承载力为

$$N_t^b=0.8P \tag{6-62}$$

这时外拉力增量为 7%。

2）高强度螺栓承压型连接

承压型连接的高强度螺栓的抗拉设计承载力的计算公式与普通螺栓的相同，即

$$N_t^b=\frac{\pi d_e^2}{4}f_t^b=A_e f_t^b \tag{6-63}$$

在《钢结构高强度螺栓连接技术规程》（JGJ 82—2011）中给定了承压型高强度螺栓在螺纹处的有效截面面积 A_e，见表 6-17。

表 6-17　螺栓在螺纹处的有效截面面积　　　　单位：mm^2

螺栓规格	M12	M16	M20	M22	M24	M27	M30
A_e	84.3	157	245	303	353	459	561

6.8.3　高强度螺栓群连接的计算

1. 高强度螺栓群的抗剪计算

高强度螺栓群连接的计算方法和普通螺栓连接计算相同，只是净截面强度验算有区别。

如图 6-69 所示，一般在最不利截面 1—1 前，约有 50% 的力在孔前已经由摩擦力传给了盖板，则最不利截面 1—1 传力为

$$N'=N\times\left(1-0.5\times\frac{n_1}{n}\right) \tag{6-64}$$

式中：n_1——计算截面上的螺栓数（个）；

　　　n——一侧螺栓总数（个）。

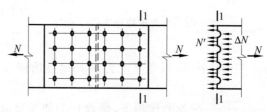

图 6-69　摩擦型高强度螺栓孔前传力

净截面强度：

$$\sigma_n=\frac{N'}{A_n}\leqslant f \tag{6-65}$$

例 6-9 设计双盖板高强螺栓拼接钢板—12×340。材料为 Q355B,采用 10.9 级 M22 高强度螺栓,拉力设计值 $N = 650$ kN,构件接触表面用钢丝刷清浮锈。

解 (1)采用摩擦型螺栓连接且采用标准孔,查表 6-9,取 $d_0 = 24$ mm。

由表 6-15 查得 $P = 190$ kN;由表 6-16 查得 $\mu = 0.35$,孔型系数 $k = 1.0$。由附表 C-1 查得 $f_u = 470$ N/mm²。

一个螺栓的抗剪承载力设计值

$$N_v^b = 0.9 k n_f \mu P = (0.9 \times 1.0 \times 2 \times 0.35 \times 190) \text{ kN} = 119.7 \text{ kN}$$

一侧所需螺栓数

$$n = \frac{N}{N_v^b} = \frac{650}{119.7} \text{ 个} = 5.43 \text{ 个}$$

取 $n = 6$,螺栓排列如图 6-70(a)所示。

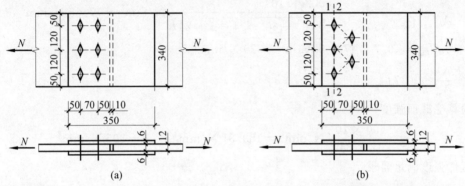

图 6-70 例 6-9 附图

验算净截面强度

$$N' = N \times \left(1 - 0.5 \times \frac{n_1}{n}\right) = \left[650 \times \left(1 - 0.5 \times \frac{3}{6}\right)\right] \text{ kN} = 487.5 \text{ kN}$$

$$\frac{N'}{A_n} = \frac{487.5 \times 10^3}{12 \times (340 - 3 \times 24)} \text{ N/mm}^2 = 151.59 \text{ N/mm}^2 < 0.7 f_u = 0.7 \times 470 = 329 \text{ N/mm}^2$$

验算毛截面强度

$$\frac{N}{A} = \frac{650 \times 10^3}{12 \times 340} \text{ N/mm}^2 = 159.313 \text{ N/mm}^2 < f = 305 \text{ N/mm}^2$$

板件强度满足要求。

(2)采用承压型螺栓连接且采用标准孔,查表 6-9,取 $d_0 = 24$ mm。

由附表 C-3 查得 $f_v^b = 310$ N/mm²,$f_c^b = 590$ N/mm²。

一个抗剪螺栓的设计承载力

$$N_v^b = n_v \frac{\pi d^2}{4} f_v^b = \left(2 \times \frac{\pi \times 22^2}{4} \times 310 \times 10^{-3}\right) \text{ kN} = 235.7 \text{ kN}$$

$$N_c^b = d \sum t f_c^b = (22 \times 12 \times 590 \times 10^{-3}) \text{ kN} = 155.8 \text{ kN}$$

一侧所需螺栓数

$$n = \frac{N}{N_{min}^b} = \frac{650}{155.8} \text{ 个} = 4.17 \text{ 个}$$

取 $n=5$。

验算净截面强度

1—1 截面

$$N'=N\times\left(1-0.5\times\frac{n_1}{n}\right)=\left[650\times\left(1-0.5\times\frac{3}{5}\right)\right]kN=455\ kN$$

$$\frac{N'}{A_n}=\frac{455\times10^3}{12\times(340-3\times24)}\ N/mm^2=141.48\ N/mm^2<0.7f_u$$

$$=(0.7\times470)\ N/mm^2=329\ N/mm^2$$

2—2 截面

$$N'=N\times\left(1-0.5\times\frac{n_1}{n}\right)=\left[650\times\left(1-0.5\times\frac{5}{5}\right)\right]kN=325\ kN$$

$$\frac{N'}{A_n}=\frac{325\times10^3}{12\times(50\times2+\sqrt{70^2+60^2}\times4-5\times24)}\ N/mm^2=77.65\ N/mm^2$$

$$0.7f_u=(0.7\times470)\ N/mm^2=329\ N/mm^2$$

$$\frac{N'}{A_n}<0.7f_u$$

验算毛截面强度

$$\frac{N}{A}=\frac{650\times10^3}{12\times340}\ N/mm^2=159.31\ N/mm^2<f=305\ N/mm^2$$

板件强度满足要求。

2. 高强度螺栓群在扭矩、剪力、轴心力共同作用下的计算

高强度螺栓群所用计算方法与普通螺栓相同。

例 6-10 计算如图 6-71 所示用摩擦型高强度螺栓连接的搭接接头的连接强度。螺栓为 10.9 级 M22 高强度螺栓，外力的设计值 $F=100\ kN$，构件材料为 Q355B 钢，连接接触面处理方法为喷硬质石英砂。

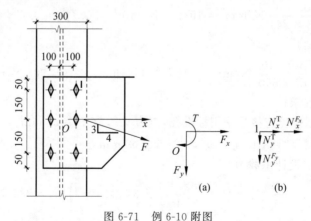

图 6-71　例 6-10 附图

解　将力 F 向螺栓群形心简化为（图 6-71(a)）

$$F_x=\frac{4}{5}F=\frac{4}{5}\times100\ kN=80\ kN$$

$$F_y = \frac{3}{5}F = \frac{3}{5} \times 100 \text{ kN} = 60 \text{ kN}$$

$$T = F_y e = (60 \times 0.15) \text{ kN} \cdot \text{m} = 9 \text{ kN} \cdot \text{m}$$

由表 6-15 查得 $P = 190$ kN，由表 6-16 查得 $\mu = 0.45$，孔型系数 $k = 1.0$，则一个高强度螺栓抗剪承载力设计值：

$$N_v^b = 0.9kn_f\mu P = (0.9 \times 1.0 \times 1 \times 0.45 \times 190) \text{ kN} = 76.95 \text{ kN}$$

验算受力最大的螺栓的连接强度（图 6-71(b)）

$$N_{l_x}^{F_x} = \frac{F_x}{n} = \frac{80}{6} \text{ kN} = 13.3 \text{ kN}$$

$$N_{l_y}^{F_y} = \frac{F_y}{n} = \frac{60}{6} \text{ kN} = 10 \text{ kN}$$

$$N_{l_x}^{T} = \frac{Ty_1}{\sum x_i^2 + \sum y_i^2} = \frac{9 \times 10^3 \times 150}{6 \times 100^2 + 4 \times 150^2} \text{ kN} = 9 \text{ kN}$$

$$N_{l_y}^{T} = \frac{Tx_1}{\sum x_i^2 + \sum y_i^2} = \frac{9 \times 10^3 \times 100}{6 \times 100^2 + 4 \times 150^2} \text{ kN} = 6 \text{ kN}$$

$$\sqrt{(N_{l_x}^{F_x} + N_{l_x}^{T})^2 + (N_{l_y}^{F_y} + N_{l_y}^{T})^2} = \sqrt{(13.3 + 9)^2 + (10 + 6)^2} \text{ kN}$$

$$= 27.4 \text{ kN} < N_v^b = 76.95 \text{ kN}$$

满足要求。

3. 高强度螺栓群在弯矩作用下的计算

图 6-72 所示为由高强度螺栓连接的弯矩 M 作用下的梁柱接头。弯矩 M 引起的拉力由螺栓承担，引起的压力由钢板受压区承担。实际计算时为方便，偏安全地假设无论受拉区、受压区都由螺栓承担。只要受力最大螺栓的拉力小于 $0.8P$，被连接构件的接触面将一直保持紧密贴合。因此可以假定螺栓群承受弯矩作用时的中和轴位于螺栓群形心处，如果以板不被拉开为承载力的极限，最上端拉力应满足式(6-66)：

$$N_1^M = \frac{My_1}{m\sum y_i^2} \leqslant N_t^b \tag{6-66}$$

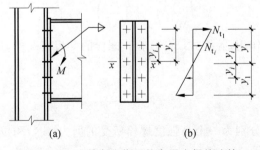

图 6-72　承受弯矩作用的高强度螺栓连接

4. 高强度螺栓群在弯矩、剪力和轴心拉力共同作用下的计算

如图 6-73 所示，如果承托板只起安装作用，则高强度螺栓群受拉剪共同作用。

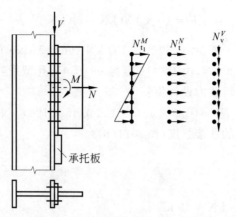

图 6-73　在 M、N、V 共同作用下拉-剪高强度螺栓群的受力

1）按摩擦型连接计算的高强度螺栓

当拉力为 N_t 时，板件间的挤压力 P 将变为 $P\text{-}N_t$。这时每个螺栓的抗滑移承载力将减少，同时摩擦系数 μ 也将减少。考虑到这些影响，对同时承受拉剪的摩擦型连接的高强度螺栓，每个螺栓承载力按式（6-67）计算，摩擦系数 μ 仍用原值：

$$\frac{N_v}{N_v^b} + \frac{N_t}{N_t^b} \leqslant 1 \tag{6-67}$$

式中：N_v、N_t——分别为一个螺栓所承受的剪力（kN）、拉力（kN）。对图 6-73 所示的受力情况：

$$N_v = \frac{V}{n}$$

$$N_t = N_{t_1}^M + N_t^N = \frac{M y_1}{m \sum y_i^2} + \frac{N}{n}$$

式中：N_v^b、N_t^b——分别为一个高强度螺栓受剪、受拉承载力设计值（kN），分别由式（6-58）与式（6-62）计算。

2）按承压型连接计算的高强度螺栓

在拉剪同时作用时，对每个螺栓的承载力应满足式（6-56）

$$\sqrt{\left(\frac{N_v}{N_v^b}\right)^2 + \left(\frac{N_t}{N_t^b}\right)^2} \leqslant 1 \tag{6-68}$$

因为螺栓受到剪力作用，除按式（6-56）验算螺栓的受力情况外，还应验算其孔壁承压强度，即

$$N_v \leqslant \frac{N_c^b}{1.2} \tag{6-69}$$

上两式中：N_v、N_t——分别为一个高强度螺栓所受的剪力（kN）和拉力（kN）；

N_t^b、N_v^b、N_c^b——分别为一个高强度螺栓抗拉、抗剪、抗压承载力的设计值（kN），分别由式（6-62）、式（6-59）和式（6-60）算出；

1.2——折减系数，是考虑由于螺栓杆轴向的外拉力使孔壁承压强度的设计值有所降低，取固定值 1.2。

例 6-11 设计如图 6-74 所示牛腿与柱的连接。偏心力的设计值 $N=270$ kN，偏心距 $e=200$ mm，材料为 Q355B，采用 10.9 级高强度螺栓 M20，构件的接触面喷硬质石英砂。承托板只起安装作用。

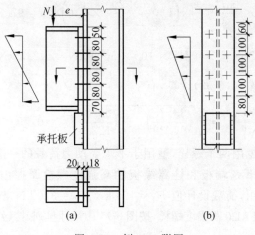

图 6-74 例 6-11 附图

解 （1）摩擦型连接，其承载准则是以剪力到达接触面的最大摩擦力作为承载能力极限状态。螺栓布置如图 6-74(a)所示。

螺栓群受弯矩 $M=Ne=(270\times200\times10^{-3})$ kN·m$=54$ kN·m 和剪力 $V=N=270$ kN 共同作用。连接中受力最大的螺栓承受的拉力和剪力分别为

$$N_t=N_1^M=\frac{My_1}{m\sum y_i^2}=\frac{54\times10^3\times160}{2\times(2\times80^2+2\times160^2)}\text{ kN}=67.5\text{ kN}$$

$$N_v=\frac{N}{n}=\frac{270}{10}\text{ kN}=27\text{ kN}$$

由表 6-15 查得 $P=155$ kN，由表 6-16 查得 $\mu=0.45$，单个高强度螺栓受剪、受拉承载设计值为

$$N_v^b=0.9kn_f\mu P=(0.9\times1.0\times1\times0.45\times155)\text{ kN}=62.78\text{ kN}$$

$$N_t^b=0.8P=(0.8\times155)\text{ kN}=124\text{ kN}$$

拉剪共同作用下，受力最大螺栓的承载力验算：

$$\frac{N_v}{N_v^b}+\frac{N_t}{N_t^b}=\frac{27}{62.78}+\frac{67.5}{124}=0.974<1,\text{满足要求。}$$

（2）承压型连接，其承载准则是螺杆或钢板破坏为承载能力极限状态。螺栓排列如图 6-74(b)所示。

连接中受力最大的螺栓承受拉力为

$$N_t=N_1^M=\frac{My_1}{m\sum y_i^2}=\frac{54\times10^3\times300}{2\times(100^2+200^2+300^2)}\text{ kN}=57.86\text{ kN}$$

由附表 C-3 查得 $f_v^b=310$ N/mm^2，$f_t^b=500$ N/mm^2，$f_c^b=590$ N/mm^2。

螺栓承受的剪力为

$$N_v = N/n = 270/8 \text{ kN} = 33.75 \text{ kN}$$

$$\frac{N_c^b}{1.2} = \frac{d\sum t f_c^b}{1.2} = \frac{20 \times 18 \times 590}{1.2} \text{ kN} = 177 \text{ kN} > 33.75 \text{ kN}, \text{孔壁承压强度满足。}$$

$$N_v^b = n_v \frac{\pi d^2}{4} f_v^b = \left(1 \times \frac{\pi \times 20^2}{4} \times 310\right) \text{ kN} = 97.39 \text{ kN}$$

$$N_t^b = \frac{\pi d_e^2}{4} f_t^b = (245 \times 10^3 \times 500) \text{ kN} = 122.5 \text{ kN}$$

在拉剪同时作用时按式(6-53)计算，有

$$\sqrt{\left(\frac{N_v}{N_v^b}\right)^2 + \left(\frac{N_t}{N_t^b}\right)^2} = \sqrt{\left(\frac{33.75}{97.39}\right)^2 + \left(\frac{57.86}{122.5}\right)^2} = 0.59 < 1, \text{满足要求。}$$

第二种连接方法可少用两个螺栓，适用于不承受动力荷载的一般结构。

例 6-12 设计屋架下弦端板和柱翼缘板的高强度螺栓摩擦型连接，摩擦面类型为 C 类。承托板只起安装作用，荷载设计值 $F_1 = 420$ kN，$F_2 = 320$ kN，材料为 Q355B。

解 选 12 个 10.9 级 M20 高强度螺栓，按图 6-75 中尺寸排列，接触面喷砂处理，$e = 120$ mm。

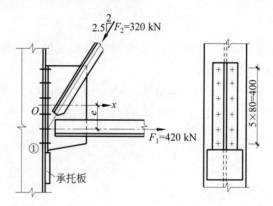

图 6-75　例 6-12 附图

(1) 向螺栓群形心的力简化为剪力 $V = 250$ kN，拉力 $N = (420 - 200)$ kN $= 220$ kN，弯矩 $M = Ne = (220 \times 120 \times 10^{-3})$ kN · m $= 26.4$ kN · m。

(2) 验算螺栓的连接强度。图 6-75 中受力最大的螺栓①的拉力及剪力分别为

$$N_t = \frac{N}{n} + \frac{My_1}{m\sum y_i^2} = \left[\frac{220}{12} + \frac{26.4 \times 10^3 \times 200}{2 \times (40^2 + 120^2 + 200^2) \times 2}\right] \text{ kN}$$

$$= (18.3 + 23.6) \text{ kN} = 41.9 \text{ kN}$$

$$N_v = \frac{V}{n} = \frac{250}{12} \text{ kN} = 20.8 \text{ kN}$$

计算一个高强度螺栓受剪、受拉承载力的设计值。由表 6-15、表 6-16 查得 $P = 155$ kN，$\mu = 0.45$，则

$$N_v^b = 0.9kn_f\mu P = (0.9 \times 1.0 \times 1 \times 0.45 \times 155) \text{ kN} = 62.78 \text{ kN}$$

$$N_t^b = 0.8P = (0.8 \times 155) \text{ kN} = 124 \text{ kN}$$

验算在拉力、剪力共同作用下受力最大螺栓的承载力：

$$\frac{N_v}{N_v^b} + \frac{N_t}{N_t^b} = \frac{20.8}{62.78} + \frac{41.9}{124} = 0.67 < 1$$

满足要求。

习题

6.1 受剪普通螺栓有哪几种可能的破坏形式？如何防止？

6.2 简述普通螺栓连接与高强度螺栓摩擦型连接在弯矩作用下计算时的异同点。

6.3 为何要规定螺栓排列的最大和最小间距要求？

6.4 影响高强度螺栓承载力的因素有哪些？

6.5 如图 6-76 所示等边角钢与节点板采用两边侧焊缝连接，$N = 600 \text{ kN}$（静力荷载），角钢为 $2 \llcorner 100 \times 10$，节点板厚度 $t_1 = 10 \text{ mm}$，钢材为 Q355B，焊条为 E50 型，手工焊，采用预热的低氢焊接方法。试确定所需角焊缝的焊脚尺寸 h_f 和实际长度。

6.6 如图 6-77 所示的螺栓双盖板连接，构件钢材为 Q355B 钢，承受轴心拉力 $N = 600 \text{ kN}$，螺栓为 10.9 级 M22 高强度螺栓摩擦型连接，该连接用 6 mm 厚的盖板，接触面喷砂处理，采用标准孔。试验算连接是否满足要求？

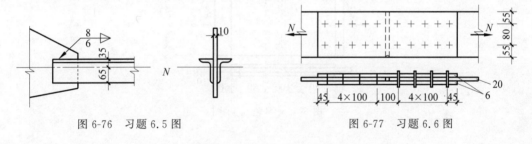

图 6-76　习题 6.5 图　　　　　　　　　图 6-77　习题 6.6 图

6.7 如图 6-78 所示焊接连接采用三面围焊，焊脚尺寸为 6 mm，手工焊接，采用 E50 焊条，钢材为 Q355B 钢。试计算此连接所能承受的最大拉力 N 为多少？

6.8 如图 6-79 所示牛腿板承受扭矩设计值 $T = 60 \text{ kN} \cdot \text{m}$，钢材为 Q355B 钢，焊条为 E43 系列。按方案一、方案二设计连接焊缝。

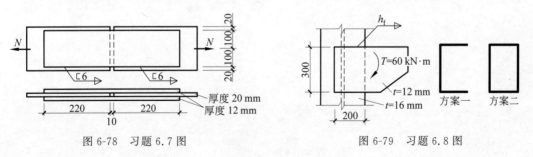

图 6-78　习题 6.7 图　　　　　　　　　图 6-79　习题 6.8 图

6.9 如图 6-80 所示的连接构造，牛腿用连接角钢 $2 \llcorner 100 \times 2$ 及 M22 高强度螺栓（10.9 级）摩擦型连接与柱相连。钢材为 Q355B 钢，接触面喷砂处理，承受偏心荷载设计值 $P = 175 \text{ kN}$。试确定连接角钢的两肢上所需螺栓个数。

6.10 一普通螺栓的临时性连接如图 6-81 所示，构件钢材为 Q355B 钢，承受的轴心拉力 $N=600$ kN。螺栓直径 $d=20$ mm，孔径 $d_0=21.5$ mm，试验算此连接是否安全？

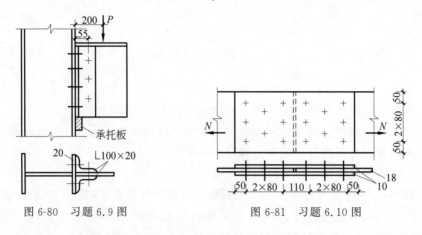

图 6-80　习题 6.9 图　　　　　图 6-81　习题 6.10 图

6.11 一高强度螺栓承压型连接如图 6-82 所示，构件钢材为 Q355B 钢，承受的轴心拉力 $N=200$ kN，弯矩 $M=50$ kN·m。螺栓直径 $d=24$ mm，孔径 $d_0=26$ mm，试验算此连接是否安全。

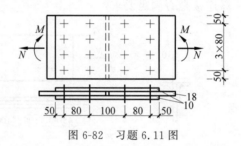

图 6-82　习题 6.11 图

第7章

多高层钢结构设计

多高层钢结构设计要综合考虑材料选择、结构布置、构件选型、构造措施等因素,保证结构在竖向荷载、风荷载和地震作用下具有必要的承载能力,足够大的刚度,良好的变形能力和消耗地震能量的能力。本章介绍了多高层钢结构建筑的设计方法与具体要求,包括多高层钢结构的材料选择、设计基本规定、荷载与作用、计算分析方法、构件设计与节点设计等。

7.1　多高层钢结构材料选择

钢结构工程中钢材费用可占到工程总费用的大部分,工程设计中不仅应综合考虑结构的安全性能因素,还应充分地考虑到工程的经济性,选用性价比较高的钢材。本节依据相关设计规范并结合多高层钢结构的用钢特点,提出了钢材和连接材料选材时应综合考虑的各类要素。

7.1.1　钢材

钢材的选用应综合考虑构件的重要性和荷载特征、结构形式和连接方法、应力状态、工作环境以及钢材品种和厚度等因素,合理选用钢材牌号、质量等级及其性能要求。主要承重构件所用钢材的牌号宜选用 Q355 钢、Q390 钢,其材质和材料性能应分别符合现行国家标准《低合金高强度结构钢》(GB/T 1591—2018)或《碳素结构钢》(GB/T 700—2006)的规定。有依据时可选用更高强度级别的钢材。结构用钢板、热轧工字钢、槽钢、角钢、H 型钢和钢管等型材产品的规格、性能指标及允许偏差应符合国家现行相关标准的规定。

主要承重构件所用较厚的板材宜选用高性能建筑用 GJ 钢板,其材质和材料性能应符合现行国家标准《建筑结构用钢板》(GB/T 19879—2023)的规定。外露承重钢结构可选用 Q235NH、Q355NH 或 Q415NH 等牌号的焊接耐候钢,其材质和材料性能要求应符合现行国家标准《耐候结构钢》(GB/T 4171—2008)的规定。选用时宜附加要求保证晶粒度不小于 7 级,耐腐蚀指数不小于 6.0。承重构件所用钢材的质量等级不宜低于 B 级;抗震等级为二级及以上的多高层钢结构,其框架梁、柱和抗侧力支撑等主要抗侧力构件钢材的质量等级不宜低于 C 级。承重构件中厚度不小于 40 mm 的受拉板件,当其工作温度低于 −20℃ 时,宜适当提高其所用钢材的质量等级。选用 Q235A 钢或 Q235B 钢时应选用镇静钢。

钢结构承重构件所用的钢材应具有屈服强度,断后伸长率,抗拉强度和硫、磷含量的合格保证,在低温使用环境尚应具有冲击韧性的合格保证。对焊接结构尚应具有碳或碳当量的合格保证,铸钢件和要求抗层状撕裂(2向)性能的钢材尚应具有断面收缩率的合格保证,焊接承重结构以及重要的非焊接承重结构所用的钢材,应具有弯曲试验的合格保证。对直接承受动力荷载或需进行疲劳验算的构件,其所用钢材尚应具有冲击韧性的合格保证。

多高层民用建筑中按抗震设计的框架梁、柱和抗侧力支撑等主要抗侧力构件,其钢材抗拉性能应有明显的屈服台阶,其断后伸长率应小于 20%,钢材屈服强度波动范围不应大于 120 N/mm^2,钢材实物的实测屈强比不应大于 0.85。抗震等级为三级及以上的多高层钢结构,其主要抗侧力构件所用钢材应具有与其工作温度相应的冲击韧性合格保证。

偏心支撑框架中的消能梁段所用钢材的屈服强度不应大于 345 N/mm^2,屈强比不应大于 0.8,且屈服强度波动范围不应大于 100 N/mm^2。有依据时,屈曲约束支撑核心单元可选用材质与性能符合现行国家标准《建筑用低屈服强度钢板》(GB/T 28905—2022)的低屈服强度钢。

钢结构楼盖采用压型钢板组合楼板时,宜采用闭口型压型钢板,其材质和材料性能应符合现行国家标准《建筑用压型钢板》(GB/T 12755—2008)的相关规定。

7.1.2　焊接材料

选用焊接材料时应注意其强度、性能与母材的正确匹配关系。手工焊焊条或自动焊焊丝和焊剂的性能应与构件钢材性能相匹配,其熔敷金属的力学性能不应低于母材的性能。当两种强度级别的钢材焊接时,宜选用与强度较低钢材相匹配的焊接材料。焊条的材质和性能应符合现行国家标准《非合金钢及细晶粒钢焊条》(GB/T 5117—2012)、《热强钢焊条》(GB/T 5118—2012)的有关规定。框架梁、柱节点和抗侧力支撑连接节点等重要连接或拼接节点的焊缝宜采用低氢型焊条。焊丝的材质和性能应符合现行国家标准《熔化焊用钢丝》(GB/T 14957—1994)、《熔化极气体保护电弧焊用非合金钢及细晶粒钢实心焊丝》(GB/T 8110—2020)、《非合金钢及细晶粒钢药芯焊丝》(GB/T 10045—2018)及《热强钢药芯焊丝》(GB/T 17493—2018)的有关规定。埋弧焊用焊丝和焊剂的材质和性能应符合现行国家标准《埋弧焊用非合金钢及细晶粒钢实心焊丝、药芯焊丝和焊丝-焊剂组合分类要求》(GB/T 5293—2018)、《埋弧焊用热强钢实心焊丝、药芯焊丝和焊丝-焊剂组合分类要求》(GB/T 12470—2018)的有关规定。

7.1.3　螺栓紧固件材料

高强度螺栓可选用大六角高强度螺栓或扭剪型高强度螺栓。高强度螺栓的材质、材料性能、级别和规格应分别符合现行国家标准《钢结构用高强度大六角头螺栓》(GB/T 1228—2006)、《钢结构用高强度大六角螺母》(GB/T 1229—2006)、《钢结构用高强度垫圈》(GB/T 1230—2006)、《钢结构用高强度大六角头螺栓、大六角螺母、垫圈技术条件》(GB/T 1231—2006)和《钢结构用扭剪型高强度螺栓连接副》(GB/T 3632—2008)等的规定。

组合结构所用圆柱头焊钉(栓钉)连接件的材料应符合现行国家标准《电弧螺柱焊用圆柱头焊钉》(GB/T 10433—2002)的规定。其屈服强度不应小于 320 N/mm^2,抗拉强度不应小于 400 N/mm^2,伸长率不应小于 14%。锚栓钢材可采用现行国家标准《碳素结构钢》(GB/T 700—2006)规定的 Q235 钢,《低合金高强度结构钢》(GB/T 1591—2018)中规定的 Q355 钢、Q390 钢或强度更高的钢材。

7.2　多高层钢结构设计基本规定

抗震设计的多高层结构体系应具有合理的结构布置,使结构具有合理的刚度和承载力分布,保证结构具有足够的可靠性,避免因部分结构或构件的破坏而导致整个结构丧失承受重力荷载、风荷载和地震作用的能力。

7.2.1　一般规定

1. 安全等级与结构重要性系数

建筑结构设计时,应根据结构破坏可能产生的后果,即危及人的生命、造成经济损失、对社会或环境产生影响等的严重性,采用不同的安全等级。建筑结构安全等级的划分应符合表 7-1 的规定。建筑结构抗震设计中的甲类建筑和乙类建筑,其安全等级宜规定为一级;丙类建筑,其安全等级宜规定为二级;丁类建筑,其安全等级宜规定为三级。

表 7-1　建筑结构的安全等级

安 全 等 级	破 坏 后 果
一级	很严重:对人的生命、经济、社会或环境影响很大
二级	严重:对人的生命、经济、社会或环境影响较大
三级	不严重:对人的生命、经济、社会或环境影响较小

建筑结构中各类结构构件的安全等级,宜与结构的安全等级相同,允许对其中部分结构构件根据其重要程度和综合经济效果进行安全等级的适当调整,但不得低于三级。

结构或结构构件按承载能力极限状态设计时,需考虑结构重要性系数 γ_0,其是考虑结构破坏后果的严重性而引入的系数,取值不应小于表 7-2 的规定。

表 7-2　结构重要性系数 γ_0

结构重要性系数	对持久设计状况和短暂设计状况			对偶然设计状况和地震设计状况
	安全等级			
	一级	二级	三级	
γ_0	1.1	1.0	0.9	1.0

2. 抗震设防要求

我国抗震设防的基本要求可以概括为"三水准"和"两阶段"。现行《建筑抗震设计标准》(2024 年版)(GB/T 50011—2010)给出了抗震设计建筑基本设防目标是:当遭受低于本地区抗震设防烈度的多遇地震影响时,主体结构不受损坏或不需修理可继续使用;当遭受相当于本地区抗震设防烈度的设防地震影响时,可能发生损坏,但经一般性修理仍可继续使用;当遭受高于本地区抗震设防烈度的罕遇地震影响时,不致倒塌或发生危及生命的严重破坏。可总结为建筑抗震三水准设防,即"小震不坏、中震可修、大震不倒"。

我国建筑抗震设计规范采用了"两阶段"设计方法来实现上述"三水准"设防目标的具体

做法。第一阶段设计是承载力验算,取多遇地震烈度计算结构的弹性地震作用标准值和相应的地震作用效应,验算结构构件的承载能力和结构的弹性变形。第二阶段设计是弹塑性变形验算,对地震时易倒塌的结构、有明显薄弱层的不规则结构以及有专门要求的建筑,除进行第一阶段设计外,还要进行罕遇地震作用下结构薄弱部位的弹塑性层间变形验算并采取相应的抗震构造措施。

第一水准"小震不坏"通过第一阶段多遇地震作用下的内力与变形验算来保证;第二水准"中震可修"则通过结构抗震构造措施要求来保证;第三水准"大震不倒"通过第二阶段罕遇地震作用下的弹塑性变形验算来保证。

3. 抗震设防分类

抗震设计的多高层建筑,应按现行国家标准《建筑工程抗震设防分类标准》(GB 50223—2008)的规定确定其抗震设防类别。建筑工程分为以下四个抗震设防类别:

(1) 特殊设防类:指使用上有特殊设施,涉及国家公共安全的重大建筑工程和地震可能发生严重次生灾害等特别重大灾害后果,需要进行特殊设防的建筑。简称甲类。

(2) 重点设防类:指地震时使用功能不能中断或需尽快恢复的生命线相关建筑,以及地震时可能导致大量人员伤亡等重大灾害后果,需要提高设防标准的建筑。简称乙类。

(3) 标准设防类:指大量的除(1)、(2)、(4)款以外按标准要求进行设防的建筑。简称丙类。

(4) 适度设防类:指使用上人员稀少且震损不致产生次生灾害,允许在一定条件下适度降低要求的建筑。简称丁类。

4. 抗震措施和地震作用调整

关于抗震措施和地震作用,现行国家标准《建筑工程抗震设防分类标准》(GB 50223—2008)针对以上四类建筑规定了下列要求:

(1) 标准设防类,应按本地区抗震设防烈度确定其抗震措施和地震作用,达到在遭遇高于当地抗震设防烈度的预估罕遇地震影响时不致倒塌或发生危及生命安全的严重破坏的抗震设防目标。

(2) 重点设防类,应按高于本地区抗震设防烈度1度的要求加强其抗震措施;但抗震设防烈度为9度时应按比9度更高的要求采取抗震措施;地基基础的抗震措施,应符合有关规定。同时,应按本地区抗震设防烈度确定其地震作用。

(3) 特殊设防类,应按高于本地区抗震设防烈度提高1度的要求加强其抗震措施;但抗震设防烈度为9度时应按比9度更高的要求采取抗震措施。同时,应按批准的地震安全性评价的结果且高于本地区抗震设防烈度的要求确定其地震作用。

(4) 适度设防类,允许比本地区抗震设防烈度的要求适当降低其抗震措施,但抗震设防烈度为6度时不应降低。一般情况下,仍应按本地区抗震设防烈度确定其地震作用。

当建筑场地为Ⅲ、Ⅳ类时,对设计基本地震加速度为 $0.15g$ 和 $0.30g$ 的地区,宜分别按抗震设防烈度8度($0.20g$)和9度时各类建筑的要求采取抗震构造措施。对于划为重点设防类且规模很小的工业建筑,当改用抗震性能较好的材料且符合抗震设计规范对结构体系的要求时,允许按标准设防类设防。

5. 抗震等级

钢结构的房屋应依据抗震设防类别、烈度及房屋高度采用不同的抗震等级,并应符合相应的计算和构造措施要求。丙类建筑的抗震等级如表7-3所示。高度接近或等于高度分界时,应允许结合房屋不规则程度和场地、地基条件确定抗震等级。一般情况下,构件的抗震等级应与结构相同,当某个部位各构件的承载力均满足2倍地震作用组合下的内力要求时,7~9度的构件抗震等级应允许按降低1度确定。

表 7-3 钢结构房屋的抗震等级

房屋高度	烈度			
	6度	7度	8度	9度
≤50 m		四	三	二
>50 m	四	三	二	一

7.2.2 结构体系和选型

1. 结构体系分类

目前,我国多高层房屋钢结构体系主要包括:框架体系、框架-中心支撑体系、框架-偏心支撑体系、框架-核心筒体系等。所有的结构体系都应满足结构安全可靠、经济合理、施工高效等原则。

钢框架是由水平杆件(钢梁)和竖向杆件(钢柱)正交连接形成,地震区的高楼采用框架体系时,框架的纵、横梁与柱的连接一般采用刚性连接。钢框架体系因受力明确、经济性较好等特点广泛应用于建筑行业。

钢框架结构体系(图7-1)依靠梁柱受弯承受荷载,其抗侧刚度相对较小,当建筑达到一定的高度时,在水平荷载作用下,结构的侧移较大,为了控制层间位移及侧向位移,有时必须采用超过承载力要求的梁、柱截面,从而失去了经济合理性。框架-支撑体系能够较好地协调框架和支撑的受力性能,具有良好的抗震性能和较大的抗侧刚度,因而在高层钢结构建筑中较为常用。框架-支撑体系中的支撑在设计中可采用中心支撑和偏心支撑。

中心支撑是指斜杆与横梁或柱交会于一点,交会时均无偏心距,如图7-2所示。中心支撑钢框架中支撑构件作为抗震的第一道防线,起着"保险丝"的作用,在较强烈地震作用下首先进入塑性状态以消耗地震能,并降低结构刚度以减小地震反应,从而保护结构主体。

中心支撑钢框架在弹性阶段工作时,强度和整体刚度都较好,对减小结构的水平位移和改善结构的内力分布能起到一定的作用,但在强震作用下,支撑容易受压屈曲,影响整体结构的承载力和耗能能力。无支撑纯框架虽然具有稳定的弹塑性滞回性质和优良的耗能性能,但是它的刚度较差,要获得足够的刚度,有时会使设计很不经济。而偏心支撑钢框架则结合了中心支撑钢框架强度高、刚度大和纯框架结构耗能能力好的优点。

所谓偏心支撑是指在构造上使支撑轴线偏离梁和柱轴线的支撑,每一根支撑斜杆的两端,至少有一端与梁不在柱节点处相连,在支撑斜杆与柱之间或斜杆与斜杆之间形成消能梁段,消能梁段的存在可影响斜杆与梁的屈服顺序,从而延长结构的抗震能力,如图7-3所示。偏心支撑与中心支撑相比具有较大的延性,更加适用于高烈度地区。

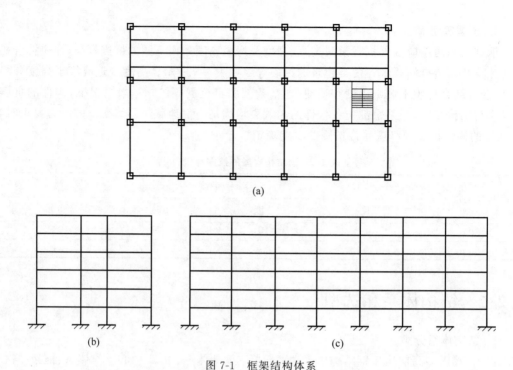

图 7-1 框架结构体系

（a）框架平面图；（b）框架立面侧视图；（c）框架立面正视图

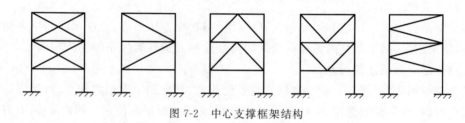

图 7-2 中心支撑框架结构

在框架-支撑体系中，框架系统部分是剪切型结构，底部层间位移较大，顶部层间位移较小；支撑系统部分是弯曲型结构，底部层间位移较小，而顶部层间位移较大，两者并联，可以显著减小结构底部的层间位移，同时结构顶部层间位移也不至过大，如图 7-4 所示。

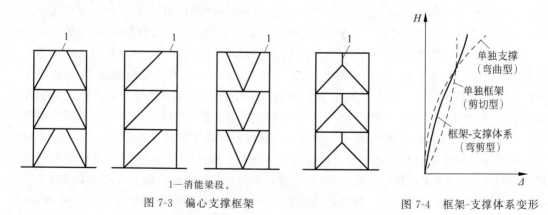

1—消能梁段。

图 7-3 偏心支撑框架

图 7-4 框架-支撑体系变形

2. 最大适用高度

非抗震设计和抗震设防烈度为 6～9 度的乙类和丙类多高层钢结构适用的最大高度应符合表 7-4 的规定。平面和竖向均不规则的钢结构,适用的最大高度宜适当降低。

表 7-4　钢结构房屋适用的最大高度　　　　　　　　单位:m

结构类型	6 度、7 度 (0.10g)	7 度(0.15g)	8 度		9 度 (0.40g)	非抗震设计
			(0.20g)	(0.30g)		
框架	110	90	90	70	50	110
框架-中心支撑	220	200	180	150	120	240
框架-偏心支撑 框架-屈曲约束支撑 框架-延性墙板	240	220	200	180	160	260
筒体(框筒、筒中筒、桁架筒、束筒)和巨型框架	300	280	260	240	180	360

房屋高度指室外地面到主要屋面板板顶的高度(不包括局部突出屋顶部分)。超过表内高度的房屋,应进行专门研究和论证,采取有效的加强措施。需要注意的是,表内筒体不包括混凝土筒,框架柱包括全钢柱和钢管混凝土柱。甲类建筑,6、7、8 度时宜按本地区抗震设防烈度提高 1 度后符合本表要求,9 度时应专门研究。

房屋高度不超过 50 m 的多高层建筑可采用框架、框架-中心支撑或其他体系的结构;超过 50 m 的高层建筑,8、9 度时宜采用框架-偏心支撑、框架-延性墙板或屈曲约束支撑等结构。高层钢结构建筑不应采用单跨框架结构。

3. 最大高宽比

多高层钢结构建筑的高宽比不宜大于表 7-5 的规定。计算高宽比的高度从室外地面算起,当塔形建筑底部有大底盘时,计算高宽比的高度从大底盘顶部算起。

表 7-5　钢结构民用房屋适用的最大高宽比

烈度	6、7 度	8 度	9 度
最大高宽比	6.5	6.0	5.5

7.2.3　建筑形体及结构布置的规则性

多高层钢结构的建筑设计应根据抗震概念设计的要求明确建筑形体的规则性。多高层钢结构及其抗侧力结构的平面布置宜规则、对称,并应具有良好的整体性。建筑的立面和竖向剖面宜规则,结构的侧向刚度沿高度宜均匀变化,竖向抗侧力构件的截面尺寸和材料强度宜自下而上逐渐减小,应避免抗侧力结构的侧向刚度和承载力突变。建筑形体及其结构布置的平面、竖向不规则性,应按表 7-6 和表 7-7 划分。多高层钢结构建筑存在表中所列的某项平面不规则类型或某项竖向不规则类型以及类似的不规则类型,属于不规则的建筑。当存在多项不规则或某项不规则超过规定的参考指标较多时,属于特别不规则的建筑。不规则多高层钢结构建筑应按规范要求进行水平地震作用计算和内力调整,并应对薄弱部位采取有效的抗震构造措施。特别不规则的建筑方案应进行专门研究和论证，采用特别的加强措施；严重不规则的建筑方案不应采用。

表 7-6　平面不规则的主要类型

不规则类型	定义和参考指标
扭转不规则	在规定的水平力及偶然偏心作用下，楼层两端弹性水平位移（或层间位移）的最大值与其平均值的比值大于 1.2
偏心布置	任一层的偏心率大于 0.15（偏心率按《高层民用建筑钢结构技术规程》（JGJ 99—2015）附录 A 的规定计算）或相邻层质心相差大于相应边长的 15%
凹凸不规则	结构平面凹进的尺寸，大于相应投影方向总尺寸的 30%
楼板局部不连续	楼板的尺寸和平面刚度急剧变化，例如，有效楼板宽度小于该层楼板典型宽度的 50%，或开洞面积大于该层楼面面积的 30%，或有较大的楼层错层

注：为控制结构的抗扭刚度，结构扭转为主的第一周期与平动为主的第一周期之比不应大于 0.9。

表 7-7　竖向不规则的主要类型

不规则类型	定义和参考指标
侧向刚度不规则	该层的侧向刚度小于相邻上一层的 70%，或小于其上相邻三个楼层侧向刚度平均值的 80%；除顶层或出屋面小建筑外，局部收进的水平向尺寸大于相邻下一层的 25%
竖向抗侧力构件不连续	竖向抗侧力构件（柱、抗震墙、抗震支撑）的内力由水平转换构件（梁、桁架等）向下传递
楼板承载力突变	抗侧力结构的层间受剪承载力小于相邻上一楼层的 80%

关于上文提到的结构侧向刚度不规则，正常设计的多高层钢结构下部楼层侧向刚度宜大于上部楼层的侧向刚度，否则变形会集中于侧向刚度小的下部楼层而形成结构软弱层，所以应对下层与相邻上层的侧向刚度比值进行限制。

对框架结构，楼层与其相邻上层的侧向刚度比 γ_1 可按式(7-1)计算，且本层与相邻上层的比值不宜小于 0.7，与相邻上部三层刚度平均值的比值不宜小于 0.8。

$$\gamma_1 = \frac{V_i \Delta_{i+1}}{V_{i+1} \Delta_i} \tag{7-1}$$

式中：γ_1——楼层侧向刚度比；

V_i、V_{i+1}——分别为第 i 层和第 $i+1$ 层的地震剪力标准值（N）；

Δ_i、Δ_{i+1}——分别为第 i 层和第 $i+1$ 层在地震作用标准值作用下的层间位移（mm）。

对框架-支撑结构、框架-延性墙板结构、筒体结构和巨型框架结构，楼层与其相邻上层的侧向刚度比 γ_2 可按式(7-2)计算，且本层与相邻上层的比值不宜小于 0.9；当本层层高大于相邻上层层高的 1.5 倍时，该比值不宜小于 1.1；对结构底部嵌固层，该比值不宜小于 1.5。

$$\gamma_2 = \frac{V_i \Delta_{i+1}}{V_{i+1} \Delta_i} \cdot \frac{h_i}{h_{i+1}} \tag{7-2}$$

式中：γ_2——考虑层高修正的楼层侧向刚度比；

h_i、h_{i+1}——分别为第 i 层和第 $i+1$ 层的层高（m）。

7.2.4　水平位移限值和舒适度要求

在正常使用条件下,多高层钢结构应具有足够的刚度,避免产生过大的位移而影响结构的承载能力、稳定性和使用要求。在风荷载或多遇地震标准值作用下,按弹性方法计算的楼层层间最大水平位移与层高之比不宜大于 1/250。多高层钢结构薄弱层或薄弱部位弹塑性层间位移不应大于层高的 1/50。

房屋高度不小于 150 m 的高层钢结构应满足风振舒适度要求。在现行国家标准《建筑结构荷载规范》(GB 50009—2012)规定的 10 年一遇的风荷载标准值作用下,结构顶点的顺风向和横风向振动最大加速度计算值不应大于表 7-8 的限值。结构顶点的顺风向和横风向振动最大加速度,可按现行国家标准《工程结构通用规范》(GB 55001—2021)与《建筑结构荷载规范》(GB 50009—2012)的有关规定计算,也可通过风洞试验结果判断确定。计算时钢结构阻尼比宜取 0.01～0.015。

表 7-8　结构顶点的顺风向和横风向风振加速度限值　　　　单位：m/s²

使用功能	$a_{\lim}$
住宅、公寓	0.20
办公、旅馆	0.28

7.3　荷载与地震作用

7.3.1　竖向荷载与风荷载

1. 竖向荷载

多高层钢结构建筑的楼面活荷载、屋面活荷载及屋面雪荷载等应按现行国家标准《工程结构通用规范》(GB 55001—2021)与《建筑结构荷载规范》(GB 50009—2012)的规定采用。计算构件内力时,楼面及屋面活荷载可取为各跨满载,楼面活荷载大于 4 kN/m² 时宜考虑楼面活荷载的不利布置。

2. 风荷载

基本风压应按现行国家标准《工程结构通用规范》(GB 55001—2021)与《建筑结构荷载规范》(GB 50009—2012)的规定采用。对风荷载比较敏感的高层建筑,承载力设计时应按基本风压的 1.1 倍采用。计算风荷载时的结构阻尼比,对钢结构可取 0.01,对有填充墙的钢结构房屋可取 0.02,对其他结构可根据工程经验确定。

计算主体结构的风荷载效应时,风荷载体型系数 μ_s 可按下列规定采用：

(1) 对平面为圆形的建筑可取 0.8。

(2) 对平面为正多边形及三角形的建筑可按式(7-3)计算：

$$\mu_s = 0.8 + 1.2/\sqrt{n} \tag{7-3}$$

式中：μ_s——风荷载体型系数；

　　　n——多边形的边数。

（3）高宽比 H/B 不大于 4 的平面为矩形、方形和十字形的建筑可取 1.3。

（4）下列建筑可取 1.4：

① 平面为 V 形、Y 形、弧形、双十字形和井字形的建筑；

② 平面为 L 形和槽形及高宽比 H/B 大于 4 的平面为十字形的建筑；

③ 高宽比 H/B 大于 4、长宽比 L/B 不大于 1.5 的平面为矩形和鼓形的建筑。

（5）在需要更细致计算风荷载的场合，风荷载体型系数可由风洞试验确定。

7.3.2 地震作用

抗震设计时，结构所承受的"地震力"实际上是由于地震地面运动引起的动态作用，包括地震加速度、速度和动位移的作用，按照国家标准《工程结构设计基本术语标准》（GB/T 50083—2014）的规定，属于间接作用，应称"地震作用"。

1. 地震作用方向选择

一般情况下，应至少在建筑结构的两个主轴方向分别计算水平地震作用，各方向的水平地震作用应由该方向抗侧力构件承担。有斜交抗侧力构件的结构，当相交角度大于 15°时，应分别计算各抗侧力构件方向的水平地震作用。扭转特别不规则的结构，应计入双向水平地震作用下的扭转影响。其他情况，应计算单向水平地震作用下的扭转影响。9 度抗震设计时应计算竖向地震作用，高层建筑中的大跨度、长悬臂结构，7 度（0.15g）、8 度抗震设计时应计入竖向地震作用。

2. 地震作用计算方法

多高层钢结构抗震计算时宜采用振型分解反应谱法；对质量和刚度不对称、不均匀的结构以及高度超过 100 m 的高层民用建筑钢结构应采用考虑扭转耦联振动影响的振型分解反应谱法。高度不超过 40 m、以剪切变形为主且质量和刚度沿高度分布比较均匀的高层民用建筑钢结构，可采用底部剪力法。

3. 阻尼比

多高层钢结构抗震计算时的阻尼比取值，在多遇地震下的计算时，高度不大于 50 m 时可取 0.04；高度大于 50 m 且小于 200 m 时可取 0.03；高度不小于 200 m 时宜取 0.02。当偏心支撑框架部分承担的地震倾覆力矩大于地震总倾覆力矩的 50%时，多遇地震下的阻尼比可相应增加 0.005。在罕遇地震作用下的弹塑性分析，阻尼比可取 0.05。

4. 振型质量参与系数

振型个数一般可以取振型参与质量达到总质量 90%所需的振型数，即振型质量参与系数之和达到 90%。根据设计计算经验，当振型质量参与系数之和大于 90%时，基底剪力误差一般小于 5%，称振型质量参与系数之和大于 90%的情形为振型数足够，否则称振型数不够。

5. 偶然偏心

偶然偏心主要是考虑结构地震动力反应过程中可能由于地面扭转运动，结构实际的刚度和质量分布相对于计算假定值的偏差，以及在弹塑性反应过程中各抗侧力结构刚度退化程度不同等原因引起的扭转反应增大，特别是目前对地面运动扭转分量的强震实测记录很少，地震作用计算中还不能考虑输入地面运动扭转分量。

多遇地震下计算双向水平地震作用效应时可不考虑偶然偏心的影响,但应验算单向水平地震作用下考虑偶然偏心影响的楼层竖向构件最大弹性水平位移与最大和最小弹性水平位移平均值之比。计算单向水平地震作用效应时应考虑偶然偏心的影响。偶然偏心的值可根据《高层民用建筑钢结构技术规程》(JGJ 99—2015)进行计算。

6. 地震作用内力调整

侧向刚度不规则、竖向抗侧力构件不连续、楼层承载力突变的楼层,其对应于地震作用标准值的剪力应乘以不小于 1.15 的增大系数,并应符合下列规定:

(1) 竖向抗侧力构件不连续时,该构件传递给水平转换构件的地震内力应根据烈度高低和水平转换构件的类型、受力情况、几何尺寸等,乘以 1.25~2.0 的增大系数;

(2) 侧向刚度不规则时,相邻层的侧向刚度比应依据其结构类型符合 7.2.3 节的规定;

(3) 楼层承载力突变时,薄弱层抗侧力结构的受剪承载力不应小于相邻上一楼层的 65%。

7. 剪重比

出于结构安全的考虑,现行《建筑抗震设计标准》(2024 年版)(GB/T 50011—2010)提出了对结构总水平地震剪力及各楼层水平地震剪力最小值的要求,按照式(7-4)计算,规定了不同烈度下的剪力系数,也称剪重比,当不满足时,需改变结构布置或调整结构总剪力和各楼层的水平地震剪力使之满足要求。

$$V_{Eki} > \lambda \sum_{j=1}^{n} G_j \tag{7-4}$$

式中：V_{Eki}——第 i 层对应于水平地震作用标准值的楼层剪力(kN);

　　　　λ——剪力系数,不应小于表 7-9 规定的楼层最小地震剪力系数值,对竖向不规则结构的薄弱层,尚应乘以 1.15 的增大系数;

　　　　G_j——第 j 层的重力荷载代表值(kN)。

表 7-9　楼层最小地震剪力系数值

类　　别	地　震　烈　度			
	6 度	7 度	8 度	9 度
扭转效应明显或基本周期小于 3.5 s 的结构	0.008	0.016(0.024)	0.032(0.048)	0.064
基本周期大于 5.0 s 的结构	0.006	0.012(0.018)	0.024(0.036)	0.048

注：1. 基本周期介于 3.5 s 和 5.0 s 之间的结构,按插入法取值;

　　2. 括号内数值分别用于设计基本地震加速度为 0.15g 和 0.30g 的地区。

7.4　结构计算分析

7.4.1　一般规定

1. 分析方法

在竖向荷载、风荷载以及多遇地震作用下,多高层钢结构的内力和变形可采用弹性方法计算。罕遇地震作用下,多高层钢结构的弹塑性变形可采用弹塑性时程分析法或静力弹塑性分析法计算。

2. 楼板影响

计算多高层钢结构的内力和变形时，可假定楼板在其自身平面内为无限刚性，设计时应采取相应措施保证楼板平面内的整体刚度。当楼板可能产生较明显的面内变形时，计算时应采用楼板平面内的实际刚度，考虑楼板面内变形的影响。当楼板开洞面积较大时，应根据楼板开洞实际情况确定结构计算时是否按弹性楼板计算。

钢筋混凝土楼板与钢梁连接可靠时，可计入楼板的作用。多高层钢结构弹性计算时，钢筋混凝土楼板与钢梁间有可靠连接，楼板可视为钢梁的翼缘，两者共同工作。计算钢梁截面的惯性矩时，可计入钢筋混凝土楼板对钢梁刚度的增大作用。两侧有楼板的钢梁其惯性矩可取为 $1.5I_b$，仅一侧有楼板的钢梁其惯性矩可取为 $1.2I_b$，I_b 为钢梁截面惯性矩。弹塑性计算时，楼板可能开裂，不应考虑楼板对钢梁惯性矩的增大作用。

3. 周期折减系数

结构计算中不应计入非结构构件对结构承载力和刚度的有利作用。计算各振型地震影响系数所采用的结构自振周期，应考虑非承重填充墙体的刚度影响予以折减。当非承重墙体为填充轻质砌块、填充轻质墙板或外挂墙板时，自振周期折减系数可取 $0.9\sim1.0$。

4. 整体稳定性

结构计算中需控制重力 $P\text{-}\Delta$ 效应不超过 20%，使结构的稳定具有适宜的安全储备。在水平力作用下，多高层钢结构的整体稳定性应符合下列规定：

框架结构应满足式(7-5)要求：

$$D_i \geqslant 5\sum_{j=i}^{n} G_j/h_i, \quad i=1,2,\cdots,n \tag{7-5}$$

框架-支撑结构应满足式(7-6)要求：

$$EJ_d \geqslant 0.7H^2\sum_{i=1}^{n} G_i \tag{7-6}$$

式中：D_i——第 i 楼层的抗侧刚度(kN/mm)，可取该层剪力与层间位移的比值；

$\qquad h_i$——第 i 楼层层高(mm)；

$\qquad G_i$、G_j——分别为第 i、j 楼层重力荷载设计值(kN)，取 1.3 倍的永久荷载标准值与 1.5 倍的楼面可变荷载标准值的组合值；

$\qquad H$——房屋高度(mm)；

$\qquad EJ_d$——结构一个主轴方向的弹性等效侧向刚度($kN\cdot mm^2$)，可按倒三角形分布荷载作用下结构顶点位移相等的原则，将结构的侧向刚度折算为竖向悬臂受弯构件的等效侧向刚度。

7.4.2　弹性分析

多高层钢结构的弹性计算模型应根据结构的实际情况确定，应能较准确地反映结构的刚度和质量分布以及各结构构件的实际受力状况。可选择空间杆系、空间杆-墙板元及其他组合有限元等计算模型。弹性分析时，应计入重力二阶效应的影响。

多高层钢结构弹性分析时，应考虑下述变形：梁的弯曲和扭转变形，必要时考虑轴向变形；柱的弯曲、轴向、剪切和扭转变形；支撑的弯曲、轴向和扭转变形；延性墙板的剪切变形；消能梁段的剪切变形和弯曲变形。

钢框架-支撑结构、钢框架-延性墙板结构的框架部分按刚度分配计算得到的地震层剪力应乘以调整系数，达到不小于结构总地震剪力的 25％和框架部分计算最大层剪力 1.8 倍二者的较小值。

体型复杂、结构布置复杂以及特别不规则的多高层钢结构，应采用至少两个不同力学模型的结构分析软件进行整体计算。对结构分析软件的分析结果，应进行分析判断，确认其合理、有效后方可作为工程设计的依据。

7.4.3　弹塑性分析

对多高层钢结构进行弹塑性计算分析，可以研究结构的薄弱部位，验证结构的抗震性能。结构弹塑性分析的计算模型需包括全部主要结构构件，能较正确反映结构的质量、刚度和承载力的分布以及结构构件的弹塑性性能。弹塑性分析时一般采用空间计算模型。

进行弹塑性计算分析时，可根据实际工程情况采用静力或动力时程分析法。房屋高度不超过 100 m 时，可采用静力弹塑性分析方法；高度超过 150 m 时，应采用弹塑性时程分析法；高度为 100～150 m 时，可视结构不规则程度选择静力弹塑性分析法或弹塑性时程分析法；高度超过 300 m 时，应有两个独立的计算。

采用弹塑性时程分析法进行罕遇地震作用下的变形计算时，一般情况下，采用单向水平地震输入，在结构的各主轴方向分别输入地震加速度时程。对体型复杂或特别不规则的结构，宜采用双向水平地震或三向地震输入。地震地面运动加速度时程的选取，时程分析所用地震加速度时程的最大值等，应根据现行《建筑抗震设计标准》(2024 年版)(GB/T 50011—2010)进行选取。

结构的弹塑性分析方法是一项非常复杂的工作，从计算模型的简化、恢复力模型的确定、地震波的选用，直至计算结果的分析和后处理都需要进行大量的工作，而且数据量庞大，计算周期较长，主要使用软件进行计算分析。目前 SAUSAGE 等相关弹塑性分析软件不断发展，弹塑性分析方法已经广泛应用于工程实践中。

7.5　构件设计与验算

7.5.1　构件尺寸初估

1. 框架梁尺寸初估

框架梁通常采用热轧 H 型钢或焊接工字钢。主梁根据荷载与支座情况并考虑刚度的要求，取跨度的 1/20～1/12。一般纵梁与横梁同高或纵梁高比横梁高小 150 mm 以上，次梁可按简支梁进行估算。

钢框架梁、柱板件还应符合宽厚比的要求，详见表 7-10。框架梁、柱板件宽厚比的规定，是以结构符合强柱弱梁为前提，考虑柱仅在后期出现少量塑性不需要很高的转动能力而制定的。非抗侧力构件的板件宽厚比应按现行国家标准《钢结构设计标准》(GB 50017—

2017)的有关规定执行。

表 7-10　钢框架梁、柱板件宽厚比限值

板 件 名 称		抗震等级				非抗震设计
		一级	二级	三级	四级	
柱	工字形截面翼缘外伸部分	10	11	12	13	13
	工字形截面腹板	43	45	48	52	52
	箱形截面壁板	33	36	38	40	40
	冷成型方管壁板	32	35	37	40	40
	圆管(径厚比)	50	55	60	70	70
梁	工字形截面和箱形截面翼缘外伸部分	9	9	10	11	11
	箱形截面翼缘在两腹板之间部分	30	30	32	36	36
	工字形截面和箱形截面腹板	$72\sim120\rho$	$72\sim100\rho$	$80\sim110\rho$	$85\sim120\rho$	$85\sim120\rho$

注：1. $\rho=N/Af$ 为梁轴压比；

2. 表列数值适用于 Q235 钢，采用其他钢号应乘以 $\sqrt{235/f_y}$，圆管应乘以 $235/f_y$；

3. 冷成型方管适用于 Q235GJ 钢或 Q345GJ 钢；

4. 工字形梁和箱形梁的腹板宽厚比，对一、二、三、四级分别不宜大于 60、65、70、75。

2. 框架柱尺寸初估

框架柱截面按长细比估算，根据抗震等级有不同的限制。框架柱的长细比关系到钢结构的整体稳定，一级不应大于 $60\sqrt{235/f_y}$，二级不应大于 $80\sqrt{235/f_y}$，三级不应大于 $100\sqrt{235/f_y}$，四级不应大于 $120\sqrt{235/f_y}$。其板件还应符合表 7-10 板件宽厚比的要求。截面形状根据轴心受压、双向受弯或单向受弯的不同，可选择钢管或 H 型钢截面等。在柱高或对纵横向刚度有较高要求时，常采用箱形或圆管截面。

3. 支撑构件截面尺寸初估

支撑构件截面尺寸初估与框架柱类似，根据长细比估算。中心支撑杆件的长细比，按压杆设计时，不应大于 $120\sqrt{235/f_y}$；一、二、三级中心支撑不得采用拉杆设计，四级采用拉杆设计时，其长细比不应大于 180。中心支撑斜杆的板件宽厚比，不应大于表 7-11 规定的限值。偏心支撑框架的支撑杆件长细比不应大于 $120\sqrt{235/f_y}$，支撑杆件的板件宽厚比不应超过现行国家标准《钢结构设计标准》(GB 50017—2017)规定的轴心受压构件在弹性设计时的宽厚比限值。支撑截面形式宜采用工字形、箱形等双轴对称截面。当采用单轴对称截面时，应采取防止绕对称轴屈曲的构造措施。

表 7-11　钢结构中心支撑板件宽厚比限值

板 件 名 称	抗震等级			四级、非抗震设计
	一级	二级	三级	
翼缘外伸部分	8	9	10	13
工字形截面腹板	25	26	27	33
箱形截面壁板	18	20	25	30
圆管外径与壁厚之比	38	40	40	42

7.5.2　梁、柱构件验算

高层民用建筑钢结构构件的承载力应按下列公式验算：

持久设计状况、短暂设计状况

$$\gamma_0 S_d \leqslant R_d \tag{7-7}$$

地震设计状况

$$S_d \leqslant R_d / \gamma_{RE} \tag{7-8}$$

式中：γ_0——结构重要性系数，对安全等级为一级的结构构件不应小于 1.1，对安全等级为
　　　　二级的结构构件不应小于 1.0；

　　　S_d——作用组合的效应设计值；

　　　R_d——构件承载力设计值；

　　　γ_{RE}——构件承载力抗震调整系数，结构构件和连接强度计算时取 0.75，柱和支撑稳
　　　　定计算时取 0.8，当仅计算竖向地震作用时取 1.0。

框架梁与框架柱应按照规范要求进行强度、稳定和变形验算，验算方法可参考第 3～5 章。
当梁上设有符合现行国家标准《钢结构设计标准》（GB 50017—2017）中规定的整体式楼板
时，可不计算梁的整体稳定性。

梁与柱的连接宜采用柱贯通型。柱在两个互相垂直的方向都与梁刚接时，宜采用箱形
截面。当仅在一方向刚接时，宜采用工字形截面，并将柱腹板置于刚接框架平面内。梁翼缘
与柱翼缘应采用全熔透坡口焊缝。柱在梁翼缘对应位置应设置横向加劲肋，且加劲肋厚度
不应小于梁翼缘厚度。当梁翼缘的塑性截面模量小于梁全截面塑性截面模量的 70% 时，梁
腹板与柱的连接螺栓不得小于 2 列；当计算仅需 1 列时，仍应布置 2 列，且此时螺栓总数不
得小于计算值的 1.5 倍。

7.5.3　强柱弱梁验算

抗震设计时应保证钢框架为强柱弱梁型。图 7-5 给出了强柱弱梁型框架与强梁弱柱型
框架完全屈服时的塑性铰分布情况。显然，强柱弱梁型框架屈服时产生塑性变形而耗能的
构件比强梁弱柱型框架多，而在同样的结构顶点位移条件下，强柱弱梁型框架的最大层间变
形比强梁弱柱型框架小，因此强柱弱梁型框架的抗震性能较强梁弱柱型框架优越。

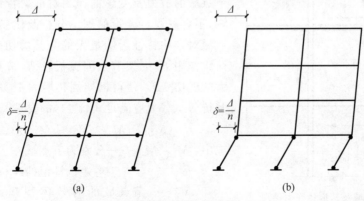

图 7-5　框架的屈服

（a）强柱弱梁型框架；（b）强梁弱柱型框架

　　为保证钢框架为强柱弱梁型，对于抗震设防的框架柱在框架的任一节点处，交会于该节点的、位于验算平面内的各柱截面的塑性抵抗矩和各梁截面的塑性抵抗矩宜满足式(7-9)、式(7-10)的要求：

　　等截面梁与柱连接时：

$$\sum W_{pc}(f_{yc} - N/A_c) \geqslant \eta \sum f_{yb} W_{pb} \tag{7-9}$$

　　梁端加强型连接或骨式连接的端部变截面梁与柱连接时：

$$\sum W_{pc}(f_{yc} - N/A_c) \geqslant \sum (\eta f_{yb} W_{pb1} + M_V) \tag{7-10}$$

式中：W_{pc}、W_{pb}——分别为交会于节点的柱和梁的塑性截面模量(mm^3)；

　　　　W_{pb1}——梁塑性铰所在截面的梁塑性截面模量(mm^3)；

　　　　f_{yc}、f_{yb}——分别为柱和梁钢材的屈服强度(N/mm^2)；

　　　　N——按多遇地震作用组合计算出的柱轴向压力设计值(N)；

　　　　A_c——框架柱的截面面积(mm^2)；

　　　　η——强柱系数，一级取1.15，二级取1.10，三级取1.05，四级取1.0；

　　　　M_V——梁塑性铰剪力对梁端产生的附加弯矩($N \cdot mm$)，$M_V = V_{pb} \cdot x$；其中 V_{pb}——梁塑性铰剪力(N)；x——塑性铰至柱面的距离(mm)，塑性铰可取梁端部变截面翼缘的最小处，骨式连接取$(0.5 \sim 0.75)b_f + (0.30 \sim 0.45)h_b$，$b_f$ 和 h_b 分别为梁翼缘宽度和梁截面高度，梁端加强型连接可取加强板的长度加 1/4 梁高，如有试验依据时，也可按试验取值。

　　当柱所在层的受剪承载力比上一层的受剪承载力高出 25%；或柱轴压比不超过 0.4；或作为轴心受压构件在 2 倍地震力作用下稳定性得到保证时；或为与支撑斜杆相连的结点，则可不验算"强柱弱梁"，不需满足上式。

7.5.4　节点域验算

　　柱与梁连接处，在梁上下翼缘对应位置应设置柱的水平加劲肋或隔板。由上下水平加劲肋和柱翼缘所包围的柱腹板称为节点域，如图 7-6 所示。

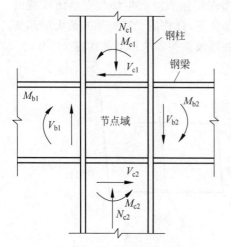

图 7-6　节点域及其周边受力情况

1. 节点域抗剪承载力验算

　　在多、高层钢结构中，节点域常常有较大的剪力，节点域的剪力及变形的作用对框架特性有很大的影响，不容忽视。大量的理论分析及试验研究表明，节点域对结构特性影响最大的是其剪切变形。在水平荷载作用下，框架节点因腹板较薄，节点域将产生较大的剪切变形，使得框架侧移增大 10% ~ 20%，因此其抗剪承载力应满足式(7-11)的要求。

$$(M_{b1} + M_{b2})/V_p \leqslant (4/3) f_v/\gamma_{RE} \tag{7-11}$$

式中：M_{b1}、M_{b2}——分别为节点域左、右梁端作用的弯矩设计值($kN \cdot m$)；

　　　　V_p——节点域的有效体积(mm^3)，可按照式(7-12)~式(7-15)计算。

工字形截面柱(绕强轴)：

$$V_p = h_{b1} h_{c1} t_p \tag{7-12}$$

工字形截面柱(绕弱轴)：

$$V_p = 2 h_{b1} b t_f \tag{7-13}$$

箱形截面柱：

$$V_p = (16/9) h_{b1} h_{c1} t_p \tag{7-14}$$

圆管截面柱：

$$V_p = (\pi/2) h_{b1} h_{c1} t_p \tag{7-15}$$

式中：h_{b1}——梁翼缘中心间的距离(mm)；

$\quad\quad h_{c1}$——工字形截面柱翼缘中心间的距离、箱形截面壁板中心间的距离和圆管截面柱

$\quad\quad\quad\quad$管壁中线的直径(mm)；

$\quad\quad t_p$——柱腹板和节点域补强板厚度之和，或局部加厚时节点域厚度(mm)，箱形柱为

$\quad\quad\quad\quad$一块腹板的厚度(mm)，圆管柱为壁厚(mm)；

$\quad\quad t_f$——柱的翼缘厚度(mm)；

$\quad\quad b$——柱的翼缘宽度(mm)。

2. 节点域的屈服承载力验算

试验研究发现，钢框架梁柱节点域具有很好的滞回耗能性能，地震作用下让其屈服对结构抗震有利。但节点域板太薄，会使钢框架的位移增大较多，而太厚又会使节点域不能发挥耗能作用，故节点域既不能太薄又不能太厚。因此节点域在满足弹性内力设计要求的条件下，其屈服承载力尚应符合式(7-16)要求：

$$\psi (M_{pb1} + M_{pb2})/V_p \leqslant (4/3) f_{yv} \tag{7-16}$$

式中：M_{pb1}、M_{pb2}——分别为节点域两侧梁的全塑性受弯承载力(N·mm)；

$\quad\quad \psi$——折减系数，抗震等级三、四级时取 0.6，一、二级时取 0.7；

$\quad\quad f_{yv}$——钢材的屈服抗剪强度(N/mm^2)，取钢材屈服强度的 5%。

3. 节点域的稳定性验算

柱与梁连接处，在梁上下翼缘对应位置应设置柱的水平加劲肋或隔板。加劲肋(隔板)与柱翼缘所包围的节点域的稳定性，应满足式(7-17)要求：

$$t_p \geqslant \frac{h_{b1} + h_{c1}}{90} \tag{7-17}$$

当节点域不满足要求时，可根据规范相关要求对节点域腹板进行加厚或补强。

7.5.5　支撑构件验算

采用框架-支撑体系的钢结构房屋支撑框架在两个方向的布置均宜基本对称，支撑框架之间楼盖的长宽比不宜大于 3。三、四级且高度不大于 50 m 的钢结构宜采用中心支撑，也可采用偏心支撑等消能支撑。

1. 中心支撑

高层民用建筑钢结构的中心支撑宜采用十字交叉斜杆、单斜杆、人字形斜杆或 V 形斜杆体系，如图 7-7(a)～(d)。中心支撑斜杆的轴线应交会于框架梁柱的轴线上。K 形支撑

体系（图 7-7（e））在地震作用下，可能因受压斜杆屈曲或受拉斜杆屈服，引起较大的侧向变形，使柱发生屈曲甚至造成倒塌，故抗震设计的结构不得采用 K 形斜杆体系。当采用只能受拉的单斜杆体系时（图 7-8），应同时设不同倾斜方向的两组单斜杆，且每层不同方向单斜杆的截面面积在水平方向的投影面积之差不得大于 10%。

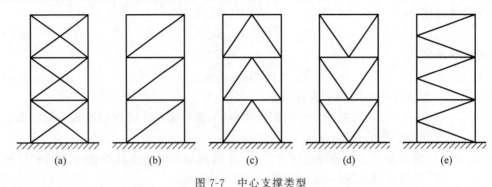

图 7-7　中心支撑类型

（a）十字交叉斜杆；（b）单斜杆；（c）人字形斜杆；（d）V 形斜杆；（e）K 形斜杆

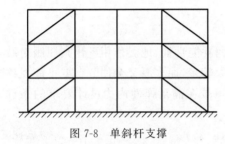

图 7-8　单斜杆支撑

中心支撑框架的斜杆轴线偏离梁柱轴线交点不超过支撑杆件宽度时，仍可按中心支撑框架分析，但应计算由此产生的附加弯矩。

中心支撑框架的支撑斜杆在地震作用下将受反复的轴力作用，支撑既可能受拉，也可能受压。由于轴心受力钢构件的抗压承载力要小于抗拉承载力，因此支撑斜杆的抗震应按受压构件进行设计，其受压承载力应根据规范进行验算。一、二、三级抗震等级的钢结构，可采用带有耗能装置的中心支撑体系。支撑斜杆的承载力应为耗能装置滑动或屈服时承载力的 1.5 倍。

支撑斜杆宜采用双轴对称截面。当采用单轴对称截面时，应采取防止绕对称轴屈曲的构造措施。在地震作用下，支撑杆件可能会经历反复的压曲拉直作用，因此支撑杆件不宜用焊接截面，应尽量采用轧制型钢。若采用焊接 H 形截面作支撑构件时，在 8 度、9 度区，其翼缘与腹板的连接宜采用全焊透连接焊缝。

中心支撑框架结构的框架部分的抗震构造措施要求可与纯框架结构抗震构造措施要求一致。但当房屋高度不高于 100 m 且框架部分承担的地震作用不大于结构底部总地震剪力 25% 时，8 度、9 度的抗震构造措施可按框架结构降低 1 度的相应要求采用。

2. 偏心支撑

偏心支撑结构可根据需要选择门架式斜杆、单斜杆、V 形斜杆或人字形斜杆等，如图 7-9 所示。超过 50 m 的钢结构采用偏心支撑框架时，顶层可采用中心支撑。偏心支撑斜杆的轴向承载力应符合规范相关要求。

偏心支撑框架的抗震设计应保证罕遇地震下结构屈服发生在消能梁段上，而消能梁的屈服形式有两种，一种是剪切屈服型，另一种是弯曲屈服型。试验和分析表明，剪切屈服型消能梁段的偏心支撑框架的刚度和承载力较大，延性和耗能性能较好。偏心支撑斜杆轴力的水平分量成为消能梁段的轴向力，当此轴向力较大时，除降低此梁段的受剪承载力外，还

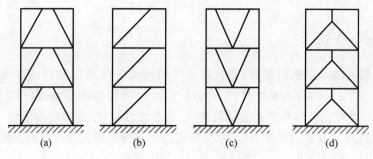

图 7-9　偏心支撑类型

（a）门架式斜杆；（b）单斜杆；（c）V 字形斜杆；（d）人字形斜杆

需减少该梁段的长度,形成剪切屈服性消能梁段,以保证消能梁段具有良好的滞回性能。消能梁段的受剪承载力应根据规范进行计算。消能梁段的净长应符合下列规定:

（1）当 $N \leqslant 0.16Af$ 时,其净长不宜大于 $1.6M_{lp}/V_1$;

（2）当 $N > 0.16Af$ 时,

① $\rho(A_w/A) < 0.3$ 时,

$$a \leqslant 1.6M_{lp}/V_1 \tag{7-18}$$

② $\rho(A_w/A) \geqslant 0.3$ 时,

$$a \leqslant [1.15 - 0.5\rho(A_w/A)] \times 1.6M_{lp}/V_1 \tag{7-19}$$

$$\rho = N/V \tag{7-20}$$

式中：a——消能梁段净长(mm);

　　　N——消能梁段的轴力设计值(N);

　　　V——消能梁段的剪力设计值(N);

　　　A——消能梁段的截面面积(mm^2);

　　　A_w——消能梁段腹板截面面积(mm^2);

　　　M_{lp}——消能梁段的全塑性受弯承载力(N·mm),$M_{lp} = fW_{np}$,W_{np} 为消能梁段对其

　　　　　　截面水平轴的塑性净截面模量(mm^3);

　　　V_1——消能梁段的受剪承载力(N),计算方法见《高层民用建筑钢结构技术规程》

　　　　　　(JGJ 99—2015)第 7.6.3 条;

　　　ρ——消能梁段轴力设计值与剪力设计值的比值;

　　　f——消能梁段钢材的抗压强度设计值(N/mm^2)。

　　偏心支撑消能梁段的腹板不得贴焊补强板,也不得开洞,同时应按照规范要求设置加劲肋。消能梁段与柱翼缘应采用刚性连接,当消能梁段与柱翼缘连接的一端采用加强型连接时,消能梁段的长度可从加强的端部算起,加强的端部梁腹板应设置加劲肋。支撑轴线与梁轴线的交点,不能在消能梁段外。抗震设计时,支撑与消能梁段连接的承载力不得小于支撑的承载力,当支撑端有弯矩时,支撑与梁连接的承载力应按抗压弯设计。

　　偏心支撑框架梁和柱的承载力,应按现行国家标准《钢结构设计标准》(GB 50017—2017)的规定进行验算。有地震作用组合时,钢材强度设计值应按 7.5.2 节的规定除以 γ_{RE}。

7.6 节点设计

关于多高层钢结构建筑的连接,非抗震设计的结构应按现行国家标准《钢结构设计标准》(GB 50017—2017)的有关规定执行。抗震设计时,构件按多遇地震作用下内力组合设计值选择截面;连接设计应符合构造措施要求,按弹塑性设计,连接的极限承载力应大于构件的全塑性承载力。本节主要介绍框架梁、框架柱与支撑的相关连接节点设计。

7.6.1 节点分类与构造

构件的连接节点按照连接部位划分主要有梁柱连接节点、梁梁连接节点、柱拼接节点和支撑与框架连接节点。

1. 梁柱连接节点

梁柱连接节点可分为刚接节点、半刚接节点和铰接节点。在多高层民用钢结构建筑中,一般采用梁柱刚接节点。梁与柱刚性连接时,梁的端部可直接与柱进行连接(图 7-10),也可通过悬臂梁段与柱进行连接(图 7-11)。梁柱刚接节点按照构造形式也可分为全螺栓连接、栓焊混合连接和全截面焊接。全螺栓连接是指翼缘和腹板均采用高强度螺栓摩擦型连接;栓焊混合连接是指翼缘采用全熔透对接焊缝,腹板用高强度螺栓摩擦型连接;全截面焊接是指翼缘和腹板均采用焊缝连接。

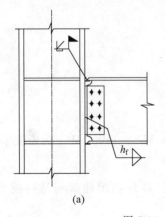
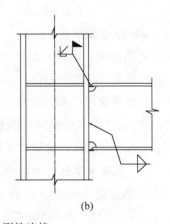

(a)　　　　　　　　　　　　　　　　　　(b)

图 7-10　框架梁端部与框架柱刚性连接
(a) 栓焊混合连接；(b) 全截面焊接

框架梁通过悬臂梁段与框架柱刚性连接时,悬臂梁段与柱应预先采用全焊接连接。在实际工程中,常使用梁柱栓焊混合连接。

按照常规等截面梁与柱栓焊混合连接的多高层钢结构在遭受大震后的实地调查发现,造成破坏者,其破坏部位多在框架梁的下翼缘与柱的工地焊接连接处,致使钢结构具有的良好延性并没有发挥出来。为了减轻震害,《多、高层民用建筑钢结构节点构造详图》(16G519)中给出了几种"强节点弱杆件"的改进措施,如盖板加强型(图 7-12、图 7-13)、梁端翼缘加强型(图 7-14、图 7-15)和骨式连接(图 7-16)等,可使在大震作用下梁上出现塑性铰,消耗地震能量,实现大震不倒的抗震设计目标,应按实际需求选用。

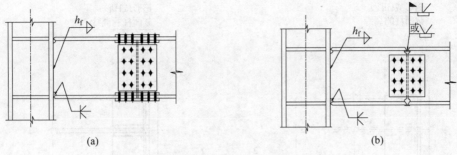

图 7-11　框架梁通过悬臂梁段与框架柱刚性连接

（a）全螺栓连接；（b）栓焊混合连接

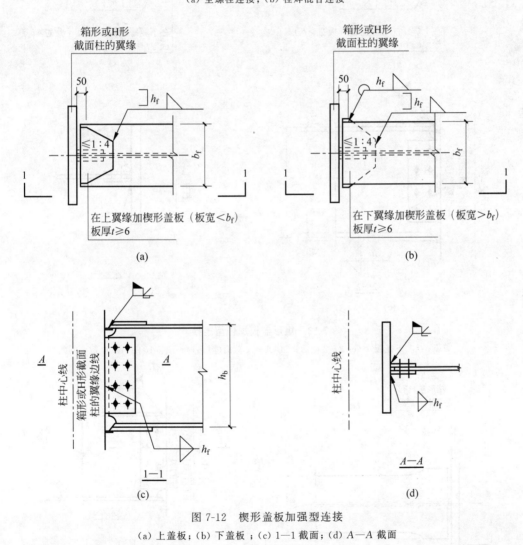

图 7-12　楔形盖板加强型连接

（a）上盖板；（b）下盖板；（c）1—1 截面；（d）A—A 截面

2. 梁梁连接节点

梁与梁的连接包括梁与梁的拼接、主梁和次梁的连接。梁与梁的拼接主要分为全螺栓连接、栓焊混合连接和全截面焊接三种类型，如图 7-17 所示。构件抗震等级为三、四级和非抗震设计时可采用全截面焊接。

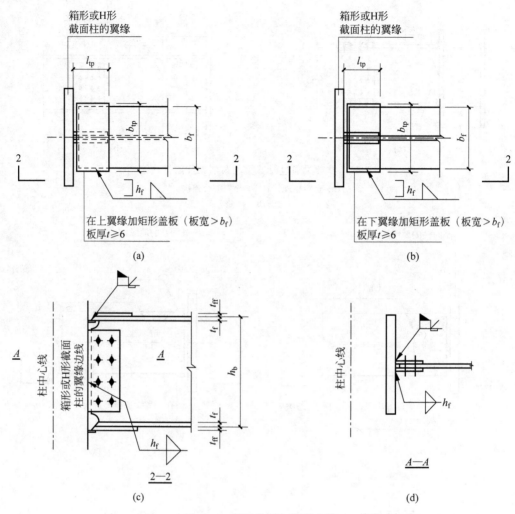

图 7-13　矩形盖板加强型连接

（a）上盖板；（b）下盖板 ；（c）2—2 截面；（d）A—A 截面(图 7-14～图 7-16 的 A—A 截面同此)

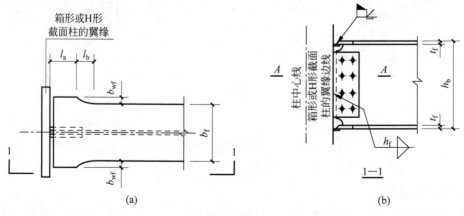

图 7-14　梁端翼缘扩展加强型连接

（a）节点俯视图；（b）1—1 截面

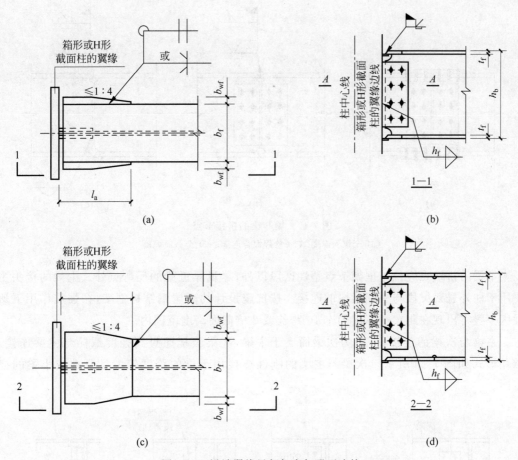

图 7-15　梁端翼缘局部加宽加强型连接

（a）类型一；（b）1—1 截面；（c）类型二；（d）2—2 截面

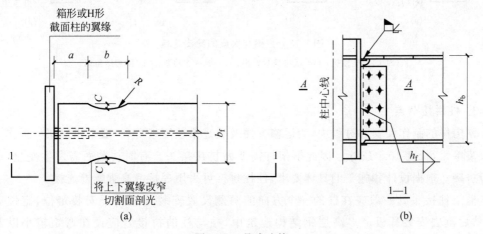

图 7-16　骨式连接

（a）节点俯视图；（b）1—1 截面

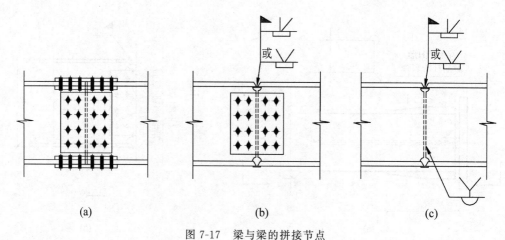

图 7-17　梁与梁的拼接节点

(a) 全螺栓连接；(b) 栓焊混合连接；(c) 全截面焊接

主梁的拼接点应位于框架节点塑性区段以外，尽量靠近梁的反弯点处。主梁的接头主要用于柱外悬臂梁段与中间梁段的连接。按抗震设计的高层钢结构框架，在强震作用下塑性区一般将出现在距梁端算起的 1/10 跨长或 2 倍截面高度范围内。

主梁与次梁的连接，一般为次梁简支于主梁，次梁腹板通过高强度螺栓与主梁连接，常用形式如图 7-18 所示。次梁与主梁的刚性连接用于梁的跨度较大且要求减小梁的挠度时。

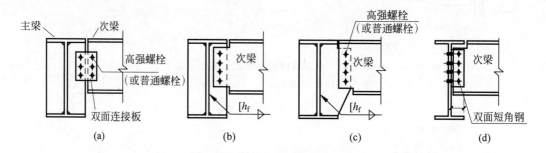

图 7-18　主梁与次梁的简支连接

(a) 附加连接板；(b) 次梁腹板伸出；(c) 加宽加劲肋；(d) 附加短角钢

3. 柱拼接节点

钢构件的制作和安装过程中，为运输方便及满足吊装因素等，一般采用二层一根作为柱的安装单元，长度 10～12 m。因此框架柱需要做拼接接头。有时柱截面需发生变化，也要进行拼接。根据设计和施工的具体要求，柱柱拼接可采用焊接或高强螺栓连接。

框架柱接头处一般应在柱的一个方向的两侧设置安装耳板用于安装定位，定位后施焊，然后割去安装耳板。多高层钢结构建筑中，柱与柱的拼接处应设在弯矩较小以及方便于现场施焊的位置，一般为至梁面的距离 1.2～1.3 m 处或柱净高的一半，取二者的较小值。

H 形柱在施工现场的拼接，翼缘宜采用坡口全熔透焊缝，腹板可采用高强度螺栓连接或焊接(图 7-19)。当翼缘与腹板采用全焊接时,上柱翼缘应开 V 形坡口,腹板应开 K 形坡口。箱形柱的施工现场连接一般全部采用焊接(图 7-20)。抗震设计时,框架柱的连接应采用坡口全熔透焊缝。非抗震设计时,柱连接也可采用部分熔透焊缝。

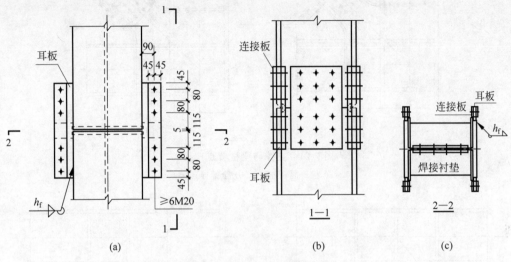

图 7-19　H 形柱拼接节点

(a)节点示意图;(b)1—1 截面;(c)2—2 截面

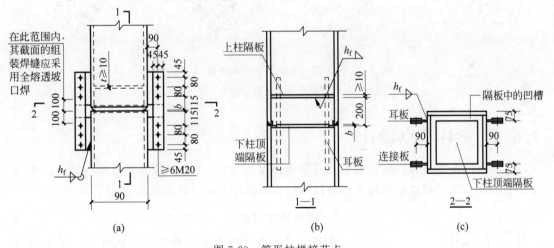

图 7-20　箱形柱拼接节点

(a)节点示意图;(b)1—1 截面;(c)2—2 截面

4. 支撑与框架连接节点

抗震设计时,支撑宜采用 H 型钢制作,在构造上两端应刚接。支撑与框架的连接位置主要为梁柱节点处(图 7-21)与框架梁中段(图 7-22)。柱和梁在与 H 形截面支撑翼缘的连接处,应设置加劲肋。H 形截面支撑翼缘与箱形柱连接时,在柱壁板的相应位置应设置隔板。H 形截面支撑翼缘端部与框架构件连接处,宜做成圆弧。

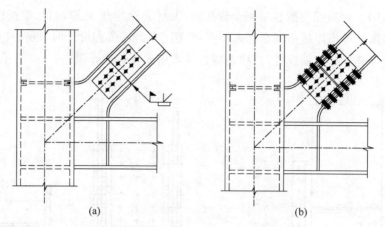

图 7-21　支撑与梁柱节点连接

（a）栓焊混合连接；（b）全螺栓连接

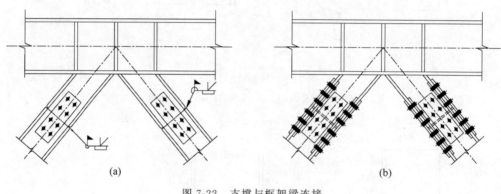

图 7-22　支撑与框架梁连接

（a）栓焊混合连接；（b）全螺栓连接

7.6.2　梁柱节点设计

梁与柱的连接应在弹性阶段验算其连接强度，在弹塑性阶段验算其极限承载力。本小节以较为常用的栓焊连接刚性节点为例介绍节点设计方法。计算简图如图 7-23 所示。

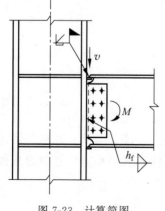

图 7-23　计算简图

1. 弹性承载力设计

梁柱连接的弹性阶段验算根据主梁翼缘的抗弯承载力在整个截面抗弯承载力中的占比，可分为简化设计法与全截面精确设计法。

1）简化设计法

主梁翼缘的抗弯承载力大于主梁整个截面抗弯承载力的 70%，即梁翼缘提供的塑性截面模量大于梁全截面塑性模量的 70%，可以采用简化设计法。简化设计法是指假设梁翼缘承担全部梁端弯矩，梁腹板承担全部梁端剪力。

梁翼缘与柱翼缘对接焊缝的抗拉强度验算公式如下：

$$\sigma_f = \frac{M}{b_f t_f (h - t_f)} \leqslant f_t^w \qquad (7\text{-}21)$$

式中：M——梁端弯矩设计值（N·mm）；

b_f、t_f——分别为梁翼缘宽度和厚度（mm）；

h——梁的高度（mm）；

f_t^w——对接焊缝的抗拉强度设计值（N/mm²）。

由于栓焊混合连接一般采用先栓后焊的方法，此时应考虑翼缘焊接热影响引起的高强螺栓预应力损失，故梁腹板高强螺栓的抗剪承载力验算宜计入 0.9 的热损失系数，计算公式如下：

$$N_v = \frac{V}{n} \leqslant 0.9 N_v^b \qquad (7\text{-}22)$$

式中：V——梁端受剪承载力（N）；

n——梁腹板高强螺栓的数目；

N_v——一个高强螺栓所承受的剪力（N）；

N_v^b——单个高强螺栓的抗剪承载力设计值（N）。

2）全截面精确设计法

梁翼缘提供的塑性截面模量小于或等于梁全截面塑性模量的 70% 时，应考虑全截面的抗弯承载力，可采用全截面精确设计法。全截面精确设计法是指梁腹板除承担全部剪力外，还与梁翼缘一起承担弯矩。梁翼缘和腹板分担弯矩的大小根据其刚度比确定。

$$M_f = M \frac{I_f}{I_w + I_f} \qquad (7\text{-}23)$$

$$M_w = M \frac{I_w}{I_w + I_f} \qquad (7\text{-}24)$$

式中：M_f、M_w——分别为梁翼缘和腹板分担的弯矩（N·mm）；

I_f、I_w——分别为梁翼缘和腹板对梁截面形心轴的惯性矩（腹板扣掉工艺孔尺寸）（mm⁴）。

梁翼缘与柱翼缘对接焊缝的抗拉强度验算公式如下：

$$\sigma_f = \frac{M_f}{b_f t_f (h - t_f)} \leqslant f_t^w \qquad (7\text{-}25)$$

梁腹板高强螺栓的抗剪承载力计算公式如下：

$$N_x^{M_w} = \frac{M_w y_1}{\sum x_i^2 + \sum y_i^2}$$

$$N_y^{M_w} = \frac{M_w x_1}{\sum x_i^2 + \sum y_i^2}$$

$$N_v = \sqrt{(N_x^{M_w})^2 + (N_y^{M_w} + N_y^V)^2} \leqslant 0.9 N_v^b \qquad (7\text{-}26)$$

式中：x_i、y_i——分别为各螺栓到螺栓群中心的 x 或 y 方向距离（mm）；

x_1、y_1——分别为最外侧螺栓到螺栓群中心的 x 或 y 方向距离（mm）；

$N_x^{M_w}$、$N_y^{M_w}$——分别为最外侧螺栓由 M_w 引起的剪力在 x、y 方向的分量（N）。

需注意的是，当梁翼缘的塑性截面模量与梁全截面的塑性截面模量之比小于 70% 时，梁腹板与柱的连接螺栓不得少于 2 列；当计算仅需 1 列时，仍应布置 2 列，且此时螺栓总数不得少于计算值的 1.5 倍。

梁腹板连接板应采用与梁腹板相同强度等级的钢材制作，其厚度应比梁腹板大 2 mm。连接板与柱的焊接，应采用双面角焊缝，在强震区焊缝端部应围焊。梁腹板连接板的抗弯和抗剪承载力应按如下公式验算：

$$\sigma = \frac{M_w}{W_{nx}} \leqslant f \tag{7-27}$$

$$\tau = \frac{1.5V}{A_n} \leqslant f_V \tag{7-28}$$

连接板与柱连接的角焊缝在混合应力作用下的强度应按如下公式验算：

$$\sigma_f = \frac{6M_w}{2 \times 0.7 h_f l_w^2} \tag{7-29}$$

$$\tau_f = \frac{V}{2 \times 0.7 h_f l_w} \tag{7-30}$$

$$\sqrt{\left(\frac{\sigma_f}{\beta_f}\right)^2 + \tau_f^2} \leqslant f_f^w \tag{7-31}$$

式中：W_{nx}——连接板净截面模量（mm^3）；

　　　f、f_v——分别为钢材抗弯、抗剪强度设计值（N/mm^2）；

　　　A_n——螺栓孔处连接板侧净面积（mm^2）；

　　　l_w——焊缝计算长度（mm）；

　　　f_f^w——角焊缝强度设计值（N/mm^2）；

　　　σ_f——角焊缝有效截面上垂直于焊缝长度方向上的应力（N/mm^2）；

　　　τ_f——角焊缝有效截面上平行于焊缝长度方向上的应力（N/mm^2）；

　　　β_f——端焊缝强度设计值的增大系数，对承受静荷载或间接承受动力荷载的结构，$\beta_f = 1.22$，对直接承受动力荷载的结构，$\beta_f = 1.0$。

2. 极限承载力设计

梁与柱的刚性连接极限承载力应按下列公式验算：

$$M_u^j \geqslant \alpha M_p \tag{7-32}$$

$$V_u^j \geqslant \alpha \left(\sum M_p / l_n\right) + V_{Gn} \tag{7-33}$$

式中：M_u^j——梁柱连接的极限受弯承载力（N·mm）；

　　　M_p——梁的全塑性受弯承载力（加强型连接按未扩大的原截面计算）（N·mm），不记轴力时，取 $M_p = W_p f_y$；

　　　$\sum M_p$——梁两端截面的塑性受弯承载力之和（N·mm）；

　　　V_u^j——梁柱连接的极限受剪承载力（N）；

　　　V_{Gn}——梁在重力荷载代表值（9 度尚应包括竖向地震作用标准值）作用下，按简支梁分析的两端截面剪力设计值（N）；

　　　l_n——梁的净跨（mm）；

　　　α——连接系数，按表 7-12 取值。

表 7-12　钢框架抗侧力结构构件的连接系数 α

母材牌号	梁柱连接		支撑连接、构件拼接		柱脚	
	母材破坏	高强螺栓破坏	母材或连接板破坏	高强螺栓破坏		
Q235	1.40	1.45	1.25	1.30	埋入式	1.2 (1.0)
Q355	1.35	1.40	1.20	1.25	外包式	1.2 (1.0)
Q335GJ	1.25	1.30	1.10	1.15	外露式	1.0

注：1. 屈服强度高于 Q355 的钢材，按 Q355 采用；

2. 屈服强度高于 Q355GJ 的 GJ 钢材，按 Q355GJ 的规定采用；

3. 括号内的数字用于箱形柱和圆管柱；

4. 外露式柱脚是指刚接柱脚，只适用于房屋高度 50 m 以下。

1）梁柱连接的极限受弯承载力 $M_{\mathrm{u}}^{\mathrm{j}}$

抗震设计时，梁与柱连接（图 7-24）的极限受弯承载力应按照下列规定计算：

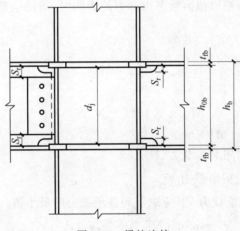

图 7-24　梁柱连接

（1）梁端连接的极限受弯承载力

$$M_{\mathrm{u}}^{\mathrm{j}} = M_{\mathrm{uf}}^{\mathrm{j}} + M_{\mathrm{uw}}^{\mathrm{j}} \tag{7-34}$$

（2）梁翼缘连接的极限受弯承载力

$$M_{\mathrm{uf}}^{\mathrm{j}} = A_{\mathrm{f}}(h_{\mathrm{b}} - t_{\mathrm{fb}})f_{\mathrm{ub}} \tag{7-35}$$

（3）梁腹板连接的极限受弯承载力

$$M_{\mathrm{uw}}^{\mathrm{j}} = mW_{\mathrm{wpe}}f_{\mathrm{yw}} \tag{7-36}$$

$$W_{\mathrm{wpe}} = \frac{1}{4}(h_{\mathrm{b}} - 2t_{\mathrm{fb}} - 2S_{\mathrm{r}})^{2}t_{\mathrm{wb}} \tag{7-37}$$

（4）梁腹板连接的受弯极限承载力系数 m 应按下列公式计算：

H 形柱（绕强轴）

$$m = 1 \tag{7-38}$$

箱形柱

$$m = \min \left\{ 1,4 \frac{t_{fc}}{d_j} \sqrt{\frac{b_j \cdot f_{yc}}{t_{wb} \cdot f_{yw}}} \right\} \tag{7-39}$$

式中：W_{wpe}——梁腹板有效截面的塑性截面模量（mm^3）；

$\quad\quad f_{yw}$——梁腹板钢材的屈服强度（N/mm^2）；

$\quad\quad h_b$——梁截面高度（mm）；

$\quad\quad d_j$——柱上下水平加劲肋（横隔板）内侧之间的距离（mm）；

$\quad\quad b_j$——箱形柱壁板内侧的宽度或圆管柱内直径（mm），$b_j = b_c - 2t_{fc}$；

$\quad\quad t_{fc}$——箱形柱或圆管柱壁板的厚度（mm）；

$\quad\quad f_{yc}$——柱钢材屈服强度（N/mm^2）；

$\quad\quad t_{fb}、t_{wb}$——分别为梁翼缘和梁腹板的厚度（mm）；

$\quad\quad f_{ub}$——梁翼缘钢材抗拉强度最小值（N/mm^2）；

$\quad\quad S_r$——梁腹板过焊孔高度，高强螺栓连接时为剪力板与梁翼缘间间隙的距离（mm）。

2）梁的全塑性受弯承载力 M_p

H 形截面（绕强轴）和箱形截面梁考虑轴力的影响时，梁的全塑性受弯承载力 M_p 应按下列规定以 M_{pc} 代替。

当 $N/N_y \leqslant 0.13$ 时

$$M_{pc} = M_p \tag{7-40}$$

当 $N/N_y > 0.13$ 时

$$M_{pc} = 1.15(1 - N/N_y)M_p \tag{7-41}$$

式中：N——构件轴力设计值（N）；

$\quad\quad N_y$——构件的轴向屈服承载力（N）。

3）梁柱连接的极限受剪承载力 V_u^j

梁柱连接的极限受剪承载力 V_u^j 应取下列各承载力的最小值

$$V_u^j = \min\{nN_{vu}^b, nN_{cu}^b, V_{u1}, V_{u2}, V_{u3}\} \tag{7-42}$$

1 个高强度螺栓的极限受剪承载力

$$N_{vu}^b = 0.58n_f A_e^b f_u^b \tag{7-43}$$

1 个高强度螺栓对应的板件极限承载力

$$N_{cu}^b = d \sum t f_{cu}^b \tag{7-44}$$

梁腹板净截面的极限受剪承载力

$$V_{u1} = 0.58A_{nw}f_u \tag{7-45}$$

连接件净截面的极限受剪承载力

$$V_{u2} = 0.58A_{nw}^{PL}f_u \tag{7-46}$$

连接板和柱翼缘间角焊缝的极限受剪承载力

$$V_{u3} = 0.58A_f^w f_u \tag{7-47}$$

式中：n_f——螺栓连接的剪切面数量；

$\quad\quad A_e^b$——螺栓螺纹处的有效截面面积（mm^2）；

$\quad\quad f_u^b$——螺栓钢材的抗拉强度最小值（N/mm^2）；

f_u——连接件钢材的抗拉强度最小值(N/mm^2);

f_{cu}^b——螺栓连接板件的极限承压强度(N/mm^2),取 $1.5f_u$;

d——螺栓杆直径(mm);

$\sum t$——同一受力方向钢板厚度之和(mm);

n——连接的螺栓数;

A_{nw}——梁腹板的净截面面积(mm^2);

A_{nw}^{PL}——连接件的净截面面积(mm^2);

A_f^w——焊缝的有效受力面积(mm^2)。

7.6.3　梁梁节点设计

1. 主梁拼接节点

主梁的拼接主要用于柱外悬臂梁段与中间梁段的连接。本小节以较为常用的悬臂梁段与框架梁栓焊连接刚性节点为例介绍节点设计方法。计算简图如图 7-25 所示。

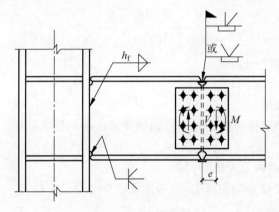

图 7-25　计算简图

1) 弹性承载力设计

H 型钢翼缘为全熔透对接焊接,不再计算其拼接强度。腹板拼接板及每侧的高强螺栓,按拼接处的弯矩和剪力设计值计算,即腹板拼接及每侧的高强螺栓承受拼接截面的全部剪力及按刚度分配到腹板上的弯矩,其拼接强度不应低于原腹板。

当翼缘为焊接、腹板为高强度螺栓摩擦型连接,并采用先栓后焊的方法时,在计算中应考虑对翼缘施焊时其焊接高温对腹板连接螺栓预拉力损失的影响,连接螺栓的抗剪承载力取 $0.9N_v^b$。计算拼接螺栓时,应计入拼缝中心线至栓群中心的偏心附加弯矩。

梁腹板用螺栓拼接时,应以螺栓群角点处螺栓的受力满足其抗剪承载力要求与控制条件,结合梁截面尺寸合理地布置螺栓群。

(1) 腹板螺栓群验算

梁腹板螺栓群承担弯矩:

$$M_w = (M + Ve)\frac{I_w}{I_w + I_f} \tag{7-48}$$

式中：M、V——分别为梁拼接处的弯矩（N·mm）和剪力设计值（N）；

e——拼接缝至螺栓群中心处的偏心距（mm）。

梁腹板受力最大螺栓承载力校核：

$$N = \sqrt{(N_x^{M_w})^2 + (N_y^{M_w} + N_y^V)^2} \leqslant 0.9N_v^b \tag{7-49}$$

式中：$N_x^{M_w}$、$N_y^{M_w}$、N_y^V、N_v^b算法同第6章。

（2）腹板连接板厚度

腹板连接板厚度应取下列四项中最大者：

$$t_s = \max\{t_s^M, t_s^V, t_s^s, t_s^A\} \tag{7-50}$$

① 根据螺栓群受的弯矩求板厚 t_s^M

拼接板弯曲应力应满足$\dfrac{M_w h_s}{n_f I_j} \leqslant f$，

其中，拼接板净截面惯性矩 $I_j = \left[\dfrac{1}{12}t_s^M h_s^3 - t_s^M(\sum y_i^2/n) \times d_0\right]n_f$，

则按拼接板受弯确定板的厚度为

$$t_s^M = \frac{M_w \cdot h_s}{n_f f\left[h_s^3/12 - (\sum y_i^2/n) \times d_0\right]} \tag{7-51}$$

式中：h_s——拼接板高度（mm）；

d_0——螺栓孔径（mm）；

n_f——拼接板数量。

y_i——各螺栓到螺柱群中心的 y 方向的距离（mm）；

n——螺栓数量。

② 根据螺栓群受的剪力求板厚 t_s^V

假定全部剪力由拼接板均匀承受，则拼接板的厚度为

$$t_s^V = \frac{V}{n_f f_v(h_s - md_0)} \tag{7-52}$$

式中：m——螺栓的行数。

③ 根据螺栓间距 s 确定板的厚度 t_s^s

$$t_s^s \geqslant s/12 \tag{7-53}$$

④ 按拼接板截面面积不小于腹板的截面面积确定板厚 t_s^A

$$t_s^A \geqslant \frac{(h_w - md_0)t_w}{n_f(h_s - md_0)} \tag{7-54}$$

式中：h_w、t_w——分别为梁腹板净高（mm）和厚度（mm）。

2）极限承载力设计

梁拼接的受弯、受剪极限承载力弯矩宜满足下列公式要求：

$$M_{ub,sp}^j \geqslant \alpha M_p \tag{7-55}$$

$$V_{ub,sp}^j \geqslant \alpha\left(\frac{2M_p}{l_n}\right) + V_{Gn} \tag{7-56}$$

式中：$M_{ub,sp}^j$——梁拼接的极限受弯承载力（N·mm）；

$V_{ub,sp}^{j}$——梁拼接的极限受剪承载力（N）；

α——连接系数，按表 7-12 取值。

梁拼接翼缘处采用全熔透焊接，可不进行验算。极限受剪承载力 $V_{ub,sp}^{j}$ 计算可参照梁柱连接的极限受剪承载力 V_{u}^{j} 进行计算。

2. 主次梁拼接节点

主梁与次梁的连接，一般为次梁简支于主梁，次梁腹板通过高强度螺栓与主梁连接。计算简图如图 7-26 所示。

主梁与次梁为简支连接，故连接处仅考虑剪力影响。

梁腹板螺栓群应满足以下要求：

$$N_{v}^{b} = 0.9 n_{f} \mu P \qquad (7\text{-}57)$$

$$n \geqslant \frac{(1.2 \sim 1.3)R}{N_{v}^{b}} \qquad (7\text{-}58)$$

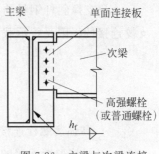

图 7-26　主梁与次梁连接

式中：N_{v}^{b}——高强螺栓的受剪承载力（N）；

n——拼接处高强螺栓数量；

R——次梁支座反力（N），式中（1.2～1.3）为次梁反力 R 的增大系数，用于考虑连接并非完全简支的影响；

n_{f}——传力摩擦面系数；

μ——抗滑移系数，按表 6-16 取值；

P——一个高强螺栓的预拉力设计值，按表 6-15 取值（N）。

次梁端部截面应满足以下要求：

$$\tau_{max} = \frac{RS}{I t_{w}} \approx \frac{1.5R}{h_{0} t_{w}} \leqslant f_{v} \qquad (7\text{-}59)$$

计算连接时，偏安全地认为螺栓群承受剪力和偏心扭矩。

螺栓连接受力：

$$N = \sqrt{(N_{y}^{V})^{2} + (N_{x}^{T})^{2}} < N_{v}^{b}$$

$$N_{y}^{V} = \frac{V}{n}$$

$$N_{x}^{T} = \frac{T \cdot y_{max}}{\sum y_{i}^{2}}$$

$$T = Ve$$

式中：N_{y}^{V}——剪力作用下高强螺栓在 y 方向上承受的剪力（N）；

N_{x}^{T}——扭矩作用下高强螺栓在 x 方向上承受的剪力（N）；

y_{max}——最外侧螺栓到螺栓群中心的 y 方向的距离（mm）；

y_{i}——各螺栓到螺栓群中心的 y 方向的距离（mm）。

7.6.4　支撑节点设计

一般将支撑构件按照轴心受力构件设计，抗震设计时，支撑在框架连接处和拼接处的受拉承载力应满足式（7-60）要求：

$$N_{ubr}^j \geqslant \alpha A_{br} f_y \qquad (7\text{-}60)$$

式中：N_{ubr}^j——支撑连接的极限受拉承载力（N）；

α——连接系数，按照表 7-12 取值；

A_{br}——支撑斜杆的截面面积（mm^2）；

f_y——支撑斜杆钢材的屈服强度（N/mm^2）。

支撑连接的极限受拉承载力 N_{ubr}^j 可按式（7-61）进行计算：

$$N_{ubr}^j = n N_b^j + N_f^j \qquad (7\text{-}61)$$

$$N_b^j = \min\{N_{vu}^b, N_{cu}^b\} \qquad (7\text{-}62)$$

$$N_f^j = A_f^w f_u \qquad (7\text{-}63)$$

式中：N_b^j——高强度螺栓连接的极限受剪承载力（N）；

N_f^j——对接焊缝连接的极限承载力（N）；

A_f^w——对接焊缝的有效受力面积（mm^2）；

f_u——构件母材的抗拉强度最小值（N/mm^2）。

第8章

钢框架结构设计算例

8.1 项目概况

算例建模

本章以某高层钢结构办公楼为例,选址位于北京市通州区,共 12 层,首层层高 4.2 m,标准层层高 3.9 m,结构类型为钢框架,当地抗震设防烈度为 8 度 0.20g,场地类别为Ⅲ类。建筑平面图详见图 8-1。

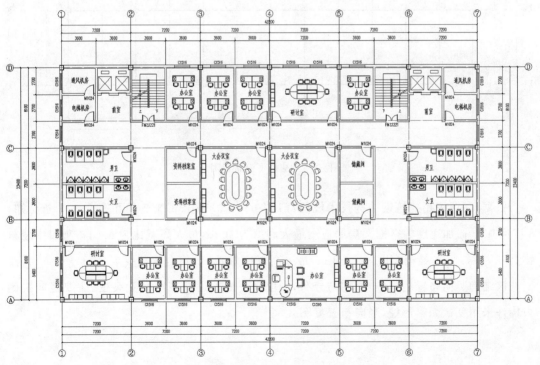

图 8-1　建筑平面图

8.2 结构布置

结构布置主要包括平面布置与立面布置。由建筑设计方案可知，结构纵向框架梁跨度为 7.2 m，横向框架梁跨度为 7.2 m 和 8.1 m。结构各层抗侧力刚度中心与水平作用合力中心线重合，各层的开间和进深统一，平面布置见图 8-2。

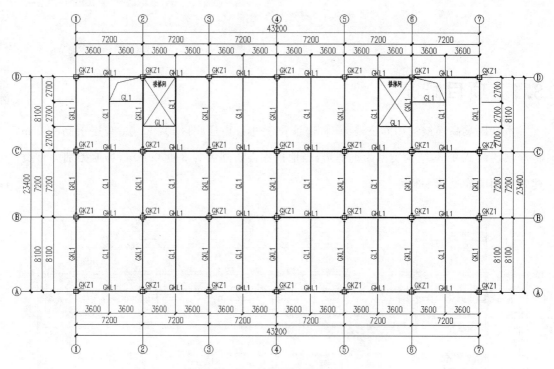

图 8-2 结构平面布置图

根据《高层民用建筑钢结构技术规程》(JGJ 99—2015)第 3.3.2 条和第 3.3.3 条可知，8 度区 0.20g 加速度的钢框架房屋适用最大高度为 90 m，最大高宽比为 6.0，本项目中建筑物高度为 47.1 m，最小宽度为 23.4 m，最大高宽比为 2.01，符合规范要求。

该结构竖向布置规则，质量均匀分布，刚度自下而上逐渐减小且无突变，主要竖向抗侧力构件采用变截面箱形柱，竖向布置见图 8-3。

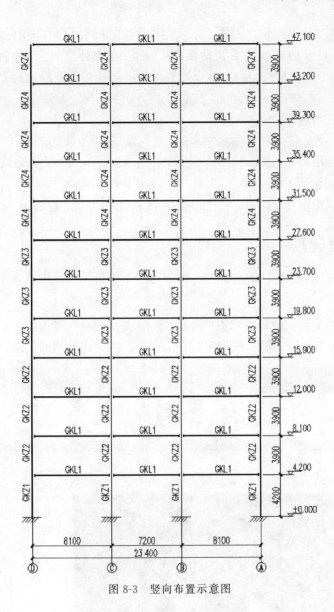

图 8-3 竖向布置示意图

8.3 预估截面尺寸及模型建模

8.3.1 钢梁与钢柱截面尺寸预估

钢梁采用国标热轧 H 型钢。主梁跨度最大为 8.1 m,梁高取跨度的 1/20～1/12。初定主梁采用 HN 600 mm×200 mm×11 mm×17 mm 型钢,次梁可按简支梁进行估算,采用 HN 450 mm×200 mm×9 mm×14 mm 型钢。

钢柱采用箱形截面,按照长细比初估截面。因项目位于北京 8 度地区,高度≤50 m,钢结构抗震等级为三级。由《建筑抗震设计标准》(2024 年版)(GB/T 50011—2010)第 8.3.1 条规定：框架柱的长细比三级不应大于 $100\sqrt{235/f_y}=100\sqrt{235/355}=81.36$，再由回转半径 $i=l_0/[\lambda]$ 与截面尺寸的近似关系初估截面。此外，柱构件应符合《建筑抗震设计标准》（2024 年版）(GB/T 50011—2010)第 8.3.2 条关于框架柱板件宽厚比的要求：箱形柱壁板 (b_1/t_f) 应小于 $38\sqrt{235/f_y}=38\sqrt{235/355}=30.92$。

综上，初步确定钢柱截面尺寸如下：

一层框架柱 450 mm×450 mm×25 mm×25 mm，层高 4200 mm；

二层至四层框架柱 450 mm×450 mm×22 mm×22 mm，层高 3900 mm；

五层至七层框架柱 450 mm×450 mm×20 mm×20 mm，层高 3900 mm；

八层至十二层框架柱 450 mm×450 mm×18 mm×18 mm，层高 3900 mm。

8.3.2　模型建模

在进行截面尺寸初估后，进行电算模型的搭建，本项目采用盈建科软件建模及计算。

1. 建立轴网

进入软件建模界面，在"轴线网格"菜单下单击"正交网格"，根据图 8-2 所示结构平面布置图中的柱网尺寸，输入对应的下开间以及左进深尺寸，完成轴网的创建，如图 8-4 所示。

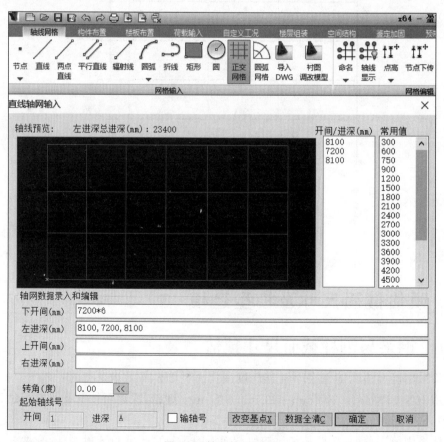

图 8-4　轴网输入界面

该项目的轴网如图 8-5 所示。

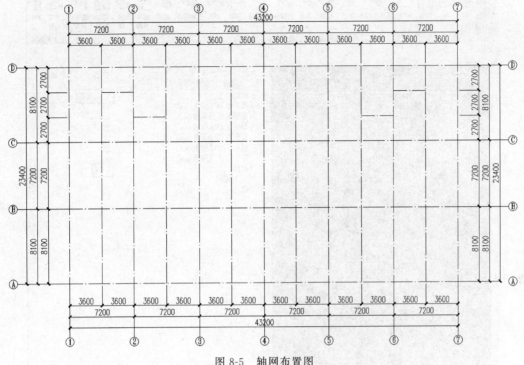

图 8-5　轴网布置图

2. 构件布置

轴网布置完成后,依次进行柱、主次梁及楼板的截面定义和布置。

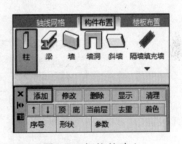

图 8-6　钢柱的建立

1）柱截面定义

本项目共四种柱截面尺寸,截面类型均选择箱形截面,参数分别为 $450\times450\times25\times25\times25\times25$,$450\times450\times22\times22\times22\times22$,$450\times450\times20\times20\times20\times20$ 以及 $450\times450\times18\times18\times18\times18$。通过单击“构件布置”菜单栏下的“柱”选项,再单击“添加”选项即可进入钢柱定义截面,如图 8-6 所示。

以定义 $450\times450\times25\times25\times25\times25$ 的箱形柱为例进行截面参数定义。“截面类型”选择“箱形”,材料选择“钢”,输入相应尺寸,单击“确认”完成钢柱截面定义,如图 8-7 所示。

2）梁截面定义

定义钢梁截面与定义钢柱截面方法类似,单击“构件布置”菜单栏下的“梁”选项,再单击“添加”选项即可对钢梁截面进行定义,次梁可通过单击“次梁”进行定义。

以定义主梁 HN $600\times200\times11\times17$ 的型钢截面为例。“截面类型”选择“型钢”,随即弹出“标准型钢及其组合”对话框,依次选择“国际热轧 H 型钢-GB/T 11263—2017”“HN 600×200”,单击“确认”即可完成钢梁截面定义,如图 8-8 所示。

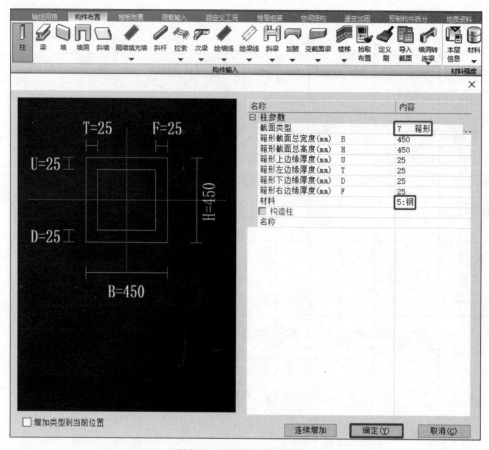

图 8-7　钢柱截面参数输入

图 8-8　钢梁截面参数选择

3）材料强度定义

单击"构件布置"菜单栏下的"材料"选项，开始进行"材料强度"的定义。对于本项目，梁和柱构件选用 Q355B 钢材，焊条为 E50；混凝土等级均为 C30；钢筋除板主筋采用 HRB300 外，其余主筋均使用 HRB400 钢筋。以钢材定义过程为例，具体操作如图 8-9 和图 8-10 所示。

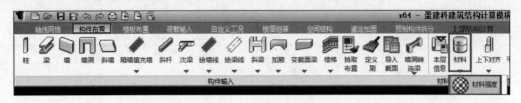

图 8-9　材料强度定义

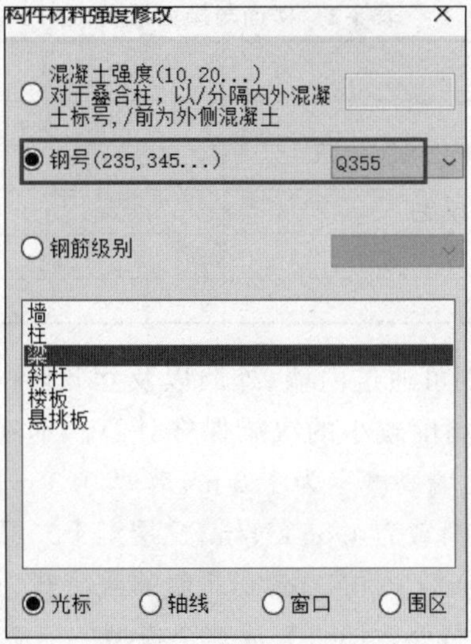

图 8-10　构件材料设置

4）楼板定义

因本项目楼、屋盖采用压型钢板-钢筋混凝土非组合楼板，压型钢板采用 YXB66-166-500，非组合楼板的总厚度约为 100 mm，因此修改板厚为 100 mm，楼梯处板厚设为 0。单击"楼板布置"菜单栏下的"生成楼板"，如图 8-11 所示。

图 8-11　楼板生成

3. 荷载输入

构件布置完成后进行荷载的输入，荷载主要包括楼面、屋面上均布恒荷载、均布活荷载及梁上的线荷载。楼面和屋面活荷载标准值根据《工程结构通用规范》(GB 55001—2021)第 4.2.2 条取值，本项目板厚为 100 mm，通过计算得出楼面板自重为 3.86 kN/m^2，屋面板自重为 5.03 kN/m²，楼梯恒荷载处取 7.0 kN/m²。本项目外墙厚 300 mm，自重为 1.88 kN/m²；内墙厚 200 mm，自重为 1.25 kN/m²。输入的恒荷载与活荷载如表 8-1 与表 8-2 所示。

表 8-1　楼面与屋面恒荷载　　　　　　　　　　单位：kN/m²

荷 载 类 型	恒荷载标准值
上人屋面	5.03
楼面	3.86
楼梯间	7.0
内墙	1.25
外墙	1.88
女儿墙	1.88

表 8-2　楼面与屋面活荷载　　　　　　　　　　单位：kN/m²

荷 载 类 型	活荷载标准值
上人屋面	2.0
楼梯	3.5
走廊、候梯厅、门厅、会议室	3.0
办公室、卫生间	2.5
屋面雪荷载	0.4

梁上所承担的线荷载分别可通过内墙、外墙以及女儿墙的自重乘以净高（层高-楼板厚度-钢梁高度），钢梁高度按照高度较小的次梁保守计算。本项目一层净高为 3.65 m，二层至十二层净高为 3.35 m，女儿墙高度定为 1.2 m，墙厚 0.3 m，最终算得一层外墙的线荷载为 6.84 kN/m，一层内墙的线荷载为 4.56 kN/m，二层至十二层外墙的线荷载为 6.28 kN/m，二层至十二层内墙的线荷载为 4.19 kN/m，女儿墙的线荷载为 2.25 kN/m，再通过"荷载复制""层间复制"等命令直接进行修改即可完成整个模型的荷载布置。

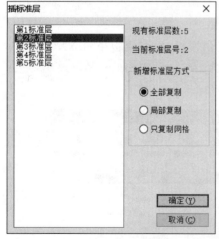

图 8-12　添加标准层

4. 楼层组装

1）添加标准层

依据建筑功能、结构尺寸不同建立新标准层。建立新标准层可通过单击工具栏"楼层编辑"中的"插标准层"选项，进行标准层的添加。如果新复制标准层与原标准层大部分相似，可采用"全部复制"，如果只有轴线网格相似，可选择"只复制网格"。按上述步骤完成第 1 标准层建模后，再进行第 2～5 标准层的建立。不同标准层之间需对应改变构件截面尺寸、恒活荷载布置信息。由于该项目各层构件上下对应，所以可以在第 1 标准层的基础上通过"全部复制"，对应修改相应信息后，即可完成所有标准层的添加与建立，如图 8-12 所示。

2）楼层组装

楼层组装主要依据为立面图布置及标准层信息。该项目一层为第 1 标准层，二层至四层为第 2 标准层,五层至七层为第 3 标准层,八层至十一层为第 4 标准层,十二层为第 5 标准层。一层层高为 4200 mm,其他层层高均为 3900 mm。将各个楼层的层高输入,勾选"自动计算底标高",单击"确定",完成楼层信息的定义,如图 8-13 所示。

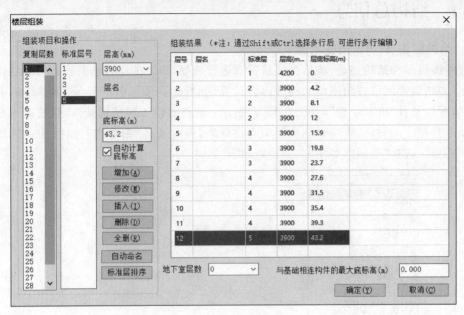

图 8-13　楼层组装

结构分析模型如图 8-14 所示。

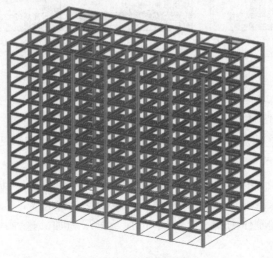

图 8-14　结构分析模型

8.4　结构参数定义

结构在进行楼层组装后,需要进行结构前处理的计算参数设置,主要包括结构总体信息、风荷载信息、地震信息、活载信息、设计信息、材料信息、包络设计、荷载组合、地下室信息等。

本项目以北京某办公楼为例，对主要涉及的计算参数进行设置和介绍。

8.4.1 结构总信息

1. 结构体系、材料及所在地区

软件提供多种结构体系，应依据项目需求进行选择，所选的结构体系直接影响结构的整体指标（如结构层间位移角限值）、构件内力计算（如弯矩调幅系数）等。本项目结构类型为钢框架，所以选择"框架结构"，如图 8-15（a）所示；软件提供 4 种结构材料，应依据不同的结构类型选择相应的材料，本项目结构类型为钢框架，所以选择"钢结构"，如图 8-15（b）所示；结构所在地区选择"全国"，如图 8-15（c）所示。

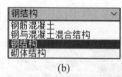
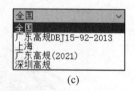

(a)　　　　　　　　(b)　　　　　　(c)

图 8-15　总信息参数

(a) 结构体系；(b) 结构材料信息；(c) 结构所在地区

2. 恒活荷载计算信息

结构恒活荷载计算信息分为 4 类，如图 8-16 所示，现对结构恒活荷载计算信息进行简要的介绍。

不计算恒活荷载：一般它的作用主要用于对水平荷载效应的观察和对比等。

一次性加载：一次施加全部恒荷载，结构整体刚度一次形成。

施工模拟一：结构整体刚度一次形成，恒荷载分层施加。这种计算模型主要应用于各种类型的下传荷载的结构。

施工模拟三：采用分层刚度分层加载模型。第 n 层加载时，按只有 $1 \sim n$ 层模型生成结构刚度并计算，与施工模拟 1 相比更接近于施工过程。

为更接近于施工过程，所以本项目选择采用"施工模拟三"进行加载。

3. 风荷载计算信息

软件提供 4 种风荷载计算信息，对于本项目或大部分工程采用"一般计算方式"即可，如需考虑更细致的风荷载，则可通过"精细计算方式"实现，如图 8-17 所示。

图 8-16　恒活荷载计算信息　　　　　　图 8-17　风荷载计算信息

4. 地震作用计算信息

本项目为多高层钢结构建筑,地震设防烈度为 8 度,结构形式较为规则,根据《建筑与市政工程抗震通用规范》(GB 55002—2021)第 4.1.2 条可知,本项目不需要计算竖向地震作用,只计算水平地震作用,所以选择"计算水平地震作用",如图 8-18 所示。

5. 刚性楼板假定

"对所有楼层采用强制刚性楼板假定"可能改变结构的真实模型,因此其适用范围是有限的,一般仅在计算位移比、周期比、刚度比等指标时建议选择,在进行结构内力分析和配筋计算时,仍要遵循结构的真实模型,才能获得正确的分析和设计结果,所以本项目"刚性楼板假定"选择"整体指标计算采用强刚,其他计算非强刚",如图 8-19 所示。

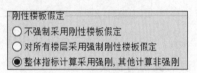

图 8-18　地震作用计算信息　　　　　　图 8-19　刚性楼板假定

8.4.2　风荷载信息

本项目位于北京地区,地面粗糙度类别为 C,按照《建筑结构荷载规范》(GB 50009—2012)规定,基本风压为 0.45 kN/m²,风荷载计算用阻尼比取 2%,如图 8-20 所示。

8.4.3　地震信息

地震信息中主要设置与地震作用相关的参数,无论对于单个构件的内力设计还是整体结构的指标都有重要的影响,应给予重点关注。

图 8-20　风荷载基本参数

1. 基本地震信息参数

本项目所在地处于北京地区,当地抗震设防烈度为 8 度(0.20g),场地类别为Ⅲ类,依据《建筑抗震设计标准》(2024 年版)(GB/T 50011—2010)附录 A 可知本项目设计地震分组为第二组;依据《建筑抗震设计标准》(2024 年版)(GB/T 50011—2010)第 5.1.4 条规定可知本项目特征周期为 0.55 s;本项目为高层钢框架结构,根据《高层民用建筑钢结构技术规程》(JGJ 99—2015)第 4.3.17 条周期折减系数可取 0.9;振型数量可以选择用户定义或者程序自动确定,本项目采用程序自动确定,如图 8-21 所示。

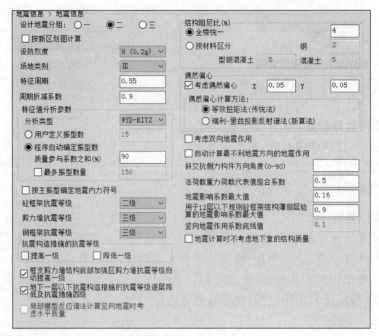

图 8-21　基本地震信息参数

2. 设防类别与抗震等级

本项目房屋高度为 47.1 m，当地抗震设防烈度为 8 度，依据《建筑抗震设计标准》（2024 年版）（GB/T 50011—2010）表 8.1.3 确定结构抗震等级为三级；本项目为办公楼，建筑工程抗震设防为标准设防，设防类别为丙类，抗震构造措施的抗震等级不改变，如图 8-22 所示。

3. 地震作用阻尼比

本项目的建筑高度 $H \leqslant 50$ m，根据《高层民用建筑钢结构技术规程》（JGJ 99—2015）第 5.4.6 条规定要求本项目结构阻尼比取 4%。

图 8-22　抗震等级参数

图 8-23　地震作用阻尼比参数

4. 偶然偏心与双向地震

本项目结构平面布置规则，质量和刚度分布均匀，故不需要计算双向地震作用，仅需计算单向地震作用，根据《高层民用建筑钢结构技术规程》（JGJ 99—2015）第 5.3.7 条规定，本项目计算单向地震作用应考虑偶然偏心影响，如图 8-24 所示。

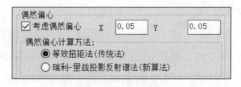

图 8-24　偶然偏心与双向地震参数

8.4.4 设计信息

本项目中梁端负弯矩调幅系数为 0.85，框架梁调幅后不小于简支梁跨中弯矩的 50%，非框架梁调幅后不小于简支梁跨中弯矩的 33%，薄弱层地震内力放大系数采用规范要求的 1.25，如图 8-25 和图 8-26 所示。

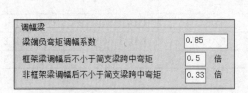

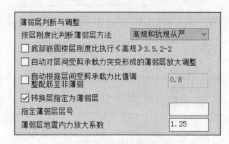

图 8-25　梁端弯矩调幅　　　　　　　　图 8-26　薄弱层调整

8.4.5 荷载组合

本项目安全等级为二级，按《建筑结构可靠性设计统一标准》(GB 50068—2018)第 8.2.8 条规定，本项目的结构重要性系数取 1，如图 8-27 所示。

荷载分项系数按照《工程结构通用规范》(GB 55001—2021)取值，恒荷载分项系数 1.3，活荷载分项系数 1.5，活荷载组合值系数 0.7，活荷载频遇值系数 0.6，活荷载准永久值系数 0.5，不同工况名称下的荷载分项系数取值如图 8-28 所示。荷载分项系数确定后，具体荷载工况组合可根据软件默认设置，如有特殊需求，可根据规范要求手动输入即可。

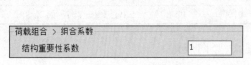

图 8-27　结构重要性系数　　　　　　　图 8-28　荷载分项系数取值

8.5 结构模型分析

8.5.1 结构模型基本参数

1. 材料选择

本项目中钢柱、梁和柱脚螺栓均采用 Q355B 钢材；高强度螺栓性能等级为 10.9 级；高强度螺栓连接钢材的摩擦面应进行喷砂处理，抗滑移系数 $\mu = 0.45$；Q355B 钢材焊缝连接处采用的焊条为 E50。

2. 结构基本参数

建筑结构基本参数见表 8-3。

表 8-3　建筑结构基本参数

项 目		结 构 特 性	规 范 要 求	备 注
结构体系		框架结构	—	GB/T 50011—2010
设防烈度		8 度(0.20g)	8 度(0.20g)	
层数	地下	2 层	—	
	地上	12 层	—	
地上高度/m		47.1	90	GB/T 50011—2010 表 8.1.1
高宽比		2.01	6.0	GB/T 50011—2010 表 8.1.2
抗震等级		三级	三级	GB/T 50011—2010 表 8.1.3

3. 结构布置规则性判断

结构布置规则性参数如表 8-4 所示，本建筑结构主要考虑平面规则性和立面规则性，其中平面规则性包括凹凸不规则、扭转不规则和扭转周期比。竖向不规则包括侧向刚度不规则、竖向抗侧力构件不规则和楼层承载力突变。其判断标准主要参考《高层民用建筑钢结构技术规程》(JGJ 99—2015)。

表 8-4　结构布置规则性参数

项 目		不规则程度	规 范 要 求	备 注
平面规则性	凹凸不规则	无	≤30%	JGJ 99—2015 第 3.3.2 条
	楼板不规则	开洞 1.6%	≤30%	JGJ 99—2015 第 3.3.2 条
	扭转周期比	1.17	≤1.2	JGJ 99—2015 第 3.3.2 条
竖向不规则	侧向刚度不规则	无	不小于相邻上一层的 70%，或不小于其上相邻三个楼层侧向刚度平均值的 80%	JGJ 99—2015 第 3.3.2 条
	竖向抗侧力构件不规则	无	宜上下贯通	JGJ 99—2015 第 3.3.2 条
	楼层承载力突变	无	小于相邻上一层的 80%	JGJ 99—2015 第 3.3.2 条

结论：由以上数据可得，本项目符合平面规则、竖向规则。

4. 分析模型

结构在竖向荷载、风荷载和多遇地震作用下的内力和变形均按弹性方法分析，结构分析模型见图 8-14。

8.5.2　结构指标汇总

1. 结构质量

楼层质量沿高度均匀分布，且楼层质量不大于相邻下部楼层的 1.5 倍，结构全部楼层满足规范要求，楼层质量及质量比见表 8-5，质量分布曲线如图 8-29 所示。

表 8-5 楼层质量及质量比

层号	恒载质量/t	活载质量/t	层质量/t	质量比	比值判断
12	608.9	102.1	711	0.832	满足
11	692.9	161.7	854.6	1	满足
10	692.9	161.7	854.6	1	满足
9	692.9	161.7	854.6	1	满足
8	692.9	161.7	854.6	0.997	满足
7	695.7	161.7	857.4	1	满足
6	695.7	161.7	857.4	1	满足
5	695.7	161.7	857.4	0.997	满足
4	698.5	161.7	860.2	1	满足
3	698.5	161.7	860.2	1	满足
2	698.5	161.7	860.2	0.992	满足
1	705.4	161.7	867.1	1	满足
合计	8268.5	1880.8	10 149.3	—	—

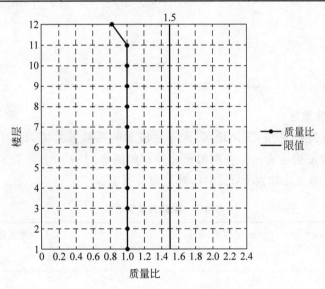

图 8-29 质量比分布曲线

2. 振型与周期

X 向平动振型参与质量系数总计 90.60%＞90%，Y 向平动振型参与质量系数总计 90.73＞90%，满足规范要求，结构周期及振型参与质量系数见表 8-6，前三阶振型示意图如图 8-30 所示。

表 8-6 周期及振型参与质量系数

振型号	周期/s	振型参与质量系数	
	T	累积 U_x	累积 U_y
1	2.5728	0.00(0.00)	80.67(80.67)
2	2.4160	77.52(77.52)	0.00(80.67)

振型号	周期/s	振型参与质量系数	
	T	累积 U_x	累积 U_y
3	2.3112	3.57(81.09)	0.00(80.67)
4	0.8504	0.00(81.09)	10.06(90.73)
5	0.8019	9.51(90.60)	0.00(90.73)

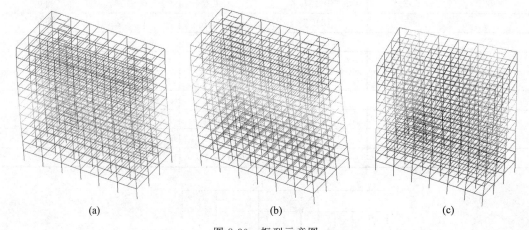

(a)　　　　　　　　　　(b)　　　　　　　　　　(c)

图 8-30　振型示意图

（a）一阶平动；（b）二阶平动；（c）三阶扭转

3. 层剪力及剪重比

本项目位于 8 度（0.20g）设防地区，水平地震影响系数最大值为 0.16，X、Y 方向地震作用下层剪力及剪重比见表 8-7，各层剪重比分布如图 8-31 所示。由表 8-7 和图 8-31 可以看出，X、Y 向楼层剪重比均大于 3.20%，满足规范要求。

表 8-7　层剪力及剪重比

楼层	层剪力/kN		剪重比/%	
	X 向	Y 向	X 向	Y 向
12	599.96	586.98	8.44	8.26
11	1264.33	1230.29	8.08	7.86
10	1831.25	1773.15	7.57	7.33
9	2280.88	2196.82	6.97	6.71
8	2622.73	2512.42	6.35	6.08
7	2893.94	2759.29	5.80	5.53
6	3142.41	2987.5	5.38	5.11
5	3398.94	3229.28	5.07	4.82
4	3663.22	3483.64	4.84	4.61
3	3904.53	3717.77	4.64	4.41
2	4079.77	3887.16	4.40	4.19
1	4158.54	3961.93	4.10	3.90

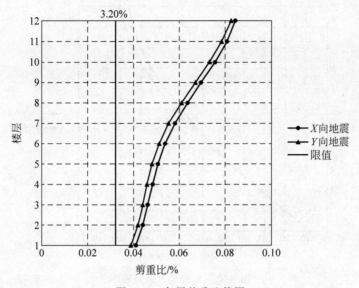

图 8-31　各层剪重比简图

4. 层最大位移与层间位移角

X 向最大楼层位移：95.9 mm(12 层)，X 向最大层间位移角：1/330(3 层)；Y 向最大楼层位移：100.2 mm(12 层)，Y 向最大层间位移角：1/320(3 层)。X、Y 向最大层间位移角均小于最大限值 1/250，结构设计合理，满足规范要求。X、Y 方向地震作用下的楼层最大位移及层间位移角见表 8-8，各楼层最大位移及层间位移角分布如图 8-32 和图 8-33 所示。

表 8-8　地震作用下楼层最大位移及层间位移角

楼层	楼层最大位移/mm		层间位移角	
	X 向	Y 向	X 向	Y 向
12	95.9	100.2	1/1567	1/1410
11	93.87	97.87	1/875	1/827
10	90.26	93.95	1/622	1/596
9	85.14	88.47	1/507	1/488
8	78.69	81.62	1/446	1/429
7	71.08	73.56	1/420	1/402
6	62.64	64.63	1/391	1/374
5	53.2	54.67	1/364	1/348
4	42.74	43.72	1/348	1/334
3	31.63	32.13	1/330	1/320
2	19.85	19.95	1/334	1/327
1	8.16	8.04	1/515	1/523

5. 位移比

结构最大层间位移比为 1.17<1.20，满足规范要求。结构位移比计算结果见表 8-9，各楼层最大位移比分布如图 8-34 所示。

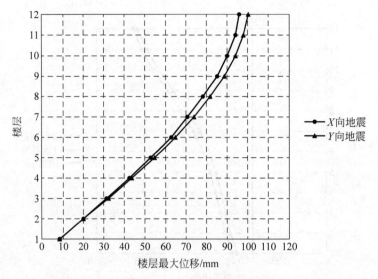

图 8-32　楼层最大位移简图

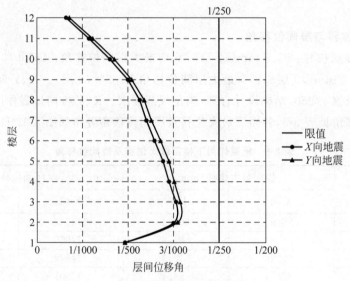

图 8-33　层间位移角简图

表 8-9　结构位移比

楼层	位移比	
	X 向	Y 向
12	1.06	1.14
11	1.06	1.15
10	1.06	1.16
9	1.06	1.16
8	1.06	1.16
7	1.07	1.16

续表

楼层	位移比	
	X 向	Y 向
6	1.07	1.16
5	1.07	1.17
4	1.07	1.17
3	1.07	1.17
2	1.06	1.17
1	1.06	1.17

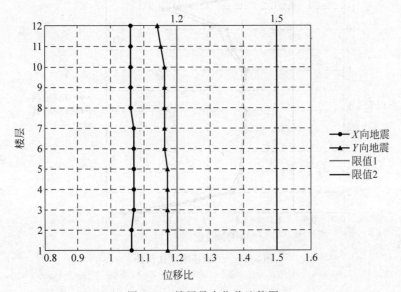

图 8-34　楼层最大位移比简图

6. 层侧移刚度比

楼层侧移刚度比计算结果见表 8-10,各楼层侧移刚度比分布如图 8-35 所示。由表 8-10可知,结构无刚度突变现象,楼层刚度比均满足规范要求。

表 8-10　楼层侧移刚度比

楼层	R_x,R_y	R_{x1},R_{y1}
12	1.00,1.00	1.00,1.00
11	1.00,1.00	1.68,1.76
10	1.00,1.00	1.39,1.43
9	1.00,1.00	1.35,1.38
8	0.91,0.91	1.27,1.28
7	1.00,1.00	1.29,1.30
6	1.00,1.00	1.28,1.28
5	0.92,0.92	1.27,1.28

续表

楼层	R_x, R_y	R_{x1}, R_{y1}
4	1.00,1.00	1.30,1.30
3	1.00,1.00	1.30,1.31
2	1.12,1.12	1.35,1.37
1	1.00,1.00	1.90,1.99

注：R_x, R_y：X, Y 方向本层塔侧移刚度与下一层相应塔侧移刚度的比值（剪切刚度）；R_{x1}, R_{y1}：X, Y 方向本层塔侧移刚度与上一层相应塔侧移刚度 70% 的比值或上三层平均侧移刚度 80% 的比值中之较小者。

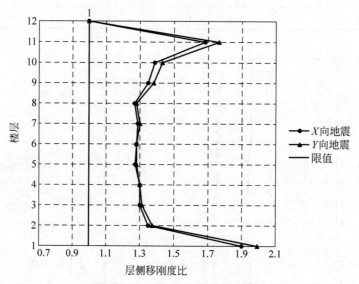

图 8-35 层侧移刚度比简图

7. 楼层受剪承载力比值

楼层受剪承载力比值计算结果见表 8-11，各层受剪承载力比分布如图 8-36 所示。由表 8-11 可知各层受剪承载力比值均大于 0.80，结构无楼层承载力突变的情况，满足规范要求。

表 8-11　楼层受剪承载力比值

楼层	楼层受剪承载力/kN		受剪承载力比值	
	X 向	Y 向	X 向	Y 向
12	24 976.1	24 976.1	1	1
11	24 976.1	24 976.1	1	1
10	24 824.2	24 824.2	0.99	0.99
9	24 187.5	24 187.5	0.97	0.97
8	23 093.1	23 093.1	0.95	0.95
7	24 840.2	24 840.2	1.08	1.08
6	23 606.3	23 606.3	0.95	0.95

续表

楼层	楼层受剪承载力/kN		受剪承载力比值	
	X 向	Y 向	X 向	Y 向
5	22 359.1	22 359.1	0.95	0.95
4	23 989.8	23 989.8	1.07	1.07
3	22 722.7	22 722.7	0.95	0.95
2	21 448.8	21 448.8	0.94	0.94
1	22 701.1	22 701.1	1.06	1.06

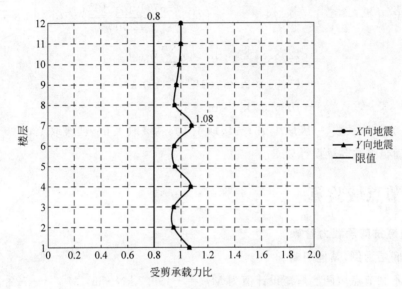

图 8-36　结构抗剪承载力比简图

8.6　构件与节点设计

构件与节点设计包括强柱弱梁验算、节点域验算、主梁与柱的连接设计以及主梁与次梁的连接设计。

8.6.1　强柱弱梁验算

考虑地震作用效应时,选取一层某梁柱连接处最不利内力,柱截面尺寸为 450 mm× 450 mm×25 mm×25 mm,梁截面尺寸为 600 mm×200 mm×11 mm×17 mm,柱轴向压力设计值 $N=6771.6$ kN。

柱截面面积 $A_c=[450^2-(450-2\times25)^2]$ mm^2=42 500 mm^2

钢材屈服强度设计值:$f_y=345$ N/mm^2

钢材抗剪强度设计值:$f_v=170$ N/mm^2

柱塑性模量：

$$\sum W_{pc} = 2 \times \left[450 \times 25 \times \frac{450 - 25}{2} + 2 \times 200 \times 25 \times \frac{450 - 50}{4} \right] mm^3$$

$$= 6.78 \times 10^6 \ mm^3$$

梁塑性模量：

$$\sum W_{pb} = 2 \times \left[200 \times 17 \times \frac{600 - 17}{2} + \frac{11 \times (600 - 2 \times 17)^2}{8} \right] mm^3$$

$$= 2.86 \times 10^6 \ mm^3$$

$$\sum W_{pc} \left(f_{yc} - \frac{N}{A_c} \right) = \left[6.78 \times 10^6 \times \left(345 - \frac{6771.6 \times 10^3}{42\ 500} \right) \times 10^{-6} \right] kN \cdot m$$

$$= 1258.83 \ kN \cdot m > \eta \sum W_{pb} f_{yb}$$

$$= (1.05 \times 2.86 \times 10^6 \times 345) \ kN \cdot m$$

$$= 1036.04 \ kN \cdot m$$

其中，η 为强柱系数，一级取 1.15，二级取 1.10，三级取 1.05，四级取 1.0。

结论：满足强柱弱梁设计要求。

8.6.2 节点域验算

1. 节点域抗剪承载力验算

此处以底层为例，其他层略。

一层最不利节点域两侧弯矩设计值为 $M_{b1} = -159.7 \ kN \cdot m$，$M_{b2} = -722.6 \ kN \cdot m$。

节点域体积：

$$V_p = 1.8 h_{b1} h_{c1} t_w = [1.8 \times (600 - 17) \times (450 - 25) \times 25] \ mm^3$$

$$= 1.11 \times 10^7 \ mm^3$$

钢材抗剪强度设计值：$f_v = 170 \ N/mm^2$

节点域抗剪承载力：

$$\frac{M_{b1} + M_{b2}}{V_p} = \frac{(159.7 + 722.6) \times 10^6}{1.11 \times 10^7} \ N/mm^2 = 79.49 \ N/mm^2 < \frac{4}{3} f_v / \gamma_{RE}$$

$$= \left(\frac{4}{3} \times \frac{170}{0.75} \right) N/mm^2 = 302.22 \ N/mm^2$$

结论：节点域验算抗剪承载力满足要求。

2. 节点域屈服承载力验算

此处以底层为例，其他层略。

钢材屈服强度设计值：$f_y = 345 \ N/mm^2$

节点域两侧梁全塑性受弯承载力：

$$M_{pb1} = M_{pb2} = f_y W_{pb1}$$

$$= \left\{ 345 \times 2 \times \left[200 \times 17 \times \frac{600 - 17}{2} + \frac{11 \times (600 - 2 \times 17)^2}{8} \right] \right\} N \cdot mm$$

$$= (345 \times 2.86) \, kN \cdot m = 986.70 \, kN \cdot m$$

节点域屈服承载力：

$$\psi(M_{pb1} + M_{pb2})/V_p = \left(0.6 \times \frac{2 \times 986.70 \times 10^6}{1.11 \times 10^7} \right) N/mm^2 = 106.67 \, N/mm^2$$

$$< \frac{4}{3} f_{yv} = \left(\frac{4}{3} \times 0.58 \times 345 \right) N/mm^2 = 266.8 \, N/mm^2$$

结论：节点域屈服承载力验算满足要求。

3. 节点域稳定性验算

此处以底层为例，其他层略。

一层节点域截面尺寸为：柱腹板厚度 $t_{wc} = 25 \, mm$，梁腹板高度 $h_b = 566 \, mm$，柱腹板高度 $h_c = 400 \, mm$。

柱节点域腹板厚度：

$$t_{wc} = 25 \, mm > \frac{h_b + h_c}{90} = \frac{566 + 400}{90} \, mm = 10.73 \, mm$$

结论：节点域稳定性满足要求。

8.6.3　梁柱连接节点设计

本项目中，框架梁与柱的连接采用栓焊混合连接，即梁的上下翼缘与柱采用全熔透坡口焊缝连接；梁腹板与柱采用高强度螺栓连接（通过焊接于柱上的连接板）。框架梁与柱刚性连接时，在梁翼缘的对应位置设置柱的水平加劲肋，其厚度与翼缘等厚。焊接方式采用 E50型焊条手工焊，焊缝质量取为一级。

梁柱节点每侧共布置 5 排 10 个 M27 螺栓，螺栓孔型选为标准孔，根据《钢结构设计标准》(GB 50017—2017)表 11.5.1 查得孔径为 30 mm。螺栓中心间距为 85 mm，螺栓中心顺内力方向至上、下边缘的间距为 60 mm，螺栓中心垂直内力方向至侧边缘的间距为 65 mm。满足《钢结构高强度螺栓连接技术规程》(JGJ 82—2011)表 4.3.3-2 对于螺栓孔距和边距的要求。拼板尺寸为 $h \times b \times t = 460 \, mm \times 220 \, mm \times 16 \, mm$。

采用 10.9 级高强螺栓，按摩擦型连接计算。预拉力为 $P = 290 \, kN$，接触面喷砂处理，取抗滑移系数为 $\mu = 0.45$。

根据《建筑抗震设计标准》(2024 年版)(GB/T 50011—2010)第 8.3.4-3 条及《多、高层民用建筑钢结构节点构造详图》(16G519)，绘制梁柱节点详图，如图 8-37 所示。

考虑地震作用效应时，以一层右边柱截面梁柱拼接处内力最为不利，内力 $M = -587.9 \, kN \cdot m$，$V = 229.5 \, kN$，$l_n = 6.75 \, m$，$V_{Gn} = 94.0 \, kN$。节点处柱截面尺寸为 450 mm ×

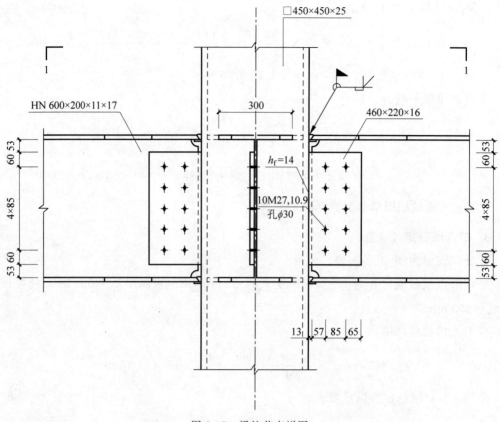

图 8-37 梁柱节点详图

$450\ \text{mm} \times 25\ \text{mm} \times 25\ \text{mm}$，梁截面尺寸为 $h \times b \times b_f \times t_f = 600\ \text{mm} \times 200\ \text{mm} \times 11\ \text{mm} \times 17\ \text{mm}$。

梁全截面塑性截面模量：

$$W_{pb} = 2 \times \left[200 \times 17 \times \frac{600 - 17}{2} + \frac{11 \times (600 - 2 \times 17)^2}{8} \right]\ \text{mm}^3$$
$$= 2.86 \times 10^6\ \text{mm}^3$$

翼缘提供的塑性截面模量：

$$b_f t_f (h - t_f) = [200 \times 17 \times (600 - 17)]\text{mm}^3 = 1.98 \times 10^6\ \text{mm}^3 < 0.7 W_p$$
$$= 0.7 \times 2.86 \times 10^6\ \text{mm}^3 = 2.00 \times 10^6\ \text{mm}^3$$

因此采用全截面精确设计法进行计算。

梁翼缘净截面惯性矩：

$$I_f = \left[2 \times 200 \times 17 \times \left(\frac{600}{2} - \frac{17}{2} \right)^2 \right]\ \text{mm}^4 = 5.78 \times 10^8\ \text{mm}^4$$

梁腹板净截面惯性矩：

$$I_w = \left[\frac{1}{12} \times 11 \times (600 - 2 \times 17 - 5 \times 30)^3 \right]\ \text{mm}^4 = 6.60 \times 10^7\ \text{mm}^4$$

梁翼缘承担弯矩：

$$M_{\mathrm{f}} = \frac{I_{\mathrm{f}}}{I_{\mathrm{f}} + I_{\mathrm{w}}} M = \left(\frac{5.78 \times 10^8}{5.78 \times 10^8 + 6.60 \times 10^7} \times 587.9 \right) \mathrm{kN} \cdot \mathrm{m} = 527.65 \mathrm{~kN} \cdot \mathrm{m}$$

梁腹板承担弯矩：

$$M_{\mathrm{w}} = \frac{I_{\mathrm{w}}}{I_{\mathrm{w}} + I_{\mathrm{f}}} M = \left(\frac{6.60 \times 10^7}{6.60 \times 10^7 + 5.78 \times 10^8} \times 587.9 \right) \mathrm{kN} \cdot \mathrm{m} = 60.25 \mathrm{~kN} \cdot \mathrm{m}$$

1. 梁翼缘与柱翼缘对接焊缝强度验算

$$\sigma = \frac{M_{\mathrm{f}}}{b_{\mathrm{f}} t_{\mathrm{f}} (h - t_{\mathrm{f}})} = \frac{527.65 \times 10^6}{200 \times 17 \times (600 - 17)} \mathrm{~N/mm}^2$$

$$= 266.19 \mathrm{~N/mm}^2 < f_{\mathrm{t}}^{\mathrm{w}} = 295 \mathrm{~N/mm}^2$$

结论：梁翼缘与柱翼缘对接焊缝强度满足要求。

2. 梁腹板螺栓群抗剪承载力验算

在采用单剪连接且构件在连接处接触面的处理方法为喷砂时，传力摩擦面数量：$n_{\mathrm{f}} = 1$，抗滑移系数：$\mu = 0.45$，一个 10.9S 级的 M27 高强度螺栓摩擦型连接的承载力设计值：

$$N_{\mathrm{v}}^{\mathrm{b}} = 0.9 n_{\mathrm{f}} \mu P = (0.9 \times 1 \times 0.45 \times 290) \mathrm{kN} = 117.45 \mathrm{~kN}$$

一个高强度螺栓剪力设计值：

$$N_{\mathrm{y}}^{\mathrm{V}} = (229.5/10) \mathrm{kN} = 22.95 \mathrm{~kN}$$

螺栓 x 方向的力：

$$N_{x}^{M_{\mathrm{w}}} = \frac{M_{\mathrm{w}} y_1}{\sum x_i^2 + \sum y_i^2} = \frac{60.25 \times 170 \times 10^3}{10 \times 42.5^2 + 4 \times (85^2 + 170^2)} \mathrm{kN} = 63.01 \mathrm{~kN}$$

螺栓 y 方向的力：

$$N_{y}^{M_{\mathrm{w}}} = \frac{M_{\mathrm{w}} x_1}{\sum x_i^2 + \sum y_i^2} = \frac{60.25 \times 42.5 \times 10^3}{10 \times 42.5^2 + 4 \times (85^2 + 170^2)} \mathrm{kN} = 15.75 \mathrm{~kN}$$

式中：y_i——各螺栓到螺栓群中心 y 方向的距离（mm）；

$\quad\quad x_i$——各螺栓到螺栓群中心 x 方向的距离（mm）。

一个高强度螺栓剪力设计值（式(7-43)）：

$$N = \sqrt{(N_x^{M_{\mathrm{w}}})^2 + (N_y^{M_{\mathrm{w}}} + N_y^{\mathrm{V}})^2} = \sqrt{63.01^2 + (15.75 + 22.95)^2}$$

$$= 73.95 \mathrm{~kN} < 0.9 N_{\mathrm{v}}^{\mathrm{b}} = 105.71 \mathrm{~kN}$$

结论：梁腹板高强螺栓群的抗剪承载力满足要求。

3. 梁腹板连接板净截面强度验算

假定全部剪力由连接板均匀承受，连接板数量 $n = 1$，连接板高度 $h_{\mathrm{s}} = 460 \mathrm{~mm}$，螺栓的行数 $m = 5$，螺栓孔径 $d_0 = 30 \mathrm{~mm}$。

1）连接板抗弯强度验算

$$I_{\mathrm{n}x} = [(16 \times 460^3)/12 - 2 \times 16 \times 30 \times 170^2 - 2 \times 16 \times 30 \times 85^2] \mathrm{~mm}^4$$

$$= 9.51 \times 10^7 \mathrm{~mm}^4$$

$$W_{\mathrm{n}x} = \frac{I_{\mathrm{n}x}}{y} = \frac{9.51 \times 10^7}{460} \mathrm{~mm}^3 = 2.07 \times 10^5 \mathrm{~mm}^3$$

连接板抗弯承载力验算

$$\sigma = \frac{M_w}{W_{nx}} = \frac{60.25 \times 10^6}{2.07 \times 10^5} \text{ N/mm}^2 = 291.06 \text{ N/mm}^2 < f = 305 \text{ N/mm}^2$$

结论：连接板抗弯强度满足要求。

2）连接板抗剪强度验算

螺栓孔处连接板截面面积

$$A_n = (h_2 - nd_0) \times t = [(460 - 5 \times 30) \times 16] \text{mm}^2 = 4960 \text{ mm}^2$$

连接板抗剪承载力验算

$$\tau = \frac{1.5V}{A_n} = \frac{1.5 \times 229.5 \times 10^3}{4960} \text{ N/mm}^2 = 69.41 \text{ N/mm}^2 < f_v = 175 \text{ N/mm}^2$$

结论：连接板抗剪强度满足要求。

3）连接板与柱焊接的角焊缝强度验算

根据《钢结构设计标准》（GB 50017—2017）表 11.3.5，角焊缝最小焊脚尺寸为 $h_{fmin} = 5$ mm，当 $t > 6$ mm 时，$h_{fmax} = t - (1 \sim 2) = 14 \sim 15$ mm。本设计中，取焊脚尺寸 $h_f = 14$ mm，$l_w = h - 2 \times h_f = 432$ mm

角焊缝强度验算

$$\sigma_f = \frac{6M_w}{2 \times 0.7h_f l_w^2} = \frac{6 \times 60.25 \times 10^6}{2 \times 0.7 \times 14 \times 432^2} \text{ N/mm}^2 = 98.83 \text{ N/mm}^2$$

$$\tau_f = \frac{V}{2 \times 0.7h_f l_w} = \frac{229.5 \times 10^3}{2 \times 0.7 \times 14 \times 432} \text{ N/mm}^2 = 27.10 \text{ N/mm}^2$$

$$\sqrt{\left(\frac{\sigma_f}{\beta_f}\right)^2 + \tau_f^2} = \sqrt{\left(\frac{98.83}{1.22}\right)^2 + 27.10^2} \text{ N/mm}^2 = 85.42 \text{ N/mm}^2 \leqslant f_f^w = 200 \text{ N/mm}^2$$

结论：连接板与柱焊接的角焊缝强度满足要求。

4. 梁柱节点的极限承载力验算

1）梁柱节点的极限受弯承载力验算

梁翼缘钢材抗拉强度最小值：$f_{ub} = 470 \text{ N/mm}^2$

梁翼缘连接的极限受弯承载力：

$$M_{uf}^j = A_f(h_b - t_{fb})f_{ub} = [200 \times 17 \times (600 - 17) \times 470 \times 10^{-6}] \text{ kN} \cdot \text{m}$$
$$= 931.63 \text{ kN} \cdot \text{m}$$

箱形柱壁厚：$t_{fc} = 25$ mm

柱上下水平加劲肋内侧之间的距离：$d_j = (600 - 2 \times 17) \text{ mm} = 566 \text{ mm}$

箱形柱壁板内侧的宽度：$b_j = (450 - 2 \times 25) \text{ mm} = 400 \text{ mm}$

梁腹板厚度：$t_{wb} = 11$ mm

柱钢材屈服强度：$f_{yc} = 345 \text{ N/mm}^2$

梁腹板钢材屈服强度：$f_{yw} = 355 \text{ N/mm}^2$

梁腹板连接的受弯极限承载力系数：

$$m = \min\left\{1, 4\frac{t_{fc}}{d_j}\sqrt{\frac{b_j \cdot f_{yc}}{t_{wb} \cdot f_{yw}}}\right\} = \min\left\{1, 4 \times \frac{25}{566}\sqrt{\frac{400 \times 345}{11 \times 355}}\right\} = 1$$

梁截面高度：$h_b = 600\ mm$

梁翼缘厚度：$t_{fb} = 17\ mm$

连接板与梁翼缘间间隙的距离：$S_r = [(600 - 460 - 2 \times 17) \div 2]\ mm = 53\ mm$

梁腹板有效截面的塑性截面模量：

$$W_{wpe} = \frac{1}{4}(h_b - 2t_{fb} - 2S_r)^2 t_{wb} = \left[\frac{1}{4} \times (600 - 2 \times 17 - 2 \times 53)^2 \times 11\right] mm^3$$
$$= 5.82 \times 10^5\ mm^3$$

梁腹板连接的极限受弯承载力：

$$M_{uw}^j = m \cdot W_{wpe} \cdot f_{yw} = (1 \times 5.82 \times 10^5 \times 355 \times 10^{-6})\ kN \cdot m = 206.61\ kN \cdot m$$

梁端连接的极限受弯承载力：

$$M_u^j = M_{uf}^j + M_{uw}^j = (931.63 + 206.61)\ kN \cdot m = 1138.24\ kN \cdot m$$

梁的全塑性受弯承载力：

$$M_p = \left\{\left[2 \times 200 \times 17 \times \left(\frac{600}{2} - \frac{17}{2}\right) + 2 \times 11 \times \frac{(300-17)^2}{2}\right] \times 345 \times 10^{-6}\right\} kN \cdot m$$
$$= 987.8\ kN \cdot m$$

$$\alpha M_p = (1.35 \times 987.8)\ kN \cdot m = 1333.53\ kN \cdot m$$

$$M_u^j < \alpha M_p$$

式中：α——钢框架抗侧力结构构件连接系数，取 $\alpha = 1.35$，见表 7-10。

梁柱节点极限受弯承载力不满足要求，故采取局部加宽翼缘的方法使塑性铰外移，本设计将翼缘局部加宽为 300 mm，则梁柱连接的极限受弯承载力为

$$M_{uf}^j = A_f(h_b - t_{fb})f_{ub} = [300 \times 17 \times (600 - 17) \times 470 \times 10^{-6}]kN \cdot m$$
$$= 1397.45\ kN \cdot m$$

$$M_u^j = M_{uf}^j + M_{uw}^j = (1397.45 + 206.61)kN \cdot m = 1604.06\ kN \cdot m$$

$$1.35M_p = 1.35 \times 987.8 = 1333.53\ kN \cdot m$$

$$M_u^j > 1.35M_p$$

结论：将翼缘局部加宽后，梁柱节点的极限受弯承载力满足要求。

2）梁柱节点的极限受剪承载力验算

螺栓连接的剪切面数量：$n_f = 1$

螺栓螺纹处的有效截面面积：$A_e^b = 459\ mm^2$

螺栓钢材的抗拉强度最小值：$f_u^b = 1040\ N/mm^2$

1 个高强度螺栓的极限受剪承载力：

$$N_{vu}^b = 0.58n_f A_e^b f_u^b = (0.58 \times 1 \times 459 \times 1040 \times 10^{-3})\ kN = 276.87\ kN$$

同一受力方向的钢板厚度之和：$\sum t = 11\ mm$

钢材抗拉强度设计值：$f_u = 470\ N/mm^2$

螺栓连接板件的极限承压强度：$f_{cu}^b = 1.5f_u = 705\ N/mm^2$

1 个高强度螺栓对应的板件极限承载力：

$$N_{cu}^b = d\sum t f_{cu}^b = (27 \times 11 \times 705 \times 10^{-3})\ kN = 209.39\ kN$$

梁腹板的净截面面积：

$$A_{nw} = [(566 - 5 \times 30) \times 11] \, mm^2 = 4576 \, mm^2$$

梁腹板净截面的极限受剪承载力：

$$V_{u1} = 0.58 A_{nw} f_u = (0.58 \times 4576 \times 470 \times 10^{-3}) \, kN = 1247.42 \, kN$$

连接件的净截面面积：

$$A_{nw}^{PL} = [(460 - 5 \times 30) \times 16] \, mm^2 = 4960 \, mm^2$$

连接件净截面的极限受剪承载力：

$$V_{u2} = 0.58 A_{nw}^{PL} f_u = (0.58 \times 4960 \times 470 \times 10^{-3}) \, kN = 1352.1 \, kN$$

焊缝的有效受力面积：

$$A_f^w = (2 \times 0.7 \times 14 \times 432) \, mm^2 = 8467.2 \, mm^2$$

连接板与柱焊接的角焊缝的极限受剪承载力：

$$V_{u3} = 0.58 A_f^w f_u = (0.58 \times 8467.2 \times 470 \times 10^{-3}) kN = 2308.16 \, kN$$

故，梁柱连接的极限受剪承载力 V_u^j 应取以上各承载力的最小值：

$$V_u^j = \min\{n N_{vu}^b, n N_{cu}^b, V_{u1}, V_{u2}, V_{u3}\} = 1247.42 \, kN$$

梁的全塑性受弯承载力：

$$M_p = \left\{ \left[2 \times 200 \times 17 \times \left(300 - \frac{17}{2}\right) + 2 \times 11 \times (300 - 17)^2 / 2 \right] \times 345 \times 10^{-6} \right\} \, kN \cdot m$$

$$= 987.8 \, kN \cdot m$$

$$V_u^j = 1247.42 \, kN > \alpha \left(\frac{2M_p}{l_n}\right) + V_{Gn} = \left[1.35 \times \left(\frac{2 \times 987.8}{6.75}\right) + 94.0 \right] \, kN$$

$$= 489.12 \, kN$$

式中：α——钢框架抗侧力结构构件连接系数，取 $\alpha = 1.35$，见表 7-10。

结论：梁柱节点的极限受剪承载力满足要求。

8.6.4 主次梁节点连接设计

本项目中，主次梁连接为铰接。腹板采用 M20 高强螺栓，孔型采用标准孔，孔径为 22 mm，螺栓个数取为 4 个。螺栓采用如下布置：螺栓中心距为 90 mm，螺栓中心顺内力方向至上、下边缘的间距为 45 mm，螺栓中心垂直内力方向至侧边缘的间距为 45 mm。次梁截面尺寸为 $h \times b_f \times b_f \times t_f = 450 \, mm \times 200 \, mm \times 9 \, mm \times 14 \, mm$。满足《钢结构高强度螺栓连接技术规程》(JGJ 82—2011)表 4.3.3-2 对于螺栓孔距和边距的要求。根据《多、高层民用建筑钢结构节点详图》(16G519)绘制主次梁连接详图，如图 8-38 所示。

摩擦面采用喷砂处理，根据《钢结构高强度螺栓连接技术规程》(JGJ 82—2011)表 3.2.4-1，取抗滑移系数 μ 为 0.45，螺栓强度等级为 10.9 级，摩擦型连接。预拉力 $P = 155 \, kN$。选一层楼面次梁为计算对象。

一层楼面荷载设计值：$(1.3 \times 3.86 + 1.5 \times 2.5) \, kN/m^2 = 8.77 \, kN/m^2$

次梁自重标准值：0.749 kN/m

次梁梁端剪力：$V = [(8.77 \times 8.1 \times 3.6 + 1.3 \times 0.749 \times 8.1)/2] \, kN = 131.81 \, kN$

在受剪摩擦型连接中，每个螺栓的受剪承载力设计值：

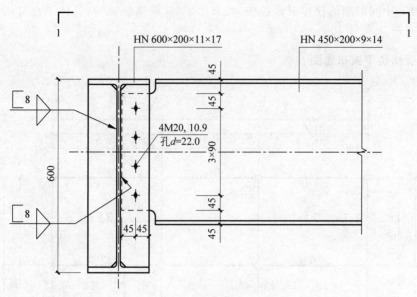

图 8-38　主次梁节点详图

$$N_v^b = 0.9 n_f \mu P = (0.9 \times 1 \times 0.45 \times 155) \, \text{kN} = 62.78 \, \text{kN}$$

$$\frac{(1.2 \sim 1.3)V}{n} = \frac{(1.2 \sim 1.3) \times 131.81}{4} \, \text{kN} = (39.54 \sim 42.84) \, \text{kN} < N_v^b$$

次梁端部截面剪应力：

$$\tau_{max} = \frac{VS}{I t_w} \approx \frac{1.5V}{h_0 t_w} = \frac{1.5 \times 131.81 \times 10^3}{(360 - 4 \times 22) \times 9} \, \text{N/mm}^2$$

$$= 80.77 \, \text{N/mm}^2 \leqslant f_v = 175 \, \text{N/mm}^2$$

计算连接时，偏安全地认为螺栓群承受剪力和偏心扭矩。

螺栓连接承受内力：

$$V = 131.81 \, \text{kN}$$

$$T = Ve = (131.81 \times 0.045) \, \text{kN} \cdot \text{m} = 5.93 \, \text{kN} \cdot \text{m}$$

螺栓受力：

$$N_y^V = \frac{V}{n} = \frac{131.81}{4} \, \text{kN} = 32.95 \, \text{kN}$$

$$N_x^T = \frac{T \cdot y_{max}}{\sum y_i^2} = \frac{5.93 \times 10^3 \times 135}{2 \times (45^2 + 135^2)} \, \text{kN} = 19.77 \, \text{kN}$$

$$N = \sqrt{(N_y^V)^2 + (N_x^T)^2} = \sqrt{32.95^2 + 19.77^2} \, \text{kN} = 38.43 \, \text{kN} < N_v^b = 62.78 \, \text{kN}$$

结论：主次梁连接强度验算满足要求。

8.7　施工图绘制

本项目结构纵向柱距为 $7.2 \, \text{m}$，横向柱距为 $7.2 \, \text{m}$ 和 $8.1 \, \text{m}$，地上四层，首层层高 $4.2 \, \text{m}$，标准层层高为 $3.9 \, \text{m}$。结构平、立面布置示意图如图 8-39 和图 8-40 所示。框架梁与柱采用柱

外悬臂梁段与中间梁端的栓焊混合连接，均采用 10.9 级高强螺栓，具体节点详图如图 8-41 和图 8-42 所示。

1. 首层结构平面布置图

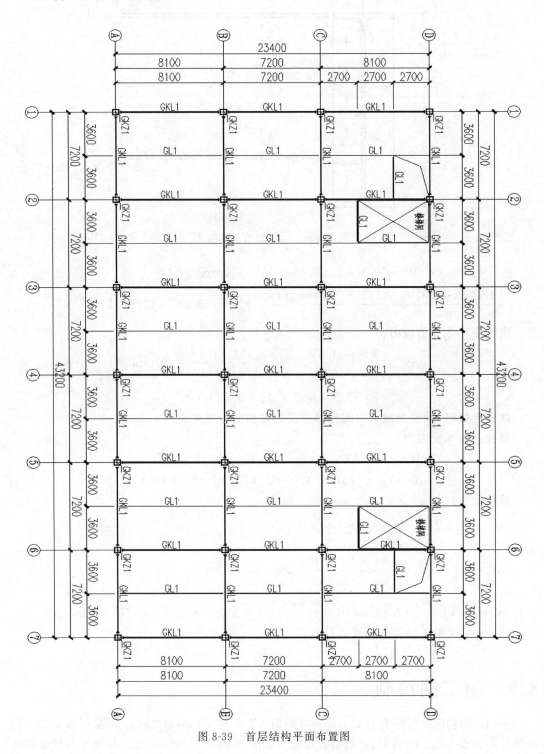

图 8-39　首层结构平面布置图

2. 结构立面图

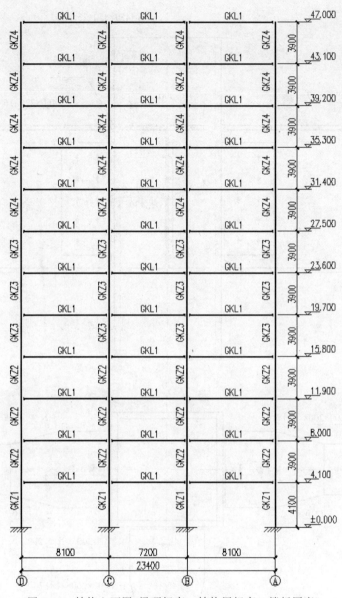

图 8-40　结构立面图（梁顶标高＝结构层标高－楼板厚度）

3．梁柱连接节点

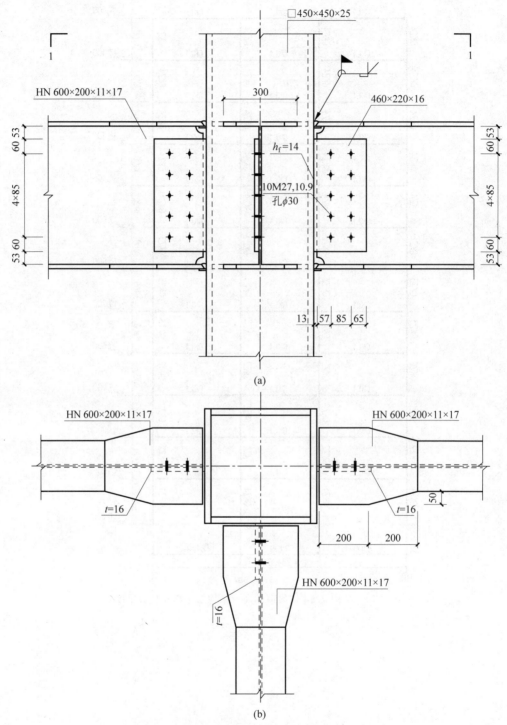

图 8-41　梁柱连接节点详图

（a）梁柱连接节点；（b）1—1 剖面图

4. 主次梁连接节点

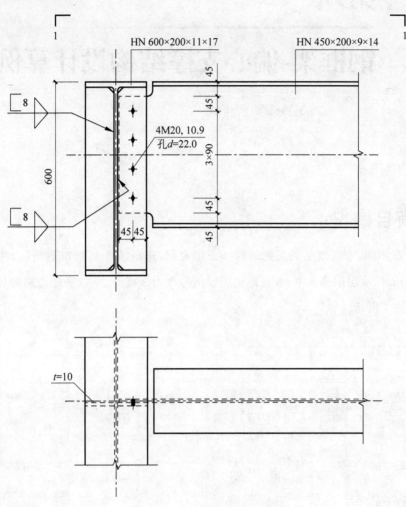

图 8-42 主次梁连接节点详图

第9章

钢框架-偏心支撑结构设计算例

算例建模

9.1 项目概况

与第8章相同,本章以某高层钢结构办公楼为例,选址位于北京市通州区,共12层,首层层高4.2 m,标准层层高3.9 m,当地抗震设防烈度为8度0.20g,场地类别为Ⅲ类。建筑平面图如图9-1所示。

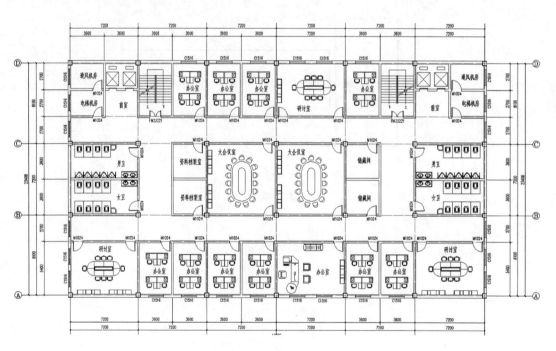

图 9-1 建筑平面图

9.2 结构选型与结构布置

1. 结构选型

综合考虑到建筑使用功能、抗震性能及用钢量等指标,本项目选用钢框架-偏心支撑结构。钢框架-偏心支撑结构结合了钢框架-中心支撑结构强度高、刚度大和纯框架结构耗能能力好的优点,具有较大的延性,更适用于高烈度地区。

2. 结构布置

结构布置主要包括平面布置与立面布置。由建筑设计方案可知,结构纵向柱距为 7.2 m,横向柱距为 7.2 m 和 8.1 m,结构平面布置示意图如图 9-2 所示。

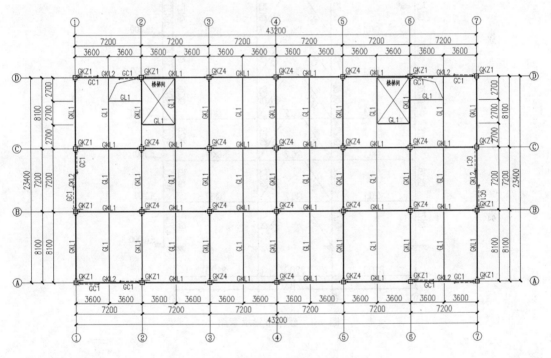

图 9-2 平面布置示意图

本项目地上 12 层,首层层高为 4.1 m,其余标准层层高为 3.9 m,偏心支撑斜杆布置间距为 1.8 m,与横梁夹角角度为 52°。结构竖向布置示意图如图 9-3 所示。

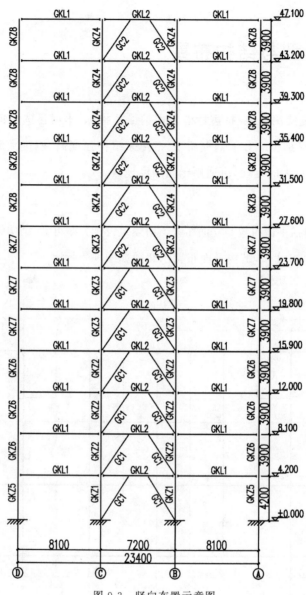

图 9-3　竖向布置示意图

9.3　结构基本信息

9.3.1　钢梁与钢柱截面尺寸初估

钢梁采用国标热轧 H 型钢。初定主梁采用 HN 500 mm×200 mm×10 mm×16 mm 型钢，支撑部分采用 HM 544 mm×300 mm×11 mm×15 mm 型钢；次梁可按简支梁进行估算，采用 HN 400 mm×200 mm×8 mm×13 mm 型钢。

钢柱采用箱形截面，按照长细比初估截面。确定箱形柱构件截面尺寸如表 9-1 所示。

表 9-1 箱形柱截面尺寸

层 号	普通柱截面	支撑连接部分柱截面
八层至十二层	450 mm×450 mm×14 mm×14 mm	450 mm×450 mm×16 mm×16 mm
五层至七层	450 mm×450 mm×18 mm×18 mm	450 mm×450 mm×20 mm×20 mm
二层至四层	450 mm×450 mm×20 mm×20 mm	450 mm×450 mm×24 mm×24 mm
一层	450 mm×450 mm×24 mm×24 mm	450 mm×450 mm×28 mm×28 mm

偏心支撑采用国标热轧 H 型钢,截面尺寸如表 9-2 所示。

表 9-2 偏心支撑截面尺寸

层 号	长 轴 方 向	短 轴 方 向
五层至十二层	HW 200 mm×200 mm×8 mm×12 mm	HW 250 mm×250 mm×9 mm×14 mm
二层至四层	HW 250 mm×250 mm×9 mm×14 mm	HW 300 mm×300 mm×10 mm×15 mm
一层	HW 300 mm×300 mm×10 mm×15 mm	HW 300 mm×300 mm×10 mm×15 mm

9.3.2 模型建模

结构构件尺寸预估后,进行结构建模,本项目采用盈建科软件进行结构计算及分析。此处主要介绍支撑构件建模过程,其余部分参考第 8 章钢框架结构设计算例,此处不再详述。

支撑以空间斜杆的方式进行截面定义,布置前需设置 1 端或 2 端的标高、偏心、旋转角等参数,如图 9-4、图 9-5 所示。

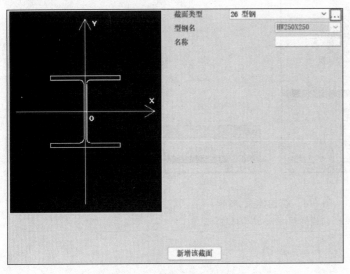

图 9-4 支撑截面参数定义

图 9-5 支撑构件布置

9.3.3 主要结构参数

结构参数定义过程多数与第 8 章类似,主要结构参数汇总如下:

1. 风荷载信息

本项目建筑场地地面粗糙度类别为 C,按照《建筑结构荷载规范》(GB 50009—2012)规定，基本风压为 $0.45\,\mathrm{kN/m^2}$，风荷载作用下结构阻尼比取 0.02。

2. 地震信息

本项目设计地震分组为第二组、设防烈度为 8 度($0.20g$)；场地类别依据地质勘察报告确定为Ⅲ类场地；依据《建筑抗震设计标准》(2024 年版)(GB/T 50011—2010)第 5.1.4 条规定可知本项目特征周期为 $0.55\,\mathrm{s}$；振型数量取 15；根据《高层民用建筑钢结构技术规程》(JGJ 99—2015)第 4.3.17 条周期折减系数取 0.90；结构抗震等级为三级；根据《高层民用建筑钢结构技术规程》(JGJ 99—2015)第 5.4.6 条规定要求本项目结构阻尼比取 0.04。

本项目为高层钢结构建筑，地震设防烈度为 8 度($0.20g$)，结构平面布置规则，质量和刚度分布均匀，根据《高层民用建筑钢结构技术规程》(JGJ 99—2015)第 5.3.1 条可知，本项目只需要计算单向水平地震作用，并考虑偶然偏心影响。

3. 设计信息

本项目安全等级为二级，结构重要性系数取 1.0。

在结构设计过程中，采用强制刚性楼板假定进行整体指标计算，采用非强制刚性楼板假定计算其他结果。

4. 结构体系、材料

本项目结构类型为钢框架-偏心支撑结构，材料信息为钢结构，如图 9-6 所示。

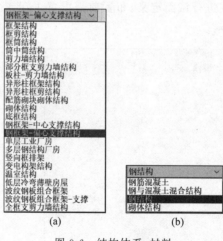

(a)　　　　　　　　　　(b)

图 9-6　结构体系、材料

(a) 结构体系；(b) 结构材料信息

9.4　结构模型分析

9.4.1　结构模型基本参数

1. 材料选择

本项目中钢柱、梁和柱脚螺栓均采用 Q355B 钢材。高强度螺栓性能等级为 10.9 级。高强度螺栓连接钢材的摩擦面应进行喷砂处理，抗滑移系数 $\mu=0.45$；焊缝连接处采用的焊条为 E50。

2. 基本参数

建筑结构基本参数见表 9-3。

表 9-3 建筑结构基本参数

项 目		结 构 特 性	规 范 要 求	备 注
结构体系		框架-支撑结构	—	
设防烈度		8 度(0.20g)	8 度(0.20g)	GB/T 50011—2010
层数	地下	2 层	—	
	地上	12 层	—	
地上高度/m		47.1	90	GB/T 50011—2010 表 8.1.1
高宽比		2.01	6.0	GB/T 50011—2010 表 8.1.2
抗震等级		三级	三级	GB/T 50011—2010 表 8.1.3

3. 结构布置规则性判断

结构布置规则性参数如表 9-4 所示,本建筑结构主要考虑平面规则性和立面规则性,其中平面规则性包括凹凸不规则、扭转不规则和扭转周期比。竖向不规则包括侧向刚度不规则、竖向抗侧力构件不规则和楼层承载力突变。其判断标准主要参考《高层民用建筑钢结构技术规程》(JGJ 99—2015)。

表 9-4 结构布置规则性参数

项 目		不规则程度	规 范 要 求	备 注
平面规则性	凹凸不规则	无	≤30%	JGJ 99—2015 表 3.2.2-1
	楼板不规则	开洞 1.6%	≤30%	
	扭转周期比	1.02	≤1.2	
竖向不规则	侧向刚度不规则	无	不小于相邻上一层的 70%,或不小于其上相邻三个楼层侧向刚度平均值的 80%	JGJ 99—2015 表 3.2.2-2
	竖向抗侧力构件不规则	无	宜上下贯通	
	楼层承载力突变	无	小于相邻上一层的 80%	

结论:由以上数据可得,本项目不存在平面不规则、竖向不规则。

4. 分析模型

结构在竖向荷载、风荷载和多遇地震作用下的内力和变形均按弹性方法分析,结构分析模型如图 9-7 所示。

9.4.2 结构指标汇总

1. 结构质量

楼层质量沿高度均匀分布,且楼层质量不大于相邻下部楼层的 1.5 倍,结构全部楼层满足规范要求,楼层质量及质量比见表 9-5,质量比分布曲线如图 9-8 所示。

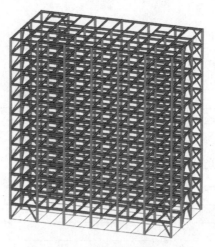

图 9-7 结构分析模型

表 9-5 楼层质量及质量比

层　号	恒载质量/t	活载质量/t	质　量　比	比 值 判 断
12	601.5	102.1	0.83	满足
11	687.0	161.7	1.00	满足
10	687.0	161.7	1.00	满足
9	687.0	161.7	1.00	满足
8	687.0	161.7	0.99	满足
7	692.7	161.7	1.00	满足
6	692.7	161.7	1.00	满足
5	692.7	161.7	0.99	满足
4	700.4	161.7	1.00	满足
3	700.4	161.7	1.00	满足
2	700.4	161.7	0.99	满足
1	711.5	161.7	1.00	满足
合计	8240.3	1880.5		

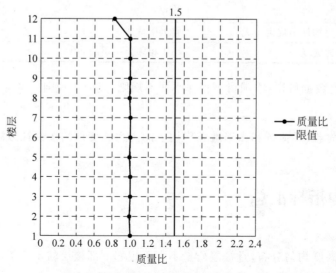

图 9-8 质量比分布曲线

2. 振型与周期

X 向平动振型参与质量系数总计 97.83%＞90%，Y 向平动振型参与质量系数总计 98.50%＞90%，第 1 扭转周期(1.6204)/第 1 平动周期(2.2549)＝0.719＜0.85，满足规范要求，结构周期及振型质量参与系数见表 9-6，前三阶振型示意图如图 9-9 所示。

表 9-6　周期及振型参与质量系数

振　型	周期/s	振型参与质量系数		
	T	累积 U_x/%	累积 U_y/%	累积 R_z/%
1	2.2549	0	76.65	0.04
2	1.6477	76.80	76.65	0.04
3	1.3700	76.80	76.68	76.51
4	0.6009	76.80	90.17	76.51
5	0.5640	90.58	90.17	76.51
6	0.4683	90.58	90.17	0.60
7	0.3305	90.58	94.37	90.61
8	0.3102	94.60	94.37	90.61
9	0.2570	94.60	94.37	94.75
10	0.2282	94.60	96.49	94.75
11	0.2159	96.68	96.49	94.75
12	0.1787	96.68	96.49	96.83
13	0.1705	96.68	97.69	96.83
14	0.1622	97.83	97.69	96.83
15	0.1358	97.83	97.72	97.89

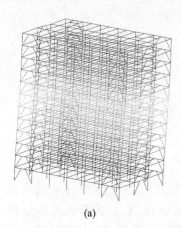 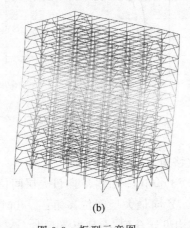 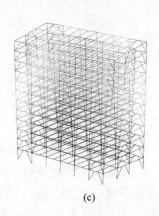

(a)　　　　　(b)　　　　　(c)

图 9-9　振型示意图

(a)一阶平动；(b)二阶平动；(c)三阶扭转

3. 层剪力及剪重比

本项目位于 8 度(0.20g)设防地区，水平地震影响系数最大值为 0.16，X、Y 方向地震作用下层剪力及剪重比见表 9-7，各层剪重比分布如图 9-10 所示。由表 9-7 和图 9-10 可以看出，X、Y 向楼层剪重比均大于 3.20%，满足规范要求。

表 9-7　层剪力及剪重比

楼　　层	层剪力/kN		剪重比/%	
	X 向	Y 向	X 向	Y 向
12	932.26	849.57	13.25	12.08
11	1795.58	1603.78	11.57	10.33
10	2413.86	2146.48	10.05	8.94
9	2857.56	2540.02	8.79	7.82
8	3182.76	2844.31	7.77	6.94
7	3461.81	3105.62	6.99	6.27
6	3734.92	3357.19	6.43	5.78
5	4024.16	3610.31	6.04	5.42
4	4334.70	3878.45	5.76	5.16
3	4648.16	4149.86	5.54	4.95
2	4921.61	4388.63	5.32	4.75
1	5073.51	4529.60	5.01	4.48

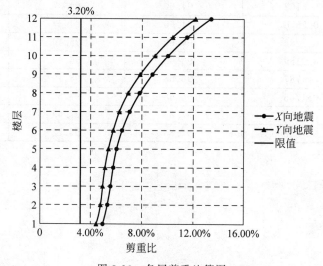

图 9-10　各层剪重比简图

4. 层最大位移与层间位移角

X 向最大楼层位移：86.78 mm（12 层），X 向最大层间位移角：1/433（6 层）；Y 向最大楼层位移：96.68 mm（12 层），Y 向最大层间位移角：1/400（6 层）。X、Y 向最大层间位移角均小于最大限值 1/250，结构设计合理，满足规范要求。X、Y 方向的地震作用下的楼层最大位移及层间位移角见表 9-8，各层最大位移及位移角分布如图 9-11、图 9-12 所示。

表 9-8　地震作用下楼层最大位移及层间位移角

楼　　层	楼层最大位移/mm		层间位移角	
	X 向	Y 向	X 向	Y 向
12	86.78	96.68	1/987	1/914
11	82.83	92.41	1/685	1/636

续表

楼　层	楼层最大位移/mm		层间位移角	
	X 向	Y 向	X 向	Y 向
10	77.14	86.28	1/556	1/518
9	70.12	78.75	1/492	1/458
8	62.20	70.23	1/457	1/423
7	53.66	61.01	1/448	1/414
6	44.96	51.59	1/433	1/400
5	35.95	41.84	1/443	1/404
4	27.15	32.19	1/508	1/427
3	19.47	23.06	1/517	1/426
2	11.92	13.90	1/531	1/439
1	4.58	5.02	1/788	1/667

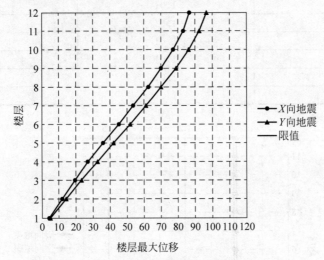

图 9-11　楼层最大位移简图

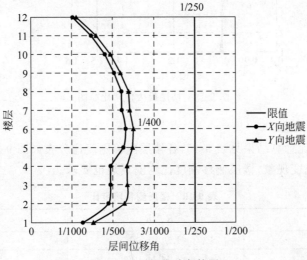

图 9-12　层间位移角简图

5. 位移比

结构最大层间位移比为 1.02＜1.20，满足规范要求。结构位移比计算结果见表 9-9，各楼层最大位移比分布如图 9-13 所示。

表 9-9 结构位移比

楼层	位移比	
	X 向	Y 向
12	1.01	1.00
11	1.01	1.00
10	1.01	1.00
9	1.01	1.00
8	1.01	1.00
7	1.01	1.00
6	1.01	1.00
5	1.01	1.00
4	1.01	1.00
3	1.01	1.01
2	1.01	1.01
1	1.01	1.02

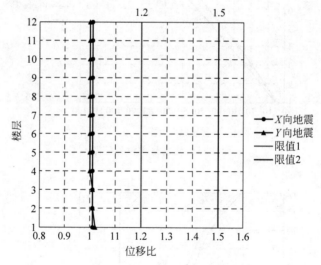

图 9-13 楼层最大位移比简图

6. 楼层侧移刚度比

楼层侧移刚度比计算结果见表 9-10，各楼层侧移刚度比分布如图 9-14 所示。由表 9-10 可知，结构无刚度突变现象，楼层侧移刚度比均满足规范要求。

表 9-10 楼层侧移刚度比

楼 层	R_x,R_y	R_{x1},R_{y1}
12	1.00,1.00	1.00,1.00
11	1.00,1.00	1.91,1.88

续表

楼 层	R_x , R_y	R_{x1} , R_{y1}
10	1.00,1.00	1.56,1.55
9	1.00,1.00	1.50,1.49
8	0.88,0.87	1.37,1.37
7	1.00,1.00	1.38,1.38
6	1.00,1.00	1.37,1.38
5	0.79,0.83	1.45,1.43
4	1.00,1.00	1.67,1.52
3	1.00,1.00	1.56,1.49
2	0.97,1.08	1.53,1.48
1	1.00,1.00	1.92,2.01

注：R_x , R_y：X , Y 方向本层塔侧移刚度与下一层相应塔侧移刚度的比值(剪切刚度)；R_{x1} , R_{y1}：X , Y 方向本层塔侧移刚度与上一层相应塔侧移刚度 70% 的比值或上三层平均侧移刚度 80% 的比值中之较小者。

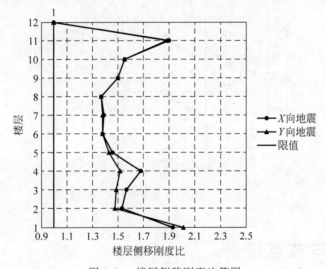

图 9-14 楼层侧移刚度比简图

7. 楼层受剪承载力比值

楼层受剪承载力比值计算结果见表 9-11，各层受剪承载力比分布如图 9-15 所示。由表 9-11 可知各层受剪承载力比值均大于 0.80，结构无楼层承载力突变的情况，满足规范要求。

表 9-11 楼层受剪承载力比值

楼 层	楼层受剪承载力/kN		受剪承载力比值	
	X 向	Y 向	X 向	Y 向
12	22 952.40	23 096.10	1.00	1.00
11	22 921.80	23 102.40	1.00	1.00
10	22 515.40	22 704.60	0.98	0.98
9	21 632.90	21 830.30	0.96	0.96
8	20 417.10	20 622.40	0.94	0.94
7	24 319.30	24 527.10	1.19	1.19

楼　　层	楼层受剪承载力/kN		受剪承载力比值	
	X 向	Y 向	X 向	Y 向
6	22 917.70	23 132.60	0.94	0.94
5	21 455.80	21 677.50	0.94	0.94
4	26 570.10	25 418.90	1.21	1.17
3	25 011.10	23 850.90	0.94	0.94
2	23 378.60	22 205.00	0.93	0.93
1	27 561.50	25 561.50	1.18	1.15

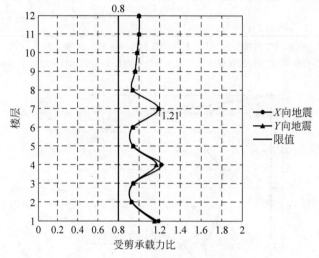

图 9-15　结构受剪承载力比简图

9.5　构件与节点设计

构件与节点设计包括强柱弱梁验算、节点域验算、梁柱连接节点设计以及偏心支撑与框架连接节点设计。

9.5.1　强柱弱梁验算

考虑地震作用效应时，选取一层某梁柱连接处最不利内力，柱截面尺寸为 450 mm×450 mm×25 mm×25 mm，梁截面尺寸为 500 mm×200 mm×10 mm×16 mm，柱轴向压力设计值 $N=8090.2$ kN。

柱钢材屈服强度设计值：$f_{yc}=345$ N/mm^2

梁钢材屈服强度设计值：$f_{yb}=355$ N/mm^2

柱塑性模量：

$$\sum W_{pc}=2\times\left[450\times25\times\frac{450-25}{2}+2\times200\times25\times\frac{450-50}{4}\right]\text{mm}^3$$

$$=6.78\times10^6\,\text{mm}^3$$

梁塑性模量：

$$\sum W_{pb} = 2 \times \left[200 \times 16 \times \frac{500 - 16}{2} + \frac{10 \times (500 - 2 \times 16)^2}{8} \right] \text{mm}^3 = 2.1 \times 10^6 \text{ mm}^3$$

$$\sum W_{pc} \left(f_{yc} - \frac{N}{A_c} \right) = \left[6.78 \times 10^6 \times \left(345 - \frac{8090.2 \times 10^3}{42\,500} \right) \times 10^{-6} \right] \text{kN} \cdot \text{m}$$

$$= 1048.48 \text{ kN} \cdot \text{m} > \eta \sum W_{pb} f_{yb} = (1.05 \times 2.1 \times 10^6 \times 355) \text{ kN} \cdot \text{m} = 782.78 \text{ kN} \cdot \text{m}$$

式中：η——强柱系数，一级取 1.15，二级取 1.10，三级取 1.05，四级取 1.0。

结论：满足强柱弱梁设计要求。

9.5.2 节点域验算

1. 节点域抗剪承载力验算

此处以底层为例，其他层略。

一层最不利节点域两侧弯矩设计值的绝对值为 $M_{b1} = 515.6 \text{ kN} \cdot \text{m}$，$M_{b2} = 499.3 \text{ kN} \cdot \text{m}$。

节点域体积：

$$V_p = 1.8 h_{b1} h_{c1} t_w = \left[1.8 \times (500 - 16) \times (450 - 25) \times 25 \right] \text{mm}^3 = 9.26 \times 10^6 \text{ mm}^3$$

钢材抗剪强度设计值：$f_v = 170 \text{ N/mm}^2$

节点域抗剪承载力：

$$\frac{M_{b1} + M_{b2}}{V_p} = \frac{515.6 + 499.3}{9.26 \times 10^6} \times 10^6 \text{ N/mm}^2 = 109.6 \text{ N/mm}^2 < \frac{4}{3} f_v / \gamma_{RE}$$

$$= \left(\frac{4}{3} \times \frac{170}{0.75} \right) \text{ N/mm}^2 = 302.22 \text{ N/mm}^2$$

结论：节点域验算抗剪承载力满足要求。

2. 节点域屈服承载力验算

此处以底层为例，其他层略。

钢材屈服强度设计值：$f_y = 355 \text{ N/mm}^2$

节点域两侧梁全塑性受弯承载力：

$$M_{pb1} = M_{pb2} = f_y W_{pb1}$$

$$= 355 \times 2 \times \left[200 \times 16 \times \frac{500 - 16}{2} + \frac{10 \times (500 - 2 \times 16)^2}{8} \right] \times 10^{-6} \text{ kN} \cdot \text{m}$$

$$= 744.21 \text{ kN} \cdot \text{m}$$

节点域屈服承载力：

$$\psi (M_{pb1} + M_{pb2}) / V_p = \left(0.6 \times \frac{2 \times 744.21}{9.26 \times 10^6} \times 10^6 \right) \text{N/mm}^2 = 96.44 \text{ N/mm}^2$$

$$< \frac{4}{3} f_{yv} = \left(\frac{4}{3} \times 0.58 \times 355 \right) \text{N/mm}^2 = 274.53 \text{ N/mm}^2$$

结论：节点域屈服承载力验算满足要求。

3. 节点域稳定性验算

此处以底层为例，其他层略。

一层节点域截面尺寸为：柱腹板厚度 $t_{wc}=25$ mm，梁腹板高度 $h_b=468$ mm，柱腹板高度 $h_c=400$ mm。

柱节点域腹板厚度：

$$t_{wc}=25 \text{ mm} > \frac{h_b+h_c}{90}=\frac{468+400}{90} \text{ mm}=9.64 \text{ mm}$$

结论：节点域稳定性满足要求。

9.5.3　梁柱连接节点设计

本项目中，框架梁与柱的连接采用柱外悬臂梁段与中间梁段的栓焊混合连接，即 H 型中间钢梁的上下翼缘与柱外悬臂 H 型钢梁的上下翼缘采用全熔透对接焊接；框架梁腹板与柱悬臂梁段的腹板采用高强度螺栓摩擦型连接。框架梁与柱刚性连接时，在梁翼缘的对应位置设置柱的水平加劲肋，其厚度与翼缘等厚。焊接方式采用 E50 型焊条手工焊，焊缝质量取为一级。

梁柱节点每侧共布置 4 排 8 个 M24 螺栓，螺栓孔型选为标准孔，根据《钢结构设计标准》(GB 50017—2017)表 11.5.1 查得孔径为 26 mm。螺栓中心间距为 80 mm，螺栓中心顺内力方向至上、下边缘的间距为 55 mm，螺栓中心垂直内力方向至侧边缘的间距为 60 mm。满足《钢结构高强度螺栓连接技术规程》(JGJ 82—2011)表 4.3.3-2 对于螺栓孔距和边距的要求。拼板尺寸为：$h \times b \times t=405 \text{ mm} \times 350 \text{ mm} \times 15 \text{ mm}$。

采用 10.9 级高强螺栓，按摩擦型连接计算。预拉力为 $P=225$ kN，接触面喷砂处理，取抗滑移系数为 $\mu=0.45$。

根据《建筑抗震设计标准》(2024 年版)(GB/T 50011—2010)第 8.3.4-3 条及《多、高层民用建筑钢结构节点构造详图》(16G519)，绘制梁柱节点详图如图 9-16 所示。

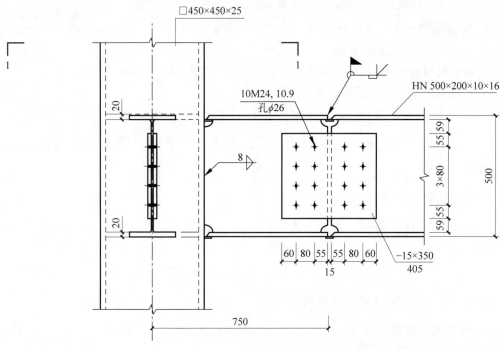

图 9-16　梁柱节点详图

考虑地震作用效应时,以一层某边柱截面梁柱拼接处内力最为不利,内力 $M=-515.2$ kN·m, $V=237.8$ kN, $l_n=6.75$ m, $V_{Gn}=165.4$ kN。节点处柱截面尺寸为 450 mm$\times$ 450 mm$\times25$ mm$\times25$ mm,梁截面尺寸为 $h\times b_f\times b_f\times t_f=500$ mm$\times200$ mm$\times10$ mm$\times16$ mm。

1. 梁腹板螺栓群抗剪承载力验算

梁翼缘净截面惯性矩:

$$I_f = 2\times\left[\frac{200\times16^3}{12}+200\times16\times\left(250-\frac{16}{2}\right)^2\right]\text{mm}^4 = 3.75\times10^8\,\text{mm}^4$$

梁腹板净截面惯性矩:

$$I_w = \left[\frac{1}{12}\times10\times(500-2\times16-4\times26)^3\right]\text{mm}^4 = 4.02\times10^7\,\text{mm}^4$$

梁腹板螺栓群承担弯矩:

$$e = \left(\frac{15}{2}+55+\frac{80}{2}\right)\text{mm} = 102.5\text{ mm}$$

$$M_w = (M+Ve)\frac{I_w}{I_w+I_f}$$

$$= \left[(515.2+237.8\times102.5\times10^{-3})\times\frac{4.02\times10^7}{4.02\times10^7+3.75\times10^8}\right]\text{kN·m}$$

$$= 52.24\text{ kN·m}$$

在采用双剪连接且构件在连接处接触面的处理方法为喷砂时,传力摩擦面数量为 $n_f=2$,一个 10.9S 级的 M24 的高强度螺栓摩擦型连接的承载力设计值:

$$N_v^b = 0.9n_f\mu P = (0.9\times2\times0.45\times225)\text{ kN} = 182.25\text{ kN}$$

一个高强度螺栓剪力设计值:

$$N_y^V = (237.8/8)\text{kN} = 29.73\text{ kN}$$

螺栓 x 方向的力:

$$N_x^{M_w} = \frac{M_w\cdot y_1}{\sum x_i^2+\sum y_i^2} = \frac{52.24\times120\times10^3}{8\times40^2+4\times(40^2+120^2)}\text{ kN} = 81.63\text{ kN}$$

螺栓 y 方向的力:

$$N_y^{M_w} = \frac{M_w\cdot x_1}{\sum x_i^2+\sum y_i^2} = \frac{52.24\times40\times10^3}{8\times40^2+4\times(40^2+120^2)}\text{ kN} = 27.21\text{ kN}$$

式中: y_i——各螺栓到螺栓群中心 y 方向的距离(mm);

x_i——各螺栓到螺栓群中心 x 方向的距离(mm)。

一个高强度螺栓剪力设计值(见式(7-26)):

$$N = \sqrt{(N_x^{M_w})^2+(N_y^{M_w}+N_y^V)^2} = \sqrt{81.63^2+(27.21+29.73)^2}\text{ kN}$$

$$= 99.53\text{ kN} < 0.9N_v^b = 164.03\text{ kN}$$

结论:梁腹板高强螺栓群的抗剪承载力满足要求。

2. 梁腹板拼接板净截面抗剪承载力验算

假定全部剪力由拼接板均匀承受,拼接板数量 $n=2$,拼接板高度 $h_s=350$ mm,螺栓的

行数 $m=4$，螺栓孔径 $d_0=26$ mm，则拼接板所能承受的最大剪力为

$$V_{\max}=nf_v(h_s-md_0)t_s^V=[2\times175\times(350-4\times26)\times15\times10^{-3}] \text{ kN}$$
$$=1291.5 \text{ kN}>V=237.8 \text{ kN}$$

结论：拼接板抗剪承载力满足要求。

3. 梁柱节点的极限承载力验算

梁拼接翼缘处采用全熔透焊接，可不进行极限受弯承载力验算。

螺栓数量：$n=8$

螺栓连接的剪切面数量：$n_f=2$

螺栓螺纹处的有效截面面积：$A_e^b=353$ mm²

螺栓钢材的抗拉强度最小值：$f_u^b=1040$ N/mm²

1 个高强度螺栓的极限受剪承载力：

$$N_{vu}^b=0.58n_fA_e^bf_u^b=(0.58\times2\times353\times1040\times10^{-3}) \text{ kN}=425.86 \text{ kN}$$

同一受力方向的钢板厚度之和：$\sum t=10$ mm

钢材抗拉强度设计值：$f_u=470$ N/mm²

螺栓连接板件的极限受压强度：$f_{cu}^b=1.5f_u=1.5\times470$ N/mm²$=705$ N/mm²

1 个高强度螺栓对应的板件极限承载力：

$$N_{cu}^b=d\sum tf_{cu}^b=(24\times10\times705\times10^{-3}) \text{ kN}=169.2 \text{ kN}$$

梁腹板的净截面面积：$A_{nw}=[(468-4\times26)\times10] \text{ mm}^2=3640 \text{ mm}^2$

梁腹板净截面的极限受剪承载力：

$$V_{u1}=0.58A_{nw}f_u=(0.58\times3640\times470\times10^{-3}) \text{ kN}=992.26 \text{ kN}$$

连接件的净截面面积：

$$A_{nw}^{PL}=[2\times(350-4\times26)\times15] \text{ mm}^2=7380 \text{ mm}^2$$

连接件净截面的极限受剪承载力：

$$V_{u2}=0.58A_{nw}^{PL}f_u=(0.58\times7380\times470\times10^{-3}) \text{ kN}=2011.79 \text{ kN}$$

故梁柱连接的极限受剪承载力 $V_{ub,sp}^j$ 应取以上各承载力的最小值：

$$V_{ub,sp}^j=\min\{nN_{vu}^b,nN_{cu}^b,V_{u1},V_{u2}\}=992.26 \text{ kN}$$

梁的全塑性受弯承载力：

$$M_p=[2\times200\times16\times(250-8)+2\times10\times(250-16)^2/2]\times355\times10^{-6} \text{ kN·m}$$
$$=744.21 \text{ kN·m}$$

$$V_{ub,sp}^j=992.26 \text{ kN}>\alpha\left(\frac{2M_p}{l_n}\right)+V_{Gn}=\left[1.35\times\left(\frac{2\times744.21}{6.75}\right)+165.4\right] \text{ kN}$$
$$=460.08 \text{ kN}$$

式中：α——钢框架抗侧力结构构件连接系数，取 $\alpha=1.35$，见表 7-12。

结论：梁柱节点的承载力满足要求。

9.5.4　偏心支撑与框架连接节点设计

本项目中，偏心支撑与梁的连接采用栓焊混合连接，即支撑的上下翼缘与梁采用熔透坡

口焊缝连接；支撑腹板与梁采用高强度螺栓连接（通过焊接于梁上的连接板）。在对应位置设置梁的竖向加劲肋，其厚度为 10 mm。焊接方式采用 E50 型焊条手工焊，焊脚尺寸 h_f 取 15 mm，焊缝质量取为一级。

腹板拼接处每侧共布置 2 排 6 个 M24 螺栓，螺栓孔型选为标准孔，根据《钢结构设计标准》（GB 50017—2017）表 11.5.1 查得孔径为 26 mm。螺栓中心间距为 80 mm，螺栓中心顺内力方向至上、下边缘的间距为 50 mm，螺栓中心垂直内力方向至侧边缘的间距 50 mm。拼接板尺寸为 $h \times b \times t = 505\ \text{mm} \times 180\ \text{mm} \times 12\ \text{mm}$。采用 10.9 级高强螺栓；按摩擦型连接计算。预拉力为 $P = 225\ \text{kN}$，接触面喷砂处理，抗滑移系数 μ 为 0.45。考虑地震作用效应时，以一层 1 轴处偏心支撑与梁拼接处内力最为不利，内力为 $N = 781.2\ \text{kN}$。

根据《多、高层民用建筑钢结构节点构造详图》（16G519），绘制节点详图如图 9-17 所示。

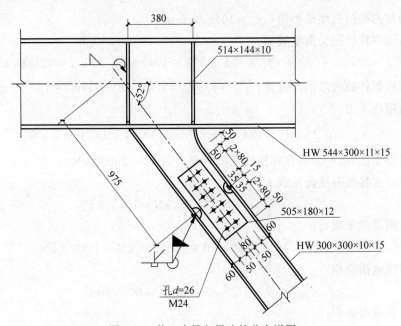

图 9-17　偏心支撑与梁连接节点详图

1）消能梁段净长验算

消能梁段净长 $l = 1.8\ \text{m}$，轴力设计值为 $N = -32.7\ \text{kN}$，弯矩设计值为 $M_{lp} = 680.3\ \text{kN} \cdot \text{m}$，剪力设计值为 $V_1 = 516.0\ \text{kN} \cdot \text{m}$。

消能梁段截面面积：

$$A = [2 \times 200 \times 16 + (500 - 2 \times 16) \times 10]\ \text{mm}^2 = 11\,080\ \text{mm}^2$$

消能梁段轴压比：

$$u = \frac{N}{Af} = \frac{32.7 \times 10^3}{11\,080 \times 305} = 0.01 < 0.16$$

消能梁段净长：

$$l = 1.8\ \text{m} < 1.6 M_{lp}/V_1 = (1.6 \times 680.3/516)\ \text{m} = 2.11\ \text{m}$$

结论：消能梁段净长满足要求。

2) 螺栓抗剪承载力验算

一个高强度螺栓抗剪承载力设计值：

$$N_{\mathrm{v}}^{\mathrm{b}}=k_1k_2n_{\mathrm{f}}\mu P=(0.9\times1.0\times2\times0.45\times225)\,\mathrm{kN}=182.25\,\mathrm{kN}$$

一个高强度螺栓剪力设计值：

$$N_{\mathrm{y}}^{\mathrm{v}}=\frac{781.2}{6}\,\mathrm{kN}=130.20\,\mathrm{kN}<0.9N_{\mathrm{v}}^{\mathrm{b}}=0.9\times182.25\,\mathrm{kN}=164.03\,\mathrm{kN}$$

结论：高强螺栓的抗剪承载力满足要求。

3) 连接极限承载力验算

构件母材的抗拉强度最小值：$f_{\mathrm{u}}=470\,\mathrm{N/mm^2}$

翼缘焊缝极限抗拉承载力：

$$N_{\mathrm{uf}}=A_{\mathrm{f}}^{\mathrm{w}}f_{\mathrm{u}}=(15\times300\times2\times470\times10^{-3})\,\mathrm{kN}=4230.0\,\mathrm{kN}$$

螺栓钢材的抗拉强度最小值：$f_{\mathrm{u}}^{\mathrm{b}}=1040\,\mathrm{N/mm^2}$

一个高强螺栓极限受剪承载力：

$$N_{\mathrm{vu}}^{\mathrm{b}}=0.58n_{\mathrm{f}}A_{\mathrm{e}}^{\mathrm{b}}f_{\mathrm{u}}^{\mathrm{b}}=(0.58\times2\times353\times1040\times10^{-3})\,\mathrm{kN}=425.86\,\mathrm{kN}$$

螺栓连接板件的极限承压强度：$f_{\mathrm{cu}}^{\mathrm{b}}=1.5f_{\mathrm{u}}=1.5\times470\,\mathrm{N/mm^2}=705\,\mathrm{N/mm^2}$

板件极限承压力：

$$N_{\mathrm{cu}}^{\mathrm{b}}=d\sum tf_{\mathrm{cu}}^{\mathrm{b}}=(24\times10\times705\times10^{-3})\,\mathrm{kN}=169.2\,\mathrm{kN}$$

取两者较小值，故一个高强螺栓的极限承载力为 $V^{\mathrm{b}}=169.2\,\mathrm{kN}$

腹板螺栓连接极限受剪承载力：

$$N_{\mathrm{ub}}=nV^{\mathrm{b}}=(6\times169.2)\,\mathrm{kN}=1015.2\,\mathrm{kN}$$

连接极限受拉承载力：

$$N_{\mathrm{u}}=N_{\mathrm{uf}}+N_{\mathrm{ub}}=(4230.0+1015.2)\,\mathrm{kN}=5245.2\,\mathrm{kN}$$

支撑翼缘截面面积：

$$A_{\mathrm{br1}}=(2\times15\times300)\,\mathrm{mm^2}=9000\,\mathrm{mm^2}$$

支撑腹板截面面积：

$$A_{\mathrm{br2}}=(10\times270)\,\mathrm{mm^2}=2700\,\mathrm{mm^2}$$

钢材屈服强度设计值：

$$f_{\mathrm{y}}=355\,\mathrm{N/mm^2}$$

支撑翼缘截面屈服承载力：

$$N_{\mathrm{br1}}=A_{\mathrm{br1}}f_{\mathrm{y}}=(9000\times355\times10^{-3})\,\mathrm{kN}=3195.0\,\mathrm{kN}$$

支撑腹板截面屈服承载力：

$$N_{\mathrm{br2}}=A_{\mathrm{br2}}f_{\mathrm{y}}=(2700\times355\times10^{-3})\,\mathrm{kN}=958.5\,\mathrm{kN}$$

$$N_{\mathrm{u}}=5245.2\,\mathrm{kN}>\eta_1N_{\mathrm{br1}}+\eta_2N_{\mathrm{br2}}=(1.20\times3195.0+1.25\times958.5)\,\mathrm{kN}$$

$$=5032.13\,\mathrm{kN}$$

焊缝连接系数 $\eta_1=1.20$，螺栓连接系数 $\eta_2=1.25$。

结论：连接极限承载力验算满足要求。

偏心支撑与柱连接设计的计算和上述方法类似，此处略。

9.6 施工图绘制

本项目结构纵向柱距为 7.2 m,横向柱距为 7.2 m 和 8.1 m,地上十二层,首层层高为 4.1 m,其余标准层层高为 3.9 m,偏心支撑斜杆布置间距为 1.8 m,与横梁夹角角度为 52°。结构平、立面布置示意图如图 9-18 和图 9-19 所示。框架梁与柱的连接采用柱外悬臂梁段与中间梁段的栓焊混合连接,偏心支撑与梁的连接采用栓焊混合连接,均采用 10.9 级高强螺栓,具体节点详图如图 9-20 和图 9-21 所示。

1. 首层结构平面布置图

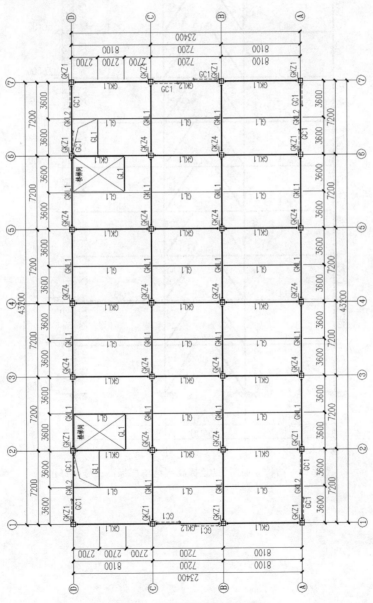

图 9-18 首层结构平面布置图

2. 结构立面图

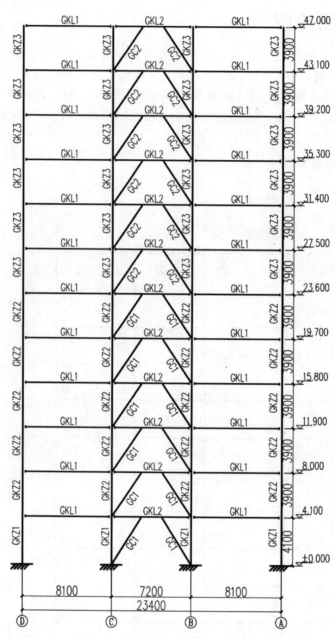

图 9-19 结构立面图(梁顶标高＝结构层标高－楼板厚度)

3. 梁柱连接节点

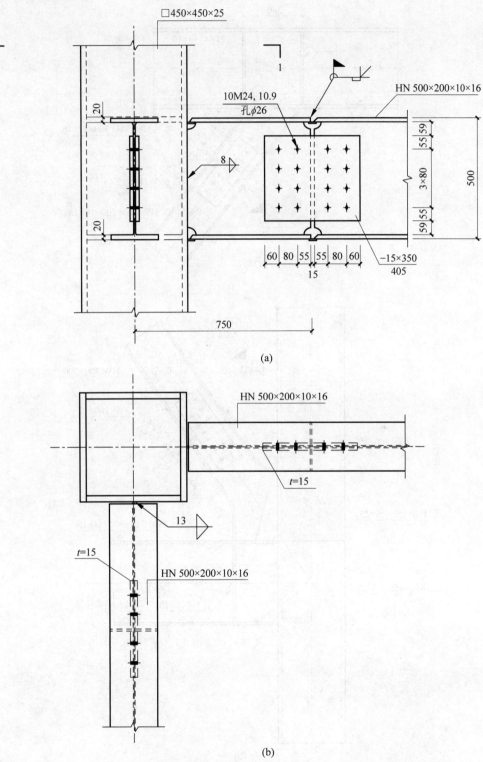

图 9-20　梁柱连接节点详图

（a）梁柱连接节点；（b）1—1 剖面图

4. 支撑连接节点

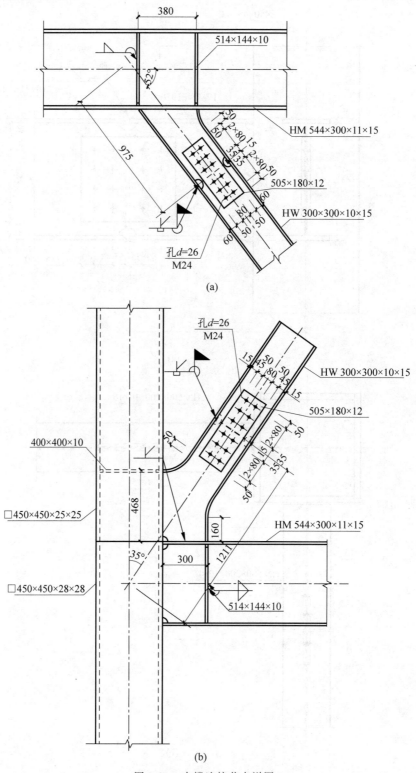

图 9-21　支撑连接节点详图
(a) 支撑与梁连接节点；(b) 支撑与柱连接节点

参 考 文 献

[1] 中华人民共和国住房和城乡建设部.工程结构通用规范：GB 55001—2021[S].北京：中国建筑工业出版社,2021.

[2] 中华人民共和国住房和城乡建设部.建筑与市政工程抗震通用规范：GB 55002—2021[S].北京：中国建筑工业出版社,2021.

[3] 中华人民共和国住房和城乡建设部.钢结构通用规范：GB 55006—2021[S].北京：中国建筑工业出版社,2021.

[4] 中华人民共和国住房和城乡建设部.钢结构设计标准：GB 50017－2017[S].北京：中国建筑工业出版社,2017.

[5] 中华人民共和国住房和城乡建设部.建筑结构可靠性设计统一标准：GB 50068—2018[S].北京：中国建筑工业出版社,2018.

[6] 中华人民共和国住房和城乡建设部.建筑结构荷载规范：GB 50009—2012[S].北京：中国建筑工业出版社,2012.

[7] 中国建筑科学研究院.建筑抗震设计标准(2024 年版)：GB/T 50011—2010[S].北京：中国建筑工业出版社,2010.

[8] 中国钢铁工业协会.碳素结构钢：GB/T 700—2006[S].北京：中国标准出版社,2007.

[9] 中国钢铁工业协会.低合金高强度结构钢 ：GB/T 1591—2018[S].北京：中国质检出版社,2018.

[10] 中国钢铁工业协会.建筑结构用钢板：GB/T 19879—2023[S].北京：中国标准出版社,2023.

[11] 中国钢铁工业协会.金属材料 力学性能试验术语：GB/T 10623—2008[S].北京：中国标准出版社,2009.

[12] 中国钢铁工业协会.热轧 H 型钢和剖分 T 型钢：GB/T 11263—2017[S].北京：中国标准出版社,2017.

[13] 中国钢铁工业协会.热轧型钢：GB/T 706—2016[S].北京：中国标准出版社,2016.

[14] 湖北省发展计划委员会.冷弯薄壁型钢结构技术规范：GB 50018—2002[S].北京：中国标准出版社,2003.

[15] 中冶建筑研究总院有限公司,中建八局第二建设有限公司.钢结构工程施工质量验收标准：GB 50205—2020[S].北京：中国计划出版社,2020.

[16] 中华人民共和国住房和城乡建设部.门式钢架轻型房屋钢结构技术规范：GB 51022—2015[S].北京：中国建筑工业出版社,2016.

[17] 中华人民共和国住房和城乡建设部.高层民用建筑钢结构技术规程：JGJ 99—2015[S].北京：中国建筑工业出版社,2016.

[18] 中国建筑科学研究院.建筑工程抗震设防分类标准：GB 50223—2008[S].北京：中国建筑工业出版社,2008.

[19] 中华人民共和国住房和城乡建设部.高层建筑混凝土结构技术规程：JGJ 3—2010[S].北京：中国建筑工业出版社,2011.

[20] 中国建筑科学研究院.混凝土结构设计标准(2024 年版)：GB/T 50010—2010[S].北京：中国建筑工业出版社,2011.

[21] 但泽义.钢结构设计手册[M].4 版.北京：中国建筑工业出版社,2019.

[22] 王立军.17 钢标疑难解析[M].北京：中国建筑工业出版社,2020.

[23] 朱炳寅.钢结构设计标准理解与应用[M].北京：中国建筑工业出版社,2020.

[24] 陈绍蕃,顾强.钢结构(上册)：钢结构基础[M].4 版.北京：中国建筑工业出版社,2018.

[25] 陈绍蕃,顾强.钢结构(下册)：房屋建筑钢结构设计[M].4 版.北京：中国建筑工业出版社,2018.

[26] 姚谏,夏志斌.钢结构原理[M].北京：中国建筑工业出版社,2020.

[27] 沈祖炎,陈以一,陈扬骥,等.钢结构基本原理[M].3 版.北京：中国建筑工业出版社,2018.

附录 A 常用型钢规格表

附表 A-1 普通工字钢(摘自《热轧型钢》(GB/T 706—2016))

符号：h—高度；
b—翼缘宽度；
t_w—腹板厚度；
t—翼缘平均厚度；
I—惯性矩；
W—截面模量；
R—圆角半径。

i—回转半径；
S_x—半截面的面积矩；
长度：
型号 10~18，长 5~19 m；
型号 20~63，长 6~19 m

型号		尺寸/mm					截面面积/cm²	理论质量/(kg/m)	x-x 轴			y-y 轴		
		h	b	t_w	t	R			I_x/cm⁴	W_x/cm³	i_x/cm	I_y/cm⁴	W_y/cm³	i_y/cm
10		100	68	4.5	7.6	6.5	14.33	11.3	245	49.0	4.14	33.0	9.72	1.52
12.6		126	74	5.0	8.4	7.0	18.10	14.2	488	77.5	5.20	46.9	12.7	1.61
14		140	80	5.5	9.1	7.5	21.50	16.9	712	102	5.76	64.4	16.1	1.73
16		160	88	6.0	9.9	8.0	26.11	20.5	1130	141	6.58	93.1	21.2	1.89
18		180	94	6.5	10.7	8.5	30.74	24.1	1660	185	7.36	122	26.0	2.00
20	a	200	100	7.0	11.4	9.0	35.55	27.9	2370	237	8.15	158	31.5	2.12
	b	200	102	9.0	11.4	9.0	39.55	31.1	2500	250	7.96	169	33.1	2.06
22	a	220	110	7.5	12.3	9.5	42.10	33.1	3400	309	8.99	225	40.9	2.31
	b	220	112	9.5	12.3	9.5	46.50	36.5	3570	325	8.78	239	42.7	2.27
25	a	250	116	8.0	13.0	10.0	48.51	38.1	5020	402	10.2	280	48.3	2.38
	b	250	118	10.0	13.0	10.0	53.51	42.0	5280	423	9.94	309	52.4	2.40

续表

型号		h	b	t_w	t	R	截面面积/cm²	理论质量/(kg/m)	I_x/cm⁴	W_x/cm³	i_x/cm	I_y/cm⁴	W_y/cm³	i_y/cm
		尺寸/mm							x-x 轴			y-y 轴		
28	a	280	122	8.5	13.7	10.5	55.37	43.5	7110	508	11.3	345	56.6	2.50
	b		124	10.5			60.97	47.9	7480	534	11.1	379	61.2	2.49
32	a	320	130	9.5	15.0	11.5	67.12	52.7	11 100	692	12.8	460	70.8	2.62
	b		132	11.5			73.52	57.7	11 600	726	12.6	502	76.0	2.61
	c		134	13.5			79.92	62.7	12 200	760	12.3	544	81.2	2.61
36	a	360	136	10.0	15.8	12.0	76.44	60.0	15 800	875	14.4	552	81.2	2.69
	b		138	12.0			83.64	65.7	16 500	919	14.1	582	84.3	2.64
	c		140	14.0			90.84	71.3	17 300	962	13.8	612	87.4	2.60
40	a	400	142	10.5	16.5	12.5	86.07	67.6	21 700	1090	15.9	660	93.2	2.77
	b		144	12.5			94.07	73.8	22 800	1140	15.6	692	96.2	2.71
	c		146	14.5			102.0	80.1	23 900	1190	15.2	727	99.6	2.65
45	a	450	150	11.5	18.0	13.5	102.4	80.4	32 200	1430	17.7	855	114	2.89
	b		152	13.5			111.4	87.4	33 800	1500	17.4	894	118	2.84
	c		154	15.5			120.4	94.5	35 300	1570	17.1	938	122	2.79
50	a	500	158	12.0	20.0	14.0	119.2	93.6	46 500	1860	19.7	1120	142	3.07
	b		160	14.0			129.2	101	48 600	1940	19.4	1170	146	3.01
	c		162	16.0			139.2	109	50 600	2080	19.0	1220	151	2.96
56	a	560	166	12.5	21.0	14.5	135.4	106	65 600	2340	22.0	1370	165	3.18
	b		168	14.5			146.6	115	68 500	2450	21.6	1490	174	3.16
	c		170	16.5			157.8	124	71 400	2550	21.3	1560	183	3.16
63	a	630	176	13.0	22.0	15.0	154.6	122	93 900	2980	24.5	1700	193	3.31
	b		178	15.0			167.2	131	98 100	3160	24.2	1810	204	3.29
	c		180	17.0			179.8	141	102 000	3300	23.8	1920	214	3.27

附表 A-2　热轧 H 型钢（摘自《热轧 H 型钢和部分 T 型钢》（GB/T 11263—2017））

符号：h—高度；
b—翼缘宽度；
t_1—腹板厚度；
t_2—翼缘厚度；
I—惯性矩；
W—截面模量；
r—圆角半径
i—回转半径；
S_x—半截面的面积矩

类别	型号（高度×宽度）	H 型钢规格（$h×b×t_1×t_2×r$）	截面面积 /cm²	质量 /(kg/m)	x-x 轴			y-y 轴		
					I_x cm⁴	W_x cm³	i_x cm	I_y cm⁴	W_y cm³	i_y cm
HW	100×100	100×100×6×8×8	21.58	16.9	378	75.6	4.18	134	26.7	2.48
	125×125	125×125×6.5×9×8	30.00	23.6	839	134	5.28	293	46.9	3.12
	150×150	150×150×7×10×8	39.64	31.1	1620	216	6.39	563	75.1	3.76
	175×175	175×175×7.5×11×13	51.42	40.4	2900	331	7.50	984	112	4.37
	200×200	200×200×8×12×13	63.53	49.9	4720	472	8.61	1600	160	5.02
		#200×204×12×12×13	71.53	56.2	4980	498	8.34	1700	167	4.87
	250×250	#244×252×11×11×13	81.31	63.8	8700	713	10.3	2940	233	6.01
		250×250×9×14×13	91.43	71.8	10 700	860	10.8	3650	292	6.31
		#250×255×14×14×13	103.9	81.6	11 400	912	10.5	3880	304	6.10
	300×300	#294×302×12×12×13	106.3	83.5	16 600	1160	12.5	5510	365	7.20
		300×300×10×15×13	118.5	93.0	20 200	1350	13.1	6750	450	7.55
		#300×305×15×15×13	133.5	105	21 300	1420	12.6	7100	466	7.29
	350×350	#338×351×13×13×13	133.3	105	27 700	1640	14.4	9380	534	8.38
		#344×348×10×16×13	144	113	32 800	1910	15.1	11 200	646	8.83
		#344×354×16×16×13	164.7	129	34 900	2030	14.6	11 800	669	8.48
		350×350×12×19×13	171.9	135	39 800	2280	15.2	13 600	776	8.88
		#350×357×19×19×13	196.4	154	42 300	2420	14.7	14 400	808	8.57

续表

类别	型号 (高度×宽度)	H 型钢规格 ($h \times b \times t_1 \times t_2 \times r$)	截面面积 /cm²	质量 /(kg/m)	I_x cm⁴	W_x cm³	i_x cm	I_y cm⁴	W_y cm³	i_y cm
HW	400×400	♯388×402×15×15×22	178.5	140	49 000	2520	16.6	16 300	809	9.54
		♯394×398×11×18×22	186.8	147	56 100	2850	17.3	18 900	951	10.1
		♯394×405×18×18×22	214.4	168	59 700	3030	16.7	20 000	985	9.64
		400×400×13×21×22	218.7	172	66 600	3330	17.5	22 400	1120	10.1
		♯400×408×21×21×22	250.7	197	70 900	3540	16.8	23 800	1170	9.74
		♯414×405×18×28×22	295.4	232	92 800	4480	17.7	31 000	1530	10.2
		♯428×407×20×35×22	360.7	283	119 000	5570	18.2	39 400	1930	10.4
		♯458×417×30×50×22	528.6	415	187 000	8170	18.8	60 500	2900	10.7
		♯498×432×45×70×22	770.1	604	298 000	12 000	19.7	94 400	4370	11.1
	500×500	♯492×465×15×20×22	258.0	202	117 000	4770	21.3	33 500	1440	11.4
		♯502×465×15×25×22	304.5	239	146 000	5810	21.9	41 900	1800	11.7
		♯502×470×20×25×22	329.6	259	151 000	6020	21.4	43 300	1840	11.5
HM	150×150	148×100×6×9×8	26.34	20.7	1000	135	6.16	150	30.1	2.38
	200×150	194×150×6×9×8	38.10	29.9	2630	271	8.30	507	67.6	3.64
	250×175	244×175×7×11×13	55.49	43.6	6040	495	10.4	984	112	4.21
	320×200	294×200×8×12×13	71.05	55.8	11 100	756	12.5	1600	160	4.74
		♯298×201×9×14×13	82.03	64.4	13 100	878	12.6	1900	189	4.80
	350×250	340×250×9×14×13	99.53	78.1	21 200	1250	14.6	3650	292	6.05
	400×300	390×300×10×16×13	133.3	105	37 900	1940	16.9	7200	480	7.35
	450×300	440×300×11×18×13	153.9	121	54 700	2490	18.9	8110	540	7.25
	500×300	♯482×300×11×15×13	141.2	111	58 300	2420	20.3	6760	450	6.91
		488×300×11×18×13	159.2	125	68 900	2820	20.8	8110	540	7.13
	550×300	♯544×300×11×15×13	148.0	116	76 400	2810	22.7	6760	450	6.75
		♯550×300×11×18×13	166.0	130	89 800	3270	23.3	8110	540	6.98
	600×300	♯582×300×12×17×13	169.2	133	98 900	3400	24.2	7660	511	6.72
		588×300×12×20×13	187.2	147	114 000	3890	24.7	9010	601	6.93
		♯594×302×14×23×13	217.1	170	134 000	4500	24.8	10 600	700	6.97

续表

类别	型号 （高度×宽度）	H型钢规格 ($h \times b \times t_1 t_2 \times r$)	截面面积 /cm²	质量 /(kg/m)	I_x cm⁴	W_x cm³	i_x cm	I_y cm⁴	W_y cm³	i_y cm
HN	100×50	#100×50×5×7×8	11.84	9.3	187	37.5	3.97	14.8	5.91	1.11
	125×60	#125×60×6×8×8	16.68	13.1	409	65.4	4.95	29.1	9.71	1.32
	150×75	150×75×5×7×8	17.84	14.0	666	88.8	6.10	49.5	13.2	1.66
	175×90	175×90×5×8×8	22.89	18.0	1210	138	7.25	97.5	21.7	2.06
	200×100	#198×99×4.5×7×8	22.68	17.8	1540	156	8.24	113	22.9	2.23
		200×100×5.5×8×8	26.66	20.9	1810	181	8.22	134	26.7	2.23
	250×125	#248×124×5×8×8	31.98	25.1	3450	278	10.4	255	41.1	2.82
		250×125×6×9×8	36.96	29.0	3960	317	10.4	294	47.0	2.81
	300×150	#298×149×5.5×8×13	40.80	32.0	6320	424	12.4	442	59.3	3.29
		300×150×6.5×9×13	46.78	36.7	7210	481	12.4	508	67.7	3.29
	350×175	#346×174×6×9×13	52.45	41.2	11 000	638	14.5	791	91.0	3.88
		350×175×7×11×13	62.91	49.4	13 500	771	14.6	984	112	3.95
	400×150	400×150×8×13×13	70.37	55.2	18 600	929	16.3	734	97.8	3.22
	400×200	#396×199×7×11×13	71.41	56.1	19 800	999	16.6	1450	145	4.50
		400×200×8×13×13	83.37	65.4	23 500	1170	16.8	1740	174	4.56
	450×150	#446×150×7×12×13	66.99	52.6	22 000	985	18.1	677	90.3	3.17
		450×151×8×14×13	77.49	60.8	25 700	1140	18.2	806	107	3.22
	450×200	#446×199×8×12×13	82.97	65.1	28 100	1260	18.4	1580	159	4.36
		450×200×9×14×13	95.43	74.9	32 900	1460	18.6	1870	187	4.42
	470×150	#470×150×7×13×13	71.53	56.2	26 200	1110	19.1	733	97.8	3.20
		#475×151.5×8.5×15.5×13	86.15	67.6	31 700	1330	19.2	901	119	3.23
		482×153.5×10.5×19×13	106.4	83.5	39 600	1640	19.3	1150	150	3.28
	500×150	#492×150×7×12×13	70.21	55.1	27 500	1120	19.8	677	90.3	3.10
		#500×152×9×16×13	92.21	72.4	37 000	1480	20.0	940	124	3.19
		504×153×10×18×13	103.3	81.1	41 900	1660	20.1	1080	141	3.23

续表

类别	型号 (高度×宽度)	H 型钢规格 $(h×b×t_1×t_2×r)$	截面面积 /cm²	质量 /(kg/m)	$x-x$ 轴			$y-y$ 轴		
					I_x cm⁴	W_x cm³	i_x cm	I_y cm⁴	W_y cm³	i_y cm
HN	500×200	♯496×199×9×14×13	99.29	77.9	40800	1650	20.3	1840	185	4.30
		500×200×10×16×13	112.3	88.1	46800	1870	20.4	2140	214	4.36
		♯506×201×11×19×13	129.3	102	55500	2190	20.7	2580	257	4.46
	550×200	♯546×199×9×14×13	103.8	81.5	50800	1860	22.1	1840	185	4.21
		550×200×10×16×13	117.3	92	58200	2120	22.3	2140	214	4.27
	600×200	♯596×199×10×15×13	117.8	92.4	66600	2240	23.8	1980	199	4.09
		600×200×11×17×13	131.7	103	75600	2520	24.0	2270	227	4.15
		♯606×201×12×20×13	149.8	118	88300	2910	24.3	2720	270	4.25
	700×300	♯692×300×13×20×18	207.5	163	168000	4870	28.5	9020	601	6.59
		700×300×13×24×18	231.5	182	197000	5640	29.2	10800	721	6.83

注："♯"表示的规格为非常用规格。

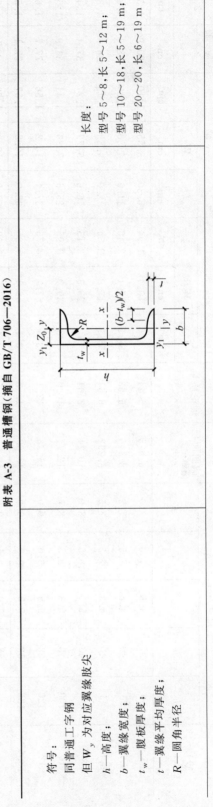

附表 A-3　普通槽钢（摘自 GB/T 706—2016）

长度：
型号 5～8，长 5～12 m；
型号 10～18，长 5～19 m；
型号 20～40，长 6～19 m

符号：
同普通工字钢
但 W_y 为对应翼缘肢尖
h—高度；
b—翼缘宽度；
t_w—腹板厚度；
t—翼缘平均厚度；
R—圆角半径

续表

型号	尺寸/mm					截面面积 /cm²	理论质量 /(kg/m)	x-x轴			y-y轴			y-y1轴	Z0
	h	b	t_w	t	R			I_x cm⁴	W_x cm³	i_x cm	I_y cm⁴	W_y cm³	i_y cm	I_{y1} cm⁴	cm
5	50	37	4.5	7.0	7.0	6.925	5.44	26.0	10.4	1.94	8.30	3.55	1.10	20.9	1.35
6.3	63	40	4.8	7.5	7.5	8.446	6.63	50.8	16.1	2.45	11.9	4.50	1.19	28.4	1.36
6.5	65	40	4.3	7.5	7.5	8.292	6.51	55.2	17.0	2.54	12.0	4.59	1.19	28.3	1.38
8	80	43	5.0	8.0	8.0	10.24	8.04	101	25.3	3.15	16.6	5.79	1.27	37.4	1.43
10	100	48	5.3	8.5	8.5	12.74	10.0	198	39.7	3.95	25.6	7.80	1.41	54.9	1.52
12	120	53	5.5	9.0	9.0	15.36	12.1	346	57.7	4.75	37.4	10.2	1.56	77.7	1.62
12.6	126	53	5.5	9.0	9.0	15.69	12.3	391	62.1	4.95	38.0	10.2	1.57	77.1	1.59
14 a	140	58	6.0	9.5	9.5	18.51	14.5	564	80.5	5.52	53.2	13.0	1.70	107	1.71
b		60	8.0	9.5	9.5	21.31	16.7	609	87.1	5.35	61.1	14.1	1.69	121	1.67
16 a	160	63	6.5	10.0	10.0	21.95	17.2	866	108	6.28	73.3	16.3	1.83	144	1.80
b		65	8.5	10.0	10.0	25.15	19.8	935	117	6.10	83.4	17.6	1.82	161	1.75
18 a	180	68	7.0	10.5	10.5	25.69	20.2	1270	141	7.04	98.6	20.0	1.96	190	1.88
b		70	9.0	10.5	10.5	29.29	23.0	1370	152	6.84	111	21.5	1.95	210	1.84
20 a	200	73	7.0	11.0	11.0	28.83	22.6	1780	178	7.86	128	24.2	2.11	244	2.01
b		75	9.0	11.0	11.0	32.83	25.8	1910	191	7.64	144	25.9	2.09	268	1.95
22 a	220	77	7.0	11.5	11.5	31.83	25.0	2390	218	8.67	158	28.2	2.23	298	2.10
b		79	9.0	11.5	11.5	36.23	28.5	2570	234	8.42	176	30.1	2.21	326	2.03
24 a	240	78	7.0	12.0	12.0	34.21	26.9	3050	254	9.45	174	30.5	2.25	325	2.10
b		80	9.0	12.0	12.0	39.01	30.6	3280	274	9.17	194	32.5	2.23	355	2.03
c		82	11.0	12.0	12.0	43.81	34.4	3510	293	8.96	213	34.4	2.21	388	2.00

续表

型号		尺寸/mm					截面面积/cm²	理论质量/(kg/m)	x-x轴			y-y轴			y-y1轴	Z0
		h	b	t_w	t	R			I_x cm⁴	W_x cm³	i_x cm	I_y cm⁴	W_y cm³	i_y cm	I_{y1} cm⁴	cm
25	a	250	78	7.0	12.0	12.0	34.91	27.4	3370	270	9.82	176	30.6	2.24	322	2.07
	b		80	9.0	12.0	12.0	39.91	31.3	3530	282	9.41	196	32.7	2.22	353	1.98
	c		82	11.0	12.0	12.0	44.91	35.3	3690	295	9.07	218	35.9	2.21	384	1.92
27	a	270	82	7.5	12.5	12.5	39.27	30.8	4360	323	10.5	216	35.5	2.34	393	2.13
	b		84	9.5	12.5	12.5	44.67	35.1	4690	347	10.3	239	37.7	2.31	428	2.06
	c		86	11.5	12.5	12.5	50.07	39.3	5020	372	10.1	261	39.8	2.28	467	2.03
28	a	280	82	7.5	12.5	12.5	40.02	31.4	4760	340	10.9	218	35.7	2.33	388	2.10
	b		84	9.5	12.5	12.5	45.62	35.8	5130	366	10.6	242	37.9	2.3	428.5	2.02
	c		86	11.5	12.5	12.5	51.22	40.2	5500	393	10.4	268	40.3	2.27	467.3	1.95
30	a	300	85	7.5	13.5	13.5	43.89	34.5	6050	403	11.7	260	41.1	2.43	467	2.17
	b		87	9.5	13.5	13.5	49.89	39.2	6500	433	11.4	289	44.0	2.41	515	2.13
	c		89	11.5	13.5	13.5	55.89	43.9	6950	463	11.2	316	46.4	2.38	560	2.09
32	a	320	88	8.0	14.0	14.0	48.50	38.1	7600	475	12.5	305	46.5	2.50	552	2.24
	b		90	10.0	14.0	14.0	54.90	43.1	8140	509	12.2	336	49.2	2.47	593	2.16
	c		92	12.0	14.0	14.0	61.30	48.1	8690	543	11.9	374	52.6	2.47	643	2.09
36	a	360	96	9.0	16.0	16.0	60.89	47.8	11 900	660	14.0	455	63.5	2.73	818	2.44
	b		98	11.0	16.0	16.0	68.09	53.5	12 700	703	13.6	497	66.9	2.7	880	2.37
	c		100	13.0	16.0	16.0	75.29	59.1	13 400	746	13.4	536	70.0	2.67	948	2.34
40	a	400	100	10.5	18.0	18.0	75.04	58.9	17 600	879	15.3	592	78.8	2.81	1070	2.49
	b		102	12.5	18.0	18.0	83.04	65.2	18 600	932	15.0	640	82.5	2.78	1140	2.44
	c		104	14.5	18.0	18.0	91.04	71.5	19 700	986	14.7	688	86.2	2.75	1220	2.42

附表 A-4　等边角钢（按《热轧型钢》（GB/T 706—2016）计算）

型号	厚度 d	圆角 R	重心矩 Z_0	截面面积 A	质量	惯性矩 I_x	截面模量 $W_{x\max}$	$W_{x\min}$	回转半径 i_x	i_{x0}	i_{y0}	双角钢 i_y 当 a 为下列数值				
	mm	mm	mm	cm²	kg/m	cm⁴	cm³	cm³	cm	cm	cm	6 mm	8 mm	10 mm	12 mm	14 mm
L20×	3	3.5	6.0	1.13	0.89	0.40	0.66	0.29	0.59	0.75	0.39	1.08	1.17	1.25	1.34	1.13
	4	3.5	6.4	1.46	1.15	0.50	0.78	0.36	0.58	0.73	0.38	1.11	1.19	1.28	1.37	1.46
L25×	3	3.5	7.3	1.43	1.12	0.82	1.12	0.46	0.76	0.95	0.49	1.27	1.36	1.44	1.53	1.61
	4	3.5	7.6	1.86	1.46	1.03	1.34	0.59	0.74	0.93	0.48	1.30	1.38	1.47	1.55	1.64
L30×	3	4.5	8.5	1.75	1.37	1.46	1.72	0.68	0.91	1.15	0.59	1.47	1.55	1.63	1.71	1.80
	4	4.5	8.9	2.28	1.79	1.84	2.08	0.87	0.90	1.13	0.58	1.49	1.57	1.65	1.74	1.82
L36×	3	4.5	10.0	2.11	1.66	2.58	2.59	0.99	1.11	1.39	0.71	1.70	1.78	1.86	1.94	2.03
	4	4.5	10.4	2.76	2.16	3.29	3.18	1.28	1.09	1.38	0.70	1.73	1.80	1.89	1.97	2.05
	5	4.5	10.7	3.38	2.65	3.95	3.68	1.56	1.08	1.36	0.70	1.75	1.83	1.91	1.99	2.08
L40×	3	5	10.9	2.36	1.85	3.59	3.28	1.23	1.23	1.55	0.79	1.86	1.94	2.01	2.09	2.18
	4	5	11.3	3.09	2.42	4.60	4.05	1.60	1.22	1.54	0.79	1.88	1.96	2.04	2.12	2.20
	5	5	11.7	3.79	2.98	5.53	4.72	1.96	1.21	1.52	0.78	1.90	1.98	2.06	2.14	2.23
L45×	3	5	12.2	2.66	2.09	5.17	4.25	1.58	1.39	1.76	0.90	2.06	2.14	2.21	2.29	2.37
	4	5	12.6	3.49	2.74	6.65	5.29	2.05	1.38	1.74	0.89	2.08	2.16	2.24	2.32	2.40
	5	5	13.0	4.29	3.37	8.04	6.20	2.51	1.37	1.72	0.88	2.10	2.18	2.26	2.34	2.42
	6	5	13.3	5.08	3.99	9.33	6.99	2.95	1.36	1.71	0.88	2.12	2.20	2.28	2.36	2.44

续表

型号	圆角 R (mm)	重心距 Z_0 (mm)	截面面积 A (cm²)	质量 (kg/m)	惯性矩 I_x (cm⁴)	截面模量 $W_{x\max}$ (cm³)	$W_{x\min}$ (cm³)	i_x (cm)	i_{x0} (cm)	i_{y0} (cm)	i_y，当 a 为下列数值 (cm) 6 mm	8 mm	10 mm	12 mm	14 mm
L50× 3	5.5	13.4	2.97	2.33	7.18	5.36	1.96	1.55	1.96	1.00	2.26	2.33	2.41	2.48	2.56
4		13.8	3.90	3.06	9.26	6.70	2.56	1.54	1.94	0.99	2.28	2.36	2.43	2.51	2.59
5		14.2	4.80	3.77	11.21	7.90	3.13	1.53	1.92	0.98	2.30	2.38	2.45	2.53	2.61
6		14.6	5.69	4.46	13.05	8.95	3.68	1.51	1.91	0.98	2.32	2.40	2.48	2.56	2.64
L56× 3	6	14.8	3.34	2.62	10.19	6.86	2.48	1.75	2.20	1.13	2.50	2.57	2.64	2.72	2.80
4		15.3	4.39	3.45	13.18	8.63	3.24	1.73	2.18	1.11	2.52	2.59	2.67	2.74	2.82
5		15.7	5.42	4.25	16.02	10.22	3.97	1.72	2.17	1.10	2.54	2.61	2.69	2.77	2.85
8		16.8	8.37	6.57	23.63	14.06	6.03	1.68	2.11	1.09	2.60	2.67	2.75	2.83	2.91
L63× 4	7	17.0	4.98	3.91	19.03	11.22	4.13	1.96	2.46	1.26	2.79	2.87	2.94	3.02	3.09
5		17.4	6.14	4.82	23.17	13.33	5.08	1.94	2.45	1.25	2.82	2.89	2.96	3.04	3.12
6		17.8	7.29	5.72	27.12	15.26	6.00	1.93	2.43	1.24	2.83	2.91	2.98	3.06	3.14
8		18.5	9.51	7.47	34.45	18.59	7.75	1.90	2.39	1.23	2.87	2.95	3.03	3.10	3.18
10		19.3	11.66	9.15	41.09	21.34	9.39	1.88	2.36	1.22	2.91	2.99	3.07	3.15	3.23
L70× 4	8	18.6	5.57	4.37	26.39	14.16	5.14	2.18	2.74	1.40	3.07	3.14	3.21	3.29	3.36
5		19.1	6.88	5.40	32.21	16.89	6.32	2.16	2.73	1.39	3.09	3.16	3.24	3.31	3.39
6		19.5	8.16	6.41	37.77	19.39	7.48	2.15	2.71	1.38	3.11	3.18	3.26	3.33	3.41
7		19.9	9.42	7.40	43.09	21.68	8.59	2.14	2.69	1.38	3.13	3.20	3.28	3.36	3.43
8		20.3	10.67	8.37	48.17	23.79	9.68	2.13	2.68	1.37	3.15	3.22	3.30	3.38	3.46
L75× 5	9	20.3	7.41	5.82	39.96	19.73	7.30	2.32	2.92	1.50	3.29	3.36	3.43	3.50	3.58
6		20.7	8.80	6.91	46.91	22.69	8.63	2.31	2.91	1.49	3.31	3.38	3.45	3.53	3.60
7		21.1	10.16	7.98	53.57	25.42	9.93	2.30	2.89	1.48	3.33	3.40	3.47	3.55	3.63
8		21.5	11.50	9.03	59.96	27.93	11.20	2.28	2.87	1.47	3.35	3.42	3.50	3.57	3.65
10		22.2	14.13	11.09	71.98	32.40	13.64	2.26	2.84	1.46	3.38	3.46	3.54	3.61	3.69

续表

型号		圆角 R (mm)	重心矩 Z₀ (mm)	截面面积 A (cm²)	质量 (kg/m)	惯性矩 I_x (cm⁴)	截面模量 $W_{x\max}$ (cm³)	截面模量 $W_{x\min}$ (cm³)	i_x (cm)	i_{x0} (cm)	i_{y0} (cm)	i_y，当 a 为下列数值 (cm) 6 mm	8 mm	10 mm	12 mm	14 mm
L80×	5	9	21.5	7.91	6.21	48.79	22.70	8.34	2.48	3.13	1.60	3.49	3.56	3.63	3.71	3.78
	6		21.9	9.40	7.38	57.35	26.16	9.87	2.47	3.11	1.59	3.51	3.58	3.65	3.73	3.80
	7		22.3	10.86	8.53	65.58	29.38	11.37	2.46	3.10	1.58	3.53	3.60	3.67	3.75	3.83
	8		22.7	12.30	9.66	73.50	32.36	12.83	2.44	3.08	1.57	3.55	3.62	3.70	3.77	3.85
	10		23.5	15.13	11.87	88.43	37.68	15.64	2.42	3.04	1.56	3.58	3.66	3.74	3.81	3.89
L90×	6	10	24.4	10.64	8.35	82.77	33.99	12.61	2.79	3.51	1.8	3.91	3.98	4.05	4.12	4.20
	7		24.8	12.30	9.66	94.83	38.28	14.54	2.78	3.50	1.78	3.93	4.00	4.07	4.14	4.22
	8		25.2	13.94	10.95	106.5	42.30	16.42	2.76	3.48	1.78	3.95	4.02	4.09	4.17	4.24
	10		25.9	17.17	13.48	128.6	49.57	20.07	2.74	3.45	1.76	3.98	4.06	4.13	4.21	4.28
	12		26.7	20.31	15.94	149.2	55.93	23.57	2.71	3.41	1.75	4.02	4.09	4.17	4.25	4.32
L100×	6	12	26.7	11.93	9.37	115.0	43.04	15.68	3.10	3.91	2.00	4.30	4.37	4.44	4.51	4.58
	7		27.1	13.80	10.83	131.0	48.57	18.10	3.09	3.89	1.99	4.32	4.39	4.46	4.53	4.61
	8		27.6	15.64	12.28	148.2	53.78	20.47	3.08	3.88	1.98	4.34	4.41	4.48	4.55	4.63
	10		28.4	19.26	15.12	179.5	63.29	25.06	3.05	3.84	1.96	4.38	4.45	4.52	4.60	4.67
	12		29.1	22.80	17.90	208.9	71.72	29.47	3.03	3.81	1.95	4.41	4.49	4.56	4.64	4.71
	14		29.9	26.26	20.61	236.5	79.19	33.73	3.00	3.77	1.94	4.45	4.53	4.60	4.68	4.75
	16		30.6	29.63	23.26	262.5	85.81	37.82	2.98	3.74	1.93	4.49	4.56	4.64	4.72	4.80
L110×	7	12	29.6	15.20	11.93	177.2	59.78	22.05	3.41	4.30	2.20	4.72	4.79	4.86	4.94	5.01
	8		30.1	17.24	13.53	199.5	66.36	24.95	3.40	4.28	2.19	4.74	4.81	4.88	4.96	5.03
	10		30.9	21.26	16.69	242.2	78.48	30.60	3.38	4.25	2.17	4.78	4.85	4.92	5.00	5.07
	12		31.6	25.20	19.78	282.6	89.34	36.05	3.35	4.22	2.15	4.82	4.89	4.96	5.04	5.11
	14		32.4	29.06	22.81	320.7	99.07	41.31	3.32	4.18	2.14	4.85	4.93	5.00	5.08	5.15

续表

型号		圆角 R (mm)	重心矩 Z_0 (mm)	截面面积 A (cm²)	质量 (kg/m)	惯性矩 I_x (cm⁴)	截面模量 $W_{x\,max}$ (cm³)	截面模量 $W_{x\,min}$ (cm³)	回转半径 i_x (cm)	回转半径 i_{x0} (cm)	回转半径 i_{y0} (cm)	i_y，当 a 为下列数值 (cm) 6 mm	8 mm	10 mm	12 mm	14 mm
L125×	8		33.7	19.75	15.50	297.0	88.2	32.52	3.88	4.88	2.50	5.34	5.41	5.48	5.55	5.62
	10	14	34.5	24.37	19.13	361.7	104.8	39.97	3.85	4.85	2.48	5.38	5.45	5.52	5.59	5.66
	12		35.3	28.91	22.70	423.2	119.9	47.17	3.83	4.82	2.46	5.41	5.48	5.56	5.63	5.70
	14		36.1	33.37	26.19	481.7	133.6	54.16	3.8	4.78	2.45	5.45	5.52	5.59	5.67	5.74
L140×	10		38.2	27.37	21.49	514.7	134.6	50.58	4.34	5.46	2.78	5.98	6.05	6.12	6.20	6.27
	12		39.0	32.51	25.52	603.7	154.6	59.80	4.31	5.43	2.77	6.02	6.09	6.16	6.23	6.31
	14	14	39.8	37.57	29.49	688.8	173.0	68.75	4.28	5.40	2.75	6.06	6.13	6.20	6.27	6.34
	16		40.6	42.54	33.39	770.2	189.9	77.46	4.26	5.36	2.74	6.09	6.16	6.23	6.31	6.38
L160×	10		43.1	31.50	24.73	779.5	180.8	66.70	4.97	6.27	3.20	6.78	6.85	6.92	6.99	7.06
	12		43.9	37.44	29.39	916.6	208.6	78.98	4.95	6.24	3.18	6.82	6.89	6.96	7.03	7.10
	14	16	44.7	43.30	33.99	1048.0	234.4	90.95	4.92	6.20	3.16	6.86	6.93	7.00	7.07	7.14
	16		45.5	49.07	38.52	1175.0	258.3	102.60	4.89	6.17	3.14	6.89	6.96	7.03	7.10	7.18
L180×	12		48.9	42.24	33.16	1321.0	270.0	100.80	5.59	7.05	3.58	7.63	7.70	7.77	7.84	7.91
	14		49.7	48.90	38.38	1514.0	304.6	116.30	5.57	7.02	3.57	7.67	7.74	7.81	7.88	7.95
	16	16	50.5	55.47	43.54	1701.0	336.9	131.40	5.54	6.98	3.55	7.7	7.77	7.84	7.91	7.98
	18		51.3	61.95	48.63	1881.0	367.1	146.10	5.51	6.94	3.53	7.73	7.80	7.87	7.95	8.02
L200×	14		54.6	54.64	42.89	2104.0	385.1	144.70	6.20	7.82	3.98	8.47	8.54	8.61	8.67	8.75
	16		55.4	62.01	48.68	2366.0	427.0	163.70	6.18	7.79	3.96	8.50	8.57	8.64	8.71	8.78
	18	18	56.2	69.30	54.40	2621.0	466.5	182.20	6.15	7.75	3.94	8.53	8.60	8.67	8.75	8.82
	20		56.9	76.50	60.06	2867.0	503.6	200.40	6.12	7.72	3.93	8.57	8.64	8.71	8.78	8.85
	24		58.4	90.66	71.17	3338.0	571.5	235.80	6.07	7.64	3.90	8.63	8.71	8.78	8.85	8.92

附表 A-5　不等边角钢（按《热轧型钢》《GB/T 706—2016）计算）

角钢型号 $B \times b \times t$	t	圆角 R	重心矩 Z_x (mm)	重心矩 Z_y (mm)	截面面积 A (cm²)	质量 (kg/m)	回转半径 i_x (cm)	回转半径 i_y (cm)	回转半径 i_{y0} (cm)	双角钢 i_y 当 a 为下列数值 y_1 6mm (cm)	8mm	10mm	12mm	双角钢 i_y 当 a 为下列数值 y_2 6mm (cm)	8mm	10mm	12mm
L25×16×	3	3.5	4.2	8.6	1.16	0.91	0.44	0.78	0.34	0.84	0.93	1.02	1.11	1.4	1.48	1.57	1.65
	4		4.6	9.0	1.50	1.18	0.43	0.77	0.34	0.87	0.96	1.05	1.14	1.42	1.51	1.60	1.68
L32×20×	3	3.5	4.9	10.8	1.49	1.17	0.55	1.01	0.43	0.97	1.05	1.14	1.23	1.71	1.79	1.88	1.96
	4		5.3	11.2	1.94	1.52	0.54	1.00	0.43	0.99	1.08	1.16	1.25	1.74	1.82	1.90	1.99
L40×25×	3	4	5.9	13.2	1.89	1.48	0.70	1.28	0.54	1.13	1.21	1.30	1.38	2.07	2.14	2.23	2.31
	4		6.3	13.7	2.47	1.94	0.69	1.26	0.54	1.16	1.24	1.32	1.41	2.09	2.17	2.25	2.34
L45×28×	3	5	6.4	14.7	2.15	1.69	0.79	1.44	0.61	1.23	1.31	1.39	1.47	2.28	2.36	2.44	2.52
	4		6.8	15.1	2.81	2.20	0.78	1.43	0.60	1.25	1.33	1.41	1.5	2.31	2.39	2.47	2.55
L50×32×	3	5.5	7.3	16.0	2.43	1.91	0.91	1.60	0.70	1.38	1.45	1.53	1.61	2.49	2.56	2.64	2.72
	4		7.7	16.5	3.18	2.49	0.90	1.59	0.69	1.40	1.47	1.55	1.64	2.51	2.59	2.67	2.75
L56×36×	3	6	8.0	17.8	2.74	2.15	1.03	1.8	0.79	1.51	1.59	1.66	1.74	2.75	2.82	2.90	2.98
	4		8.5	18.2	3.59	2.82	1.02	1.79	0.78	1.53	1.61	1.69	1.77	2.77	2.85	2.93	3.01
	5		8.8	18.7	4.42	3.47	1.01	1.77	0.78	1.56	1.63	1.71	1.79	2.80	2.88	2.96	3.04
L63×40×	4	7	9.2	20.4	4.06	3.19	1.14	2.02	0.88	1.66	1.74	1.81	1.89	3.09	3.16	3.24	3.32
	5		9.5	20.8	4.99	3.92	1.12	2.00	0.87	1.68	1.76	1.84	1.92	3.11	3.19	3.27	3.35
	6		9.9	21.2	5.91	4.64	1.11	1.99	0.86	1.71	1.78	1.86	1.94	3.13	3.21	3.29	3.37
	7		10.3	21.6	6.80	5.34	1.10	1.96	0.86	1.73	1.8	1.88	1.97	3.15	3.23	3.3	3.39

续表

角钢型号 B×b×t	t	圆角 R	重心距 Z_x (mm)	重心距 Z_y (mm)	单角钢 截面面积 A (cm²)	质量 (kg/m)	回转半径 i_x (cm)	i_y (cm)	i_{y0} (cm)	双角钢 i_y 当a为下列数值 6mm (cm)	8mm	10mm	12mm	i_y 当a为下列数值 6mm (cm)	8mm	10mm	12mm
L70×45×	4	7.5	10.2	22.3	4.55	3.57	1.29	2.25	0.99	1.84	1.91	1.99	2.07	3.39	3.46	3.54	3.62
	5		10.6	22.8	5.61	4.40	1.28	2.23	0.98	1.86	1.94	2.01	2.09	3.41	3.49	3.57	3.64
	6		11.0	23.2	6.64	5.22	1.26	2.22	0.97	1.88	1.96	2.04	2.11	3.44	3.51	3.59	3.67
	7		11.3	23.6	7.66	6.01	1.25	2.2	0.97	1.90	1.98	2.06	2.14	3.46	3.54	3.61	3.69
L75×50×	5	8	11.7	24.0	6.13	4.81	1.43	2.39	1.09	2.06	2.13	2.20	2.28	3.60	3.68	3.76	3.83
	6		12.1	24.4	7.26	5.70	1.42	2.38	1.08	2.08	2.15	2.23	2.30	3.63	3.7	3.78	3.86
	8		12.9	25.2	9.47	7.43	1.40	2.35	1.07	2.12	2.19	2.27	2.35	3.67	3.75	3.83	3.91
	10		13.6	26.0	11.60	9.10	1.38	2.33	1.06	2.16	2.24	2.31	2.40	3.71	3.79	3.87	3.96
L80×50×	5	8	11.4	26.0	6.38	5.00	1.42	2.57	1.10	2.02	2.09	2.17	2.24	3.88	3.95	4.03	4.10
	6		11.8	26.5	7.56	5.93	1.41	2.55	1.09	2.04	2.11	2.19	2.27	3.90	3.98	4.05	4.13
	7		12.1	26.9	8.72	6.85	1.39	2.54	1.08	2.06	2.13	2.21	2.29	3.92	4.00	4.08	4.16
	8		12.5	27.3	9.87	7.75	1.38	2.52	1.07	2.08	2.15	2.23	2.31	3.94	4.02	4.10	4.18
L90×56×	5	9	12.5	29.1	7.21	5.66	1.59	2.90	1.23	2.22	2.29	2.36	2.44	4.32	4.39	4.47	4.55
	6		12.9	29.5	8.56	6.72	1.58	2.88	1.22	2.24	2.31	2.39	2.46	4.34	4.42	4.5	4.57
	7		13.3	30.0	9.88	7.76	1.57	2.87	1.22	2.26	2.33	2.41	2.49	4.37	4.44	4.52	4.60
	8		13.6	30.4	11.20	8.78	1.56	2.85	1.21	2.28	2.35	2.43	2.51	4.39	4.47	4.54	4.62
L100×63×	6	10	14.3	32.4	9.62	7.55	1.79	3.21	1.38	2.49	2.56	2.63	2.71	4.77	4.85	4.92	5.00
	7		14.7	32.8	11.1	8.72	1.78	3.20	1.37	2.51	2.58	2.65	2.73	4.80	4.87	4.95	5.03
	8		15.0	33.2	12.6	9.88	1.77	3.18	1.37	2.53	2.60	2.67	2.75	4.82	4.90	4.97	5.05
	10		15.8	34.0	15.5	12.10	1.75	3.15	1.35	2.57	2.64	2.72	2.79	4.86	4.94	5.02	5.10
L100×80×	6	10	19.7	29.5	10.6	8.35	2.40	3.17	1.73	3.31	3.38	3.45	3.52	4.54	4.62	4.69	4.76
	7		20.1	30.0	12.3	9.66	2.39	3.16	1.71	3.32	3.39	3.47	3.54	4.57	4.64	4.71	4.79
	8		20.5	30.4	13.9	10.90	2.37	3.15	1.71	3.34	3.41	3.49	3.56	4.59	4.66	4.73	4.81
	10		21.3	31.2	17.2	13.50	2.35	3.12	1.69	3.38	3.45	3.53	3.60	4.63	4.70	4.78	4.85

续表

单角钢 / 双角钢

角钢型号 $B\times b\times t$	t	圆角 R	重心矩 Z_x (mm)	重心矩 Z_y (mm)	截面面积 A (cm²)	质量 (kg/m)	i_x (cm)	i_y (cm)	i_{y0} (cm)	i_y，当 a 为下列数值 (cm) 6 mm	8 mm	10 mm	12 mm	i_y，当 a 为下列数值 (cm) 6 mm	8 mm	10 mm	12 mm
L110×70×	6	10	15.7	35.3	10.6	8.35	2.01	3.54	1.54	2.74	2.81	2.88	2.96	5.21	5.29	5.36	5.44
	7		16.1	35.7	12.3	9.66	2.00	3.53	1.53	2.76	2.83	2.90	2.98	5.24	5.31	5.39	5.46
	8		16.5	36.2	13.9	10.90	1.98	3.51	1.53	2.78	2.85	2.92	3.00	5.26	5.34	5.41	5.49
	10		17.2	37.0	17.2	13.50	1.96	3.48	1.51	2.82	2.89	2.96	3.04	5.30	5.38	5.46	5.53
L125×80×	7	11	18.0	40.1	14.1	11.10	2.30	4.02	1.76	3.11	3.18	3.25	3.33	5.90	5.97	6.04	6.12
	8		18.4	40.6	16.0	12.60	2.29	4.01	1.75	3.13	3.20	3.27	3.35	5.92	5.99	6.07	6.14
	10		19.2	41.4	19.7	15.50	2.26	3.98	1.74	3.17	3.24	3.31	3.39	5.96	6.04	6.11	6.19
	12		20.0	42.2	23.4	18.30	2.24	3.95	1.72	3.21	3.28	3.35	3.43	6.00	6.08	6.16	6.23
L140×90×	8	12	20.4	45.0	18.0	14.20	2.59	4.50	1.98	3.49	3.56	3.63	3.70	6.58	6.65	6.73	6.80
	10		21.2	45.8	22.3	17.50	2.56	4.47	1.96	3.52	3.59	3.66	3.73	6.62	6.70	6.77	6.85
	12		21.9	46.6	26.4	20.70	2.54	4.44	1.95	3.56	3.63	3.70	3.77	6.66	6.74	6.81	6.89
	14		22.7	47.4	30.5	23.90	2.51	4.42	1.94	3.59	3.66	3.74	3.81	6.70	6.78	6.86	6.93
L160×100×	10	13	22.8	52.4	25.3	19.9	2.85	5.14	2.19	3.84	3.91	3.98	4.05	7.55	7.63	7.70	7.78
	12		23.6	53.2	30.1	23.6	2.82	5.11	2.18	3.87	3.94	4.01	4.09	7.60	7.67	7.75	7.82
	14		24.3	54.0	34.7	27.2	2.80	5.08	2.16	3.91	3.98	4.05	4.12	7.64	7.71	7.79	7.86
	16		25.1	54.8	39.3	30.8	2.77	5.05	2.15	3.94	4.02	4.09	4.16	7.68	7.75	7.83	7.90
L180×110×	10	14	24.4	58.9	28.4	22.3	3.13	8.56	5.78	2.42	4.16	4.23	4.30	4.36	8.49	8.72	8.71
	12		25.2	59.8	33.7	26.5	3.10	8.60	5.75	2.40	4.19	4.33	4.33	4.40	8.53	8.76	8.75
	14		25.9	60.6	39.0	30.6	3.08	8.64	5.72	2.39	4.23	4.26	4.37	4.44	8.57	8.63	8.79
	16		26.7	61.4	44.1	34.6	3.05	8.68	5.81	2.37	4.26	4.30	4.40	4.47	8.61	8.68	8.84
L200×125×	12	14	28.3	65.4	37.9	29.8	3.57	6.44	2.75	4.75	4.82	4.88	4.95	9.39	9.47	9.54	9.62
	14		29.1	66.2	43.9	34.4	3.54	6.41	2.73	4.78	4.85	4.92	4.99	9.43	9.51	9.58	9.66
	16		29.9	67.8	49.7	39.0	3.52	6.38	2.71	4.81	4.88	4.95	5.02	9.47	9.55	9.62	9.70
	18		30.6	67.0	55.5	43.6	3.49	6.35	2.70	4.85	4.92	4.99	5.06	9.51	9.59	9.66	9.74

注：一个角钢的惯性矩 $I_x = A i_x^2$，$I_y = A i_y^2$；一个角钢的截面模量 $W_{x\max} = I_x/Z_x$，$W_{x\min} = I_x/(b-Z_x)$；$W_{y\max} = I_y Z_y$，$W_{z\min} = I_y(b-Z_y)$。

附表 A-6　剖分 T 型钢（摘自《热轧 H 型钢和部分 T 型钢》(GB/T 11263—2017)）

类别	型号（高度×宽度）mm×mm	截面尺寸/mm					截面面积 cm²	理论质量 kg/m	截面特性参数								对应 H 型钢系列型号
									惯性矩/cm⁴		惯性半径/cm		截面模数/cm³		重心/cm		
		h	B	t_1	t_2	r			I_x	I_y	i_x	i_y	W_x	W_y	C_x		
TW	50×100	50	100	6	8	8	10.79	8.47	16.1	66.8	1.22	2.48	4.02	13.4	1.00		100×100
	62.5×125	62.5	125	6.5	9	8	15.00	11.8	35.0	147	1.52	3.12	6.91	23.5	1.19		125×125
	75×150	75	150	7	10	8	19.82	15.6	66.4	282	1.82	3.76	10.8	37.5	1.37		150×150
	87.5×175	87.5	175	7.5	11	13	25.71	20.2	115	492	2.11	4.37	15.9	56.2	1.55		175×175
	100×200	100	200	8	12	13	31.76	24.9	184	801	2.40	5.02	22.3	80.1	1.73		200×200
		100	204	12	12	13	35.76	28.1	256	851	2.67	4.87	32.4	83.4	2.09		
	125×250	125	250	9	14	13	45.71	35.9	412	1820	3.00	6.31	39.5	146	2.08		250×250
		125	255	14	14	13	51.96	40.8	589	1940	3.36	6.10	59.4	152	2.58		
	150×300	147	302	12	12	13	53.16	41.7	857	2760	4.01	7.20	72.3	183	2.85		300×300
		150	300	10	15	13	59.22	46.5	798	3380	3.67	7.55	63.7	225	2.47		
		150	305	15	15	13	66.72	52.4	1110	3550	4.07	7.29	92.5	233	3.04		
	175×350	172	348	10	16	13	72.00	56.5	1230	5620	4.13	8.83	84.7	323	2.67		350×350
		175	350	12	19	13	85.94	67.5	1520	6790	4.20	8.88	104	388	2.87		
	200×400	194	402	15	15	22	89.22	70.0	2480	8130	5.27	9.54	158	404	3.70		400×400
		197	398	11	18	22	93.40	73.3	2050	9460	4.67	10.1	123	475	3.01		
		200	400	13	21	22	109.3	85.8	2480	11200	4.75	10.1	147	560	3.21		
		200	408	21	21	22	125.3	98.4	3650	11900	5.39	9.74	229	584	4.07		
		207	405	18	28	22	147.7	116	3620	15500	4.95	10.2	213	766	3.68		
		214	407	20	35	22	180.3	142	4380	19700	4.92	10.4	250	967	3.90		
TM	75×100	74	100	6	9	8	13.17	10.3	51.7	75.2	1.98	2.38	8.84	15.0	1.56		150×100
	100×150	97	150	6	9	8	19.05	15.0	124	253	2.55	3.64	15.8	33.8	1.80		200×150
	122×175	122	175	7	11	13	27.74	21.8	288	492	3.22	4.21	29.1	56.2	2.28		250×175

续表

类别	型号（高度×宽度）mm×mm	截面尺寸/mm h	B	t_1	t_2	r	截面面积 cm²	理论质量 kg/m	惯性矩/cm⁴ I_x	I_y	惯性半径/cm i_x	i_y	截面模数/cm³ W_x	W_y	重心/cm C_x	对应H型钢系列型号
TM	150×200	147	200	8	12	13	35.52	27.9	571	801	4.00	4.74	48.2	80.1	2.85	300×200
	150×200	149	201	9	14	13	41.01	32.2	661	949	4.01	4.80	55.2	94.4	2.92	
	175×250	170	250	9	14	13	49.76	39.1	1020	1820	4.51	6.05	73.2	146	3.11	350×250
	200×300	195	300	10	16	13	66.62	52.3	1730	3600	5.09	7.35	108	240	3.43	400×300
	225×300	220	300	11	18	13	76.94	60.4	2680	4050	5.89	7.25	150	270	4.09	450×300
	250×300	241	300	11	15	13	70.58	55.4	3400	3380	6.93	6.91	178	225	5.00	500×300
	250×300	244	300	11	18	13	79.58	62.5	3610	4050	6.73	7.13	184	270	4.72	
	275×300	272	300	11	15	13	73.99	58.1	4790	3380	8.04	6.75	225	225	5.96	550×300
	275×300	275	300	11	18	13	82.99	65.2	5090	4050	7.82	6.98	232	270	5.59	
	300×300	291	300	12	17	13	84.60	66.4	6320	3830	8.64	6.72	280	255	6.51	600×300
	300×300	294	300	12	20	13	93.60	73.5	6680	4500	8.44	6.93	288	300	6.17	
	300×300	297	302	14	23	13	108.5	85.2	7890	5290	8.52	6.97	339	350	6.41	
TN	50×50	50	50	5	7	8	5.920	4.65	11.8	7.39	1.41	1.11	3.18	2.950	1.28	100×50
	62.5×60	62.5	60	6	8	8	8.340	6.55	27.5	14.6	1.81	1.32	5.96	4.85	1.64	125×60
	75×75	75	75	5	7	8	8.920	7.00	42.6	24.7	2.18	1.66	7.46	6.59	1.79	150×75
	87.5×90	85.5	89	4	6	8	8.790	6.90	53.7	35.3	2.47	2.00	8.02	7.94	1.86	175×90
	87.5×90	87.5	90	5	8	8	11.44	8.98	70.6	48.7	2.48	2.06	10.4	10.8	1.93	
	100×100	99	99	4.5	7	8	11.34	8.90	93.5	56.7	2.87	2.23	12.1	11.5	2.17	200×100
	100×100	100	100	5.5	8	8	13.33	10.5	114	66.9	2.92	2.23	14.8	13.4	2.31	
	125×125	124	124	5	8	8	15.99	12.6	207	127	3.59	2.82	21.3	20.5	2.66	250×125
	125×125	125	125	6	9	8	18.48	14.5	248	147	3.66	2.81	25.6	23.5	2.81	
	150×150	149	149	5.5	8	13	20.40	16.0	393	221	4.39	3.29	33.8	29.7	3.26	300×150
	150×150	150	150	6.5	9	13	23.39	18.4	464	254	4.45	3.29	40.0	33.8	3.41	

续表

类别	型号（高度×宽度）mm×mm	截面尺寸/mm h	B	t₁	t₂	r	截面面积 cm²	理论质量 kg/m	惯性矩/cm⁴ I_x	I_y	惯性半径/cm i_x	i_y	截面模数/cm³ W_x	W_y	重心/cm C_x	对应 H 型钢系列型号
TN	175×175	173	174	6	9	13	26.22	20.6	679	396	5.08	3.88	50.0	45.5	3.72	350×175
		175	175	7	11	13	31.45	24.7	814	492	5.08	3.95	59.3	56.2	3.76	
	200×200	198	199	7	11	13	35.70	28.0	1190	723	5.77	4.50	76.4	72.7	4.20	400×200
		200	200	8	13	13	41.68	32.7	1390	868	5.78	4.56	88.6	86.8	4.26	
	225×150	223	150	7	12	13	33.49	26.3	1570	338	6.84	3.17	93.7	45.1	5.54	450×150
		225	151	8	14	13	38.74	30.4	1830	403	6.87	3.22	108	53.4	5.62	
	225×200	223	199	8	12	13	41.48	32.6	1870	789	6.71	4.36	109	79.3	5.15	450×200
		225	200	9	14	13	47.71	37.5	2150	935	6.71	4.42	125	93.5	5.19	
	237.5×150	235	150	7	13	13	35.76	28.1	1850	367	7.18	3.20	104	48.9	7.50	475×150
		237.5	151.5	8.5	15.5	13	43.07	33.8	2270	451	7.25	3.23	128	59.5	7.57	
		241	153.5	10.5	19	13	53.20	41.8	2860	575	7.33	3.28	160	75.0	7.67	
	250×150	246	150	7	12	13	35.10	27.6	2060	339	7.66	3.10	113	45.1	6.36	500×150
		250	152	9	16	13	46.10	36.2	2750	470	7.71	3.19	149	61.9	6.53	
		252	153	10	18	13	51.66	40.6	3100	540	7.74	3.23	167	70.5	6.62	
	250×200	248	199	9	14	13	49.64	39.0	2820	921	7.54	4.30	150	92.6	5.97	500×200
		250	200	10	16	13	56.12	44.1	3200	1070	7.54	4.36	169	107	6.03	
		253	201	11	19	13	64.65	50.8	3660	1290	7.52	4.46	189	128	6.00	
	275×200	273	199	9	14	13	51.89	40.7	3690	921	8.43	4.21	180	92.6	6.85	550×200
		275	200	10	16	13	58.62	46.0	4180	1070	8.44	4.27	203	107	6.89	
	300×200	298	199	10	15	13	58.87	46.2	5150	988	9.35	4.09	235	99.3	7.92	600×200
		300	200	11	17	13	65.85	51.7	5770	1140	9.35	4.15	262	114	7.95	
		303	201	12	20	13	74.88	58.8	6530	1360	9.33	4.25	291	135	7.88	

续表

类别	型号（高度×宽度）mm×mm	截面尺寸/mm h	B	t_1	t_2	r	截面面积 cm²	理论质量 kg/m	惯性矩/cm⁴ I_x	I_y	惯性半径/cm i_x	i_y	截面模数/cm³ W_x	W_y	重心/cm C_x	对应H型钢系列型号
TN	300×200	298	199	10	15	13	58.87	46.2	5150	988	9.35	4.09	235	99.3	7.92	600×200
		300	200	11	17	13	65.85	51.7	5770	1140	9.35	4.15	262	114	7.95	
		303	201	12	20	13	74.88	58.8	6530	1360	9.33	4.25	291	135	7.88	
	312.5×200	312.5	198.5	13.5	17.5	13	75.28	59.1	7460	1150	9.95	3.90	338	116	9.15	625×200
		315	200	15	20	13	84.97	66.7	8470	1340	9.98	3.97	380	134	9.21	
		319	202	17	24	13	99.35	78.0	9960	1160	10.0	4.08	440	165	9.26	
	325×300	323	299	12	18	18	91.81	72.1	8570	4020	9.66	6.61	344	269	7.36	650×300
		325	300	13	20	18	101.0	79.3	9430	4510	9.66	6.67	376	300	7.40	
		327	301	14	22	18	110.3	86.59	10 300	5010	9.66	6.73	408	333	7.45	
	350×300	346	300	13	20	18	103.8	81.5	11 300	4510	10.4	6.59	424	301	8.09	700×300
		350	300	13	24	18	115.8	90.9	12 000	5410	10.2	6.83	438	361	7.63	
	400×300	396	300	14	22	18	119.8	94.0	17 600	4960	12.1	6.43	592	331	9.78	800×300
		400	300	14	26	18	131.8	103	18 700	5860	11.9	6.66	610	391	9.27	
	450×300	445	299	15	23	18	133.5	105	25 900	5140	13.9	6.20	789	344	11.7	900×300
		450	300	16	28	18	152.9	120	29 100	6320	13.8	6.42	865	421	11.4	
		456	302	18	34	18	180.0	141	34 100	7830	13.8	6.59	997	418	11.3	

附录 B 螺栓和锚栓规格

附表 B-1 普通螺栓规格

螺栓直径 d/mm	螺距 p/mm	螺栓有效直径 d_e/mm	螺栓有效面积 A_e/mm^2	注
16	2.0	14.12	156.7	
18	2.5	15.65	192.5	
20	2.5	17.65	244.8	
22	2.5	19.65	303.4	
24	3.0	21.19	352.5	
27	3.0	24.19	459.4	
30	3.5	26.72	560.6	
33	3.5	29.72	693.6	螺栓有效面积 A_e 按下式计算: $A_e = \dfrac{\pi}{4}(d - 0.9382p)^2$
36	4.0	32.25	816.7	
39	4.0	35.25	975.8	
42	4.5	37.78	1121.0	
45	4.5	40.78	1306.0	
48	5.0	43.31	1473.0	
52	5.0	47.31	1758.0	
56	5.5	50.84	2030.0	
60	5.5	54.84	2362.0	

附表 B-2　Q345 钢锚栓选用表

钢材牌号	锚栓直径 d/mm	锚栓截面有效面积 A_c/cm²	连接尺寸				锚固长度及细部尺寸									锚板尺寸	
			单螺母		双螺母		锚固长度 L/mm 当混凝土的强度等级为									c/mm	t/mm
			a/mm	b/mm	a/mm	b/mm	Ⅰ型			Ⅱ型			Ⅲ型				
							C15	C20	C25	C15	C20	C25	C15	C20	C25		
Q345 锚栓选用表	20	2.448	45	75	60	90	600	500	440								
	22	3.034	45	75	65	95	660	550	485								
	24	3.525	50	80	70	100	720	600	530								
	27	4.594	50	80	75	105	810	675	595								
	30	5.606	55	85	80	110	900	750	660								
	33	6.936	55	90	85	120	990	825	725								
	36	8.167	60	95	90	125	1080	900	790								
	39	9.758	65	100	95	130	1170	1000	860								
	42	11.21	70	105	100	135				1260	1050	925	755	630	545	140	20
	45	13.06	75	110	105	140				1350	1125	990	810	675	585	140	20
	48	14.73	80	120	110	150				1440	1200	1055	865	720	625	200	20

续表

Ⅲ型　Ⅱ型　Ⅰ型　连接尺寸

Q345 锚栓选用表

钢材牌号	锚栓直径 d/mm	锚栓截面有效面积 A_c/cm²	单螺母 a/mm	单螺母 b/mm	双螺母 a/mm	双螺母 b/mm	Ⅱ型 C15	Ⅱ型 C20	Ⅱ型 C25	Ⅲ型 C15	Ⅲ型 C20	Ⅲ型 C25	锚板 c/mm	锚板 t/mm
Q345	52	17.58	85	125	120	160	1560	1300	1145	935	780	675	200	20
	56	20.30	90	130	130	170	1680	1400	1230	1010	840	730	200	20
	60	23.62	95	135	140	180	1800	1500	1320	1080	900	780	240	25
	64	26.76	100	145	150	195	1920	1600	1410	1150	960	830	240	25
	68	30.55	105	150	160	205	2040	1700	1495	1225	1020	885	280	30
	72	34.60	110	155	170	215	2160	1800	1585	1300	1080	935	280	30
	76	38.89	115	160	180	225	2280	1900	1675	1370	1140	990	320	30
	80	43.44	120	165	190	235	2400	2000	1760	1440	1200	1040	350	40
	85	49.48	130	180	200	250	2550	2125	1870	1530	1275	1105	350	40
	90	55.91	140	190	210	260	2700	2250	1980	1620	1350	1170	400	40
	95	62.73	150	200	220	270	2850	2375	2090	1710	1425	1235	450	45
	100	69.95	160	210	230	280	3000	2500	2200	1800	1500	1300	500	45

附录 C 钢材、焊缝和螺栓连接强度设计值

附表 C-1 钢材的设计用强度指标 单位：N/mm²

钢 材 牌 号		钢材厚度或直径/mm	强度设计值			屈服强度 f_y	抗拉强度 f_u
			抗拉、抗压、抗弯强度 f	抗剪强度 f_v	端面承压强度（刨平顶紧）f_{ce}		
碳素结构钢	Q235	≤16	215	125	320	235	370
		>16,≤40	205	120		225	
		>40,≤100	200	115		215	
低合金高强度结构钢	Q355	≤16	305	175	400	355	470
		>16,≤40	295	170		345	
		>40,≤63	290	165		335	
		>63,≤80	280	160		325	
		>80,≤100	270	155		315	
	Q390	≤16	345	200	415	390	490
		>16,≤40	330	190		380	
		>40,≤63	310	180		360	
		>63,≤100	295	170		340	
	Q420	≤16	375	215	440	420	520
		>16,≤40	355	205		410	
		>40,≤63	320	185		390	
		>63,≤100	305	175		370	
	Q460	≤16	410	235	470	460	550
		>16,≤40	390	225		450	
		>40,≤63	355	205		430	
		>63,≤100	340	195		410	

注：1. 表中数据参考《低合金高强度结构钢》(GB/T 1591—2018)和《钢结构通用规范》(GB 55006—2021)；

2. 表中直径指实心棒材，厚度指计算点的钢材或钢管壁厚度，对轴心受拉和受压杆件指截面中较厚板件的厚度；

3. 冷弯型材和冷弯钢管，其强度设计值应按现行有关国家标准的规定采用。

附表 C-2　焊缝的强度指标　　　　　　　　单位：N/mm²

焊接方法和焊条型号	构件钢材		对接焊缝强度设计值				角焊缝强度设计值	对接焊缝抗拉强度 f_u^w	角焊缝抗拉、抗压和抗剪强度 f_u^f
	牌号	厚度或直径/mm	抗压强度 f_c^w	焊缝质量为下列等级时，抗拉强度 f_t^w		抗剪强度 f_v^w	抗拉、抗压和抗剪强度 f_f^w		
				一级、二级	三级				
自动焊、半自动焊和 E43 型焊条手工焊	Q235	≤16	215	215	185	125	160	415	240
		>16,≤40	205	205	175	120			
		>40,≤100	200	200	170	115			
自动焊、半自动焊和 E50、E55 型焊条手工焊	Q355	≤16	305	305	260	175	200	480(E50) 540(E55)	280(E50) 315(E55)
		>16,≤40	295	295	250	170			
		>40,≤63	290	290	245	165			
		>63,≤80	280	280	240	160			
		>80,≤100	270	270	230	155			
	Q390	≤16	345	345	295	200	200(E50) 220(E55)		
		>16,≤40	330	330	280	190			
		>40,≤63	310	310	265	180			
		>63,≤100	295	295	250	170			
自动焊、半自动焊和 E55、E60 型焊条手工焊	Q420	≤16	375	375	320	215	220(E55) 240(E60)	540(E55) 590(E60)	315(E55) 340(E60)
		>16,≤40	355	355	300	205			
		>40,≤63	320	320	270	185			
		>63,≤100	305	305	260	175			
自动焊、半自动焊和 E55、E60 型焊条手工焊	Q460	≤16	410	410	350	235	220(E55) 240(E60)	540(E55) 590(E60)	315(E55) 340(E60)
		>16,≤40	390	390	330	225			
		>40,≤63	355	355	300	205			
		>63,≤100	340	340	290	195			
自动焊、半自动焊和 E50、E55 型焊条手工焊	Q345GJ	>16,≤35	310	310	265	180	200	480(E50) 540(E55)	280(E50) 315(E55)
		>35,≤50	290	290	245	170			
		>50,≤100	285	285	240	165			

注：1. 表中厚度指计算点的钢材厚度，对轴心受拉和轴心受压构件指截面中较厚板件的厚度。

2. 手工焊用焊条、自动焊和半自动焊所采用的焊丝和焊剂，应保证其熔敷金属的力学性能不低于母材的性能。

3. 焊缝质量等级应符合现行国家标准《钢结构焊接规范》(GB 50661—2011)的规定，其检验方法应符合现行国家标准《钢结构工程施工质量验收标准》(GB 50205—2020)的规定。其中厚度小于 6 mm 的钢材的对接焊缝，不应采用超声波探伤确定焊缝质量等级。

4. 对接焊缝在受压区的抗弯强度设计值取 f_c^w，在受拉区的抗弯强度设计值取 f_t^w。

附表 C-3　螺栓连接的强度指标　　　　　单位：N/mm²

螺栓的性能等级、锚栓和构件的钢材牌号		强度设计值										高强度螺栓的抗拉强度 f_u^b
		普通螺栓						锚栓	承压型连接或网架用高强度螺栓			
		C级螺栓			A级、B级螺栓							
		抗拉 f_t^b	抗剪 f_v^b	承压 f_c^b	抗拉 f_t^b	抗剪 f_v^b	承压 f_c^b	抗拉 f_t^b	抗拉 f_t^b	抗剪 f_v^b	承压 f_c^b	
普通螺栓	4.6级~4.8级	170	140	—	—	—	—	—	—	—	—	
	5.6级	—	—	—	210	190	—	—	—	—	—	
	8.8级	—	—	—	400	320	—	—	—	—	—	
锚栓	Q235	—	—	—	—	—	—	140	—	—	—	
	Q355	—	—	—	—	—	—	180	—	—	—	
	Q390	—	—	—	—	—	—	185	—	—	—	
承压型连接高强度螺栓	8.8级	—	—	—	—	—	—	—	400	250	—	830
	10.9级	—	—	—	—	—	—	—	500	310	—	1040
螺栓球节点用高强度螺栓	9.8级	—	—	—	—	—	—	—	385	—	—	—
	10.9级	—	—	—	—	—	—	—	430	—	—	—
构件钢材牌号	Q235	—	—	305	—	—	405	—	—	—	470	
	Q355	—	—	385	—	—	510	—	—	—	590	
	Q390	—	—	400	—	—	530	—	—	—	615	
	Q420	—	—	425	—	—	560	—	—	—	655	
	Q460	—	—	450	—	—	595	—	—	—	695	
	Q345GJ	—	—	400	—	—	530	—	—	—	615	

注：1. A级螺栓用于 $d \leqslant 24$ mm 和 $L \leqslant 10d$ 或 $L \leqslant 150$ mm（按较小值）的螺栓；B级螺栓用于 $d > 24$ mm 和 $L > 10d$ 或 $L > 150$ mm（按较小值）的螺栓；d 为公称直径，L 为螺杆公称长度。

2. A、B级螺栓孔的精度和孔壁表面粗糙度，C级螺栓孔的允许偏差和孔壁表面粗糙度，均应符合现行国家标准《钢结构工程施工质量验收标准》(GB 50205—2020)的要求。

3. 用于螺栓球节点网架的高强度螺栓，M12~M36 为 10.9 级，M39~M64 为 9.8 级。

附录 D 工字形截面简支梁等效弯矩系数和
轧制工字钢梁的稳定系数

附表 D-1   型钢和等截面工字形简支梁的系数 β_b

项次	侧向支承	荷载		$\xi \leqslant 2$	$\xi > 2$	适用范围
1	跨中无侧向支承	均布荷载作用在	上翼缘	$0.69 + 0.13\xi$	0.95	双轴对称及加强受压翼缘的单轴对称工字形截面
2			下翼缘	$1.73 - 0.20\xi$	1.33	
3		集中荷载作用在	上翼缘	$0.73 + 0.18\xi$	1.09	
4			下翼缘	$2.23 - 0.28\xi$	1.67	
5	跨度中点有一个侧向支承点	均布荷载作用在	上翼缘	1.15		双轴及单轴对称工字形截面
6			下翼缘	1.40		
7		集中荷载作用在截面高度的任意位置		1.75		
8	跨中有不少于两个等距离侧向支承点	任意荷载作用在	上翼缘	1.20		
9			下翼缘	1.40		
10	梁端有弯矩,但跨中无荷载作用	$1.75 - 1.05\left(\dfrac{M_2}{M_1}\right) + 0.3\left(\dfrac{M_2}{M_1}\right)^2$ 但 $\leqslant 2.3$				

注:1. ξ 为参数,$\xi = \dfrac{l_1 t_1}{b_1 h}$,其中 b_1 为受压翼缘的宽度。

2. M_1 和 M_2 为梁的端弯矩,使梁产生同向曲率时 M_1 和 M_2 取同号,产生反向曲率时取异号,$|M_1| \geqslant |M_2|$。

3. 表中项次 3、4 和 7 的集中荷载是指一个或少数几个集中荷载位于跨中央附近的情况,对其他情况的集中荷载,应按表中项次 1、2、5、6 内的数值采用。

4. 表中项次 8、9 的 β_b,当集中荷载作用在侧向支承点处时,取 $\beta_b = 1.20$。

5. 荷载作用在上翼缘是指荷载作用点在翼缘表面,方向指向截面形心;荷载作用在下翼缘是指荷载作用点在翼缘表面,方向背向截面形心。

6. 对 $\alpha_b > 0.8$ 的加强受压翼缘工字形截面,下列情况的 β_b 值应乘以相应的系数:

项次 1:当 $\xi \leqslant 1.0$ 时,乘以 0.95。

项次 3:当 $\xi \leqslant 0.5$ 时,乘以 0.90;当 $0.5 < \xi \leqslant 1.0$ 时,乘以 0.95。

附表 D-2   轧制普通工字钢简支梁的 φ_b

荷载情况			工字钢型号	自由长度 l_1/m								
				2	3	4	5	6	7	8	9	10
跨中无侧向支承点的梁	集中荷载作用于	上翼缘	10~20	2.00	1.30	0.99	0.80	0.68	0.58	0.53	0.48	0.43
			22~32	2.40	1.48	1.09	0.86	0.72	0.62	0.54	0.49	0.45
			36~63	2.80	1.60	1.07	0.83	0.68	0.56	0.50	0.45	0.40
		下翼缘	10~20	3.10	1.95	1.34	1.01	0.82	0.69	0.63	0.57	0.52
			22~40	5.50	2.80	1.84	1.37	1.07	0.86	0.73	0.64	0.56
			45~63	7.30	3.60	2.30	1.62	1.20	0.96	0.80	0.69	0.60
	均布荷载作用于	上翼缘	10~20	1.70	1.12	0.84	0.68	0.57	0.50	0.45	0.41	0.37
			22~40	2.10	1.30	0.93	0.73	0.60	0.51	0.45	0.40	0.36
			45~63	2.60	1.45	0.97	0.73	0.59	0.50	0.44	0.38	0.35
		下翼缘	10~20	2.50	1.55	1.08	0.83	0.68	0.56	0.52	0.47	0.42
			22~40	4.00	2.20	1.45	1.10	0.85	0.70	0.60	0.52	0.40
			45~63	5.60	2.80	1.80	1.25	0.95	0.78	0.65	0.55	0.49
跨中有侧向支承点的梁(不论荷载作用点在截面高度上的位置)			10~20	2.20	1.39	1.01	0.79	0.66	0.57	0.52	0.47	0.42
			22~40	3.00	1.80	1.24	0.96	0.76	0.65	0.56	0.49	0.43
			45~63	4.00	2.20	1.38	1.01	0.80	0.66	0.56	0.49	0.43

注:1. 同附表 D-1 的注 3、注 5。

2. 表中的 φ_b 适用于 Q235 钢。对其他钢号,表中数值应乘以 ε_k^2。

附录 E 轴心受压构件的稳定系数

附表 E-1 a 类截面轴心受压构件的稳定系数 φ

λ/ε_k	0	1	2	3	4	5	6	7	8	9
0	1.000	1.000	1.000	1.000	0.999	0.999	0.998	0.998	0.997	0.996
10	0.995	0.994	0.993	0.992	0.991	0.989	0.988	0.986	0.985	0.983
20	0.981	0.979	0.977	0.976	0.974	0.972	0.970	0.968	0.966	0.964
30	0.963	0.961	0.959	0.957	0.954	0.952	0.950	0.948	0.946	0.944
40	0.941	0.939	0.937	0.934	0.932	0.929	0.927	0.924	0.921	0.918
50	0.916	0.913	0.910	0.907	0.903	0.900	0.897	0.893	0.890	0.886
60	0.883	0.879	0.875	0.871	0.867	0.862	0.858	0.854	0.849	0.844
70	0.839	0.834	0.829	0.824	0.818	0.813	0.807	0.801	0.795	0.789
80	0.783	0.776	0.770	0.763	0.756	0.749	0.742	0.735	0.728	0.721
90	0.713	0.706	0.698	0.691	0.683	0.676	0.668	0.660	0.653	0.645
100	0.637	0.630	0.622	0.614	0.607	0.599	0.592	0.584	0.577	0.569
110	0.562	0.555	0.548	0.541	0.534	0.527	0.520	0.513	0.507	0.500
120	0.494	0.487	0.481	0.475	0.469	0.463	0.457	0.451	0.445	0.439
130	0.434	0.428	0.423	0.417	0.412	0.407	0.402	0.397	0.392	0.387
140	0.382	0.378	0.373	0.368	0.364	0.360	0.355	0.351	0.347	0.343
150	0.339	0.335	0.331	0.327	0.323	0.319	0.316	0.312	0.308	0.305
160	0.302	0.298	0.295	0.292	0.288	0.285	0.282	0.279	0.276	0.273
170	0.270	0.267	0.264	0.261	0.259	0.256	0.253	0.250	0.248	0.245
180	0.243	0.240	0.238	0.235	0.233	0.231	0.228	0.226	0.224	0.222
190	0.219	0.217	0.215	0.213	0.211	0.209	0.207	0.205	0.203	0.201
200	0.199	0.197	0.196	0.194	0.192	0.190	0.188	0.187	0.185	0.183
210	0.182	0.180	0.178	0.177	0.175	0.174	0.172	0.171	0.169	0.168
220	0.166	0.165	0.163	0.162	0.161	0.159	0.158	0.157	0.155	0.154
230	0.153	0.151	0.150	0.149	0.148	0.147	0.145	0.144	0.143	0.142
240	0.141	0.140	0.139	0.137	0.136	0.135	0.134	0.133	0.132	0.131
250	0.130	—	—	—	—	—	—	—	—	—

附表 E-2 b 类截面轴心受压构件的稳定系数 φ

λ/ε_k	0	1	2	3	4	5	6	7	8	9
0	1.000	1.000	1.000	0.999	0.999	0.998	0.997	0.996	0.995	0.994
10	0.992	0.991	0.989	0.987	0.985	0.983	0.981	0.978	0.976	0.973
20	0.970	0.967	0.963	0.960	0.957	0.953	0.950	0.946	0.943	0.939
30	0.936	0.932	0.929	0.925	0.921	0.918	0.914	0.910	0.906	0.903
40	0.899	0.895	0.891	0.886	0.882	0.878	0.874	0.870	0.865	0.861

续表

λ/ε_k	0	1	2	3	4	5	6	7	8	9
50	0.856	0.852	0.847	0.842	0.837	0.833	0.828	0.823	0.818	0.812
60	0.807	0.802	0.796	0.791	0.785	0.780	0.774	0.768	0.762	0.757
70	0.751	0.745	0.738	0.732	0.726	0.720	0.713	0.707	0.701	0.694
80	0.687	0.681	0.674	0.668	0.661	0.654	0.648	0.641	0.634	0.628
90	0.621	0.614	0.607	0.601	0.594	0.587	0.581	0.574	0.568	0.561
100	0.555	0.548	0.542	0.535	0.529	0.523	0.517	0.511	0.504	0.498
110	0.492	0.487	0.481	0.475	0.469	0.464	0.458	0.453	0.447	0.442
120	0.436	0.431	0.426	0.421	0.416	0.411	0.406	0.401	0.396	0.392
130	0.387	0.383	0.378	0.374	0.369	0.365	0.361	0.357	0.352	0.348
140	0.344	0.340	0.337	0.333	0.329	0.325	0.322	0.318	0.314	0.311
150	0.308	0.304	0.301	0.297	0.294	0.291	0.288	0.285	0.282	0.279
160	0.276	0.273	0.270	0.267	0.264	0.262	0.259	0.256	0.253	0.251
170	0.248	0.246	0.243	0.241	0.238	0.236	0.234	0.231	0.229	0.227
180	0.225	0.222	0.220	0.218	0.216	0.214	0.212	0.210	0.208	0.206
190	0.204	0.202	0.200	0.198	0.196	0.195	0.193	0.191	0.189	0.188
200	0.186	0.184	0.183	0.181	0.179	0.178	0.176	0.175	0.173	0.172
210	0.170	0.169	0.167	0.166	0.164	0.163	0.162	0.160	0.159	0.158
220	0.156	0.155	0.154	0.152	0.151	0.150	0.149	0.147	0.146	0.145
230	0.144	0.143	0.142	0.141	0.139	0.138	0.137	0.136	0.135	0.134
240	0.133	0.132	0.131	0.130	0.129	0.128	0.127	0.126	0.125	0.124
250	0.123	—	—	—	—	—	—	—	—	—

附表 E-3 c 类截面轴心受压构件的稳定系数 φ

λ/ε_k	0	1	2	3	4	5	6	7	8	9
0	1.000	1.000	1.000	0.999	0.999	0.998	0.997	0.996	0.995	0.993
10	0.992	0.990	0.988	0.986	0.983	0.981	0.978	0.976	0.973	0.970
20	0.966	0.959	0.953	0.947	0.940	0.934	0.928	0.921	0.915	0.909
30	0.902	0.896	0.890	0.883	0.877	0.871	0.865	0.858	0.852	0.845
40	0.839	0.833	0.826	0.820	0.813	0.807	0.800	0.794	0.787	0.781
50	0.774	0.768	0.761	0.755	0.748	0.742	0.735	0.728	0.722	0.715
60	0.709	0.702	0.695	0.689	0.682	0.675	0.669	0.662	0.656	0.649
70	0.642	0.636	0.629	0.623	0.616	0.610	0.603	0.597	0.591	0.584
80	0.578	0.572	0.565	0.559	0.553	0.547	0.541	0.535	0.529	0.523
90	0.517	0.511	0.505	0.499	0.494	0.488	0.483	0.477	0.471	0.467
100	0.462	0.458	0.453	0.449	0.445	0.440	0.436	0.432	0.427	0.423
110	0.419	0.415	0.411	0.407	0.402	0.398	0.394	0.390	0.386	0.383
120	0.379	0.375	0.371	0.367	0.363	0.360	0.356	0.352	0.349	0.345
130	0.342	0.338	0.335	0.332	0.328	0.325	0.322	0.318	0.315	0.312
140	0.309	0.306	0.303	0.300	0.297	0.294	0.291	0.288	0.285	0.282

λ/ε_k	0	1	2	3	4	5	6	7	8	9
150	0.279	0.277	0.274	0.271	0.269	0.266	0.263	0.261	0.258	0.256
160	0.253	0.251	0.248	0.246	0.244	0.241	0.239	0.237	0.235	0.232
170	0.230	0.228	0.226	0.224	0.222	0.220	0.218	0.216	0.214	0.212
180	0.210	0.208	0.206	0.204	0.203	0.201	0.199	0.197	0.195	0.194
190	0.192	0.190	0.189	0.187	0.185	0.184	0.182	0.181	0.179	0.178
200	0.176	0.175	0.173	0.172	0.170	0.169	0.167	0.166	0.165	0.163
210	0.162	0.161	0.159	0.158	0.157	0.155	0.154	0.153	0.152	0.151
220	0.149	0.148	0.147	0.146	0.145	0.144	0.142	0.141	0.140	0.139
230	0.138	0.137	0.136	0.135	0.134	0.133	0.132	0.131	0.130	0.129
240	0.128	0.127	0.126	0.125	0.124	0.123	0.123	0.122	0.121	0.120
250	0.119	—	—	—	—	—	—	—	—	—

附表 E-4　d 类截面轴心受压构件的稳定系数 φ

λ/ε_k	0	1	2	3	4	5	6	7	8	9
0	1.000	1.000	0.999	0.999	0.998	0.996	0.994	0.992	0.990	0.987
10	0.984	0.981	0.978	0.974	0.969	0.965	0.960	0.955	0.949	0.944
20	0.937	0.927	0.918	0.909	0.900	0.891	0.883	0.874	0.865	0.857
30	0.848	0.840	0.831	0.823	0.815	0.807	0.798	0.790	0.782	0.774
40	0.766	0.758	0.751	0.743	0.735	0.727	0.720	0.712	0.705	0.697
50	0.690	0.682	0.675	0.668	0.660	0.653	0.646	0.639	0.632	0.625
60	0.618	0.611	0.605	0.598	0.591	0.585	0.578	0.571	0.565	0.559
70	0.552	0.546	0.540	0.534	0.528	0.521	0.516	0.510	0.504	0.498
80	0.492	0.487	0.481	0.476	0.470	0.465	0.459	0.454	0.449	0.444
90	0.439	0.434	0.429	0.424	0.419	0.414	0.409	0.405	0.401	0.397
100	0.393	0.390	0.386	0.383	0.380	0.376	0.373	0.369	0.366	0.363
110	0.359	0.356	0.353	0.350	0.346	0.343	0.340	0.337	0.334	0.331
120	0.328	0.325	0.322	0.319	0.316	0.313	0.310	0.307	0.304	0.301
130	0.298	0.296	0.293	0.290	0.288	0.285	0.282	0.280	0.277	0.275
140	0.272	0.270	0.267	0.265	0.262	0.260	0.257	0.255	0.253	0.250
150	0.248	0.246	0.244	0.242	0.239	0.237	0.235	0.233	0.231	0.229
160	0.227	0.225	0.223	0.221	0.219	0.217	0.215	0.213	0.211	0.210
170	0.208	0.206	0.204	0.202	0.201	0.199	0.197	0.196	0.194	0.192
180	0.191	0.189	0.187	0.186	0.184	0.183	0.181	0.180	0.178	0.177
190	0.175	0.174	0.173	0.171	0.170	0.168	0.167	0.166	0.164	0.163
200	0.162	—	—	—	—	—	—	—	—	—

附录 F 各种截面回转半径的近似值

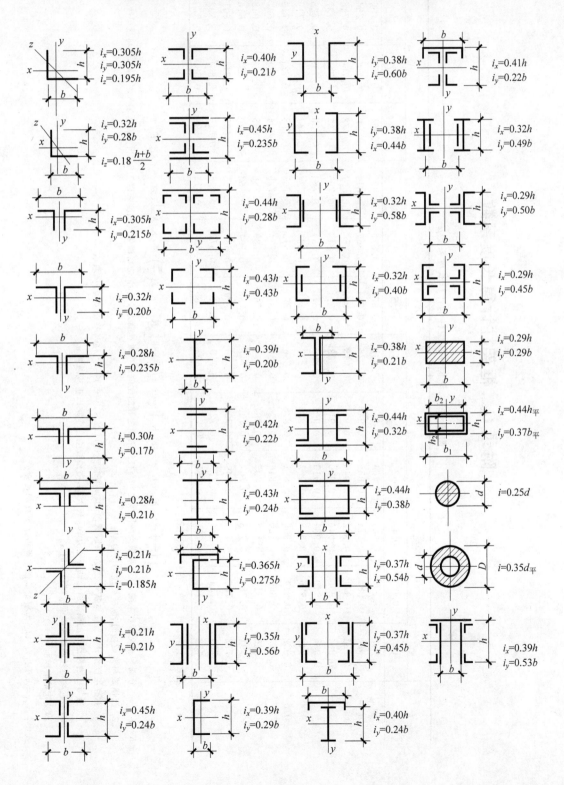

附录 G 框架柱计算长度系数

附表 G-1 无侧移框架柱的计算长度系数 μ

K_2	K_1												
	0	0.05	0.1	0.2	0.3	0.4	0.5	1	2	3	4	5	≥10
0	1.000	0.990	0.981	0.964	0.949	0.935	0.922	0.875	0.820	0.791	0.773	0.760	0.732
0.05	0.990	0.981	0.971	0.955	0.940	0.926	0.914	0.867	0.814	0.84	0.766	0.754	0.726
0.1	0.981	0.971	0.962	0.946	0.931	0.918	0.906	0.860	0.807	0.778	0.760	0.748	0.721
0.2	0.964	0.955	0.946	0.930	0.916	0.903	0.891	0.846	0.795	0.767	0.749	0.737	0.711
0.3	0.949	0.940	0.931	0.916	0.902	0.889	0.878	0.834	0.784	0.756	0.739	0.728	0.701
0.4	0.935	0.926	0.918	0.903	0.889	0.877	0.866	0.826	0.774	0.747	0.730	0.719	0.693
0.5	0.922	0.914	0.906	0.891	0.878	0.866	0.855	0.813	0.765	0.738	0.721	0.710	0.685
1	0.875	0.867	0.860	0.846	0.834	0.826	0.813	0.774	0.729	0.704	0.688	0.667	0.654
2	0.820	0.814	0.807	0.795	0.784	0.774	0.765	0.729	0.686	0.663	0.648	0.638	0.615
3	0.791	0.784	0.778	0.767	0.756	0.747	0.738	0.704	0.663	0.640	0.625	0.616	0.592
4	0.773	0.766	0.760	0.749	0.739	0.730	0.721	0.688	0.648	0.625	0.611	0.601	0.580
5	0.760	0.754	0.748	0.737	0.728	0.719	0.710	0.677	0.638	0.616	0.601	0.592	0.570
≥10	0.732	0.726	0.721	0.711	0.701	0.693	0.685	0.654	0.615	0.593	0.580	0.570	0.549

注：1. 表中的计算长度系数 μ 值按下式计算：

$$\left[\left(\frac{\pi}{\mu}\right)^2+2(K_1+K_2)-4K_1K_2\right]\frac{\pi}{\mu}\cdot\sin\frac{\pi}{\mu}-2\left[(K_1+K_2)\left(\frac{\pi}{\mu}\right)^2+4K_1K_2\right]\cos\frac{\pi}{\mu}+8K_1K_2=0$$

K_1、K_2——分别为相交于柱上端、柱下端的各横梁线刚度之和与柱线刚度之和的比值。当横梁远端为铰接时，应将横梁线刚度乘以 1.5；当横梁远端为嵌固时，则将横梁线刚度乘以 2.0。

2. 当横梁与柱铰接时，取横梁线刚度为零。

3. 对底层框架柱：当柱与基础铰接时，取 $K_2=0$（对平板支座可取 $K_2=0.1$）；当柱与基础刚接时，取 $K_2=10$。

4. 当与柱刚性连接的横梁所受轴心压力 N_b 较大时，横梁线刚度应乘以折减系数 α_N：

横梁远端与柱刚接和横梁远端铰支时 $\alpha_N=1-N_b/N_{Eb}$

横梁远端嵌固时 $\alpha_N=1-N_b/(2N_{Eb})$

式中：$N_{Eb}=\pi^2EI_b/l^2$，I_b 为横梁截面惯性矩，l 为横梁长度。

附表 G-2　有侧移框架柱的计算长度系数 μ

K_2 \ K_1	0	0.05	0.1	0.2	0.3	0.4	0.5	1	2	3	4	5	≥10
0	∞	6.02	4.46	3.42	3.01	2.78	2.64	2.33	2.17	2.11	2.08	2.07	2.03
0.05	6.02	4.16	3.47	2.86	2.58	2.42	2.31	2.07	1.94	1.90	1.87	1.86	1.83
0.1	4.46	3.47	3.01	2.56	2.33	2.20	2.11	1.90	1.79	1.75	1.73	1.72	1.70
0.2	3.42	2.86	2.56	2.23	2.05	1.94	1.87	1.70	1.60	1.57	1.55	1.54	1.52
0.3	3.01	2.58	2.33	2.05	1.90	1.80	1.74	1.58	1.49	1.46	1.45	1.44	1.42
0.4	2.78	2.42	2.20	1.94	1.80	1.71	1.65	1.50	1.42	1.39	1.37	1.37	1.35
0.5	2.64	2.31	2.11	1.87	1.74	1.65	1.59	1.45	1.37	1.34	1.32	1.32	1.30
1	2.33	2.07	1.90	1.70	1.58	1.50	1.45	1.32	1.24	1.21	1.20	1.19	1.17
2	2.17	1.94	1.79	1.60	1.49	1.42	1.37	1.24	1.16	1.14	1.12	1.12	1.10
3	2.11	1.90	1.75	1.57	1.46	1.39	1.34	1.21	1.14	1.11	1.10	1.09	1.07
4	2.08	1.87	1.73	1.55	1.45	1.37	1.32	1.20	1.12	1.10	1.08	1.08	1.06
5	2.07	1.86	1.72	1.54	1.44	1.37	1.32	1.19	1.12	1.09	1.08	1.07	1.05
≥10	2.03	1.83	1.70	1.52	1.42	1.35	1.30	1.17	1.10	1.07	1.06	1.05	1.03

注：1. 表中的计算长度系数 μ 值按下式计算：

$$\left[36 K_1 K_2 - \left(\frac{\pi}{\mu}\right)^2\right] \sin\frac{\pi}{\mu} + 6(K_1 + K_2)\frac{\pi}{\mu} \cdot \cos\frac{\pi}{\mu} = 0$$

K_1、K_2——分别为相交于柱上端、柱下端横梁线刚度之和与柱线刚度之比值。当横梁远端为铰接时，应将横梁线刚度乘以 0.5；当横梁远端为嵌固时，则将横梁线刚度乘以 2/3。

2. 当横梁与柱铰接时，取横梁线刚度为零。

3. 对底层框架柱：当柱与基础铰接时，取 $K_2 = 0$（对平板支座可取 $K_2 = 0.1$）；当柱与基础刚接时，取 $K_2 = 10$。

4. 当横梁与柱刚性连接的横梁所受轴心压力 N_b 较大时，横梁线刚度应乘以折减系数 α_N：

横梁远端与柱刚接时 $\alpha_N = 1 - N_b/(4N_{Eb})$

横梁远端铰支时 $\alpha_N = 1 - N_b/N_{Eb}$

横梁远端嵌固时 $\alpha_N = 1 - N_b/(2N_{Eb})$

式中：$N_{Eb} = \pi^2 EI_b/l^2$，I_b 为横梁截面惯性矩，l 为横梁长度。

附表 G-3　柱上端为自由的单阶柱下端的计算长度系数 μ

简图	η₁	K_1																	
		0.06	0.08	0.10	0.12	0.14	0.16	0.18	0.20	0.22	0.24	0.26	0.28	0.3	0.4	0.5	0.6	0.7	0.8
	0.2	2.00	2.01	2.01	2.01	2.01	2.01	2.01	2.02	2.02	2.02	2.02	2.02	2.02	2.03	2.04	2.05	2.06	2.07
	0.3	2.01	2.02	2.02	2.02	2.03	2.03	2.03	2.04	2.04	2.05	2.05	2.05	2.06	2.08	2.10	2.12	2.13	2.15
	0.4	2.02	2.03	2.04	2.04	2.05	2.06	2.07	2.07	2.08	2.09	2.09	2.10	2.11	2.14	2.18	2.21	2.25	2.28
	0.5	2.04	2.05	2.06	2.07	2.08	2.10	2.11	2.12	2.13	2.15	2.16	2.17	2.18	2.24	2.29	2.35	2.40	2.45
	0.6	2.06	2.08	2.10	2.12	2.14	2.16	2.18	2.19	2.21	2.23	2.25	2.26	2.28	2.36	2.44	2.52	2.59	2.66
	0.7	2.10	2.13	2.16	2.18	2.21	2.24	2.26	2.29	2.31	2.34	2.36	2.38	2.41	2.52	2.62	2.72	2.81	2.90
	0.8	2.15	2.20	2.24	2.27	2.31	2.34	2.38	2.41	2.44	2.47	2.50	2.53	2.56	2.70	2.82	2.94	3.06	3.16
	0.9	2.24	2.29	2.35	2.39	2.44	2.48	2.52	2.56	2.60	2.63	2.67	2.71	2.74	2.90	3.05	3.19	3.32	3.44
	1.0	2.36	2.43	2.48	2.54	2.59	2.64	2.69	2.73	2.77	2.82	2.86	2.90	2.94	3.12	3.29	3.45	3.59	3.74
	1.2	2.69	2.76	2.83	2.89	2.95	3.01	3.07	3.12	3.17	3.22	3.27	3.32	3.37	3.59	3.80	3.99	4.17	4.34
	1.4	3.07	3.14	3.22	3.29	3.36	3.42	3.48	3.55	3.61	3.66	3.72	3.78	3.83	4.09	4.33	4.56	4.77	4.97
	1.6	3.47	3.55	3.63	3.71	3.78	3.85	3.92	3.99	4.07	4.12	4.18	4.25	4.31	4.61	4.88	5.14	5.38	5.62
	1.8	3.88	3.97	4.05	4.13	4.21	4.29	4.37	4.44	4.52	4.59	4.66	4.73	4.80	5.13	5.44	5.73	6.00	6.26
	2.0	4.29	4.39	4.48	4.57	4.65	4.74	4.82	4.90	4.99	5.07	5.14	5.22	5.30	5.66	6.00	6.32	6.63	6.92
	2.2	4.71	4.81	4.91	5.00	5.10	5.19	5.28	5.37	5.46	5.54	5.63	5.71	5.80	6.19	6.57	6.92	7.26	7.58
	2.4	5.13	5.24	5.34	5.44	5.54	5.64	5.74	5.84	5.93	6.03	6.12	6.21	6.30	6.73	7.14	7.52	7.89	8.24
	2.6	5.55	5.66	5.77	5.88	5.99	6.10	6.20	6.31	6.41	6.51	6.61	6.71	6.80	7.27	7.71	8.13	8.52	8.90
	2.8	5.97	6.09	6.21	6.33	6.44	6.55	6.67	6.78	6.89	6.99	7.10	7.21	7.31	7.81	8.28	8.73	9.16	9.57
	3.0	6.39	6.52	6.64	6.77	6.89	7.01	7.13	7.25	7.37	7.48	7.59	7.71	7.82	8.35	8.86	9.34	9.80	10.24

$$K_1 = \frac{I_1}{I_2} \cdot \frac{H_2}{H_1}$$

$$\eta_1 = \frac{H_1}{H_2}\sqrt{\frac{N_1}{N_2} \cdot \frac{I_2}{I_1}}$$

N_1——上端柱的轴心力

N_2——下端柱的轴心力

注：表中的计算长度系数 μ 值按下式计算：

$$\eta_1 K_1 \cdot \tan\frac{\pi}{\mu} \cdot \tan\frac{\pi\eta_1}{\mu} - 1 = 0$$

附表 G-4　柱上端可移动但不可转动的单阶柱下端的计算长度系数 μ

简　图	η_1	K_1																	
		0.06	0.08	0.10	0.12	0.14	0.16	0.18	0.20	0.22	0.24	0.26	0.28	0.3	0.4	0.5	0.6	0.7	0.8
	0.2	1.96	1.94	1.93	1.91	1.90	1.89	1.88	1.86	1.85	1.84	1.83	1.82	1.81	1.76	1.72	1.68	1.65	1.62
	0.3	1.96	1.94	1.93	1.92	1.91	1.89	1.88	1.87	1.86	1.85	1.84	1.83	1.82	1.77	1.73	1.70	1.66	1.63
	0.4	1.96	1.95	1.94	1.92	1.91	1.90	1.89	1.88	1.87	1.86	1.85	1.84	1.83	1.79	1.75	1.72	1.68	1.66
	0.5	1.96	1.95	1.94	1.93	1.92	1.91	1.90	1.89	1.88	1.87	1.86	1.85	1.85	1.81	1.77	1.74	1.71	1.69
	0.6	1.97	1.96	1.95	1.94	1.93	1.92	1.91	1.90	1.90	1.89	1.88	1.87	1.87	1.83	1.80	1.78	1.75	1.73
	0.7	1.97	1.97	1.96	1.95	1.94	1.93	1.93	1.92	1.92	1.91	1.90	1.90	1.89	1.86	1.84	1.82	1.80	1.73
	0.8	1.98	1.98	1.97	1.96	1.96	1.95	1.95	1.94	1.94	1.93	1.93	1.93	1.92	1.90	1.88	1.87	1.86	1.78
	0.9	1.99	1.99	1.98	1.98	1.98	1.97	1.97	1.97	1.97	1.96	1.96	1.96	1.96	1.95	1.94	1.93	1.92	1.84
	1.0	2.00	2.00	2.00	2.00	2.00	2.00	2.00	2.00	2.00	2.00	2.00	2.00	2.00	2.00	2.00	2.00	2.00	1.92
	1.2	2.03	2.04	2.04	2.05	2.06	2.07	2.07	2.08	2.08	2.09	2.10	2.10	2.11	2.13	2.15	2.17	2.18	2.00
	1.4	2.07	2.09	2.11	2.12	2.14	2.16	2.17	2.18	2.20	2.21	2.22	2.23	2.24	2.29	2.33	2.37	2.40	2.42
	1.6	2.13	2.16	2.19	2.22	2.25	2.27	2.30	2.32	2.34	2.36	2.37	2.39	2.41	2.48	2.54	2.59	2.63	2.67
	1.8	2.22	2.27	2.31	2.35	2.39	2.42	2.45	2.48	2.50	2.53	2.55	2.57	2.59	2.69	2.76	2.83	2.88	2.93
	2.0	2.35	2.41	2.46	2.50	2.55	2.59	2.62	2.66	2.69	2.72	2.75	2.77	2.80	2.91	3.00	3.08	3.14	3.20
	2.2	2.51	2.57	2.63	2.68	2.73	2.77	2.81	2.85	2.89	2.92	2.95	2.98	3.01	3.14	3.25	3.33	3.41	3.47
	2.4	2.68	2.75	2.81	2.87	2.92	2.97	3.01	3.05	3.09	3.13	3.17	3.20	3.24	3.38	3.50	3.59	3.68	3.75
	2.6	2.87	2.94	3.00	3.06	3.12	3.17	3.22	3.27	3.31	3.35	3.39	3.43	3.46	3.62	3.75	3.86	3.95	4.03
	2.8	3.06	3.14	3.20	3.27	3.33	3.38	3.43	3.48	3.53	3.58	3.62	3.66	3.70	3.87	4.01	4.13	4.23	4.32
	3.0	3.26	3.34	3.41	3.47	3.54	3.60	3.65	3.70	3.75	3.80	3.85	3.89	3.93	4.12	4.27	4.40	4.51	4.61

简图说明：

$$K_1 = \frac{I_1}{I_2} \cdot \frac{H_2}{H_1}$$

$$\eta_1 = \frac{H_1}{H_2} \sqrt{\frac{N_1}{N_2} \cdot \frac{I_2}{I_1}}$$

N_1——上端柱的轴心力

N_2——下端柱的轴心力

注：表中的计算长度系数 μ 值按下式计算：

$$\tan \frac{\pi \eta_1}{\mu} + \eta_1 K_1 \cdot \tan \frac{\pi}{\mu} = 0$$

附表 G-5　柱上端为自由的双阶柱下段的计算长度系数 μ

简图与公式：

$$K_1 = \frac{I_1}{I_3} \cdot \frac{H_3}{H_1}$$

$$K_2 = \frac{I_2}{I_3} \cdot \frac{H_3}{H_2}$$

$$\eta_1 = \frac{H_1}{H_3} \sqrt{\frac{N_1}{N_3} \cdot \frac{I_3}{I_1}}$$

$$\eta_2 = \frac{H_2}{H_3} \sqrt{\frac{N_2}{N_3} \cdot \frac{I_3}{I_2}}$$

N_1 —— 上段柱的轴心力
N_2 —— 中段柱的轴心力
N_3 —— 下段柱的轴心力

η_1	$\begin{matrix}K_1\\K_2\end{matrix}$ η_2	0.05											0.10										
		0.2	0.3	0.4	0.5	0.6	0.7	0.8	0.9	1.0	1.1	1.2	0.2	0.3	0.4	0.5	0.6	0.7	0.8	0.9	1.0	1.1	1.2
0.2	0.2	2.02	2.03	2.04	2.05	2.06	2.06	2.07	2.08	2.09	2.10	2.10	2.03	2.03	2.04	2.05	2.06	2.07	2.08	2.08	2.09	2.10	2.11
	0.4	2.08	2.11	2.15	2.19	2.22	2.25	2.29	2.32	2.35	2.39	2.42	2.09	2.12	2.16	2.19	2.23	2.26	2.29	2.33	2.36	2.39	2.42
	0.6	2.20	2.29	2.37	2.45	2.52	2.60	2.67	2.73	2.80	2.87	2.93	2.21	2.30	2.38	2.46	2.53	2.60	2.67	2.74	2.81	2.87	2.93
	0.8	2.42	2.57	2.71	2.83	2.95	3.06	3.17	3.27	3.37	3.47	3.56	2.44	2.58	2.71	2.84	2.96	3.07	3.17	3.28	3.37	3.47	3.56
	1.0	2.75	2.95	3.13	3.30	3.45	3.60	3.74	3.87	4.00	4.13	4.25	2.76	2.96	3.14	3.30	3.46	3.60	3.74	3.88	4.01	4.13	4.25
	1.2	3.13	3.38	3.60	3.80	4.00	4.18	4.35	4.51	4.67	4.82	4.97	3.15	3.39	3.61	3.81	4.00	4.18	4.35	4.52	4.68	4.83	4.98
0.4	0.2	2.04	2.05	2.06	2.06	2.07	2.08	2.09	2.09	2.10	2.10	2.12	2.07	2.08	2.08	2.09	2.09	2.10	2.11	2.12	2.12	2.13	2.14
	0.4	2.10	2.14	2.17	2.20	2.24	2.27	2.31	2.34	2.37	2.40	2.43	2.14	2.17	2.20	2.23	2.26	2.30	2.33	2.36	2.39	2.42	2.46
	0.6	2.24	2.32	2.40	2.47	2.54	2.62	2.68	2.75	2.82	2.88	2.94	2.28	2.36	2.43	2.50	2.57	2.64	2.71	2.77	2.84	2.90	2.96
	0.8	2.47	2.60	2.73	2.85	2.97	3.08	3.19	3.29	3.38	3.48	3.57	2.53	2.65	2.77	2.88	3.00	3.10	3.21	3.31	3.40	3.50	3.59
	1.0	2.79	2.98	3.15	3.32	3.47	3.62	3.75	3.89	4.02	4.14	4.26	2.85	3.02	3.19	3.34	3.49	3.64	3.77	3.91	4.03	4.16	4.28
	1.2	3.18	3.41	3.62	3.82	4.01	4.19	4.36	4.52	4.68	4.83	4.98	3.24	3.45	3.65	3.85	4.03	4.21	4.38	4.54	4.70	4.85	4.99
0.6	0.2	2.09	2.09	2.10	2.10	2.11	2.12	2.12	2.13	2.14	2.15	2.15	2.22	2.19	2.18	2.17	2.18	2.18	2.19	2.19	2.20	2.20	2.21
	0.4	2.17	2.19	2.22	2.25	2.28	2.31	2.34	2.38	2.41	2.44	2.47	2.31	2.30	2.31	2.33	2.35	2.38	2.41	2.44	2.47	2.49	2.52
	0.6	2.32	2.38	2.45	2.52	2.59	2.66	2.72	2.79	2.85	2.91	2.97	2.48	2.49	2.54	2.60	2.66	2.72	2.78	2.84	2.90	2.96	3.02
	0.8	2.56	2.67	2.79	2.90	3.01	3.11	3.22	3.32	3.41	3.50	3.60	2.72	2.78	2.87	2.97	3.07	3.17	3.27	3.36	3.46	3.55	3.64
	1.0	2.88	3.04	3.20	3.36	3.50	3.65	3.78	3.91	4.04	4.16	4.26	3.04	3.15	3.28	3.42	3.56	3.70	3.83	3.95	4.08	4.20	4.31
	1.2	3.26	3.46	3.66	3.86	4.04	4.22	4.38	4.55	4.70	4.85	5.00	3.40	3.56	3.74	3.91	4.09	4.26	4.42	4.58	4.73	4.88	5.03
0.8	0.2	2.29	2.24	2.22	2.21	2.21	2.22	2.22	2.22	2.23	2.23	2.24	2.63	2.49	2.43	2.40	2.38	2.37	2.37	2.36	2.36	2.37	2.37
	0.4	2.37	2.34	2.34	2.36	2.38	2.40	2.43	2.45	2.48	2.51	2.54	2.71	2.59	2.55	2.54	2.54	2.55	2.57	2.59	2.61	2.63	2.65
	0.6	2.52	2.52	2.56	2.61	2.67	2.73	2.79	2.85	2.91	2.96	3.02	2.86	2.76	2.76	2.78	2.82	2.86	2.91	2.96	3.01	3.07	3.12
	0.8	2.74	2.79	2.88	2.98	3.08	3.17	3.27	3.36	3.46	3.55	3.63	3.06	3.02	3.06	3.13	3.20	3.29	3.37	3.46	3.54	3.63	3.71
	1.0	3.04	3.15	3.28	3.42	3.56	3.69	3.82	3.95	4.07	4.19	4.31	3.33	3.35	3.44	3.55	3.67	3.79	3.90	4.03	4.15	4.26	4.37
	1.2	3.39	3.55	3.73	3.91	4.08	4.25	4.42	4.58	4.73	4.88	5.02	3.65	3.73	3.86	4.02	4.18	4.34	4.49	4.64	4.79	4.94	5.08
1.0	0.2	2.69	2.57	2.51	2.48	2.46	2.45	2.45	2.44	2.44	2.44	2.44	3.18	2.95	2.84	2.77	2.73	2.70	2.68	2.67	2.66	2.65	2.65
	0.4	2.75	2.64	2.60	2.59	2.59	2.60	2.62	2.63	2.65	2.65	2.67	3.24	3.03	2.93	2.88	2.85	2.84	2.84	2.84	2.85	2.86	2.87
	0.6	2.86	2.78	2.77	2.79	2.83	2.87	2.91	2.96	3.01	3.06	3.10	3.36	3.16	3.09	3.07	3.08	3.09	3.12	3.15	3.19	3.23	3.27
	0.8	3.04	3.01	3.05	3.11	3.19	3.27	3.35	3.44	3.52	3.61	3.69	3.52	3.37	3.34	3.36	3.41	3.46	3.53	3.60	3.67	3.75	3.82
	1.0	3.29	3.32	3.41	3.52	3.64	3.76	3.89	4.01	4.13	4.24	4.35	3.74	3.64	3.67	3.74	3.83	3.93	4.03	4.14	4.25	4.35	4.46
	1.2	3.60	3.69	3.83	3.99	4.15	4.31	4.47	4.62	4.77	4.92	5.02	4.00	3.97	4.05	4.17	4.31	4.45	4.59	4.73	4.87	5.01	5.14

续表

简图

$$K_1 = \frac{I_1}{I_3} \cdot \frac{H_3}{H_1}$$

$$K_2 = \frac{I_2}{I_3} \cdot \frac{H_3}{H_2}$$

$$\eta_1 = \frac{H_1}{H_3} \sqrt{\frac{N_1 \cdot I_3}{N_3 \cdot I_1}}$$

$K_1 = 0.05$

η_1	η_2	0.2	0.3	0.4	0.5	0.6	0.7	0.8	0.9	1.0	1.1	1.2
1.2	0.2	3.16	3.00	2.92	2.87	2.84	2.81	2.80	2.79	2.78	2.77	2.77
	0.4	3.21	3.05	2.98	2.94	2.92	2.90	2.90	2.90	2.90	2.91	2.92
	0.6	3.30	3.15	3.10	3.08	3.08	3.10	3.12	3.15	3.18	3.22	3.26
	0.8	3.43	3.32	3.30	3.33	3.37	3.43	3.49	3.56	3.63	3.71	3.78
	1.0	3.62	3.57	3.60	3.68	3.77	3.87	3.98	4.09	4.20	4.31	4.42
	1.2	3.88	3.88	3.98	4.11	4.25	4.39	4.54	4.68	4.83	4.97	5.10
1.4	0.2	3.66	3.46	3.36	3.29	3.25	3.23	3.20	3.19	3.18	3.17	3.16
	0.4	3.70	3.50	3.40	3.35	3.31	3.29	3.27	3.26	3.26	3.26	3.26
	0.6	3.77	3.58	3.49	3.45	3.43	3.42	3.42	3.43	3.45	3.47	3.49
	0.8	3.87	3.70	3.64	3.63	3.64	3.67	3.70	3.75	3.81	3.86	3.92
	1.0	4.02	3.89	3.87	3.90	3.96	4.04	4.12	4.22	4.31	4.41	4.51
	1.2	4.23	4.15	4.19	4.27	4.39	4.51	4.64	4.77	4.91	5.04	5.17

$K_1 = 0.10$

η_1	η_2	0.2	0.3	0.4	0.5	0.6	0.7	0.8	0.9	1.0	1.1	1.2
1.2	0.2	3.77	3.47	3.32	3.23	3.17	3.12	3.09	3.07	3.05	3.04	3.03
	0.4	3.82	3.53	3.39	3.31	3.26	3.22	3.20	3.19	3.19	3.19	3.19
	0.6	3.91	3.64	3.51	3.45	3.42	3.42	3.42	3.43	3.45	3.48	3.50
	0.8	4.04	3.80	3.71	3.68	3.69	3.72	3.76	3.81	3.86	3.92	3.98
	1.0	4.21	4.02	3.97	3.99	4.05	4.12	4.20	4.29	4.39	4.48	4.58
	1.2	4.43	4.30	4.31	4.38	4.48	4.60	4.72	4.85	4.98	5.11	5.24
1.4	0.2	4.37	4.01	3.82	3.71	3.63	3.58	3.54	3.51	3.49	3.47	3.45
	0.4	4.41	4.06	3.88	3.77	3.70	3.66	3.63	3.60	3.59	3.58	3.57
	0.6	4.48	4.15	3.98	3.89	3.83	3.80	3.79	3.78	3.79	3.80	3.81
	0.8	4.59	4.28	4.13	4.07	4.04	4.04	4.06	4.08	4.12	4.16	4.21
	1.0	4.74	4.45	4.35	4.32	4.34	4.38	4.43	4.50	4.58	4.66	4.74
	1.2	4.92	4.69	4.63	4.65	4.72	4.80	4.90	5.10	5.13	5.24	5.36

$K_1 = 0.20$

η_1	η_2	0.2	0.3	0.4	0.5	0.6	0.7	0.8	0.9	1.0	1.1	1.2
0.2	0.2	2.04	2.04	2.05	2.06	2.07	2.08	2.08	2.09	2.10	2.11	2.12
	0.4	2.10	2.13	2.17	2.20	2.24	2.27	2.30	2.34	2.37	2.40	2.43
	0.6	2.23	2.31	2.39	2.47	2.54	2.61	2.68	2.75	2.82	2.88	2.94
	0.8	2.46	2.60	2.73	2.85	2.97	3.08	3.18	3.29	3.38	3.48	3.57
	1.0	2.79	2.98	3.15	3.32	3.47	3.61	3.75	3.89	4.02	4.14	4.26
	1.2	3.18	3.41	3.62	3.82	4.01	4.19	4.36	4.52	4.68	4.83	4.98
0.4	0.2	2.15	2.13	2.14	2.14	2.14	2.15	2.15	2.16	2.17	2.17	2.18
	0.4	2.24	2.24	2.26	2.29	2.32	2.35	2.38	2.41	2.44	2.47	2.50
	0.6	2.40	2.44	2.50	2.56	2.63	2.69	2.76	2.82	2.88	2.94	3.00
	0.8	2.66	2.74	2.84	2.95	3.05	3.15	3.25	3.35	3.44	3.53	3.62
	1.0	2.98	3.12	3.25	3.40	3.54	3.68	3.81	3.94	4.07	4.19	4.30
	1.2	3.35	3.53	3.71	3.90	4.08	4.25	4.41	4.57	4.73	4.87	5.02
0.6	0.2	2.57	2.42	2.37	2.34	2.33	2.32	2.32	2.32	2.32	2.32	2.33
	0.4	2.67	2.54	2.50	2.50	2.51	2.52	2.54	2.56	2.58	2.61	2.63
	0.6	2.83	2.74	2.73	2.76	2.80	2.85	2.90	2.96	3.01	3.06	3.12

$K_1 = 0.30$

η_1	η_2	0.2	0.3	0.4	0.5	0.6	0.7	0.8	0.9	1.0	1.1	1.2
0.2	0.2	2.05	2.05	2.06	2.07	2.08	2.09	2.09	2.10	2.11	2.12	2.13
	0.4	2.12	2.15	2.18	2.21	2.25	2.28	2.31	2.35	2.38	2.41	2.44
	0.6	2.25	2.33	2.41	2.48	2.56	2.63	2.69	2.76	2.83	2.89	2.95
	0.8	2.49	2.62	2.75	2.87	2.98	3.09	3.20	3.30	3.39	3.49	3.58
	1.0	2.82	3.00	3.17	3.33	3.48	3.63	3.76	3.90	4.02	4.15	4.27
	1.2	3.20	3.43	3.64	3.83	4.02	4.20	4.37	4.53	4.69	4.84	4.99
0.4	0.2	2.26	2.21	2.20	2.19	2.19	2.20	2.20	2.21	2.21	2.22	2.23
	0.4	2.36	2.33	2.33	2.35	2.38	2.40	2.43	2.46	2.49	2.51	2.54
	0.6	2.54	2.54	2.58	2.63	2.69	2.75	2.81	2.87	2.93	2.99	3.04
	0.8	2.79	2.83	2.91	3.01	3.10	3.20	3.30	3.39	3.48	3.57	3.66
	1.0	3.11	3.20	3.32	3.46	3.59	3.72	3.85	3.98	4.10	4.22	4.33
	1.2	3.47	3.60	3.77	3.95	4.12	4.28	4.45	4.60	4.75	4.90	5.04
0.6	0.2	2.93	2.68	2.57	2.52	2.49	2.47	2.46	2.45	2.45	2.45	2.45
	0.4	3.02	2.79	2.71	2.67	2.66	2.66	2.67	2.69	2.70	2.72	2.74
	0.6	3.17	2.98	2.93	2.93	2.95	2.98	3.02	3.07	3.11	3.16	3.21

续表

简图：

$$\eta_2 = \frac{H_2}{H_3}\sqrt{\frac{N_2}{N_3}\cdot\frac{I_3}{I_2}}$$

N_1——上段柱的轴心力

N_2——中段柱的轴心力

N_3——下段柱的轴心力

η_1	K_2/η_2	0.20											0.30										
		0.2	0.3	0.4	0.5	0.6	0.7	0.8	0.9	1.0	1.1	1.2	0.2	0.3	0.4	0.5	0.6	0.7	0.8	0.9	1.0	1.1	1.2
0.6	0.8	3.06	3.01	3.05	3.12	3.20	3.29	3.38	3.46	3.55	3.63	3.72	4.37	3.24	3.23	3.27	3.33	3.41	3.48	3.56	3.64	3.72	3.80
	1.0	3.34	3.35	3.44	3.56	3.68	3.80	3.92	4.04	4.15	4.27	4.38	3.63	3.56	3.60	3.69	3.79	3.90	4.01	4.12	4.23	4.34	4.45
	1.2	3.67	3.74	3.88	4.03	4.19	4.35	4.50	4.65	4.80	4.94	5.08	3.94	3.92	4.02	4.15	4.29	4.43	4.58	4.72	4.87	5.01	5.14
0.8	0.2	3.25	2.96	2.82	2.74	2.69	2.66	2.64	2.62	2.61	2.61	2.60	3.78	3.38	3.18	3.06	2.98	2.93	2.89	2.86	2.84	2.83	2.82
	0.4	3.33	3.05	2.93	2.87	2.84	2.83	2.83	2.83	2.84	2.85	2.87	3.85	3.47	3.28	3.18	3.12	3.09	3.07	3.06	3.06	3.06	3.06
	0.6	3.45	3.21	3.12	3.10	3.10	3.12	3.14	3.18	3.22	3.26	3.30	3.96	3.61	3.46	3.39	3.36	3.35	3.36	3.38	3.41	3.44	3.47
	0.8	3.63	3.44	3.39	3.41	3.45	3.51	3.57	3.64	3.71	3.79	3.86	4.12	3.82	3.70	3.67	3.68	3.72	3.76	3.82	3.88	3.94	4.01
	1.0	3.86	3.73	3.73	3.80	3.88	3.98	4.08	4.18	4.29	4.39	4.50	4.32	4.07	4.01	4.03	4.08	4.16	4.24	4.33	4.43	4.52	4.62
	1.2	4.13	4.07	4.13	4.24	4.36	4.50	4.64	4.78	4.91	5.05	5.18	4.57	4.38	4.38	4.44	4.54	4.66	4.78	4.90	5.03	5.16	5.29
1.0	0.2	4.00	3.60	3.39	3.26	3.18	3.13	3.08	3.05	3.03	3.01	3.00	4.68	4.15	3.86	3.69	3.57	3.49	3.43	3.38	3.35	3.32	3.30
	0.4	4.06	3.67	3.48	3.37	3.30	3.26	3.23	3.21	3.21	3.20	3.20	4.73	4.21	3.94	3.78	3.68	3.61	3.57	3.54	3.51	3.50	3.49
	0.6	4.15	3.79	3.63	3.54	3.50	3.48	3.49	3.50	3.51	3.54	3.57	4.82	4.33	4.08	3.95	3.87	3.83	3.80	3.80	3.81	3.81	3.83
	0.8	4.29	3.97	3.84	3.80	3.79	3.81	3.85	3.90	3.95	4.01	4.07	4.94	4.49	4.28	4.18	4.14	4.13	4.14	4.17	4.20	4.25	4.29
	1.0	4.48	4.21	4.13	4.13	4.17	4.23	4.31	4.39	4.48	4.57	4.66	5.10	4.70	4.53	4.48	4.48	4.51	4.56	4.62	4.70	4.77	4.85
	1.2	4.70	4.49	4.47	4.52	4.60	4.71	4.82	4.94	5.07	5.19	5.31	5.30	4.95	4.84	4.83	4.88	4.96	5.05	5.15	5.26	5.37	5.48
1.2	0.2	4.76	4.26	4.00	3.83	3.72	3.65	3.59	3.54	3.51	3.48	3.46	5.58	4.93	4.57	4.35	4.20	4.10	4.01	3.95	3.90	3.86	3.83
	0.4	4.81	4.32	4.07	3.91	3.82	3.75	3.70	3.67	3.65	3.63	3.62	5.62	4.98	4.64	4.43	4.29	4.19	4.12	4.07	4.03	4.01	3.98
	0.6	4.89	4.43	4.19	4.05	3.98	3.93	3.91	3.89	3.89	3.90	3.91	5.70	5.08	4.75	4.56	4.44	4.37	4.32	4.29	4.27	4.26	4.26
	0.8	5.00	4.57	4.36	4.26	4.21	4.20	4.21	4.23	4.26	4.30	4.34	5.80	5.21	4.91	4.75	4.66	4.61	4.59	4.59	4.60	4.62	4.65
	1.0	5.15	4.76	4.59	4.53	4.53	4.55	4.60	4.66	4.73	4.80	4.88	5.93	5.38	5.12	5.00	4.94	4.94	4.95	4.99	5.03	5.09	5.15
	1.2	5.34	5.00	4.88	4.87	4.91	4.98	5.07	5.17	5.27	5.38	5.49	6.10	5.59	5.38	5.31	5.33	5.39	5.46	5.54	5.63	5.73	5.73
1.4	0.2	5.53	4.94	4.62	4.42	4.29	4.19	4.12	4.06	4.02	3.98	3.95	6.49	5.72	5.30	5.03	4.85	4.72	4.62	4.54	4.48	4.43	4.38
	0.4	5.57	4.99	4.68	4.49	4.36	4.27	4.21	4.16	4.13	4.10	4.08	6.53	5.77	5.35	5.10	4.93	4.80	4.71	4.64	4.59	4.55	4.51
	0.6	5.64	5.07	4.78	4.60	4.49	4.42	4.38	4.35	4.33	4.32	4.32	6.59	5.85	5.45	5.21	5.05	4.95	4.87	4.82	4.78	4.76	4.74
	0.8	5.74	5.19	4.92	4.77	4.69	4.64	4.62	4.62	4.63	4.65	4.67	6.68	5.96	5.59	5.37	5.24	5.15	5.10	5.08	5.06	5.06	5.07
	1.0	5.86	5.35	5.12	5.00	4.95	4.94	4.96	4.99	5.03	5.09	5.15	6.79	6.10	5.76	5.58	5.48	5.43	5.41	5.41	5.44	5.47	5.51
	1.2	6.02	5.55	5.36	5.29	5.28	5.31	5.37	5.44	5.52	5.61	5.71	6.93	6.28	5.98	5.84	5.78	5.76	5.79	5.83	5.89	5.95	6.03

注：表中的计算长度系数 μ 值按下式计算：

$$\frac{\eta_1 K_1}{\eta_2 K_2}\cdot\tan\frac{\pi\eta_1}{\mu_3}\cdot\tan\frac{\pi\eta_2}{\mu_3}+\eta_1 K_1\cdot\tan\frac{\pi\eta_1}{\mu_3}+\eta_2 K_2\cdot\tan\frac{\pi\eta_2}{\mu_3}-1=0$$

附表 G-6　柱顶可移动但不转动的双阶柱下段的计算长度系数 μ

η_1	η_2	$K_1=0.05$											$K_1=0.10$										
$K_2\rightarrow$		0.2	0.3	0.4	0.5	0.6	0.7	0.8	0.9	1.0	1.1	1.2	0.2	0.3	0.4	0.5	0.6	0.7	0.8	0.9	1.0	1.1	1.2
0.2	0.2	1.99	1.99	2.00	2.00	2.01	2.02	2.02	2.03	2.04	2.05	2.06	1.96	1.96	1.97	1.97	1.98	1.98	1.99	2.00	2.00	2.01	2.02
	0.4	2.03	2.06	2.09	2.12	2.16	2.19	2.22	2.25	2.29	2.32	2.35	2.00	2.02	2.05	2.08	2.11	2.14	2.17	2.20	2.23	2.26	2.29
	0.6	2.12	2.20	2.28	2.36	2.43	2.50	2.57	2.64	2.71	2.77	2.83	2.07	2.14	2.22	2.29	2.36	2.43	2.50	2.56	2.63	2.69	2.75
	0.8	2.28	2.43	2.57	2.70	2.82	2.94	3.04	3.15	3.25	3.34	3.43	2.20	2.35	2.48	2.61	2.73	2.84	2.94	3.05	3.14	3.24	3.33
	1.0	2.53	2.76	2.96	3.13	3.29	3.44	3.59	3.72	3.85	3.98	4.10	2.41	2.64	2.83	3.01	3.17	3.32	3.46	3.59	3.72	3.85	3.97
	1.2	2.86	3.15	3.39	3.61	3.80	3.99	4.16	4.33	4.49	4.64	4.79	2.70	2.99	3.23	3.45	3.65	3.84	4.01	4.18	4.34	4.49	4.64
0.4	0.2	1.99	1.99	2.00	2.01	2.01	2.02	2.03	2.04	2.04	2.05	2.06	1.96	1.97	1.97	1.98	1.98	1.99	2.00	2.00	2.01	2.02	2.03
	0.4	2.04	2.07	2.10	2.14	2.17	2.20	2.23	2.26	2.29	2.32	2.35	2.00	2.03	2.06	2.09	2.12	2.15	2.18	2.21	2.24	2.27	2.30
	0.6	2.12	2.20	2.28	2.37	2.44	2.51	2.58	2.64	2.71	2.77	2.84	2.08	2.15	2.23	2.30	2.37	2.44	2.51	2.57	2.64	2.70	2.76
	0.8	2.29	2.44	2.58	2.71	2.83	2.94	3.05	3.15	3.25	3.35	3.44	2.21	2.36	2.49	2.62	2.73	2.85	2.95	3.05	3.15	3.24	3.34
	1.0	2.54	2.77	2.97	3.14	3.30	3.45	3.59	3.73	3.85	3.98	4.10	2.43	2.65	2.84	3.02	3.18	3.33	3.47	3.60	3.73	3.85	3.97
	1.2	2.87	3.15	3.40	3.62	3.81	3.99	4.17	4.33	4.49	4.65	4.79	2.71	3.00	3.24	3.46	3.66	3.85	4.02	4.19	4.34	4.49	4.64
0.6	0.2	2.00	2.01	2.02	2.03	2.03	2.04	2.05	2.05	2.06	2.07	2.08	1.97	1.98	1.98	1.99	2.00	2.00	2.01	2.02	2.02	2.03	2.04
	0.4	2.05	2.08	2.12	2.16	2.19	2.22	2.25	2.28	2.31	2.34	2.37	2.01	2.04	2.07	2.10	2.13	2.16	2.19	2.22	2.26	2.29	2.32
	0.6	2.15	2.23	2.31	2.39	2.46	2.53	2.60	2.67	2.73	2.79	2.85	2.09	2.17	2.24	2.32	2.39	2.46	2.52	2.59	2.65	2.71	2.77
	0.8	2.32	2.47	2.61	2.73	2.85	2.96	3.07	3.17	3.27	3.36	3.45	2.23	2.38	2.51	2.64	2.75	2.86	2.97	3.07	3.16	3.26	3.35
	1.0	2.59	2.80	2.99	3.16	3.32	3.47	3.61	3.74	3.87	3.99	4.11	2.45	2.68	2.86	3.03	3.19	3.34	3.48	3.61	3.74	3.86	3.98
	1.2	2.89	3.17	3.41	3.63	3.82	4.00	4.18	4.35	4.50	4.65	4.80	2.74	3.02	3.26	3.48	3.67	3.86	4.03	4.20	4.35	4.50	4.65
0.8	0.2	2.02	2.03	2.04	2.04	2.05	2.05	2.06	2.06	2.07	2.08	2.09	2.01	2.02	2.03	2.04	2.04	2.05	2.06	2.07	2.07	2.08	2.09
	0.4	2.07	2.10	2.14	2.17	2.20	2.23	2.26	2.30	2.33	2.36	2.39	2.06	2.10	2.13	2.16	2.19	2.22	2.25	2.28	2.31	2.34	2.37
	0.6	2.17	2.26	2.33	2.41	2.48	2.55	2.62	2.68	2.75	2.81	2.87	2.16	2.24	2.31	2.38	2.45	2.51	2.58	2.64	2.70	2.76	2.82
	0.8	2.32	2.50	2.63	2.75	2.87	2.98	3.08	3.19	3.28	3.38	3.47	2.27	2.41	2.54	2.66	2.78	2.89	2.99	3.09	3.18	3.28	3.37
	1.0	2.62	2.83	3.01	3.18	3.34	3.48	3.62	3.75	3.88	4.01	4.12	2.49	2.70	2.89	3.06	3.21	3.36	3.50	3.63	3.76	3.88	4.00
	1.2	2.92	3.21	3.44	3.65	3.83	4.02	4.18	4.35	4.52	4.66	4.81	2.78	3.05	3.29	3.50	3.69	3.88	4.05	4.21	4.37	4.52	4.66
1.0	0.2	2.02	2.03	2.04	2.05	2.06	2.06	2.07	2.08	2.08	2.09	2.09	2.01	2.02	2.03	2.04	2.04	2.05	2.06	2.07	2.07	2.08	2.09
	0.4	2.07	2.10	2.14	2.17	2.20	2.24	2.27	2.30	2.33	2.36	2.39	2.06	2.10	2.13	2.16	2.19	2.22	2.25	2.28	2.31	2.34	2.37
	0.6	2.17	2.26	2.33	2.41	2.48	2.55	2.62	2.68	2.75	2.81	2.87	2.16	2.24	2.31	2.38	2.45	2.51	2.58	2.64	2.70	2.76	2.82
	0.8	2.32	2.50	2.63	2.76	2.87	2.99	3.09	3.18	3.28	3.39	3.47	2.32	2.46	2.58	2.70	2.81	2.92	3.02	3.12	3.21	3.30	3.39
	1.0	2.62	2.84	3.02	3.18	3.34	3.48	3.62	3.75	3.88	4.01	4.12	2.55	2.75	2.93	3.09	3.25	3.39	3.53	3.66	3.78	3.90	4.02
	1.2	2.95	3.21	3.44	3.65	3.84	4.02	4.20	4.36	4.52	4.67	4.81	2.84	3.10	3.32	3.53	3.72	3.90	4.07	4.23	4.39	4.54	4.68

简图

$$K_1 = \frac{I_1}{I_3} \cdot \frac{H_3}{H_1}$$

$$K_2 = \frac{I_2}{I_3} \cdot \frac{H_3}{H_2}$$

$$\eta_1 = \frac{H_1}{H_3}\sqrt{\frac{N_1}{N_3} \cdot \frac{I_3}{I_1}}$$

$$\eta_2 = \frac{H_2}{H_3}\sqrt{\frac{N_2}{N_3} \cdot \frac{I_3}{I_2}}$$

N_1 —— 上段柱的轴心力

N_2 —— 中段柱的轴心力

N_3 —— 下段柱的轴心力

续表

K₁ = 0.05 / 0.10

简图	η_1	K_2	\multicolumn{11}{c}{0.05 （η_2）}	\multicolumn{11}{c}{0.10 （η_2）}
			0.2	0.3	0.4	0.5	0.6	0.7	0.8	0.9	1.0	1.1	1.2	0.2	0.3	0.4	0.5	0.6	0.7	0.8	0.9	1.0	1.1	1.2
	1.2	0.2	2.04	2.05	2.06	2.06	2.07	2.08	2.09	2.09	2.10	2.11	2.12	2.07	2.08	2.08	2.09	2.09	2.10	2.11	2.11	2.12	2.13	2.13
		0.4	2.10	2.13	2.17	2.20	2.23	2.26	2.29	2.32	2.35	2.38	2.41	2.13	2.16	2.18	2.21	2.24	2.27	2.30	2.33	2.35	2.38	2.41
		0.6	2.22	2.29	2.37	2.44	2.51	2.58	2.64	2.71	2.77	2.83	2.89	2.24	2.30	2.37	2.43	2.50	2.56	2.63	2.68	2.74	2.80	2.86
		0.8	2.41	2.54	2.67	2.78	2.90	3.00	3.11	3.20	3.30	3.39	3.48	2.41	2.53	2.64	2.75	2.86	2.96	3.06	3.15	3.24	3.33	3.42
		1.0	2.68	2.87	3.04	3.21	3.36	3.50	3.64	3.77	3.90	4.02	4.14	2.64	2.82	2.98	3.14	3.29	3.43	3.56	3.69	3.81	3.93	4.04
		1.2	3.00	3.25	3.47	3.67	3.86	4.04	4.21	4.37	4.53	4.68	4.83	2.92	3.16	3.37	3.57	3.76	3.93	4.10	4.26	4.41	4.56	4.70
	1.4	0.2	2.10	2.10	2.10	2.11	2.11	2.12	2.13	2.13	2.14	2.15	2.15	2.20	2.18	2.17	2.17	2.17	2.18	2.18	2.19	2.19	2.20	2.20
		0.4	2.17	2.19	2.21	2.24	2.27	2.30	2.33	2.36	2.39	2.41	2.44	2.26	2.26	2.27	2.29	2.32	2.34	2.37	2.39	2.42	2.44	2.47
		0.6	2.29	2.35	2.41	2.48	2.55	2.61	2.67	2.74	2.80	2.86	2.91	2.37	2.41	2.46	2.51	2.57	2.63	2.68	2.74	2.80	2.85	2.91
		0.8	2.48	2.60	2.71	2.82	2.93	3.03	3.13	3.23	3.32	3.41	3.50	2.53	2.62	2.72	2.82	2.92	3.01	3.11	3.20	3.29	3.37	3.46
		1.0	2.74	2.92	3.08	3.24	3.39	3.53	3.66	3.79	3.92	4.04	4.15	2.75	2.90	3.05	3.20	3.34	3.47	3.60	3.72	3.84	3.96	4.07
		1.2	3.06	3.29	3.50	3.70	3.89	4.06	4.23	4.39	4.55	4.70	4.84	3.02	3.23	3.43	3.62	3.80	3.97	4.13	4.29	4.44	4.59	4.73

K₁ = 0.20 / 0.30

简图	η_1	K_2	\multicolumn{11}{c}{0.20 （η_2）}	\multicolumn{11}{c}{0.30 （η_2）}
			0.2	0.3	0.4	0.5	0.6	0.7	0.8	0.9	1.0	1.1	1.2	0.2	0.3	0.4	0.5	0.6	0.7	0.8	0.9	1.0	1.1	1.2
	0.2	0.2	1.94	1.93	1.93	1.93	1.93	1.93	1.94	1.94	1.95	1.95	1.96	1.92	1.91	1.91	1.90	1.90	1.89	1.90	1.90	1.90	1.90	1.91
		0.4	1.96	1.98	1.99	2.02	2.04	2.07	2.09	2.12	2.15	2.17	2.20	1.95	1.95	1.96	1.97	1.99	2.01	2.04	2.06	2.08	2.11	2.13
		0.6	2.02	2.07	2.13	2.19	2.26	2.32	2.38	2.44	2.50	2.56	2.62	1.99	2.03	2.08	2.13	2.18	2.24	2.29	2.35	2.41	2.46	2.52
		0.8	2.12	2.23	2.35	2.47	2.58	2.68	2.78	2.88	2.98	3.07	3.15	2.07	2.16	2.27	2.37	2.47	2.57	2.66	2.75	2.84	2.93	3.01
		1.0	2.28	2.49	2.67	2.82	2.97	3.12	3.26	3.39	3.51	3.63	3.75	2.20	2.37	2.53	2.69	2.83	2.97	3.10	3.23	3.35	3.46	3.57
		1.2	2.50	2.77	3.01	3.22	3.42	3.60	3.77	3.93	4.09	4.23	4.38	2.39	2.63	2.85	3.05	3.24	3.42	3.58	3.74	3.89	4.03	4.17
	0.4	0.2	1.93	1.93	1.93	1.93	1.94	1.94	1.95	1.95	1.96	1.96	1.97	1.91	1.91	1.91	1.90	1.90	1.91	1.91	1.91	1.92	1.92	1.92
		0.4	1.97	1.98	2.00	2.03	2.05	2.08	2.11	2.13	2.16	2.19	2.22	1.95	1.96	1.97	1.99	2.01	2.03	2.05	2.08	2.10	2.12	2.15
		0.6	2.03	2.08	2.14	2.21	2.27	2.33	2.40	2.46	2.52	2.58	2.63	2.00	2.04	2.09	2.14	2.20	2.26	2.31	2.37	2.42	2.48	2.53
		0.8	2.13	2.25	2.37	2.48	2.59	2.70	2.80	2.90	2.99	3.08	3.17	2.08	2.18	2.28	2.39	2.49	2.59	2.68	2.77	2.86	2.95	3.03
		1.0	2.29	2.49	2.67	2.83	2.99	3.13	3.27	3.40	3.53	3.64	3.76	2.22	2.39	2.55	2.71	2.85	2.99	3.12	3.24	3.36	3.48	3.59
		1.2	2.52	2.79	3.02	3.23	3.43	3.61	3.78	3.94	4.10	4.24	4.39	2.41	2.65	2.87	3.07	3.26	3.43	3.60	3.75	3.90	4.04	4.18
	0.6	0.2	1.95	1.95	1.95	1.95	1.96	1.96	1.97	1.97	1.98	1.98	1.99	1.93	1.93	1.93	1.92	1.93	1.93	1.93	1.94	1.94	1.95	1.95
		0.4	1.98	2.00	2.02	2.05	2.08	2.10	2.13	2.16	2.19	2.21	2.24	1.96	1.97	1.99	2.01	2.03	2.06	2.08	2.11	2.13	2.16	2.18
		0.6	2.04	2.10	2.17	2.23	2.30	2.36	2.42	2.48	2.54	2.60	2.66	2.02	2.06	2.12	2.17	2.23	2.29	2.35	2.40	2.46	2.51	2.57

简图

$$K_1 = \frac{I_1}{I_3} \cdot \frac{H_3}{H_1}$$

$$K_2 = \frac{I_2}{I_3} \cdot \frac{H_3}{H_2}$$

$$\eta_1 = \frac{H_1}{H_3} \sqrt{\frac{N_1}{N_3} \cdot \frac{I_3}{I_1}}$$

（图中标注：I_1, I_2, I_3, H_1, H_2, H_3）

续表

简图

$$\eta_2 = \frac{H_2}{H_3}\sqrt{\frac{N_2}{N_3} \cdot \frac{I_3}{I_2}}$$

N_1——上段柱的轴心力
N_2——中段柱的轴心力
N_3——下段柱的轴心力

η₁	K₂ \ K₁	η₂ = 0.20											η₂ = 0.30										
		0.2	0.3	0.4	0.5	0.6	0.7	0.8	0.9	1.0	1.1	1.2	0.2	0.3	0.4	0.5	0.6	0.7	0.8	0.9	1.0	1.1	1.2
0.6	0.8	2.15	2.27	2.39	2.51	2.62	2.72	2.82	2.92	3.01	3.10	3.19	2.11	2.21	2.32	2.42	2.52	2.62	2.71	2.80	2.89	2.98	3.06
	1.0	2.32	2.52	2.70	2.86	3.01	3.16	3.29	3.42	3.55	3.66	3.78	2.25	2.42	2.59	2.74	2.88	3.02	3.15	3.27	3.39	3.50	3.61
	1.2	2.55	2.82	3.05	3.26	3.45	3.63	3.80	3.96	4.11	4.26	4.40	2.44	2.69	2.91	3.11	3.29	3.46	3.62	3.78	3.93	4.07	4.20
0.8	0.2	1.97	1.97	1.98	1.98	1.99	1.99	2.00	2.01	2.01	2.02	2.03	1.96	1.95	1.96	1.96	1.97	1.97	1.98	1.98	1.99	1.99	2.00
	0.4	2.00	2.03	2.06	2.08	2.11	2.14	2.17	2.20	2.22	2.25	2.28	1.99	2.01	2.03	2.05	2.08	2.10	2.13	2.15	2.18	2.21	2.23
	0.6	2.08	2.14	2.21	2.27	2.34	2.40	2.46	2.52	2.58	2.64	2.69	2.05	2.10	2.16	2.22	2.28	2.34	2.40	2.45	2.51	2.56	2.61
	0.8	2.19	2.32	2.44	2.55	2.66	2.76	2.86	2.96	3.05	3.13	3.22	2.15	2.26	2.37	2.47	2.57	2.67	2.76	2.85	2.94	3.02	3.10
	1.0	2.37	2.57	2.74	2.90	3.05	3.19	3.33	3.45	3.58	3.69	3.81	2.30	2.48	2.64	2.79	2.93	3.07	3.19	3.31	3.43	3.54	3.65
	1.2	2.61	2.87	3.09	3.30	3.49	3.66	3.83	3.99	4.14	4.29	4.42	2.50	2.74	2.96	3.15	3.33	3.50	3.66	3.81	3.96	4.10	4.23
1.0	0.2	2.01	2.03	2.03	2.03	2.04	2.05	2.05	2.06	2.07	2.07	2.08	2.01	2.02	2.03	2.03	2.04	2.04	2.05	2.06	2.06	2.07	2.07
	0.4	2.06	2.09	2.11	2.14	2.17	2.20	2.23	2.25	2.28	2.31	2.33	2.05	2.08	2.10	2.13	2.16	2.18	2.21	2.23	2.26	2.28	2.31
	0.6	2.14	2.21	2.27	2.34	2.40	2.46	2.52	2.58	2.63	2.69	2.74	2.13	2.19	2.25	2.30	2.36	2.42	2.47	2.53	2.58	2.63	2.68
	0.8	2.27	2.39	2.51	2.62	2.72	2.82	2.91	3.00	3.09	3.18	3.26	2.24	2.35	2.45	2.55	2.65	2.74	2.83	2.92	3.00	3.08	3.16
	1.0	2.46	2.64	2.81	2.96	3.10	3.24	3.37	3.50	3.61	3.73	3.84	2.40	2.57	2.72	2.86	3.00	3.13	3.25	3.37	3.48	3.59	3.70
	1.2	2.69	2.94	3.15	3.35	3.53	3.71	3.87	4.02	4.17	4.32	4.46	2.60	2.83	3.03	3.22	3.39	3.56	3.71	3.86	4.01	4.14	4.28
1.2	0.2	2.13	2.12	2.12	2.13	2.13	2.14	2.14	2.15	2.15	2.16	2.16	2.17	2.16	2.16	2.16	2.16	2.16	2.17	2.17	2.18	2.18	2.19
	0.4	2.18	2.19	2.21	2.24	2.26	2.29	2.31	2.34	2.36	2.38	2.41	2.22	2.22	2.24	2.26	2.28	2.30	2.32	2.34	2.36	2.39	2.41
	0.6	2.27	2.32	2.37	2.43	2.49	2.54	2.60	2.65	2.70	2.76	2.81	2.29	2.33	2.38	2.43	2.48	2.53	2.58	2.62	2.67	2.72	2.77
	0.8	2.41	2.50	2.60	2.70	2.80	2.89	2.98	3.07	3.15	3.23	3.32	2.41	2.49	2.58	2.67	2.75	2.84	2.92	3.00	3.08	3.16	3.23
	1.0	2.59	2.74	2.89	3.04	3.17	3.30	3.43	3.55	3.66	3.78	3.89	2.56	2.69	2.83	2.96	3.09	3.21	3.33	3.44	3.55	3.66	3.76
	1.2	2.81	3.03	3.23	3.42	3.59	3.76	3.92	4.07	4.22	4.36	4.49	2.74	2.94	3.13	3.30	3.47	3.63	3.78	3.92	4.06	4.20	4.33
1.4	0.2	2.35	2.31	2.29	2.28	2.27	2.27	2.27	2.27	2.27	2.28	2.28	2.45	2.40	2.37	2.35	2.35	2.34	2.34	2.34	2.34	2.34	2.34
	0.4	2.40	2.37	2.37	2.38	2.39	2.41	2.43	2.45	2.47	2.49	2.51	2.48	2.45	2.44	2.44	2.45	2.46	2.48	2.49	2.51	2.53	2.55
	0.6	2.48	2.49	2.52	2.56	2.61	2.65	2.70	2.75	2.80	2.85	2.89	2.55	2.54	2.56	2.60	2.63	2.67	2.71	2.75	2.80	2.84	2.88
	0.8	2.60	2.66	2.73	2.82	2.90	2.98	3.07	3.15	3.23	3.31	3.38	2.64	2.68	2.74	2.81	2.89	2.96	3.04	3.11	3.18	3.25	3.33
	1.0	2.77	2.88	3.01	3.14	3.26	3.38	3.50	3.62	3.73	3.84	3.94	2.77	2.87	2.98	3.09	3.20	3.32	3.43	3.53	3.64	3.74	3.84
	1.2	2.97	3.15	3.33	3.50	3.67	3.83	3.98	4.13	4.27	4.41	4.54	2.94	3.09	3.26	3.41	3.57	3.72	3.86	4.00	4.13	4.26	4.39

注：表中的计算长度系数 μ_3 值按下式计算：

$$\frac{\eta_1 K_1}{\eta_2 K_2} \cdot \frac{\pi \eta_1}{\mu_3} \cdot \cot\frac{\pi \eta_1}{\mu_3} + \frac{\pi \eta_2}{\mu_3} \cdot \cot\frac{\pi \eta_2}{\mu_3} + \frac{\eta_1 K_1}{(\eta_2 K_2)^2} \cdot \cot\frac{\pi \eta_1}{\mu_3} \cdot \cot\frac{\pi \eta_2}{\mu_3} + \frac{1}{\eta_2 K_2} \cdot \frac{\pi \eta_2}{\mu_3} \cdot \cot\frac{\pi}{\mu_3} - 1 = 0$$